火电厂生产岗位技术问答

HUODIANCHANG SHENGCHAN GANGWEI JISHU WENDA

锅炉运行

主 编 秦宝平

参 编 王 诚 梁 斌 闫 文

U0247995

中国电力出版社

CHINA ELECTRIC POWER PRESS

内 容 提 要

为帮助广大火电机组运行、维护、管理技术人员了解、学习、掌握火电机组生产岗位的各项技能,加强机组运行管理工作,做好设备的运行维护和检修工作,特组织专家编写《火电厂生产岗位技术问答》系列丛书。

本套丛书采用问答形式编写,以岗位技能为主线,理论突出重点,实践注重技能。

本书为《锅炉运行》分册,简明扼要地介绍了锅炉基础知识及火力发电厂锅炉运行的岗位技能知识。主要内容有锅炉运行方面的岗位基础知识,设备、结构及工作原理,运行岗位技能知识及故障分析与处理,火力发电厂除尘除灰与脱硫系统等。

本书可供从事火电厂锅炉运行工作的技术、管理人员学习参考,以及为考试、现场考问等提供题目;也可供大、中专学校相关专业师生参考阅读。

图书在版编目(CIP)数据

锅炉运行/《火电厂生产岗位技术问答》编委会编. —北京:中国电力出版社,2011.5(2022.9重印)

(火电厂生产岗位技术问答)

ISBN 978-7-5123-1319-4

Ⅰ.①锅… Ⅱ.①火… Ⅲ.①锅炉运行-问答 Ⅳ.①TK227-44

中国版本图书馆 CIP 数据核字(2011)第 006571 号

中国电力出版社出版、发行

(北京市东城区北京站西街 19 号 100005 http://www.cepp.sgcc.com.cn)

北京雁林吉兆印刷有限公司印刷

各地新华书店经售

*

2011 年 5 月第一版 2022 年 9 月北京第七次印刷

850 毫米×1168 毫米 32 开本 12.5 印张 408 千字

印数12001—12500 册   定价 **48.00** 元

前　言

　　在电力工业快速持续发展的今天，积极发展清洁、高效的发电技术是国内外共同关注的问题，对于能源紧缺的我国更显得必要和迫切。在国家有关部、委积极支持和推动下，我国火电机组的国产化及高效大型火电机组的应用逐步提高。我国现代化、高参数、大容量火电机组正在不断投运和筹建，其发电技术对我国社会经济发展具有非常重要的意义。因此，提高发电效率、节约能源、减少污染是新建火电机组、改造在运发电机组的头等大事。

　　根据火力发电厂生产岗位的实际要求和火电厂生产运行及检修规程规范以及开展培训的实际需求，特组织行业专家编写本套《火电厂生产岗位技术问答》丛书。本丛书共分11个分册，包括：《汽轮机运行》、《汽轮机检修》、《锅炉运行》、《锅炉检修》、《电气运行》、《电气检修》、《化学运行》、《化学检修》、《集控运行》、《热工仪表及自动装置》和《燃料运行与检修》。

　　本丛书全面、系统地介绍了火力发电厂生产运行和检修各岗位遇到的各方面技术问题和解决技能。丛书编写的目的是帮助广大火电机组运行、维护、管理技术人员了解、学习、掌握火电机组生产岗位的各项技能，加强机组运行管理工作，做好设备的运行维护和检修工作，从而更加有效地将这些知识运用到实际工作中。

本丛书主要讲述火电机组生产岗位的应知应会技能，重点从工作原理、结构、启动、正常运行、异常运行、运行中的监视与调整、机组停运、事故处理、检修、调试等方面以问答的形式表述；注重新设备、新技术，并将基本理论与实用技术和实际经验结合，具有针对性、有效性和可操作性强的特点。

本书为《锅炉运行》分册，由秦宝平主编，王诚、梁斌、闫文参与编写。本书共分二十二章，其中，第一、二、三、四、十九、二十章由大唐太原第二热电厂王诚编写，第五、六、七、八、九、十、十一章由大唐太原第二热电厂梁斌编写，第十二、十三、十四、十五、十六、十七、十八章由大唐太原第二热电厂秦宝平编写，第二十一、二十二章由大唐太原第二热电厂闫文编写。

本丛书可作为火电机组运行及检修人员的岗位技术培训教材，也可为火电机组运行人员制订运行规程、运行操作卡，检修人员制订检修计划及检修工艺卡提供有价值的参考，还可作为发电厂、电网及电力系统专业的大中专院校的教师和学生的教学参考书。

由于编写时间仓促，本丛书难免存在疏漏之处，恳请各位专家和读者提出宝贵意见，使之不断完善。

《火电厂生产岗位技术问答》编委会
2010 年

目 录

前言

第一部分 | 岗位基础知识

第一章 锅炉分类 ……………………………………………… 3

1-1 何谓锅炉？锅炉是由什么设备组成的？ …………………… 3

1-2 锅炉参数包括哪些方面？如何定义？ …………………… 3

1-3 锅炉本体的布置形式有哪些？按照锅炉蒸发受热面内
    工质流动方式分为哪几种？ …………………………… 3

1-4 Ⅱ型布置锅炉有何优缺点？ ……………………………… 3

1-5 塔型布置锅炉有何优缺点？ ……………………………… 4

1-6 箱型布置锅炉有何优缺点？ ……………………………… 4

1-7 自然循环锅炉有何特点？ ………………………………… 4

1-8 以 SG-1025/18.1-M319 型锅炉为例说明Ⅱ型亚临界参数自然
    循环锅炉本体布置的概况。 ……………………………… 5

1-9 以 SG-1025/18.1-M319 型锅炉为例说明Ⅱ型亚临界参数自然
    循环锅炉汽水流程布置的概况。 ………………………… 6

1-10 何为强制循环锅炉？蒸发系统流程如何进行？ ………… 7

1-11 强制循环锅炉有何特点？ ……………………………… 8

1-12 以 1025t/h 锅炉为例说明Ⅱ型亚临界参数控制循环锅炉总体
    布置的概况。 …………………………………………… 8

1-13 以 1025t/h 锅炉为例说明Ⅱ型亚临界参数控制循环锅炉汽水
    流程布置的概况。 ……………………………………… 9

1-14 何谓直流锅炉？有何特点？ …………………………… 11

1-15 以半塔式苏尔寿盘旋管直流锅炉为例，简述直流锅炉的总体
    布置。 …………………………………………………… 12

1-16 简述半塔式苏尔寿盘旋管直流锅炉的汽水流程。 ……… 12

1-17 何谓复合循环锅炉？有何特点？ ……………………… 13

第二章 热工基础 ……………………………………………… 14

2-1 什么叫工质？火力发电厂采用什么作为工质？ …………………… 14

2-2 何谓工质的状态参数？常用的工质状态参数有几个？基本状态
参数有几个？ …………………………………………………… 14

2-3 什么叫温度、温标？常用的温标形式有哪几种？ …………… 14

2-4 什么叫压力？压力的单位有几种表示方法？ ………………… 14

2-5 什么叫绝对压力、表压力？ …………………………………… 15

2-6 什么叫真空和真空度？ ………………………………………… 15

2-7 什么叫比体积和密度？它们之间有什么关系？ ……………… 16

2-8 什么叫平衡状态？ ……………………………………………… 16

2-9 什么叫标准状态？ ……………………………………………… 16

2-10 什么叫参数坐标图？ …………………………………………… 16

2-11 什么叫功？其单位是什么？ …………………………………… 16

2-12 什么叫功率？其单位是什么？ ………………………………… 17

2-13 什么叫能？ ……………………………………………………… 17

2-14 什么叫动能？物体的动能与什么有关？ ……………………… 17

2-15 什么叫位能？ …………………………………………………… 17

2-16 什么叫热能？它与什么因素有关？ …………………………… 17

2-17 什么叫热量？ …………………………………………………… 18

2-18 什么叫机械能？ ………………………………………………… 18

2-19 什么叫热机？ …………………………………………………… 18

2-20 什么叫比热容？影响比热容的主要因素有哪些？ …………… 18

2-21 什么叫热容量？它与比热容有何不同？ ……………………… 18

2-22 如何用定值比热容计算热量？ ………………………………… 18

2-23 什么叫内能？ …………………………………………………… 18

2-24 什么叫内动能？什么叫内位能？它们由何决定？ …………… 19

2-25 什么叫焓？为什么焓是状态参数？ …………………………… 19

2-26 什么叫熵？ ……………………………………………………… 19

2-27 什么叫理想气体？什么叫实际气体？ ………………………… 19

2-28 火电厂中什么气体可看做理想气体？什么气体可看做实际气体？ ……… 19

2-29 什么是理想气体的状态方程式？ ……………………………… 20

2-30 理想气体的基本定律有哪些？其内容是什么？ ……………… 20

2-31 什么是热力学第一定律？它的表达式是怎样的？ …………… 20

2-32 热力学第一定律的实质是什么？它说明什么问题？ ………… 21

2-33 什么是不可逆过程？ …………………………………………… 21

2-34 什么叫等容过程？等容过程中吸收的热量和所做的功如何计算？ …… 21

2-35 什么叫等温过程？等温过程中工质吸收的热量如何计算？ ……… 21

2-36 什么叫等压过程？等压过程的功及热量如何计算？ ………… 21

2-37 什么叫绝热过程？绝热过程的功和内能如何计算？ …………………… 22

2-38 什么叫等熵过程？ …………………………………………………………… 22

2-39 简述热力学第二定律。 ……………………………………………………… 22

2-40 什么叫热力循环？ …………………………………………………………… 23

2-41 什么叫循环的热效率？它说明什么问题？ ……………………………… 23

2-42 卡诺循环是由哪些过程组成的？其热效率大小与什么有关？

卡诺循环对实际循环有何指导意义？ ……………………………………… 23

2-43 从卡诺循环的热效率得出哪些结论？ …………………………………… 23

2-44 什么叫汽化？它分为哪两种形式？ ……………………………………… 24

2-45 什么叫凝结？水蒸气凝结有什么特点？ ………………………………… 24

2-46 什么叫动态平衡？什么叫饱和状态、饱和温度、饱和压力、

饱和水、饱和蒸汽？ ………………………………………………………… 24

2-47 为何饱和压力随饱和温度升高而升高？ ………………………………… 24

2-48 什么叫湿饱和蒸汽、干饱和蒸汽、过热蒸汽？ ………………………… 24

2-49 什么叫干度？什么叫湿度？ ……………………………………………… 25

2-50 什么叫临界点？水蒸气的临界参数为多少？ …………………………… 25

2-51 是否存在 400℃ 的液态水？ ……………………………………………… 25

2-52 水蒸气状态参数如何确定？ ……………………………………………… 25

2-53 熵的意义及特性有哪些？ ………………………………………………… 25

2-54 什么叫水的欠焓？ ………………………………………………………… 25

2-55 什么叫液体热、汽化热、过热热？ ……………………………………… 26

2-56 什么叫稳定流动、绝热流动？ …………………………………………… 26

2-57 稳定流动的能量方程是怎样表示的？ …………………………………… 26

2-58 稳定流动能量方程在热力设备中如何应用？ …………………………… 26

2-59 什么叫轴功？什么叫膨胀功？ …………………………………………… 26

2-60 什么叫喷管？电厂中常用哪几种喷管？ ………………………………… 27

2-61 喷管中气流流速和流量如何计算？ ……………………………………… 27

2-62 什么叫节流？什么叫绝热节流？ ………………………………………… 28

2-63 什么叫朗肯循环？ ………………………………………………………… 28

2-64 朗肯循环是通过哪些热力设备实施的？各设备的作用是什么？ ……… 28

2-65 朗肯循环的热效率如何计算？ …………………………………………… 28

2-66 影响朗肯循环效率的因素有哪些？ ……………………………………… 29

2-67 什么叫给水回热循环？ …………………………………………………… 29

2-68 采用给水回热循环的意义是什么？ ……………………………………… 29

2-69 什么叫再热循环？ ………………………………………………………… 29

2-70 采用中间再热循环的目的是什么？ ……………………………………… 29

2-71 什么是热电合供循环？其方式有几种？ ………………………………… 30

2-72 在火力发电厂中存在哪三种形式的能量转换过程? ……………… 30

2-73 何谓换热? 换热有哪几种基本形式? ……………………………… 30

2-74 什么是稳定导热? ………………………………………………… 30

2-75 如何计算平壁壁面的导热量? …………………………………… 30

2-76 什么叫导热系数? 导热系数与什么有关? ……………………… 31

2-77 什么叫对流换热? 举出在电厂中几个对流换热的实例。……… 31

2-78 影响对流换热的因素有哪些? …………………………………… 31

2-79 什么是层流? 什么是紊流? ……………………………………… 32

2-80 层流和紊流各有什么流动特点? 在汽水系统上常会遇到哪一种

流动? ……………………………………………………………… 32

2-81 什么叫雷诺数? 它的大小能说明什么问题? …………………… 32

2-82 试说明流体在管道内流动的压力损失分几种类型。…………… 32

2-83 什么是流量? 什么是平均流速? 平均流速与实际流速有什么区别? …… 32

2-84 写出沿程阻力损失、局部阻力损失和管道系统的总阻力损失

公式, 并说明公式中各项的含义。……………………………… 33

2-85 何谓水锤? 有何危害? 如何防止? ……………………………… 33

2-86 水、汽有哪些主要质量标准? …………………………………… 34

2-87 什么叫热工检测和热工测量仪表? ……………………………… 34

2-88 什么叫允许误差? 什么叫精确度? ……………………………… 34

2-89 温度测量仪表分哪几类? 各有哪几种? ………………………… 34

2-90 压力测量仪表分为哪几类? ……………………………………… 35

2-91 水位测量仪表有哪几种? ………………………………………… 35

2-92 流量测量仪表有哪几种? ………………………………………… 35

2-93 如何选择压力表的量程? ………………………………………… 35

2-94 何谓双金属温度计? 其测量原理怎样? ………………………… 35

2-95 何谓热电偶? …………………………………………………… 35

2-96 什么叫继电器? 它有哪些分类? ………………………………… 35

2-97 电流是如何形成的? 它的方向是如何规定的? ………………… 36

2-98 什么是电路的功率和电能? 它们之间有何关系? ……………… 36

2-99 什么是电流的热效应? 如何确定电流在电阻中产生的热量? … 36

2-100 什么叫正弦交流电? 交流电的周期和频率有何关系? ……… 36

2-101 构成煤粉锅炉的主要本体设备和辅助设备有哪些? ………… 37

第三章 化学水处理 ……………………………………………………… 38

3-1 什么是碱度? ……………………………………………………… 38

3-2 什么是含盐量? …………………………………………………… 38

3-3 什么是硬度? ……………………………………………………… 38

3-4 什么是水的 pH 值? ……………………………………………… 38

3-5 什么是硬水？什么是软水？什么是软化？ ……………………… 39

3-6 软化水与除盐水有何区别？ ………………………………………… 39

3-7 为什么新安装的锅炉投产前要进行煮炉？ ……………………… 39

3-8 为什么新建的锅炉投产前应进行酸洗？ ………………………… 39

3-9 水垢是怎样形成的？对锅炉有什么危害？ ……………………… 39

3-10 水垢与水渣有什么区别？ ………………………………………… 40

3-11 受热面管内壁的垢下腐蚀是怎样形成的？ …………………… 41

3-12 锅炉为什么要加药？ ……………………………………………… 41

3-13 炉水为什么要维持一定碱度？ …………………………………… 41

3-14 什么是分段蒸发？有何优点？ …………………………………… 42

3-15 什么是炉外盐段？有何优点？ …………………………………… 42

3-16 蒸汽污染的原因是什么？ ………………………………………… 43

3-17 什么是化学临界热负荷？ ………………………………………… 43

3-18 过热器为什么要定期反冲洗？ …………………………………… 43

3-19 为什么胀接的锅炉装有苛性脆化指示器，而焊接的锅炉没有？ ……… 44

3-20 水冷壁管内的水垢是怎样形成的？有什么危害？ …………… 44

3-21 锅炉为什么要定期酸洗？ ………………………………………… 45

3-22 怎样确定锅炉是否需要酸洗？ …………………………………… 45

3-23 常用的清洗剂有哪几种？各有什么优缺点？ ………………… 46

3-24 为什么酸洗时水冷壁管要分成几个循环回路？ ……………… 47

3-25 为什么酸洗液中要加缓蚀剂？ …………………………………… 47

3-26 缓蚀剂的缓蚀机理是什么？ ……………………………………… 47

3-27 对缓蚀剂的要求有哪些？ ………………………………………… 48

3-28 为什么每个酸洗循环回路都要安装监视管段？ ……………… 48

3-29 酸洗腐蚀指示片的作用？ ………………………………………… 48

3-30 汽包充满酸液保持一定压力的酸洗方式有什么优点？ ……… 49

3-31 酸洗过程中为什么要严禁烟火？ ………………………………… 49

3-32 怎样确定盐酸酸洗终点？ ………………………………………… 49

3-33 为什么顶酸时必须给水？ ………………………………………… 50

3-34 顶酸以后为什么要用给水进行大流量冲洗？ ………………… 50

3-35 冲洗后为什么要进行钝化？ ……………………………………… 50

第四章 金属材料知识 …………………………………………………… 51

4-1 何谓金属的机械性能？ …………………………………………… 51

4-2 什么叫强度？强度指标通常有哪些？ …………………………… 51

4-3 什么叫塑性？塑性指标有哪些？ ………………………………… 51

4-4 什么叫变形？变形过程有哪三个阶段？ ………………………… 51

4-5 什么叫刚度和硬度？ ……………………………………………… 51

4-6 何谓疲劳和疲劳强度? ……………………………………………… 51

4-7 金属材料有哪些工艺性能? ………………………………………… 52

4-8 金属材料有哪些物理化学性能? …………………………………… 52

4-9 钢如何分类? ………………………………………………………… 52

4-10 什么叫铸铁? 铸铁可分哪几种? ………………………………… 52

4-11 含碳量对碳钢性能的影响如何? ………………………………… 53

4-12 锅炉各部件采用哪几种钢材? …………………………………… 53

4-13 合金元素可以使钢材获得哪些特殊的性能? …………………… 54

4-14 什么叫热应力? …………………………………………………… 54

4-15 什么叫热冲击? …………………………………………………… 54

4-16 为什么同一种钢材,当作受热面管子使用时,许用温度较高,
而当作主蒸汽管或集箱使用时,许用温度较低? ……………… 54

4-17 钢号中字母和数字所代表的意义? ……………………………… 55

4-18 为什么锅炉广泛采用 20 钢? …………………………………… 55

4-19 什么是奥氏体钢? ………………………………………………… 56

4-20 什么是蠕变? 蠕变极限? 锅炉哪些部件会发生蠕变? ……… 56

4-21 为什么当管子因过热胀粗时而焊口部分没有胀粗? 为什么处于
相同工况下,管子和焊口的胀粗会出现明显差别? …………… 57

4-22 什么是持久强度? ………………………………………………… 57

4-23 什么是弹性变形? ………………………………………………… 57

4-24 什么是塑性变形? ………………………………………………… 58

4-25 什么是受热面的计算温度? ……………………………………… 58

4-26 为什么各受热面的壁温总是远低于烟气温度而接近于工质温度? ……… 59

4-27 什么是许用应力? ………………………………………………… 60

4-28 什么是碳钢的球化和石墨化? …………………………………… 60

4-29 过热器管使用的合金钢中各合金元素的作用? ………………… 60

4-30 如何确定水冷壁管和过热器管爆管的原因? …………………… 61

4-31 怎样通过计算确定管子爆破时的工作温度? …………………… 61

4-32 为什么承压受热面管子的爆破口总是轴向的? ………………… 62

4-33 焊接热应力是怎样形成的? ……………………………………… 63

4-34 什么是热处理? 为什么要进行热处理? ……………………… 63

4-35 什么是可焊性? 为什么碳钢焊口,当工件的壁厚在 30mm 以上
需要进行热处理? ………………………………………………… 63

4-36 为什么水冷壁管、过热器管、省煤器管不直接焊在汽包或集箱上,
而是焊接在汽包或集箱的管接头上? …………………………… 64

4-37 蒸汽管道的膨胀如何补偿? ……………………………………… 65

4-38 蒸汽与金属表面间的凝结放热有哪些特点? …………………… 65

4-39　蒸汽与金属表面间的对流放热有何特点？ ·············· 65

4-40　什么叫热疲劳？ ····························· 66

4-41　什么叫应力松弛？ ··························· 66

4-42　何谓脆性转变温度？发生低温脆性断裂事故的必要和充分
条件是什么？ ······························· 66

第五章　燃料基础知识 ····························· 67

5-1　燃料如何分类？怎样评价燃料的优劣？ ············· 67

5-2　动力煤依据什么分类？一般分哪几种？ ············· 67

5-3　煤的分析方法是什么？ ························· 67

5-4　煤的元素分析是怎样的？ ······················· 67

5-5　煤的工业分析包括哪些内容？ ··················· 68

5-6　什么是燃料的分析基础？ ······················· 68

5-7　为什么各种煤和气体燃料的发热量差别很大，而各种燃油的
发热量差别却很小？ ······················· 68

5-8　煤的主要特性是什么？ ························· 69

5-9　什么是发热量？什么是高位发热量和低位发热量？ ····· 69

5-10　怎样确定燃料的发热量？ ······················· 69

5-11　什么是标准煤？有何作用？ ····················· 70

5-12　煤粉品质的主要指标是什么？ ··················· 70

5-13　如何表示煤粉的细度？ ························· 70

5-14　什么是灰熔点？如何测定？ ····················· 71

5-15　煤的焦炭特性是什么？ ························· 71

第二部分 ｜ 设备、结构及工作原理

第六章　燃烧设备 ······························· 75

6-1　煤粉炉的燃烧设备主要有哪些？ ················· 75

6-2　炉膛的作用及要求有哪些？ ····················· 75

6-3　对燃烧设备的要求有哪些？ ····················· 75

6-4　现代煤粉锅炉的煤粉燃烧器型式主要有哪些？其主要特点是
什么？ ··································· 75

6-5　旋流燃烧器是如何分类的？ ····················· 76

6-6　蜗壳式旋流燃烧器是如何分类的？ ··············· 76

6-7　蜗壳式旋流燃烧器的工作原理以及其优缺点是什么？ ··· 76

6-8　轴向叶片式旋流燃烧器的工作原理以及其优缺点是什么？ ··· 77

6-9　切向叶片式旋流燃烧器的工作原理是什么？ ·········· 77

6-10　旋流燃烧器的工作原理及特点如何？ ·············· 78

6-11 简要介绍直流燃烧器。 ·· 78

6-12 直流燃烧器的工作原理如何? ·· 78

6-13 直流燃烧器为何采用四角布置? 直流燃烧器布置的锅炉其
切圆直径的大小对锅炉有何影响? ·· 79

6-14 四角布置切圆燃烧的主要特点是什么? ································ 79

6-15 四角布置燃烧器的缺点是什么? ·· 80

6-16 直流燃烧器的着火方案有哪些? ·· 80

6-17 直流燃烧器的着火三角形方案的原理是什么? ···················· 80

6-18 直流燃烧器的集束吸引着火方案的原理是什么? ················ 80

6-19 着火方案与配风方式之间的关系如何? ································ 80

6-20 直流燃烧器均等配风方式的特点是什么? ···························· 81

6-21 直流燃烧器分级配风方式的特点是什么? ···························· 81

6-22 四角布置切圆燃烧直流燃烧器的布置方式有哪些? ············ 81

6-23 一次风煤粉气流的偏斜是如何形成的? 其危害是什么? ···· 82

6-24 影响一次风煤粉气流偏斜的主要因素有哪些? ···················· 82

6-25 采用高浓度煤粉燃烧器对稳定着火和燃烧的影响有哪些? ·· 83

6-26 高浓度煤粉燃烧器的结构及工作原理是什么? ···················· 84

6-27 W 形火焰燃烧方式的工作原理是什么? ······························· 85

6-28 W 形火焰燃烧方式的特点是什么? ·· 85

6-29 燃用劣质煤的有效措施有哪些? ·· 86

6-30 煤粉炉的点火装置的作用是什么? ·· 87

6-31 煤粉炉的点火装置有哪些? ·· 87

6-32 煤粉炉的点火系统包括哪些设备? ·· 87

6-33 电气点火器有哪几种? ·· 88

6-34 电火花点火器构成及原理是什么? ·· 88

6-35 电弧点火器的构成及原理是什么? ·· 88

6-36 高能点火器的构成及原理是什么? ·· 88

6-37 何为进退式蒸汽雾化油枪? ·· 88

第七章 锅炉受热面 ··· 90

7-1 锅炉蒸发设备主要包括哪些? ·· 90

7-2 汽包结构是怎样的? ·· 90

7-3 汽包的主要作用有哪些? ·· 90

7-4 汽包内典型布置方式是怎样的? ·· 90

7-5 旋风分离器的结构及工作原理是怎样的? ···························· 91

7-6 百叶窗(波形板)分离器的结构及工作原理是怎样的? ······ 91

7-7 左、右旋的旋风分离器在汽包内如何布置? 为什么要如此布置? ······· 91

7-8 清洗装置的作用及结构如何? ·· 92

7-9　平板孔式清洗装置的工作原理是怎样的？ ……………………… 92

7-10　汽包内锅水加药处理的意义是什么？ …………………………… 92

7-11　通常汽包有几种水位计？各有什么特点？ ……………………… 92

7-12　事故放水管的作用？其开口应在什么位置较好？ ……………… 93

7-13　简述炉水循环泵的结构及工作原理。 …………………………… 93

7-14　水冷壁型式是怎样的？ …………………………………………… 93

7-15　采用膜式水冷壁的优点有哪些？ ………………………………… 94

7-16　折焰角是如何形成的？其结构是怎样的？ ……………………… 94

7-17　采用折焰角的目的是什么？ ……………………………………… 94

7-18　冷灰斗是怎样形成的？其作用是什么？ ………………………… 94

7-19　底部蒸汽加热装置的结构如何？ ………………………………… 95

7-20　简述水冷壁及其集箱的作用。 …………………………………… 95

7-21　水冷壁为什么要分若干个循环回路？ …………………………… 95

7-22　膨胀指示器的作用是什么？ ……………………………………… 95

7-23　按传热方式分类，过热器的型式有哪几种？ …………………… 96

7-24　按介质流向分类，对流过热器的型式有哪几种？ ……………… 96

7-25　按布置方式分类，过热器有哪几种型式？ ……………………… 96

7-26　立式布置的过热器有何特点？ …………………………………… 96

7-27　卧式布置的过热器有何特点？ …………………………………… 96

7-28　对流式过热器的流量—温度（热力）特性如何？ ……………… 96

7-29　辐射式过热器的流量—温度（热力）特性如何？ ……………… 96

7-30　半辐射式过热器的流量—温度（热力）特性如何？ …………… 97

7-31　什么是联合式过热器？其热力特性如何？ ……………………… 97

7-32　再热器为什么要进行保护？ ……………………………………… 97

7-33　锅炉喷水式减温器的工作原理是什么？ ………………………… 97

7-34　旁路烟道烟气挡板有哪些作用？其工作原理是怎样的？ ……… 97

7-35　再热蒸汽温度的调节为什么不宜用喷水减温的方法？ ………… 98

7-36　简述过热器和再热器的向空排汽门的作用。 …………………… 98

7-37　锅炉省煤器的主要作用是什么？ ………………………………… 98

7-38　简述省煤器再循环的作用。 ……………………………………… 98

7-39　省煤器再循环门在正常运行中泄漏有何影响？ ………………… 99

7-40　空气预热器的作用是什么？空气预热器有哪几种型式？ ……… 99

7-41　容克式空气预热器的结构如何？ ………………………………… 99

7-42　简述回转式空气预热器的工作原理。 …………………………… 99

7-43　什么是受热面积灰？ ……………………………………………… 99

7-44　影响受热面积灰的因素有哪些？ ………………………………… 100

7-45　空气预热器积灰和低温腐蚀有何危害？ ………………………… 100

7-46　减轻受热面积灰的措施有哪些? ⋯⋯⋯⋯⋯⋯⋯⋯⋯⋯⋯⋯⋯⋯⋯⋯ 100

7-47　吹灰的作用是什么? ⋯⋯⋯⋯⋯⋯⋯⋯⋯⋯⋯⋯⋯⋯⋯⋯⋯⋯⋯⋯⋯ 101

7-48　尾部烟道受热面磨损的机理是什么? ⋯⋯⋯⋯⋯⋯⋯⋯⋯⋯⋯⋯⋯ 101

7-49　影响低温受热面磨损的因素有哪些? ⋯⋯⋯⋯⋯⋯⋯⋯⋯⋯⋯⋯⋯ 101

7-50　运行中减少尾部受热面磨损的措施有哪些? ⋯⋯⋯⋯⋯⋯⋯⋯⋯ 101

7-51　简述尾部受热面低温腐蚀的机理。 ⋯⋯⋯⋯⋯⋯⋯⋯⋯⋯⋯⋯⋯⋯ 101

7-52　影响低温腐蚀的因素是什么? ⋯⋯⋯⋯⋯⋯⋯⋯⋯⋯⋯⋯⋯⋯⋯⋯ 101

7-53　运行中防止低温腐蚀的措施有哪些? ⋯⋯⋯⋯⋯⋯⋯⋯⋯⋯⋯⋯⋯ 102

第八章　泵与风机 ⋯⋯⋯⋯⋯⋯⋯⋯⋯⋯⋯⋯⋯⋯⋯⋯⋯⋯⋯⋯⋯⋯⋯⋯ 103

8-1　离心泵的工作原理是什么? ⋯⋯⋯⋯⋯⋯⋯⋯⋯⋯⋯⋯⋯⋯⋯⋯⋯⋯ 103

8-2　什么是泵的倒灌高度? 什么是泵的真空吸高度? ⋯⋯⋯⋯⋯⋯⋯ 103

8-3　为什么泵处于倒灌高度状态下较好? ⋯⋯⋯⋯⋯⋯⋯⋯⋯⋯⋯⋯⋯ 103

8-4　什么是扬程? 其单位是什么? ⋯⋯⋯⋯⋯⋯⋯⋯⋯⋯⋯⋯⋯⋯⋯⋯ 103

8-5　为什么一般泵都用扬程而不用压力表示泵的性能? ⋯⋯⋯⋯⋯⋯ 103

8-6　什么是泵的汽蚀余量? 单位是什么? ⋯⋯⋯⋯⋯⋯⋯⋯⋯⋯⋯⋯ 103

8-7　如何判断泵的入口和出口? ⋯⋯⋯⋯⋯⋯⋯⋯⋯⋯⋯⋯⋯⋯⋯⋯⋯ 104

8-8　为什么泵的入口管径大于出口管径? ⋯⋯⋯⋯⋯⋯⋯⋯⋯⋯⋯⋯⋯ 104

8-9　为什么离心泵启动时要求出口阀关闭而联动备用泵的出口阀

　　应处于开启状态? ⋯⋯⋯⋯⋯⋯⋯⋯⋯⋯⋯⋯⋯⋯⋯⋯⋯⋯⋯⋯⋯⋯ 104

8-10　油泵出口止回阀的作用是什么? ⋯⋯⋯⋯⋯⋯⋯⋯⋯⋯⋯⋯⋯⋯ 105

8-11　油泵出口止回阀的旁路阀的作用是什么? ⋯⋯⋯⋯⋯⋯⋯⋯⋯⋯ 105

8-12　什么是临界转速? 是怎样产生的? ⋯⋯⋯⋯⋯⋯⋯⋯⋯⋯⋯⋯⋯ 105

8-13　什么是刚性轴? 什么是挠性轴? ⋯⋯⋯⋯⋯⋯⋯⋯⋯⋯⋯⋯⋯⋯ 105

8-14　机械密封有哪些优点? ⋯⋯⋯⋯⋯⋯⋯⋯⋯⋯⋯⋯⋯⋯⋯⋯⋯⋯⋯ 106

8-15　什么是锅炉通风? ⋯⋯⋯⋯⋯⋯⋯⋯⋯⋯⋯⋯⋯⋯⋯⋯⋯⋯⋯⋯⋯ 106

8-16　简述引风机的作用。 ⋯⋯⋯⋯⋯⋯⋯⋯⋯⋯⋯⋯⋯⋯⋯⋯⋯⋯⋯⋯ 107

8-17　简述送风机的作用。 ⋯⋯⋯⋯⋯⋯⋯⋯⋯⋯⋯⋯⋯⋯⋯⋯⋯⋯⋯⋯ 107

8-18　简述离心式风机的工作原理。 ⋯⋯⋯⋯⋯⋯⋯⋯⋯⋯⋯⋯⋯⋯⋯⋯ 107

8-19　离心式风机有何优缺点? ⋯⋯⋯⋯⋯⋯⋯⋯⋯⋯⋯⋯⋯⋯⋯⋯⋯⋯ 107

8-20　离心式风机如何分类? ⋯⋯⋯⋯⋯⋯⋯⋯⋯⋯⋯⋯⋯⋯⋯⋯⋯⋯⋯ 107

8-21　离心式风机调整风量的方式有几种? 各有什么优缺点? ⋯⋯⋯ 107

8-22　简述轴流式风机的工作原理。 ⋯⋯⋯⋯⋯⋯⋯⋯⋯⋯⋯⋯⋯⋯⋯⋯ 108

8-23　轴流风机有何优缺点? ⋯⋯⋯⋯⋯⋯⋯⋯⋯⋯⋯⋯⋯⋯⋯⋯⋯⋯⋯ 108

8-24　简述轴流风机的动叶调节原理及优点。 ⋯⋯⋯⋯⋯⋯⋯⋯⋯⋯⋯ 108

8-25　为什么离心式风机要空负荷启动,而轴流式风机要满负荷启动? ⋯⋯⋯ 108

8-26　什么是离心式风机的工作点? ⋯⋯⋯⋯⋯⋯⋯⋯⋯⋯⋯⋯⋯⋯⋯⋯ 109

第九章　附属设备 ⋯⋯⋯⋯⋯⋯⋯⋯⋯⋯⋯⋯⋯⋯⋯⋯⋯⋯⋯⋯⋯⋯⋯⋯ 110

9-1 弹簧式安全门由哪些部分组成？动作原理是什么？ …………… 110

9-2 脉冲式安全阀由哪些部分组成？动作原理是什么？ …………… 110

9-3 阀门按结构特点可分为哪几种？ ……………………………… 110

9-4 按用途分类阀门有哪几种？各自的用途是什么？ …………… 110

9-5 什么是减压阀？其工作原理是什么？ ………………………… 111

9-6 什么是减温减压阀？其工作原理是什么？ …………………… 111

9-7 锅炉空气阀起什么作用？ ……………………………………… 111

9-8 叶轮式给粉机由哪些主要部件组成？ ………………………… 112

9-9 简述叶轮给粉机的工作原理。 ………………………………… 112

9-10 简述空气预热器的作用和型式分类。 ………………………… 112

9-11 不同转速的转机振动合格标准是什么？ ……………………… 113

9-12 空气压缩机的作用是什么？ …………………………………… 113

9-13 空气压缩机是如何分类的？ …………………………………… 113

9-14 容积式压缩机的工作原理是什么？ …………………………… 114

9-15 离心式压缩机的工作原理是什么？ …………………………… 114

9-16 往复式压缩机的工作原理是什么？ …………………………… 114

9-17 安全阀的作用是什么？ ………………………………………… 114

9-18 简述安全阀的种类及其对排汽量的规定。 …………………… 114

9-19 锅炉空气阀起什么作用？ ……………………………………… 114

第三部分 | 运行岗位技能知识

第十章 燃料制备 …………………………………………………… 119

10-1 煤粉的一般特性是什么？ ……………………………………… 119

10-2 煤粉的自然性和爆炸性如何？ ………………………………… 119

10-3 影响煤粉爆炸的因素有哪些？ ………………………………… 119

10-4 什么是煤粉细度以及煤粉的经济细度？ ……………………… 120

10-5 什么是煤的可磨性系数？什么是煤的磨损指数？ …………… 120

10-6 发电厂磨煤机如何分类？ ……………………………………… 121

10-7 简述钢球磨煤机的工作原理。 ………………………………… 121

10-8 钢球磨煤机有什么优缺点？ …………………………………… 121

10-9 为什么钢球磨煤机应该在满负荷下运行？ …………………… 121

10-10 为什么钢球磨煤机要定期挑选钢球？ ………………………… 122

10-11 影响钢球磨煤机工作的主要因素有哪些？ …………………… 122

10-12 简述双进双出钢球磨煤机的结构特点与工作原理。 ………… 124

10-13 双进双出钢球磨煤机与一般钢球磨煤机的主要区别有哪些？ ……… 124

10-14 双进双出钢球磨煤机的优点有哪些？ ………………………… 125

10-15 中速磨煤机的结构特点与工作原理是什么？ ……………… 126

10-16 几种中速磨煤机的特点各是什么？ ………………………… 126

10-17 影响中速磨煤机工作的主要因素有哪些？ ……………… 126

10-18 风扇磨煤机的运行特点有哪些？ ………………………… 128

10-19 简述粗粉分离器的作用和工作原理。 ………………… 128

10-20 煤粉制备系统分为哪几种？ ………………………………… 128

10-21 简述中间储仓式制粉系统的结构特点及工作原理。 …… 128

10-22 为什么中、高速磨煤机多采用直吹式制粉系统？ ……… 129

10-23 中速磨煤机直吹式制粉系统有哪两种形式？各有什么优缺点？ … 129

10-24 简述风扇磨煤机直吹式制粉系统的特点。 …………… 129

10-25 什么是闭式半直吹系统？ ………………………………… 129

10-26 什么是开式半直吹系统？ ………………………………… 130

10-27 什么是钢球磨煤机直吹式制粉系统？具有什么特点？ … 130

10-28 直吹式制粉系统有什么优缺点？ ………………………… 130

10-29 中间储仓式制粉系统与直吹式制粉系统相比有哪些优缺点？ … 131

10-30 制粉系统的主要部件有哪些？ …………………………… 131

10-31 给煤机的作用是什么？有哪几种型式？ ……………… 131

10-32 简述给粉机的工作原理。 ………………………………… 132

10-33 粗粉分离器的作用是什么？ ……………………………… 132

10-34 制粉系统漏风对制粉出力有何影响？ …………………… 132

10-35 何种情况应紧急停用制粉系统？ ……………………… 133

第十一章 燃烧原理 ……………………………………………… 134

11-1 煤的燃烧特性及其影响如何？ …………………………… 134

11-2 煤的结渣性能指标有哪些？ ……………………………… 135

11-3 煤灰的沾污指标 R_F 是什么？ …………………………… 135

11-4 简述煤粒燃烧的特点。 …………………………………… 136

11-5 简述煤粉燃烧的特点。 …………………………………… 136

11-6 煤粉气流着火和熄火的热力条件是什么？ ……………… 136

11-7 影响煤粉气流着火与燃烧的因素有哪些？ ……………… 137

11-8 何谓最佳过量空气系数？ ………………………………… 138

11-9 煤粉迅速完全燃烧的条件有哪些？ ……………………… 138

11-10 如何衡量燃烧工况的好坏？ …………………………… 138

11-11 强化燃烧的措施有哪些？ ……………………………… 139

11-12 影响排烟温度的因素有哪些？ ………………………… 139

11-13 运行中锅炉结焦与哪些因素有关？ …………………… 139

11-14 简述在炉内引起煤粉爆燃的条件。 …………………… 140

11-15 强化煤粉气流燃烧的措施有哪些？ …………………… 140

第十二章　锅炉水循环及汽水品质 ···················· 141

12-1　简述自然循环的原理。 ···················· 141

12-2　什么叫循环倍率？ ···················· 141

12-3　什么叫循环水速？ ···················· 141

12-4　什么叫自然循环的自补偿能力？ ···················· 141

12-5　自然循环的故障主要有哪些？ ···················· 141

12-6　水循环停滞在什么情况下发生？何危害？ ···················· 141

12-7　水循环倒流在什么情况下发生？何危害？ ···················· 142

12-8　汽水分层在什么情况下发生？为什么？ ···················· 142

12-9　大直径下降管有何优点？ ···················· 142

12-10　下降管带汽的原因有何些？ ···················· 142

12-11　下降管水中带汽有何危害？ ···················· 143

12-12　防止下降管带汽的措施有哪些？ ···················· 143

12-13　什么是水循环？水循环有哪几种？ ···················· 143

12-14　为什么要保持锅炉一定的循环倍率？ ···················· 143

12-15　自然循环锅炉水循环故障有哪几种？ ···················· 143

12-16　大容量自然循环锅炉水循环主要故障是什么？ ···················· 143

12-17　什么是膜态沸腾？ ···················· 144

12-18　汽包的作用是什么？ ···················· 144

12-19　自然循环锅炉与强制循环锅炉水循环的原理主要有什么区别？ ········ 144

12-20　控制循环锅炉的特点有哪些？ ···················· 144

12-21　锅炉排污分为哪几种？ ···················· 144

12-22　锅炉为什么要定期排污？ ···················· 145

12-23　定期排污开门放水的时间是怎样规定的？排污时注意哪些事项？ ····· 145

12-24　为什么要连续排污？排污率的大小是怎样确定的？ ···················· 145

12-25　汽包锅炉的锅水含盐量与哪些因素有关？ ···················· 145

12-26　简述蒸汽及给水品质不良的危害。 ···················· 146

12-27　什么是直流锅炉的水动力特性？水动力特性不稳定有何危害？ ········ 146

12-28　如何防止直流锅炉水动力的不稳定性？ ···················· 146

12-29　什么叫直流锅炉的脉动现象？有何危害？ ···················· 147

12-30　锅炉蒸发受热面水动力特性不稳定包括哪些方面？ ···················· 147

12-31　什么是水动力特性？ ···················· 147

12-32　什么情况下水动力特性是稳定的？ ···················· 147

12-33　水动力不稳定现象是如何产生的？ ···················· 147

12-34　水动力不稳定现象有何危害？ ···················· 148

12-35　如何分析水平布置蒸发受热面管屏中的水动力特性？ ···················· 148

12-36　造成水平布置蒸发受热面管屏的水动力特性不稳定的根本原因

是什么？ ··· 148

12-37 如何分析垂直布置蒸发受热面管屏的水动力特性？ ········· 149

12-38 为何一次垂直上升管屏的水动力特性是稳定的，也可能出现
类似自然循环锅炉中的停滞和倒流现象？ ················· 149

12-39 防止水动力特性不稳定的措施有哪些？ ·················· 149

12-40 节流圈孔径的大小对水动力特性的影响有何不同？ ········· 150

12-41 锅炉汽包内部主要由哪些装置组成？ ·················· 150

第十三章　锅炉启动 ··· 151

13-1 新安装的锅炉在启动前应进行哪些工作？ ················· 151

13-2 锅炉启动前上水的时间和温度有何规定？为什么？ ········· 151

13-3 什么叫锅炉的点火水位？ ····························· 151

13-4 为什么在锅炉启动过程中要规定上水前后及压力在 0.49MPa 和
9.8MPa 时各记录膨胀指示一次？ ······················· 152

13-5 投用底部蒸汽加热有哪些优点？ ······················· 152

13-6 投用底部蒸汽加热应注意些什么？ ····················· 152

13-7 锅炉启动方式可分为哪几种？ ························· 152

13-8 什么是真空法滑参数启动？ ··························· 153

13-9 什么是压力法滑参数启动？ ··························· 153

13-10 滑参数启动有何特点？ ····························· 153

13-11 锅炉启动前炉膛通风的目的是什么？ ·················· 153

13-12 锅炉启动过程中汽包水位的监控为什么应以差压式水位计为准？ ··· 154

13-13 锅炉启动过程中何时投入和停用一、二级旁路系统？ ········· 154

13-14 为什么锅炉点火前就应投入水膜式除尘器的除尘水？ ········· 154

13-15 为什么锅炉点火初期要进行定期排污？ ·················· 154

13-16 锅炉启动初期为什么要严格控制升压速度？ ··············· 154

13-17 锅炉启动过程中如何控制汽包壁温差在规定范围内？ ········· 155

13-18 为什么锅炉启动后期仍要控制升压速度？ ··············· 155

13-19 锅炉启动过程中如何调整燃烧？ ······················· 155

13-20 热态启动有哪些注意事项？ ··························· 156

13-21 为什么热态启动时锅炉主蒸汽温度应低于额定值？ ········· 156

13-22 锅炉启动燃油时，为什么烟囱有时冒黑烟？如何防止？ ········· 156

13-23 锅炉启动过程中应如何使用一、二级减温器？ ············· 157

13-24 为什么在锅炉启动初期不宜投减温水？ ·················· 157

13-25 为什么在热态启动一级旁路喷水减温不能投用时，主蒸汽
温度不得超过 450℃？ ······························· 157

13-26 锅炉冬季启动初投减温水时，汽温为什么会大幅度下降？
如何防止？ ······································· 158

13-27 锅炉启动过程中，汽温提不高怎么办？ ……………………………… 158

13-28 母管制锅炉具备哪些条件可进行并汽？如何进行并汽操作？ ……… 158

13-29 锅炉水压试验合格的条件是什么？ …………………………………… 159

13-30 为什么锅炉启动前要对主蒸汽管进行暖管？ ………………………… 159

13-31 为什么要进行锅炉的吹管？ …………………………………………… 159

13-32 为什么点火期间，升压速度是不均匀的，而是开始较慢而后
较快？ …………………………………………………………………… 159

13-33 锅炉启动过程中如何防止水冷壁受损？ ……………………………… 160

13-34 锅炉启动过程中如何保护省煤器？ …………………………………… 160

13-35 锅炉启动过程中如何保护过热器？ …………………………………… 160

13-36 在锅炉启动中防止汽包壁温差过大的措施是什么？ ………………… 160

13-37 锅炉点火后应注意什么？ ……………………………………………… 161

13-38 锅炉启动过程中对过热器如何保护？ ………………………………… 161

13-39 什么是直流锅炉的启动压力？启动压力的高低对锅炉有何影响？ …… 161

13-40 直流锅炉启动前为何需进行循环清洗，如何进行循环清洗？ ……… 162

13-41 什么是直流锅炉启动时的膨胀现象？造成膨胀现象的原因是什么？
启动膨胀量的大小与哪些因素有关？ ………………………………… 162

13-42 锅炉启动前的检查有哪些项目？ ……………………………………… 163

13-43 如何进行锅炉的点火操作？ …………………………………………… 164

13-44 锅炉底部蒸汽加热的投入操作如何进行？ …………………………… 165

13-45 自然循环锅炉的上水操作如何进行？ ………………………………… 165

第十四章 锅炉运行 ………………………………………………………………… 166

14-1 锅炉运行调整的主要任务和目的是什么？ …………………………… 166

14-2 锅炉运行中汽压为什么会发生变化？ ………………………………… 166

14-3 如何调整锅炉汽压？ …………………………………………………… 166

14-4 机组运行中在一定负荷范围内为什么要定压运行？ ………………… 167

14-5 运行中汽压变化对汽包水位有何影响？ ……………………………… 167

14-6 锅炉运行时为什么要保持水位在正常范围内？ ……………………… 167

14-7 锅炉运行中汽包水位为什么会发生变化？ …………………………… 168

14-8 如何调整锅炉水位？ …………………………………………………… 168

14-9 为什么要定期冲洗水位计？如何冲洗？ ……………………………… 168

14-10 什么是虚假水位？ ……………………………………………………… 169

14-11 当出现虚假水位时应如何处理？ ……………………………………… 169

14-12 锅炉启动时省煤器发生汽化的原因与危害有哪些？如何处理？ …… 169

14-13 水位计的平衡容器及汽、水连通管为什么要保温？ ………………… 169

14-14 锅炉运行中为什么要控制一、二次汽温稳定？ ……………………… 170

14-15 锅炉运行中引起汽温变化的主要原因是什么？ ……………………… 170

14-16 什么叫热偏差？产生热偏差的原因有哪些？ ……………… 171

14-17 什么叫热力不均？它是怎样产生的？ ……………… 171

14-18 什么叫水力不均？影响因素有哪些？ ……………… 171

14-19 调整过热汽温有哪些方法？ ……………… 171

14-20 调整再热汽温的方法有哪些？ ……………… 171

14-21 再热器事故喷水在什么情况下使用？ ……………… 172

14-22 燃烧调整的主要任务是什么？ ……………… 172

14-23 什么叫锅炉的储热能力？储热能力的大小与什么有关？ …… 172

14-24 锅炉的储热能力对运行调节的影响怎样？ ……………… 172

14-25 什么叫燃烧设备的惯性？与哪些因素有关？ ……………… 173

14-26 一、二、三次风的作用是什么？ ……………… 173

14-27 何谓热风送粉？有何特点？ ……………… 173

14-28 热风再循环的作用是什么？ ……………… 173

14-29 运行中如何保持和调整一次风压（指动压）？ ……………… 173

14-30 运行中如何防止一次风管堵塞？ ……………… 174

14-31 锅炉运行中怎样进行送风调节？ ……………… 174

14-32 二次风怎样配合为好？ ……………… 174

14-33 二次风速怎样配合为好？ ……………… 175

14-34 如何判断燃烧过程的风量调节是否为最佳状态？ ……………… 175

14-35 运行中保持炉膛负压的意义是什么（设计为微正压炉除外）？ … 175

14-36 炉膛负压为何会变化？ ……………… 175

14-37 如何预防结渣？ ……………… 176

14-38 为什么有些锅炉改燃用高挥发分煤易造成一次风管烧红？

如何处理？ ……………… 176

14-39 为什么要定期除焦和放灰？ ……………… 176

14-40 冷灰斗挡板开度过大会造成什么危害？ ……………… 176

14-41 炉膛结焦的原因是什么？ ……………… 177

14-42 炉膛结焦有何危害？ ……………… 177

14-43 如何防止炉膛结焦？ ……………… 177

14-44 为什么要定期切换备用设备？ ……………… 178

14-45 运行中为什么要定期校对水位计？ ……………… 178

14-46 锅炉出灰、除焦时为什么要事先联系？应注意哪些事项？ …… 178

14-47 定期排污有哪些规定？ ……………… 178

14-48 燃烧自动调节或压力自动调节投运注意事项什么？ ……………… 179

14-49 为什么燃烧器四角布置的锅炉应对角投用给粉机？ ……………… 179

14-50 中间储仓式制粉系统启停对汽温有何影响？ ……………… 179

14-51 空气预热器漏风有何危害？ ……………… 179

14-52 回转式空气预热器漏风的原因是什么？ ……………………………… 179

14-53 为什么要对锅炉受热面进行吹灰？ ……………………………… 180

14-54 燃煤水分对煤粉气流着火有何影响？ …………………………… 180

14-55 燃煤灰分对煤粉气流着火有何影响？ …………………………… 180

14-56 燃煤挥发分对煤粉气流着火有何影响？ ………………………… 180

14-57 煤粉细度对煤粉气流的燃烧有什么影响？ ……………………… 180

14-58 为什么正常运行时，水位计的水位是不断上下波动的？ ……… 180

14-59 为什么规定锅炉的汽包中心线以下150mm或200mm
作为水位计的零水位？ ………………………………………… 181

14-60 为什么汽包内的实际水位比水位计指示的水位高？ …………… 181

14-61 什么是干锅时间？为什么随着锅炉容量的增加，干锅时间减少？ …… 182

14-62 为什么增加负荷时应先增加引风量，然后增加送风量，
最后增加燃料量；减负荷时则应先减燃料量，后减送风量，
最后减引风量？ ………………………………………………… 182

14-63 为什么水冷壁管外壁结渣后会造成管子过热烧坏？ …………… 182

14-64 为什么锅炉负荷越大，汽包压力越高？ ………………………… 182

14-65 为什么汽轮机的进汽温度和进汽压力降低时要降低负荷？ …… 183

14-66 为什么锅炉负荷增加，炉膛出口烟温上升？ …………………… 183

14-67 为什么过量空气系数增加，汽温升高？ ………………………… 184

14-68 为什么给水温度降低，汽温反而升高？ ………………………… 184

14-69 为什么汽压升高，汽温也升高？ ………………………………… 185

14-70 为什么煤粉炉出渣时，汽温升高？ ……………………………… 185

14-71 为什么煤粉变粗过热，汽温升高？ ……………………………… 185

14-72 为什么炉膛负压增加，汽温升高？ ……………………………… 186

14-73 为什么定期排污时，汽温升高？ ………………………………… 186

14-74 为什么过热器管过热损坏，大多发生在靠中部的管排？ ……… 186

14-75 为什么过热器管泄漏割除后，附近的过热器易超温？ ………… 187

14-76 为什么蒸汽侧流量偏差容易造成过热器管超温？ ……………… 187

14-77 为什么低负荷时汽温波动较大？ ………………………………… 188

14-78 怎样从火焰变化看燃烧？ ………………………………………… 188

14-79 煤粉气流着火点的远近与哪些因素有关？ ……………………… 188

14-80 煤粉气流着火的热源来自哪里？ ………………………………… 188

14-81 煤粉气流着火点过早或过迟有何影响？ ………………………… 188

14-82 什么是火焰中心？ ………………………………………………… 189

14-83 火焰中心高低对炉内换热影响怎样？ …………………………… 189

14-84 为什么要调整火焰中心？ ………………………………………… 189

14-85 运行中如何调整好火焰中心？ …………………………………… 189

14-86 为什么要监视炉膛出口烟气温度？ …………………………………… 189

14-87 运行中发现排烟过量空气系数过高，可能是什么原因？ ………… 190

14-88 怎样判断空气预热器是否漏风？ ………………………………… 191

14-89 锅炉漏风有什么危害？ …………………………………………… 191

14-90 运行中发现锅炉排烟温度升高，可能有哪些原因？ …………… 191

14-91 烟气的露点与哪些因素有关？ …………………………………… 192

14-92 为什么烟气的露点越低越好？ …………………………………… 193

14-93 什么是主燃料跳闸保护（MFT）？ ……………………………… 193

14-94 什么是 RB 保护？ ………………………………………………… 193

14-95 什么是 FCB 保护？ ……………………………………………… 193

14-96 FSSS 的基本功能有哪些？ ……………………………………… 193

14-97 FSSS 系统由几部分组成？各部分的作用是什么？ …………… 194

14-98 锅炉 MFT 是什么意思？动作条件有哪些？ …………………… 194

14-99 锅炉 MFT 动作现象如何？MFT 动作时联动哪些设备？ ……… 194

14-100 对汽包水位保护的功能有哪些要求？ ………………………… 195

第十五章　锅炉停运及停运后保护 ………………………………………… 197

15-1 锅炉停炉分为哪几种？ …………………………………………… 197

15-2 定参数停炉的步骤是什么？有哪些注意事项？ ………………… 197

15-3 滑参数停炉的步骤是什么？有哪些注意事项？ ………………… 198

15-4 滑参数停炉有何优点？ …………………………………………… 198

15-5 停炉时何时投入旁路系统？为什么？ …………………………… 199

15-6 在停炉过程中怎样控制汽包壁温差？ …………………………… 199

15-7 锅炉熄火后应做哪些安全措施？ ………………………………… 199

15-8 停炉时对原煤仓煤位和粉仓粉位有何规定？为什么要这样规定？ …… 200

15-9 停炉后为什么煤粉仓温度有时会上升？ ………………………… 200

15-10 停用锅炉保护方法的选择原则是什么？ ……………………… 200

15-11 停炉保护的基本原则是什么？ ………………………………… 200

15-12 停炉备用锅炉防锈蚀有哪几种方法？ ………………………… 201

15-13 热炉放水如何操作？ …………………………………………… 201

15-14 停炉过程中加入十八胺的作用是什么？如何操作？ ………… 201

15-15 锅炉停运时的 SW-ODM 药剂保护如何操作？ ……………… 202

15-16 汽轮机关闭一、二级旁路后，为什么要开启再热器冷段疏水
和向空排汽？ …………………………………………………… 202

15-17 锅炉熄火后，为什么风机需继续通风 5min 后才能停止运行？ …… 202

15-18 锅炉正常停运后，为什么要采用自然降压？ ………………… 203

15-19 锅炉停运后回转式空气预热器什么时候停运？ ……………… 203

15-20 冬季停炉后防冻应采取哪些措施？ …………………………… 203

15-21 紧急停炉的步骤是什么? ························· 204

15-22 什么是锅炉的停用腐蚀? 是怎样产生的? ········· 204

15-23 怎样防止或减轻停用腐蚀? ····················· 204

15-24 正常冷却与紧急冷却有什么区别? ··············· 205

15-25 为什么停炉以后,已停电的引、送风机有时仍会旋转? ··· 205

15-26 冷备用与热备用有什么区别? ··················· 206

15-27 锅炉防冻应重点考虑哪些部位? ················· 206

15-28 简述循环流化床锅炉停炉的几种方式。 ··········· 206

15-29 简述循环流化床锅炉正常停炉至冷态的操作要点。 ··· 207

15-30 简述循环流化床锅炉停炉至热备用的操作要点。 ··· 208

15-31 热备用锅炉为何要求维持高水位? ··············· 209

15-32 汽包锅炉的滑参数停炉操作步骤是什么? ········· 209

15-33 汽包锅炉的定参数停炉操作步骤是什么? ········· 210

15-34 直流锅炉的正常停炉操作步骤是什么? ··········· 210

15-35 直流锅炉不投启动分离器的停炉操作是什么? ····· 212

第十六章 辅助设备的运行 ····························· 213

16-1 为什么有的泵入口管上装设阀门,有的则不装? ··· 213

16-2 为什么有的离心式水泵在启动前要加引水? ······· 213

16-3 离心式水泵打不出水的原因和现象分别有哪些? ··· 213

16-4 轴承按转动方式可分几类? 各有何特点? ········· 213

16-5 润滑油对轴承起什么作用? ····················· 214

16-6 辅机轴承箱的合理油位是怎样确定的? ··········· 214

16-7 如何识别真假油位? 如何处理假油位? ··········· 214

16-8 风机启动时应注意哪些事项? ··················· 215

16-9 风机调节挡板的作用是什么? 一般装在何处? ····· 215

16-10 风机振动的原因一般有哪些? ··················· 215

16-11 风机喘振后会有什么问题? 如何防止风机喘振? ··· 216

16-12 如何选择并联运行的离心风机? ················· 216

16-13 什么是离心式风机的特性曲线? 风机实际性能曲线在
转速不变时的变化情况是怎样的? ··············· 216

16-14 风机的启动主要有哪几个步骤? ················· 217

16-15 离心式水泵为什么要定期切换运行? ············· 217

16-16 风机运行中发生哪些异常情况应加强监视? ······· 217

16-17 停运风机时怎样操作? ························· 217

16-18 锅炉运行中单送风机运行,另一台送风机检修结束后
并列过程中有哪些注意事项? ··················· 218

16-19 离心式风机启动前应注意什么? ················· 218

16-20 离心式风机投入运行后应注意哪些问题？ …………………………… 218

16-21 强制循环泵启动前的检查项目有哪些？ …………………………… 218

16-22 为什么闸阀不宜节流运行？ ………………………………………… 219

16-23 膨胀指示器的作用是什么？一般装在何处？ ……………………… 219

16-24 简述联合阀的结构及操作方法。 …………………………………… 219

16-25 水封或砂封的作用是什么？一般装在何处？ ……………………… 219

16-26 锅炉排污扩容器的作用是什么？ …………………………………… 219

16-27 炉膛及烟道防爆门的作用是什么？ ………………………………… 220

16-28 过热器疏水阀有什么作用？ ………………………………………… 220

16-29 制粉系统的任务是什么？ …………………………………………… 220

16-30 制粉设备运行有哪些基本要求？ …………………………………… 220

16-31 钢球磨煤机内的细小钢球及杂物有哪些害处？ …………………… 220

16-32 钢球磨煤机大牙轮应选用什么样的润滑剂？ ……………………… 221

16-33 钢球磨煤机的减速箱是怎样减速的？ ……………………………… 221

16-34 制粉系统为什么要装防爆门？ ……………………………………… 221

16-35 制粉系统再循环门的作用是什么？ ………………………………… 221

16-36 制粉系统的吸潮管起什么作用？ …………………………………… 221

16-37 制粉系统中的锁气器起什么作用？ ………………………………… 221

16-38 锁气器是怎样工作的？ ……………………………………………… 222

16-39 锁气器为什么要串联使用？ ………………………………………… 222

16-40 排粉机的作用是什么？ ……………………………………………… 222

16-41 叶轮式给粉机有哪些优缺点？ ……………………………………… 222

16-42 启停制粉系统时应注意什么？ ……………………………………… 222

16-43 钢球磨煤机空转有哪些危害？ ……………………………………… 222

16-44 影响钢球磨煤机出力有哪些原因？怎样提高磨煤机出力？ ……… 223

16-45 煤粉仓温度高怎样预防和处理？ …………………………………… 223

16-46 影响煤粉过粗的原因有哪些？ ……………………………………… 223

16-47 筒式钢球磨煤机大瓦润滑有哪几种方式？ ………………………… 224

16-48 钢球磨煤机内煤量过多时为什么出力反而会降低？ ……………… 224

16-49 清理木块分离器时，对锅炉运行有何影响？ ……………………… 224

16-50 磨煤机出入口为什么容易着火？ …………………………………… 224

16-51 如何防止制粉系统爆炸？ …………………………………………… 224

16-52 中间储仓式制粉系统运行中，当给煤量增加时风压和磨后
温度怎样变化？为什么？ …………………………………………… 225

16-53 钢球磨煤机在运行中，为什么要定期添加钢球？ ………………… 225

16-54 运行中钢球磨煤机哪些部位容易漏粉？其原因是什么？ ………… 225

16-55 处理钢球磨煤机满煤时，为什么要间断启停磨煤机？ …………… 225

16-56 简述润滑油（脂）的作用。⋯⋯⋯⋯⋯⋯⋯⋯⋯⋯⋯⋯⋯⋯⋯⋯ 226

16-57 强制循环泵的运行检查及维护项目有哪些？⋯⋯⋯⋯⋯⋯⋯⋯ 226

16-58 在细粉分离器下粉管上装设筛网的目的是什么？为什么
筛网要串联两个？⋯⋯⋯⋯⋯⋯⋯⋯⋯⋯⋯⋯⋯⋯⋯⋯⋯⋯⋯⋯ 226

16-59 磨煤机启动条件有哪些？⋯⋯⋯⋯⋯⋯⋯⋯⋯⋯⋯⋯⋯⋯⋯⋯ 226

16-60 简述直吹式制粉系统的启动程序。⋯⋯⋯⋯⋯⋯⋯⋯⋯⋯⋯⋯ 227

16-61 简述直吹式制粉系统的停止顺序。⋯⋯⋯⋯⋯⋯⋯⋯⋯⋯⋯⋯ 227

16-62 简述中间储仓式制粉系统的启动过程。⋯⋯⋯⋯⋯⋯⋯⋯⋯⋯ 227

16-63 简述中间储仓式制粉系统的停止顺序。⋯⋯⋯⋯⋯⋯⋯⋯⋯⋯ 228

16-64 为什么在启动制粉系统时要减小锅炉送风，而停止时
要增大锅炉送风？⋯⋯⋯⋯⋯⋯⋯⋯⋯⋯⋯⋯⋯⋯⋯⋯⋯⋯⋯⋯ 228

16-65 中间储仓式制粉系统启、停时对锅炉工况有何影响？⋯⋯⋯ 228

16-66 磨煤机停止运行时，为什么必须抽净余粉？⋯⋯⋯⋯⋯⋯⋯ 228

16-67 什么是磨煤出力与干燥出力？⋯⋯⋯⋯⋯⋯⋯⋯⋯⋯⋯⋯⋯⋯ 229

16-68 简述磨煤通风量与干燥通风量的作用，两者如何协调？⋯⋯ 229

16-69 影响钢球筒式磨煤机出力的因素有哪些？⋯⋯⋯⋯⋯⋯⋯⋯ 229

16-70 煤粉细度是如何调节的？⋯⋯⋯⋯⋯⋯⋯⋯⋯⋯⋯⋯⋯⋯⋯⋯ 229

16-71 运行中煤粉仓为什么需要定期降粉？⋯⋯⋯⋯⋯⋯⋯⋯⋯⋯⋯ 229

16-72 对于负压锅炉制粉系统哪些部分易出现漏风？⋯⋯⋯⋯⋯⋯ 230

16-73 制粉系统启动前应进行哪些方面的检查与准备工作？⋯⋯⋯ 230

16-74 运行过程中怎样判断磨煤机内煤量的多少？⋯⋯⋯⋯⋯⋯⋯ 230

16-75 钢球磨煤机大瓦烧损的主要原因是什么？如何处理？⋯⋯⋯ 230

16-76 简述电动机过电流的原因及处理方法。⋯⋯⋯⋯⋯⋯⋯⋯⋯⋯ 231

16-77 启动电动机时应注意什么？⋯⋯⋯⋯⋯⋯⋯⋯⋯⋯⋯⋯⋯⋯⋯ 231

16-78 锅炉哪些辅机装有事故按钮？事故按钮在什么情况下使用？
应注意什么？⋯⋯⋯⋯⋯⋯⋯⋯⋯⋯⋯⋯⋯⋯⋯⋯⋯⋯⋯⋯⋯⋯ 232

第十七章 锅炉试验 ⋯⋯⋯⋯⋯⋯⋯⋯⋯⋯⋯⋯⋯⋯⋯⋯⋯⋯⋯⋯⋯⋯ 233

17-1 新装锅炉的调试工作有哪些？⋯⋯⋯⋯⋯⋯⋯⋯⋯⋯⋯⋯⋯⋯ 233

17-2 锅炉机组整体试运行的目的是什么？⋯⋯⋯⋯⋯⋯⋯⋯⋯⋯⋯ 233

17-3 锅炉机组整体试运行应满足什么样的要求才算合格？⋯⋯⋯ 233

17-4 锅炉机组整体试运行中的制粉系统及燃烧初调工作包含哪些内容？⋯ 234

17-5 新机组在试生产阶段的主要任务是什么？⋯⋯⋯⋯⋯⋯⋯⋯⋯ 234

17-6 锅炉冲管的目的是什么？怎样进行冲管？⋯⋯⋯⋯⋯⋯⋯⋯⋯ 234

17-7 新安装的锅炉为什么要进行蒸汽严密性试验？⋯⋯⋯⋯⋯⋯ 235

17-8 为什么要对新装和大修后的锅炉进行漏风试验？⋯⋯⋯⋯⋯ 235

17-9 为什么要对新装和大修后的锅炉进行化学清洗？⋯⋯⋯⋯⋯ 235

17-10 分部试运前应该重点检查哪些项目？⋯⋯⋯⋯⋯⋯⋯⋯⋯⋯ 235

17-11 分部试运应该达到哪些要求才算合格？ 235
17-12 辅机试转时，人应站在什么位置？为什么？ 236
17-13 对阀门、挡板应检查和试验哪些项目？达到什么标准才算合格？ 236
17-14 为什么锅炉进行超水压试验时，应将汽包水位计解列？ 236
17-15 锅炉的漏风试验应具备什么条件？ 237
17-16 如何进行锅炉的正压法漏风试验？ 237
17-17 如何进行锅炉的负压法漏风试验？ 237
17-18 为什么要进行锅炉的水压试验？ 238
17-19 简述锅炉超压试验的规定。 238
17-20 水压试验的试验压力是如何规定的？ 238
17-21 如何进行锅炉水压试验？ 238
17-22 如何进行再热器水压试验？ 239
17-23 水压试验时如何防止锅炉超压？ 239
17-24 安全阀的整定、试验有什么意义？ 239
17-25 各类锅炉不同安全阀的动作压力值是如何规定的？ 240
17-26 安全阀调整的步骤有哪几步？ 240
17-27 新机组在试生产阶段需进行哪些项目的燃烧调整试验？ 240
17-28 锅炉酸洗的目的是什么？怎样进行酸洗工作？ 241
17-29 什么叫冷炉空气动力场试验？ 241
17-30 锅炉检修后启动前应进行哪些试验？ 241
17-31 锅炉热力试验有几种？ 242
17-32 锅炉运行热平衡试验的任务是什么？ 242
17-33 锅炉燃烧试验一般包括哪些内容？试验时应注意什么？ 242
17-34 钢球磨中间储仓制粉系统的试验包括哪些试验？ 243
17-35 炉膛冷态动力场试验目的是什么？观察的方法和观察内容有哪些？ 243
17-36 锅炉大小修后，运行人员验收的重点是什么？ 244
17-37 安全门定值是如何规定的？ 244
17-38 化学清洗的质量标准是如何规定的？ 245
17-39 安全门整定与校验过程中的注意事项有哪些？ 245
17-40 转机试转前的检查准备内容有哪些？ 245
17-41 如何进行锅炉主保护试验？ 246
17-42 如何做锅炉连锁试验？ 246
17-43 为什么水压试验时，如果承压部件泄漏，压力开始下降较快，而后下降较慢？ 248
17-44 为什么要对水压试验的水温和水质加以限制？ 248
17-45 什么是脆性临界转变温度？ 248

22

17-46 为什么锅炉水压降至工作压力时，胀口处有轻微渗水但不滴水珠，水压仍为合格，而焊缝存在任何轻微渗水均为不合格？ …………………………………………………… 248

17-47 锅炉安全阀校验时排放量及起回座压力的有何规定？ …… 249

第十八章 锅炉经济运行 ………………………………………… 250

18-1 运行中影响燃烧经济性的因素有哪些？ ………………… 250

18-2 论述锅炉的热平衡。 ……………………………………… 250

18-3 论述降低火电厂汽水损失的途径。 ……………………… 251

18-4 降低锅炉各项热损失应采取哪些措施？ ………………… 252

18-5 从运行角度看，降低供电煤耗的措施主要有哪些？ …… 253

18-6 简述 300MW 机组锅炉主要参数变化对供电煤耗的影响。 …… 253

18-7 论述机组采用变压运行的主要优点。 …………………… 253

18-8 锅炉效率与锅炉负荷间的变化关系是怎样的？ ………… 254

18-9 汽轮机高温加热器解列对锅炉有何影响？ ……………… 254

18-10 锅炉负荷变化时，其效率如何变化？为什么？ ………… 254

18-11 研究锅炉机组热平衡的目的是什么？ …………………… 255

18-12 什么叫锅炉反平衡效率？发电厂为什么用反平衡法求锅炉效率？ …… 255

18-13 什么是锅炉的净效率？ …………………………………… 255

18-14 与锅炉效率有关的经济小指标有哪些？ ………………… 255

18-15 影响 q_3、q_4、q_5、q_6 的主要因素有哪些？ ……………… 255

18-16 锅炉负荷变化时，其效率如何变化？为什么？ ………… 255

18-17 锅炉运行技术经济指标有哪些？ ………………………… 256

18-18 什么叫制粉电耗？ ………………………………………… 256

18-19 什么叫机组补水率？ ……………………………………… 256

18-20 什么叫发电煤耗和供电煤耗？ …………………………… 256

18-21 什么叫空气预热器的漏风系数和漏风率？ ……………… 256

18-22 回转式空气预热器的漏风系数和漏风率规定值为多少？ …… 257

18-23 什么叫压红线运行？为何要提倡压红线运行？ ………… 257

18-24 运行中从哪几方面降低锅炉排烟热损失？ ……………… 257

18-25 如何减少固体（机械）未完全燃烧热损失？ …………… 257

18-26 如何减少锅炉汽水损失？ ………………………………… 257

18-27 影响散热损失的因素有哪些？ …………………………… 258

18-28 锅炉运行时燃烧器负荷分配的调整原则有哪些？ ……… 258

第四部分 | 故障分析与处理

第十九章 辅机常见故障及处理 …………………………………… 261

19-1 制粉系统在运行中主要有哪些故障？ ……………………………………… 261

19-2 简述制粉系统的自燃和爆炸产生的原因。 …………………………… 261

19-3 影响制粉系统自燃和爆炸的因素有哪些？ ……………………… 261

19-4 煤粉自燃及爆炸的现象有哪些？ ……………………………………… 262

19-5 如何预防煤粉的自燃及爆炸？ ……………………………………… 262

19-6 制粉系统煤粉自燃及爆炸时如何处理？ ……………………………… 263

19-7 制粉系统断煤的原因有哪些？ ……………………………………… 263

19-8 制粉系统断煤的现象有哪些？ ……………………………………… 264

19-9 如何预防制粉系统断煤？ ……………………………………… 264

19-10 制粉系统断煤后如何处理？ ……………………………………… 264

19-11 简述制粉系统磨煤机堵塞的原因、现象及处理方法。 ……………… 264

19-12 简述粗粉分离器堵塞的原因、现象及处理方法。 ………………… 265

19-13 简述一次风管堵塞的原因、现象及处理方法。 ………………… 265

19-14 简述细粉分离器堵塞的原因、现象及处理方法。 ………………… 265

19-15 转动机械易出现哪些故障？应如何处理？ ……………………… 266

19-16 试述回转式空气预热器常见的问题。 ……………………………… 266

19-17 试述影响空气预热器低温腐蚀的因素和对策。 ………………… 266

19-18 回转式空气预热器的密封部位有哪些？什么部位的漏风量最大？ …… 266

19-19 轴承油位过高或过低有什么危害？ ……………………………… 266

19-20 风机喘振有什么现象？ ……………………………………… 267

19-21 风机运行中发生哪些异常情况时应加强监视？ ………………… 267

19-22 引起泵与风机振动的原因有哪些？ ……………………………… 267

19-23 空气压缩机紧急停止的条件有哪些？ …………………………… 267

19-24 直吹式制粉系统在自动投入时，运行中给煤机皮带打滑，
对锅炉燃烧有何影响？ ……………………………………… 268

19-25 中速磨煤机运行中进水有什么现象？ …………………………… 268

19-26 制粉系统为何在启动、停止或断煤时易发生爆炸？ …………… 268

19-27 磨煤机运行时，如原煤水分升高，应注意些什么？ …………… 268

19-28 简述监视直吹式制粉系统中的排粉机电流值的意义。 ………… 268

19-29 简述钢球磨煤机筒体转速发生变化时对钢球磨煤机运行的影响。 …… 269

19-30 为什么筒式钢球磨煤机满煤后电流反而小？ ………………… 269

19-31 转动机械在运行中发生什么情况时，应立即停止运行？ ……… 269

19-32 简述一次风机跳闸后，锅炉 RB 动作过程。 ……………………… 269

19-33 筒型钢球磨煤机满煤有何现象？应如何处理？ ………………… 269

19-34 直吹式锅炉 MFT 连锁动作哪些设备？ ………………………… 270

19-35 如何处理直流锅炉给水泵跳闸？ ………………………………… 270

19-36 锅炉在吹灰过程中，遇到什么情况应停止吹灰或禁止吹灰？ ……… 270

19-37 锅炉吹灰器的故障现象及原因有哪些？ …………………………… 270

第二十章　锅炉事故处理的原则及方法 ……………………………… 272

20-1 什么叫锅炉的可靠性？如何表示？ …………………………… 272
20-2 哪些事故是锅炉的主要事故？ ………………………………… 272
20-3 锅炉事故处理的原则是什么？ ………………………………… 272
20-4 锅炉常见的燃烧事故有哪些？ ………………………………… 273
20-5 锅炉的灭火是怎样形成的？ …………………………………… 273
20-6 灭火与放炮有什么不同？ ……………………………………… 273
20-7 什么叫锅炉的内爆？什么叫锅炉的外爆？ …………………… 273
20-8 灭火放炮对锅炉有哪些危害？ ………………………………… 273
20-9 灭火的原因有哪些？应如何预防？ …………………………… 274
20-10 锅炉灭火的现象是怎样的？ …………………………………… 275
20-11 锅炉灭火后如何处理？ ………………………………………… 275
20-12 烟道再燃烧是如何形成的？ …………………………………… 276
20-13 造成烟道再燃烧的原因及预防措施有哪些？ ………………… 276
20-14 烟道再燃烧的现象是怎样的？ ………………………………… 277
20-15 烟道再燃烧如何处理？ ………………………………………… 277
20-16 锅炉结渣对锅炉运行的危害有哪些？ ………………………… 277
20-17 锅炉结渣为什么会引起过热汽温升高，甚至会招致汽水管爆破？ ……… 277
20-18 锅炉结渣为什么造成掉渣灭火、受热面损伤和人员伤害？ … 278
20-19 锅炉结渣为什么会使锅炉出力下降？ ………………………… 278
20-20 锅炉结渣为什么会使排烟损失增加、锅炉热效率降低？ …… 278
20-21 锅炉结渣的原因有哪些？ ……………………………………… 278
20-22 锅炉燃烧器的设计和布置不当为什么会造成结渣？ ………… 278
20-23 过量空气系数小或风粉混合不良为什么会造成结渣？ ……… 279
20-24 未燃尽的煤粒在炉墙附近或黏到受热面上燃烧对结渣有什么影响？ …… 279
20-25 炉膛高度设计偏低和炉膛热负荷过大对结渣有什么影响？ … 279
20-26 运行人员操作对结渣有什么影响？ …………………………… 279
20-27 如何防止结渣？ ………………………………………………… 280
20-28 省煤器管爆漏的原因有哪些？ ………………………………… 281
20-29 省煤器管爆破有什么现象？如何处理？ ……………………… 281
20-30 过热器与再热器管爆破的原因有哪些？ ……………………… 281
20-31 过热器（再热器）管高温腐蚀有哪些类型？会造成什么结果？ … 281
20-32 过热器（再热器）管超温损坏的原因是什么？ ……………… 282
20-33 过热器管超温的影响因素有哪些？ …………………………… 282
20-34 磨损对过热器（再热器）管爆破有何影响？ ………………… 283

20-35 过热器管与再热器管损坏时有什么现象？应如何处理？ ……………… 283

20-36 过热器管如何防治爆管？ ……………………………………………… 283

20-37 如何防治过热器（再热器）管高温腐蚀？ ………………………… 284

20-38 如何防治过热器（再热器）管超温爆管？ ………………………… 284

20-39 水冷壁管爆破的原因有哪些？ ……………………………………… 284

20-40 水冷壁管腐蚀损坏分为哪些类型？ ………………………………… 285

20-41 水冷壁管内垢下腐蚀是如何形成的？ ……………………………… 285

20-42 水冷壁管外高温腐蚀是如何形成的？ ……………………………… 285

20-43 哪些部位易受磨损导致水冷壁爆管？ ……………………………… 286

20-44 水冷壁膨胀不均匀产生拉裂的原因主要有哪些？ ………………… 286

20-45 水冷壁爆破的现象有哪些？如何处理？ …………………………… 286

20-46 水冷壁爆破如何防治？ ……………………………………………… 287

20-47 炉底水封破坏后，为什么会使过热汽温升高？ …………………… 288

20-48 蒸汽压力变化速度过快对机组有何影响？ ………………………… 288

20-49 如何避免汽压波动过大？ …………………………………………… 288

20-50 虚假水位是如何产生的？过热器安全门突然动作时，汽包

水位会如何变化？ …………………………………………………… 289

20-51 直流锅炉切除分离器时会发生哪些不安全现象？是什么

原因造成的？ ………………………………………………………… 289

20-52 汽包满水的现象有哪些？ …………………………………………… 289

20-53 汽包锅炉发生严重缺水时，为什么不允许盲目补水？ …………… 289

20-54 汽水共腾的现象是什么？ …………………………………………… 290

20-55 如何处理汽水共腾？ ………………………………………………… 290

20-56 汽包壁温差过大有什么危害？ ……………………………………… 290

20-57 锅炉运行中，为什么要经常进行吹灰、排污？ …………………… 290

20-58 固态排煤粉炉渣井中的灰渣为何需要连续浇灭？ ………………… 290

20-59 所有水位计损坏时为什么要紧急停炉？ …………………………… 291

20-60 什么是厂用电？常见的厂用电故障现象有哪些？ ………………… 291

20-61 什么是长期超温爆管？ ……………………………………………… 291

20-62 简述锅炉紧急停炉的处理方法。 …………………………………… 291

20-63 通过监视炉膛负压及烟道负压能发现哪些问题？ ………………… 292

20-64 25 项反措中，防止汽包炉超压超温的规定有哪些？ …………… 292

20-65 部颁规程对事故处理的基本要求是什么？ ………………………… 293

20-66 防止锅炉炉膛爆炸事故发生的措施有哪些？ ……………………… 293

20-67 高压锅炉为什么容易发生蒸汽带水？ ……………………………… 294

20-68 简述减温器故障的现象、原因及处理。 …………………………… 294

20-69 锅炉出现虚假水位时应如何处理？ ………………………………… 294

20-70 简述水锤、水锤危害及水锤防止措施。 ·················· 295

20-71 简述锅炉水位事故的危害及处理方法。 ·················· 295

20-72 锅炉给水母管压力降低，流量骤减的原因有哪些? ·· 296

20-73 造成受热面热偏差的基本原因是什么? ················ 296

20-74 漏风对锅炉运行的经济性和安全性有何影响? ········ 297

第五部分 │ 除尘除灰与烟气脱硫

第二十一章 除尘除灰系统 ·· 301

21-1 电除尘器的工作原理? ······································ 301

21-2 电除尘器按收尘极型式可分为几大类? ················ 301

21-3 双区电除尘器的特点是什么? ···························· 301

21-4 单区电除尘器的特点是什么? ···························· 301

21-5 电除尘器主要由几部分组成? ···························· 301

21-6 板卧式电除尘器本体主要构件有哪些? ················ 301

21-7 何谓电除尘器的电场? ······································ 301

21-8 何谓电除尘器的收尘面积? ······························ 301

21-9 何谓电除尘器的比收尘面积? ···························· 302

21-10 何谓电除尘器的除尘效率? ······························ 302

21-11 电除尘器阳极板的作用是什么? ························ 302

21-12 对电除尘器收尘极板性能的基本要求是什么? ······ 302

21-13 电除尘器阳极板通常有几种悬挂形式? ··············· 302

21-14 通常使用的电除尘器阳极振打装置有哪几种形式? 对阳极振打
装置的基本要求是什么? ································· 302

21-15 电除尘器阴极的作用是什么? ···························· 303

21-16 对电除尘器阴极的基本要求是什么? ··················· 303

21-17 阴极大、小框架的作用是什么? ························· 303

21-18 常用的阴极吊挂装置有几种形式，其作用是什么? ··· 303

21-19 阴极振打装置的作用是什么? ···························· 303

21-20 阴极振打装置中瓷轴的作用是什么? ··················· 304

21-21 电除尘器振打轴与壳体的绝缘是通过什么实现的? ··· 304

21-22 导流板和气流分布板的作用是什么? ··················· 304

21-23 何谓电袋复合型除尘器? 有什么优点? ··············· 304

21-24 简述电袋除尘器的工作原理。 ···························· 304

21-25 简述电袋复合型除尘器的技术特点。 ··················· 304

21-26 电除尘器除尘效率在运行中主要受哪些因素的影响? 305

21-27 简述袋式除尘器在影响电除尘器因素工况下的优点。 306

21-28 除灰系统在火力发电厂的地位是什么？ ……………………………… 306
21-29 按照输送介质划分，火电厂除灰系统分为哪几种类型？ ………… 306
21-30 水力除灰系统的组成部分及优、缺点是什么？ …………………… 307
21-31 简述气力除灰系统的组成部分及其特点。 ………………………… 307
21-32 简述正压气力输送系统的组成部分及其特点。 …………………… 307
21-33 简述低正压气力输送系统的组成部分及其特点。 ………………… 307
21-34 简述负压气力除灰系统的工作原理及其特点。 …………………… 308
21-35 简述空气斜槽除灰系统的工作原理及特点。 ……………………… 308
21-36 低正压气力除灰系统中的主要设备是什么？并论述其工作原理。 …… 309
21-37 正压气力除灰系统中的关键设备及其特点是什么？ ……………… 309
21-38 正压浓相气力输灰系统的组成及其工作原理是什么？ …………… 309
21-39 双套管除灰系统的特点是什么？ …………………………………… 309
21-40 负压气力除灰系统的关键设备及其作用和组成是什么？ ………… 310
21-41 在负压气力输灰系统中如何避免真空泵或罗茨风机受到
       飞灰磨损？ …………………………………………………………… 310
21-42 气力除灰系统中灰库的作用是什么？ ……………………………… 310
21-43 除灰系统中泵的分类有哪几种？ …………………………………… 310
21-44 水力除灰系统由哪几部分组成？ …………………………………… 310
21-45 高浓度水力除灰系统主要由哪些设备组成？ ……………………… 311
21-46 高浓度水力除灰系统的特点是什么？ ……………………………… 311
21-47 水力除灰管道结垢的原因是什么？ ………………………………… 311
21-48 水力除灰管道结垢后，常用的除垢方法有哪些？ ………………… 311
21-49 启动电除尘器前有哪些检查项目？ ………………………………… 312
21-50 锅炉点火前对电除尘器低压系统的投入运行有哪些具体要求？ … 313
21-51 电除尘器高压系统启动操作的基本要求及步骤有哪些？ ………… 313
21-52 运行中的电除尘器巡回检查路线是什么？ ………………………… 313
21-53 电除尘器巡回检查内容与标准是什么？ …………………………… 314
21-54 停止电除尘器运行的操作步骤有哪些？ …………………………… 315
21-55 遇有哪些情况时应紧急停止电除尘器的运行？ …………………… 315
21-56 电除尘器高压回路接地的现象及原因有哪些？ …………………… 315
21-57 电除尘器电场短路的现象及原因有哪些？ ………………………… 315
21-58 电除尘器高压回路开路的现象及原因有哪些？ …………………… 316
21-59 电除尘器发生电晕封闭时的现象及原因有哪些？ ………………… 316
21-60 电除尘器高压控制系统晶闸管回路不对称运行时的现象及
       原因有哪些？ ………………………………………………………… 316
21-61 电除尘器电场发生不完全短路时的现象及原因有哪些？ ………… 317
21-62 电除尘器高压硅整流变压器发生短路时的现象及原因有哪些？ …… 317

21-63 电除尘器高压控制柜开关重合闸失败的现象及原因有哪些？ ············ 317

21-64 电除尘器电场闪络过于频繁，除尘效率降低的原因有哪些？ ·········· 317

21-65 烟囱排尘浓度突然增大并变黑或变白，高压控制柜一、

二次电压降低，一、二次电流增大的原因有哪些？ ············· 318

21-66 振打电动机及其传动装置运行正常，但振打轴不转的原因有

哪些？ ·· 318

21-67 振打程控器报警，指示灯灭或部分振打电动机停运的原因有

哪些？ ·· 318

21-68 振打减速机振动大，声音异常，油温较高的原因有哪些？ ······ 318

21-69 电袋复合式除尘器运行前的准备工作有哪些？ ··················· 319

21-70 电袋复合式除尘器启动操作步骤有哪些？ ·························· 320

21-71 电袋复合式除尘器停运操作步骤有哪些？ ·························· 320

21-72 电袋复合式除尘器运行中的调整原则是什么？ ··················· 320

21-73 电袋复合式除尘器运行调整的主要项目及标准是什么？ ············· 321

21-74 电袋复合式除尘器发生糊袋的原因有哪些？ ······················ 322

21-75 正压气力输灰系统启动前的检查、启动步骤、停止步骤、

运行中的维护主要有哪些内容？ ······································ 322

21-76 负压气力输灰系统启动前的检查、启动步骤、停止步骤、

运行中的维护主要有哪些内容？ ······································ 323

21-77 正压气力除灰系统运行中的注意事项有哪些？ ··················· 325

21-78 灰浆泵启动前的检查、启动步骤、运行中的检查、停止

步骤及要求有哪些？ ··· 325

21-79 搅拌器启动前的检查、启动步骤、运行中的检查、停止

步骤及要求有哪些？ ··· 326

21-80 浓缩机（池）启动前的检查、启动步骤、运行中的检查、

停止步骤及要求有哪些？ ··· 327

21-81 柱塞泵启动前的检查、启动步骤、运行中的检查、停止

步骤及要求有哪些？ ··· 328

21-82 箱式冲灰器启动前的检查、启动步骤、运行中的检查、停止

步骤及要求有哪些？ ··· 329

21-83 运行中的柱塞泵突然跳闸的原因、现象及处理方法是什么？ ·········· 329

21-84 运行中的柱塞泵传动箱内有异声的原因及处理方法是什么？ ······ 330

21-85 电除尘器运行中的调整内容及原则有哪些？ ······················ 330

21-86 当锅炉负荷高、粉尘量大和锅炉负荷低、粉尘量较少的情况下

应如何调节电除尘器的运行工况？ ··································· 330

21-87 当电除尘器双侧振打一侧故障时应如保调整电除尘器的运行

工况？ ·· 331

21-88 当电除尘器电场中 CO 浓度过高时应如何调整电除尘器的运行
工况？ ··· 331
21-89 当灰斗高料位自动排灰信号失灵时应如保调整电除尘器的运行
工况？ ··· 331
21-90 电除尘器试验的主要目的是什么？ ·· 331
21-91 电除尘器的主要试验项目有哪些？ ·· 331
21-92 影响电除尘器效率的主要因素有哪些？ ······································ 331
21-93 电除尘器气流分布均匀性试验的要求有哪些？ ······························ 332
21-94 电除尘器振打性能试验的要求有哪些？ ······································ 332
21-95 电除尘器电场 U-I 特性试验的目的是什么？ ································· 332
21-96 电除尘器电场 U-I 特性试验的操作步骤及要求有哪些？ ····················· 332
21-97 电除尘器漏风试验的目的是什么？ ·· 333
21-98 电除尘器阻力试验的目的是什么？ ·· 333
21-99 电袋复合式除尘器布袋阻力上升很快的原因及处理办法有哪些？ ····· 333
21-100 电袋复合式除尘器气包压力报警的原因及处理方法有哪些？ ······· 333
21-101 除尘器灰斗内出现异物的原因及处理方法有哪些？ ··············· 334
21-102 气力输灰系统发送设备装料超时或装料不到位有什么处理方法？ ··· 334
21-103 气力输灰系统输送超时的危害及发生原因有哪些？ ··············· 334
21-104 气力系统输灰不畅的原因、现象及处理方法有哪些？ ············· 335
21-105 气力输灰管道泄漏的原因及处理方法有哪些？ ··················· 335
21-106 水力除灰管道结垢的原因及处理方法有哪些？ ··················· 335

第二十二章 脱硫系统 ·· 337
22-1 目前较成熟的烟气脱硫技术有几类，其特点是什么？ ··············· 337
22-2 按照烟气脱硫工艺在生产中所处的部位可划分为几类？ ············· 337
22-3 石灰石—石膏湿法脱硫的工艺流程是什么？ ····················· 337
22-4 石灰石—石膏湿法脱硫工艺对吸收剂的要求是什么？ ··············· 337
22-5 喷雾干燥法脱硫的工艺流程是什么？ ··························· 337
22-6 炉内喷钙加尾部增活化器脱硫的工艺流程是什么？ ··············· 338
22-7 循环流化床锅炉脱硫的工艺流程是什么？ ······················· 338
22-8 海水脱硫工艺的原理是什么？ ······························· 338
22-9 电子束照射烟气脱硫工艺的原理及流程是什么？ ················· 339
22-10 石灰石—石膏湿法烟气脱硫岛的主要设备有哪些？ ··············· 339
22-11 石灰石—石膏湿法脱硫工艺由哪些系统组成？ ··················· 339
22-12 石灰石—石膏湿法脱硫工艺系统分散控制系统（DCS）
由哪些子系统构成？ ····································· 339
22-13 石灰石—石膏湿法脱硫工艺系统分散控制系统（DCS）
的功能有哪些？ ··· 339

22-14 脱硫系统启动前的检查有哪些内容？ ················· 339

22-15 启动脱硫系统的顺序及步骤是什么？ ················· 340

22-16 脱硫系统运行中总的注意事项有哪些？ ················· 342

22-17 脱硫设施运行中各系统设备的检查、维护内容及要求有哪些？ ········ 343

22-18 分析脱硫效率低的原因及解决方法有哪些？ ················· 345

22-19 分析吸收塔内浆液浓度增大的原因及解决方法有哪些？ ·········· 346

22-20 分析脱硫石膏质量差的原因及解决方法有哪些？ ··············· 347

22-21 分析吸收塔液位异常的原因及处理方法有哪些？ ··············· 347

22-22 分析 pH 计指示不准的原因及处理方法有哪些？ ·············· 348

22-23 分析石灰石浆液密度异常的原因及处理方法有哪些？ ············ 348

22-24 分析造成真空皮带脱水机系统故障的原因及处理方法有哪些？ ········ 348

22-25 GGH 设备启动前的检查、启动步骤、停运步骤有哪些内容？ ········ 349

22-26 GGH 设备的运行维护内容主要有哪些？ ················· 350

22-27 增压风机启动前的检查、启动步骤、停运步骤有哪些内容？ ········ 351

22-28 增压风机常见故障的现象、发生原因及处理方法有哪些？ ·········· 352

22-29 石膏脱水机启动前有哪些检查内容？ ················· 353

22-30 石膏脱水机常见故障的现象、发生原因及处理方法有哪些？ ········· 353

22-31 脱硫系统长期停运的操作步骤及要求有哪些？ ················ 354

22-32 脱硫系统短期停运的操作步骤及要求有哪些？ ················ 356

22-33 脱硫系统冷态调试的目的是什么？ ················· 357

22-34 脱硫系统试验前应具备哪些条件？ ················· 357

22-35 脱硫系统试验的内容有哪些？ ················· 357

22-36 脱硫系统的试验步骤是什么？ ················· 358

22-37 哪些情况发生时必须紧急停运脱硫烟气系统？ ················ 358

22-38 脱硫系统高压电源失电的现象、原因、处理方法是什么？ ·········· 359

22-39 脱硫系统 380V 电源失电的现象、原因、处理方法是什么？ ········ 359

22-40 脱硫增压风机故障的现象、原因、处理方法是什么？ ············ 360

22-41 吸收塔循环泵全部跳闸的现象、原因、处理方法是什么？ ·········· 360

22-42 脱硫系统发生火灾时的现象及处理方法是什么？ ·············· 361

火电厂生产岗位技术问答

锅炉运行

第一部分

岗位基础知识

第一章 锅 炉 分 类

1-1 何谓锅炉？锅炉是由什么设备组成的？

答：锅炉中的锅是指在火上加热的盛汽水的压力容器，炉是指燃料燃烧的场所。通常把燃料的燃烧、放热、排渣称为炉内过程，把工质水的流动、传热、化学变化等称为锅内过程。

锅炉本体由汽包、受热面、连接管道、烟道、风道、燃烧设备、构架、炉墙、除渣设备等组成。锅炉辅助设备由燃料供应系统、给水系统、通风系统、煤粉制造系统、除尘系统、水处理系统、控制保护系统等组成。本体系统与辅助系统组成了锅炉机组。

1-2 锅炉参数包括哪些方面？如何定义？

答：锅炉参数包括锅炉容量、过热蒸汽参数、再热蒸汽参数和给水温度。

锅炉容量指锅炉蒸发量，是用来表示锅炉供热能力的指标，分为额定蒸发量和最大连续蒸发量两种。过热蒸汽参数指锅炉过热器出口处的额定过热蒸汽压力、温度。再热蒸汽参数指再热蒸汽进入锅炉再热器的蒸汽压力、温度和锅炉再热器出口处额定再热蒸汽压力、温度。给水温度指给水进入锅炉省煤器入口处的温度。

1-3 锅炉本体的布置形式有哪些？按照锅炉蒸发受热面内工质流动方式分为哪几种？

答：锅炉的布置形式主要有Ⅱ型布置、Γ型布置、箱型布置、塔型布置、半塔型布置等。

按照锅炉蒸发受热面内工质流动方式分为自然循环锅炉、控制循环锅炉、直流锅炉及复合循环锅炉。

1-4 Ⅱ型布置锅炉有何优缺点？

答：Ⅱ型布置是电站锅炉采用最多的炉型，由垂直柱体炉膛、水平烟道和下行对流烟道组成。采用Ⅱ型布置方案，锅炉高度降低，安装起吊方便；受热面易于布置成逆流传热方式；送风机、引风机、除尘器等笨重设备都可以实现低位布置，可以采用简便的悬吊结构，减轻了厂房和锅炉构架的负载。Ⅱ型布置锅炉的主要缺点是占地较大；烟道转弯易引起飞灰对受热面的局部磨损；转弯气室部分难以利用，当燃用发热量低的劣质燃料时，尾部对流受热面可能布置不下。无水平烟道Ⅱ型布置可缩小占地面积；双折焰角Ⅱ型布置则可改善烟气在水平烟道的流动状态，利用转弯烟道的空间，布置更多的受热面。

1-5　塔型布置锅炉有何优缺点？

答：塔型布置的锅炉对流烟道布置在炉膛上方，锅炉笔直向上发展，取消了不宜布置受热面的转弯室。因此，采用塔型布置方式的锅炉占地面积小；锅炉对流烟道有自身通风的作用，烟气阻力有所降低；烟气在对流受热面中不改变流动方向，故烟气中的飞灰不会因离心力而集中造成受热面的磨损，对于多灰燃料非常有利，但是塔型锅炉高度很大，过热器、再热器和省煤器都布置得很高，汽、水管道比较长；在塔型布置中，空气预热器、送风机、引风机、除尘器和烟囱都采用高位布置（布置在锅炉顶部），加重了锅炉构架和厂房的负载，使造价提高。为了减轻传动机械和笨重设备施加给锅炉和厂房的载荷，有时也把空气预热器、送风机、引风机、除尘器等布置在地面，形成半塔型布置。

1-6　箱型布置锅炉有何优缺点？

答：箱型布置锅炉主要用于容量较大的燃油、燃气锅炉。其优点是除空气预热器外的各个受热面部件都布置在一个箱型炉体中，结构紧凑，占地面积小，密封性好；缺点是锅炉较高，卧式布置的对流受热面的支吊结构复杂，制造工艺要求高。

1-7　自然循环锅炉有何特点？

答：自然循环锅炉最主要的特点是有一个汽包，锅炉蒸发受热面通常就是由许多管道组成的水冷壁。汽包是省煤器、过热器、蒸发受热面的分隔容器，所以给水的预热、蒸发和蒸汽过热等各个受热面有明显的分界。

汽包中装有汽水分离装置，从水冷壁进入汽包的汽水混合物既在汽包中的汽空间，也在汽水分离装置中进行汽水分离，以减少饱和蒸汽带水。锅炉的水容量及其相应的蓄热能力较大，负荷变化时，汽包水位与蒸汽压力变化速度慢，对机组调节要求较低。但由于水容量大，加上汽包壁厚，故受热与冷却都不易均匀，使启停速度受限制。水冷壁管出口含汽率低，对较大的含盐量可以进行排污，故对蒸汽品质要求可低些。金属消耗量大，成本高。

1-8　以 SG-1025/18.1-M319 型锅炉为例说明Ⅱ型亚临界参数自然循环锅炉本体布置的概况。

答：锅炉本体采用单炉膛Ⅱ型布置，一次中间再热，燃用煤粉，燃烧制粉系统为钢球磨煤机中间储仓式热风送粉，四角布置切圆燃烧方式，并采用直流式宽调节比摆动燃烧器（简称 WR 燃烧器），分隔烟道挡板调节再热蒸汽温度，平衡通风，全钢结构，半露天岛式布置，固态机械除渣。

炉顶中心标高为 59 000mm，汽包中心线标高为 63 500mm，炉膛四周布置了膜式水冷壁。炉膛上部布置了四大片分隔屏，分隔屏的底部距最上层一次风煤粉喷口中心高度为 21 160mm，这对燃用低挥发分的贫煤（本锅炉的设计燃料）有足够的燃尽长度。为使着火和燃烧稳定，除采用 WR 燃烧器外，还在燃烧器四周水冷壁上敷设了适当的燃烧带（或称卫燃带）。在分隔屏之后及炉膛折焰角上方，分别布置有后屏及高温过热器。水平烟道深度为 4500mm，其中布置有高温再热器。水平烟道的底部不是采用水平结构，而是向前倾斜，其优点是可以减轻水平烟道的积灰。

尾部垂直烟道（后烟井）为并联双烟道，即分隔成前、后两个烟道，总深度为 12 000mm。前烟道深度 5400mm，为低温再热器烟道；后烟道深度为 6600mm，为低温过热器烟道。在低温过热器下方布置了单级省煤器。

过热蒸汽温度用两级喷水减温器来调节；而再热蒸汽温度是通过烟气挡板开度的改变调节尾部烟道中前、后两个烟道的烟气量来实现的。尾部烟道下方设置两台转子直径为 φ10 330 的转子转动的三分仓回转式空气预热器，可使锅炉本体布置紧凑，节省投资。

水冷壁下集箱中心线标高为 7550mm，炉膛冷灰斗下方装有 2 台碎渣机和机械捞渣机。

锅炉构架为全钢高强度螺栓连接钢架，除空气预热器和机械出渣装置以外，所有锅炉部件都悬吊在炉顶钢架上。为方便运行人员操作，在锅炉标高 32 200mm，G 排至 K 排柱间放置了燃烧室区域的防雨设施。汽包两端设有汽包小屋室等露天保护设施，炉顶上装有轻型大屋顶。

锅炉设有膨胀中心和零位保护系统，锅炉深度和宽度方向上的膨胀零位设置在炉膛深度和宽度中心线上，通过与水冷壁管相连钢性梁上的止晃装置，与钢梁相通构成膨胀零点。垂直方向上的膨胀零点则设在炉顶大罩壳上，所有受压部件吊杆杆与膨胀零点有联系。对位移最大的吊杆均设置了预进量，以减少锅炉运行时产生的吊杆应力。

锅炉采用一次全密封结构，炉顶、水平烟道和炉膛冷灰斗的底部均采用大罩壳热密封结构，以提高锅炉本体的密封性和美观性。

1-9　以 SG-1025/18.1-M319 型锅炉为例说明Ⅱ型亚临界参数自然循环锅炉汽水流程布置的概况。

答：（1）给水系统。给水通过汽轮机回热加热系统，从给水泵进入锅炉的给水系统。锅炉给水系统包括 100% 的主给水和 30% 的旁路给水 2 条并联管路，再以单路进入省煤器进口集箱的左端。两条并联给水管路中分别装有主给水电动闸阀、气动主调节阀和旁路电动闸阀、旁路电动调节阀。

（2）水循环系统。从调速给水泵来的给水，以单路进入省煤器进口集箱的左端，经省煤器加热至低于饱和温度（即用非沸腾式省煤器），从省煤器出口集箱两端引出，并在省煤器出口连接管道的终端汇总后，分 3 路进入汽包内下部的给水分配管，再进入锅炉的水循环系统。

锅炉的水循环系统包括汽包、大直径下降管、分配器、水冷壁管、引出管和引入管等。来自省煤器的未沸腾水，进入汽包内沿汽包长度布置的给水分配管中，分 4 路直接分别进入 4 根大直径下降管的管座。使从省煤器来的欠焓水和锅水直接在下降管中混合，可以避免给水与汽包内壁金属接触，减少了汽包内外壁和上下壁的温差，对启动和停炉时有利，可以减少相应产生的热应力。

在 4 根下降管的下端均接有一个分配器，每个分配器分别与 24 根引入管相连（共 96 根引入管）。引入管把欠焓水分别送入炉室前、后墙及两侧墙的水冷壁下集箱，然后流经四面墙的水冷壁中。水在水冷壁管中向上流动，不断受热而产生蒸汽，形成汽水混合物，经 106 根引出管引入汽包中。锅水通过装在汽包中的轴流式旋风分离器和立式波形板汽水进行良好的分离。分离后的锅水再次进入下降管，而干饱和蒸汽则被 18 根连接管引入顶棚过热器进口集箱，从而进入过热蒸汽系统。

为了防止锅炉在启动过程中省煤器管内产生汽化，因此在汽包和省煤器进口集箱之间设置一条省煤器再循环管。

（3）过热蒸汽系统。在 SG-1025/18.1-M319 型锅炉的过热蒸汽系统中，饱和蒸汽从汽包引出管到顶棚过热器进口集箱，然后分成两路，绝大部分蒸汽（占 MCR 工况流量的 81.5% 的蒸汽）引至前炉顶管，再进入顶棚过热器出口集箱，其余 18.5%MCR 流量的蒸汽经旁通短路管直接引出顶棚过热器出口集箱。采用这种蒸汽旁通方法，可使前炉顶管的蒸汽质量流速降低至 1100kg/（m² · s）以内，以减少阻力损失。蒸汽从顶棚过热器出口集箱出来后分成 3 路：第一路进入后部烟道前墙包覆管，再引入后烟井环形下集箱的前部；第二路经后炉顶至后烟井后墙包覆管，再进入后烟井环形下集箱的后部；第三路则组成低温再热器的悬吊管，从上而下流至后烟井中间隔墙的下集箱，并经后烟井中间隔墙的管屏汇合至隔墙出口集箱。第一、二路蒸汽在汇合在环形下集箱以后，分别流经水平烟道两侧墙包覆管和后烟井两侧墙包覆管，再汇集在隔墙出口集箱。这样，全部三路蒸汽都汇集在隔墙出口集箱后，再通过2排向下流动的低温过热器悬吊管进入低温过热器的进口集箱。在低温过热器中，蒸汽自下而上与烟气作逆向流动传热，加热后至低温过热器出口集箱，经三通混合成一路后通往第一级喷水减温器，并再次分成两路从炉顶左右两侧的连接管道进入2个分隔屏进口集箱。每一个分隔屏进口集箱连接两大片分隔屏，蒸汽在分隔屏中加热后，被引入2个分隔屏出口集箱，由2根连接管引入后屏进口集箱。在20片后屏内，蒸汽受热后再汇集在后屏出口集箱，经两路通过第二级喷水减温后又汇总成一路，使蒸汽得到充分交叉混合后，进入高温过热器进口集箱。在高温过热器中，蒸汽作最后加热，达到额定汽温，从出口集箱通过一根主蒸汽管道引至汽轮机的高压缸。这样，整个过热器系统经过两次充分混合，可使两侧汽温偏差值降低。布置二级喷水减温装置，也有利于调节左右两侧汽温不同的热偏差，增加运行调节的灵活性。

（4）再热蒸汽系统。在SG-1025/18.1-M319型锅炉的再热蒸汽系统中，从汽轮机高压缸来的蒸汽，在汽轮机高压缸做功后，压力和温度都降低了。这些蒸汽首先通过锅炉两侧的两根管道引入再热器的事故喷水减温器，以防止从高压缸来的过高温度的排汽进入再热器，使再热器管子过热烧坏。然后蒸汽进入低温再热器的进口集箱，再进入水平布置的低温再热器管系，经加热后向上流动至转弯室上面，进入低温再热器出口集箱，再进入高温再热器入口集箱。在低温再热器出口集箱引出的管道上，装有微量喷水减温器，以调节低温再热器出口蒸汽的左右侧温度偏差，使进入高温再热器的蒸汽温度比较均匀。然后蒸汽进入高温再热器进口集箱，蒸汽经高温再热器管系加热至额定温度后，引至高温再热器出口集箱，然后分两路引出至汽轮机中压缸，继续做功。

1-10 何为强制循环锅炉？蒸发系统流程如何进行？

答： 蒸发受热面内的工质除了依靠水与汽水混合物的密度差以外，主要依靠锅炉水循环泵的压头进行循环的锅炉，称为强制循环锅炉，又称辅助循环锅炉。在水冷壁上升管入口处加装节流圈的大容量强制循环锅炉，又称为控制循环锅炉。

蒸发系统流程是：水从汽包通过集中下降管后，再经循环泵送进水冷壁下集箱，再进入带有节流圈的膜式水冷壁；受热后的汽水混合物最后进入汽包。

1-11　强制循环锅炉有何特点？

答：强制循环锅炉的特点是：

（1）由于装有循环泵，因此其循环推动力比自然循环大好几倍。

（2）可以任意布置蒸发受热面，管子直立、平放都可以，所以锅炉形状与受热面能采用比较好的布置方案。

（3）循环倍率低。

（4）由于循环倍率低，循环水量较小，因此可以采用蒸汽负荷较高、阻力较大的旋风分离装置，以减少分离装置的数量和尺寸，从而减小汽包直径。

（5）蒸发受热面中可以保持足够高的质量流速，使循环稳定，不会发生循环停滞和倒流等故障。

（6）循环泵所消耗的功率一般为机组功率的 0.2%～0.25%。

（7）锅炉能快速启停。

（8）循环泵的使用增加了制造费用。

1-12　以 1025t/h 锅炉为例说明 Ⅱ 型亚临界参数控制循环锅炉总体布置的概况。

答：1025t/h 控制循环锅炉是由上海锅炉厂按照美国燃烧工程公司技术，并在它的指导下设计、制造的。锅炉采用国内外通常采用的单汽包、单炉膛的 Ⅱ 型总体布置型式，炉前布置 3 台锅水循环泵，炉后布置 2 台三分仓转子转动回转式空气预热器。

锅炉的钢架为全钢结构，并用高强度螺栓连接的绕带式刚性梁结构。刚性结构中设置了 3 层导向装置，以满足锅炉的膨胀要求。刚性梁分布为炉膛部分 23 层、尾部 16 层。

锅炉采用全悬吊结构，炉顶大板梁的高度为 65 550mm，汽包中心线标高为 57 800mm，燃烧器顶排标高为 25 430mm（它与屏式过热器底部距离为 18 280mm），省煤器给水进口管路标高 27 600mm，再热蒸汽进口管标高 37 340mm。

炉膛截面为长方形，深度为 12 330mm，宽度为 14 022mm。在炉膛上部悬吊着 4 排分隔屏过热器，每排由 6 片屏组成，共 24 个分隔屏。屏间横向节距为 2780mm，管间纵向节距为 60mm。在分隔屏过热器之后，炉膛折焰角上方布置了 20 排后屏过热器。后屏过热器的横向节距为 684mm，纵向节距为 63mm。水平烟道内布置有末级再热器和末级过热器，而低温对流过热器则水平布置在尾部垂直烟道的上部，其后布置了单级省煤器。

锅炉的再热器系统由墙式再热器、屏式再热器和末级对流再热器组成。墙式再热器布置在炉膛上部的前墙和两侧墙上，靠近水冷壁管，将这部分水冷壁管遮挡住。在后屏过热器之后、炉膛后墙折焰角之上布置了 30 排屏式再热器，其横向节距为 456mm，纵向节距为 73mm。60 排末级对流再热器则布置在水平烟道内，它们由 30 排屏式再热器直接连接而成，中间没有集箱。

在锅炉尾部烟道的下方布置了 2 台型号为 Z-29Ⅵ-(T)-1676 的三分仓转子转动回转式空气预热器，直径为 10 330mm，外壳高度为 1778mm，转子受热元件高 1676mm。整个横截面分为烟气、一次风和二次风 3 个通流区，相邻流道之间设有 3 个惰性区。

锅炉采用四角布置、切圆燃烧摆动式直流燃烧器，沿高度方向分 5 层布置。每角燃烧器风箱内设有 3 层启动及暖炉用的油枪，每角燃烧器通过控制杆由气动装置驱动，燃烧器喷嘴能上下摆动 30°燃烧器风箱与水冷壁组装成一体，运行时随水冷壁一起膨胀。

制粉系统采用配 CE 公司技术生产的 RP 中速碗式磨煤机的正压直吹式制粉系统。

锅炉采用水力定期出渣方式。水力排渣槽为双 Y 形结构，与水冷壁之间采用水密封。灰渣斗容量能满足炉膛 12h 的排渣量。出渣口布置有碎渣机，碎渣的粒度尺寸为 25mm。

锅炉采用程序吹灰，炉膛布置有 88 个旋转式吹灰器，分成 5 行排列。对流烟道布置有 36 个长行程伸缩式吹灰器，每台回转式空气预热器的烟气出口处各装有 1 个长行程伸缩式吹灰器。

在炉膛后墙水冷壁折焰角之前装有 2 个温度探枪，以监视炉膛出口（即屏式过热器下）的烟温。

锅炉配有炉膛安全监督系统（FSSS）和机组协调控制系统（CCS）。

1-13 以 1025t/h 锅炉为例说明Ⅱ型亚临界参数控制循环锅炉汽水流程布置的概况。

答：(1) 给水系统。锅炉给水经止回阀、截止阀，通过省煤器进口连接管道，进入省煤器进口集箱，分配到省煤器蛇形管内，经加热后至省煤器中间集箱，再引至省煤器悬吊管，集中到省煤器出口集箱，通过省煤器出口连接管引入汽包。

(2) 水循环系统。1025t/h 控制循环锅炉的水循环系统由汽包、大直径下降管、循环泵、环形下水包（集箱）、水冷壁、水冷壁出口集箱和汽水混合物引出管等组成。

给水通过省煤器进入汽包，通过 4 根大直径下降管和引入集箱等的连接，锅水流经 3 台循环泵，提高压头后经出口阀和 6 根出口管，由炉前送至前、后及两侧组成的环形下集箱，作为水冷壁的进口集箱，以分配四面墙水冷壁回路的供水。

前墙下环形下集箱的水流经装有节流圈的前墙水冷壁管子，吸热后进入前墙上集箱，通过前墙引出管进入汽包。两侧墙下环形下集箱的水流经装有节流圈的两侧墙水冷壁，吸热后进入两侧墙上集箱，通过两侧墙上集箱引出管进入汽包。后墙下环形下集箱的水流经装有节流圈的后墙水冷壁管子到后墙悬吊管，进入后墙悬吊管出口集箱，然后分成三路，第一路通过后墙悬吊管出口集箱引出管直接进入汽包；第二路通过折焰角底管进入屏管，至后墙上集箱，通过引出管进入汽包；第三路通过炉腔延伸侧墙包覆管至两侧墙上部集箱，通过引出管进入汽包。

(3) 过热蒸汽系统。1025t/h 控制循环锅炉的过热器是由顶棚过热器、包覆管过热器、低温对流过热器、分隔屏过热器以及末级高温对流过热器等组成的辐射—对流式多级过热器。

1025t/h 控制循环锅炉的过热蒸汽系统流程中，汽包送出的饱和蒸汽由连接管引至顶棚过热器进口集箱，经此集箱引出的饱和蒸汽分成两部分，其中约 34%的蒸汽由旁通管引到尾部烟道两侧包覆管过热器进口集箱，其余66%经顶棚过热器管后进入出口集箱。尾部烟道两侧墙包覆管的进、出口集箱内均有隔板，由炉顶棚过热器出口集箱送至尾部烟道两侧墙包覆管进口集箱的蒸汽分别经尾部烟道两侧的侧前和侧后的管系加热后进入出口集箱。

尾部烟道两侧墙包覆管前半部管的蒸汽经出口集箱的前部进入尾部烟道前墙包覆管的进口集箱，蒸汽在此被分成两部分，一部分经连接管进入水平烟道两侧包覆管的进口集箱，再经水平烟道两侧包覆管，加热后的蒸汽由连接管送至水平烟道两侧包覆管的出口集箱，进入尾部烟道出口集箱；另一部分进入尾部烟道前墙包覆管，然后进入尾部烟道前墙包覆管的出口集箱。在此尾部烟道前墙包覆管出口集箱中集中的蒸汽，经尾部烟道的炉顶过热器，再经尾部烟道后墙上部包覆管进入低温对流过热器的进口集箱。尾部烟道两侧包覆管的后半部管子的蒸汽则经尾部烟道两侧包覆管出口集箱，也送至低温对流过热器的进口集箱。汇合在低温对流过热器进口集箱的蒸汽，进入低温对流过热器管系，经垂直管段进入低温对流过热器出口集箱。

在低温对流过热器和炉膛分隔屏过热器之间布置了喷水减温器，经喷水减温调节后的蒸汽送至分隔屏进口集箱，经分隔屏加热后送至分隔屏出口集箱，经连接管送至后屏过热器的进口集箱，经后屏过热器管系加热后送至后屏出口集箱，再经连接管将蒸汽送至末级高温对流过热器进口集箱。蒸汽在末级高温对流过热器管系将加热到额定温度，并由出口集箱经过热蒸汽引出管送出去。

（4）再热蒸汽系统。1025t/h 控制循环锅炉的再热器系统由墙式再热器、屏式再热器和末级对流再热器等三级再热器组成。

从汽轮机高压缸排出的蒸汽由 2 根管子分左右两路引至锅炉，经过再热器事故喷水减温器减温，进入墙式再热器进口集箱，经过墙式再热器管加热后，从出口集箱引出，再由连接管送至屏式再热器进口集箱，经屏式再热器管加热后进入末级对流再热器管。加热后的蒸汽进入布置在炉顶的出口集箱，再经连接管送至汽轮机的中压缸继续做功。

1-14　何谓直流锅炉？有何特点？

答：给水靠给水泵压头在受热面中一次通过产生蒸汽的锅炉称为直流锅炉。

直流锅炉有以下特点：

（1）由于没有汽包进行汽水分离，因此水的加热、蒸发和过热过程没有固定分界线，过热汽温随负荷的变动而波动较大。

（2）由于没有汽包，直流锅炉的水容积及其相应蓄热能力大为降低，一般为同参数汽包锅炉的 50% 以下，因此，对锅炉负荷变化比较敏感，锅炉工作压力变化速度较快。

（3）直流锅炉蒸发受热面不构成循环，无汽水分离问题，故工作压力升高，汽水密度差减小时，对蒸发系统工质流动无影响，在超临界压力以上时，直流锅炉仍能可靠工作。

（4）由于没有汽包，因此直流锅炉一般不能进行连续排污，对给水品质的要求很高。

（5）直流锅炉蒸发受热面由于没有热水段、蒸发段和过热段的固定分界，且汽水比体积不同，因此会出现流动不稳定、脉动等问题，影响锅炉安全运行。

（6）在锅炉的设计与运行中必须防止膜态沸腾问题。

（7）直流锅炉蒸发受热面中，汽水流动完全靠给水泵压头推动汽水流动，故要消耗较多的水泵功率。

(8) 节省钢材，制造工艺比较简单，运输安装比较方便，蒸发受热面可任意布置，容易满足炉膛结构要求。

(9) 启动和停炉速度较快。

1-15　以半塔式苏尔寿盘旋管直流锅炉为例，简述直流锅炉的总体布置。

答：锅炉采用半塔式布置。烟道在炉膛上方，炉顶大板梁标高为79m，前后墙百叶窗底高79.067m，两侧墙百叶窗底高为78.572m。

炉膛横截面为边长为13 084mm的正方形，在炉膛内布置了$\phi51$的盘旋管（或称螺旋管）水冷壁。

炉膛四角布置了直流燃烧器，每角燃烧器高13m，由7组喷嘴组成，其中有5个煤粉喷嘴和2个油喷嘴。油喷嘴只在启动或低负荷时使用，正常运行时不投入。

炉膛出口上方紧接垂直烟道，烟道四壁布置了$\phi38 \times 5$的垂直管屏型水冷壁，垂直烟道内，自下而上依次布置了第Ⅰ级过热器、第Ⅱ级过热器、第Ⅱ级再热器、第Ⅰ级再热器、第二级省煤器和第Ⅰ级省煤器，这些对流受热面均由280根炉内悬吊管支吊。

回转式空气预热器、除尘器和引风机都布置在锅炉尾部垂直下行烟道的下方，烟气从炉膛出口一路向上流动，直至第一级省煤器后立即向炉后转弯。从垂直下行空烟道往下行进，流向布置在下部的回转式空气预热器、除尘器和引风机，最后由烟囱排入大气。

锅炉采用敷管炉墙，用矿渣棉做保温材料。锅炉本体采用全悬吊结构，除回转式空气预热器外，全部重量均悬吊在大板梁上，整个受热面均向下自由膨胀。回转式空气预热器则由单独的钢架支承。

半塔式布置锅炉保留了塔式布置锅炉的优点，即烟气自下而上流过过热器、再热器和省煤器等对流受热面，从而减轻了飞灰对受热面的磨损。

采用半塔式布置。虽然一般锅炉的省煤器在易磨损部位（迎烟气流动方向的管子弯头处）都装有防磨装置，但这台半塔式苏尔寿盘旋管直流锅炉的省煤器管子上却没有装防磨装置，原因就在于半塔式布置可以使对流管子磨损大大减轻。

1-16　简述半塔式苏尔寿盘旋管直流锅炉的汽水流程。

答：锅炉的主汽水系统中，给水经给水泵通过高压加热器、Ⅱ型热交换器后送至Ⅰ级省煤器，到Ⅱ级省煤器，再送入Ⅱ型盘旋管水冷壁进口集箱。进入分为2个管带的80根盘旋管，然后进入中间集箱。再进入垂直管屏水冷壁，集中进入汽水分离器。由汽水分离器引至炉外后侧 16 根悬吊管，进入炉内 280 根悬吊管，然后进入炉外前侧 16 根悬吊管。通过 I 级喷水减温后进入 I 级过热器进口集箱，经过 I 级过热器管加热后至出口集箱。再经过 II 级喷水减温后进入 II 级过热器进口集箱，经过 II 级过热器管加热后至出口集箱。这样，符合额定汽温要求的过热蒸汽便送至汽轮机高压缸做功。

过热蒸汽在汽轮机高压缸做功后的排汽，分成两路，一路送至电厂自用汽系统；另一路是主要的，送至 I 级再热器，经喷水减温后送至 II 级再热器，再集中送至汽轮机中压缸、低压缸继续做功。

1-17 何谓复合循环锅炉？有何特点？

答：复合循环锅炉是由直流锅炉和强制循环锅炉综合发展而来的，是直流锅炉的改进。依靠锅水循环泵的压头，将蒸发受热面出口部分或全部工质进行再循环的锅炉，称为复合循环锅炉，包括全负荷复合循环锅炉和部分负荷复合循环锅炉。

复合循环锅炉有以下特点：

（1）需要有能长期在高温高压下运行的循环泵。

（2）由于在高负荷时可选用较低的质量流速，低负荷时利用循环泵来得到足够的质量流速，因此与直流锅炉比，复合循环锅炉可节省给水泵能量消耗。

（3）炉膛水冷壁工质流动可靠，很少发生故障，爆管可能性很小。

（4）锅炉运行时的最低负荷没有限制。低负荷时，没有旁路系统热损失，减少了机组效率的降低。

（5）旁路系统简化，使机组启动时的热损失减少。

第二章 热 工 基 础

2-1 什么叫工质？火力发电厂采用什么作为工质？

答：工质是热机中热能转变为机械能的一种媒介物质（如燃气、蒸汽等），依靠它在热机中的状态变化（如膨胀）才能获得功。

为了在工质膨胀中获得较多的功，工质应具有良好的膨胀性。在热机的不断工作中，为了方便工质流入与排出，还要求工质具有良好的流动性。因此，在物质的固、液、气三态中，气态物质是较为理想的工质。目前火力发电厂主要采用水蒸气作为工质。

2-2 何谓工质的状态参数？常用的工质状态参数有几个？基本状态参数有几个？

答：描述工质状态特性的物理量称为工质的状态参数。常用的工质状态参数有温度、压力、比体积、焓熵、内能等，基本状态参数有温度、压力、比体积。

2-3 什么叫温度、温标？常用的温标形式有哪几种？

答：温度是衡量物体冷热程度的物理量。对温度高低量度的标尺称为温标，常用的有摄氏温标和绝对温标。

（1）摄氏温标。规定在标准大气压下纯水的冰点为 0℃，沸点为 100℃，在 0℃ 与 100℃ 之间分成 100 个格，每格为 1℃，这种温标为摄氏温标，用 ℃ 表示单位符号，用 t 作为物理量符号。

（2）绝对温标。规定水的三相点（水的固、液、汽三相平衡的状态点）的温度为 273.15K。绝对温标与摄氏温标每刻度的大小是相等的，但绝对温标的 0K，则是摄氏温标的 −273.15℃。绝对温标用 K 作为单位符号，用 T 作为物理量符号。摄氏温标与绝对温标的关系为 $t = T - 273.15℃$。

2-4 什么叫压力？压力的单位有几种表示方法？

答：单位面积上所受到的垂直作用力称为压力，用符号 p 表示，即

$$p = \frac{F}{A}$$

式中　F——垂直作用于器壁上的合力，N；

　　　A——承受作用力的面积，m^2。

压力的单位有：

（1）国际单位制中表示压力采用 N/m^2，名称为［帕斯卡］，符号是 Pa。$1Pa=1N/m^2$，在电力工业中，机组参数多采用 MPa（兆帕），$1MPa=106N/m^2$。

（2）以液柱高度表示压力的单位有毫米水柱（mmH_2O）和毫米汞柱（mmHg），$1mmHg=133N/m^2$，$1mmH_2O=9.81N/m^2$。

（3）工程大气压的单位为 kgf/cm^2，常用 at 作代表符号，$1at=98\ 066.5\ N/m^2$，物理大气压的数值为 $1.033\ 2kgf/cm^2$，符号是 atm，$1atm=1.013×10^5\ N/m^2$。

2-5　什么叫绝对压力、表压力？

答：容器内工质本身的实际压力称为绝对压力，用符号 p_a 表示。工质的绝对压力与大气压力的差值为表压力，用符号 p_g 表示。因此，表压力就是我们用表计测量所得的压力，大气压力用符号 p_{atm} 表示。绝对压力与表压力之间的关系为

$$p_a = p_g + p_{atm} \text{ 或 } p_g = p_a - p_{atm}$$

2-6　什么叫真空和真空度？

答：当容器中的压力低于大气压力时，把低于大气压力的部分叫真空。用符号 p_v 表示。其关系式为

$$p_v = p_{atm} - p_a$$

发电厂有时用百分数表示真空值的大小，称为真空度。真空度是真空值和大气压力比值的百分数，即

$$真空度 = \frac{p_v}{p_{atm}} × 100\%$$

完全真空时，真空度为 100%，若工质的绝对压力与大气压力相等时，真空度为零。

例如：凝汽器水银真空表的读数为 710mmHg，大气压力计读数为 750mmHg，求凝汽器内的绝对压力和真空度各为多少？

根据 $p_a = \dfrac{p_{atm} - p_v}{735.6} = \dfrac{750 - 710}{735.6} = 0.054at = 0.005\ 1MPa$

$$真空度 = \frac{p_v}{p_{atm}} × 100\% = \frac{710}{750} × 100\% = 94.6\%$$

2-7 什么叫比体积和密度？它们之间有什么关系？

答：单位质量的物质所占有的容积称为比体积，用小写的字母 v 表示，即

$$v = \frac{V}{m}$$

式中 m——物质的质量，kg；

V——物质所占有的容积，m^3。

比体积的倒数，即单位容积的物质所具有的质量，称为密度，用符号 ρ 表示，单位为 kg/m^3。

比体积与密度的关系为 $\rho v = 1$，显然比体积和密度互为倒数，即比体积和密度不是相互独立的两个参数，而是同一个参数的两种不同的表示方法。

2-8 什么叫平衡状态？

答：在无外界影响的条件下，气体的状态不随时间而变的状态叫做平衡状态。只有当工质的状态是平衡状态时，才能用确定的状态参数值去描述。只有当工质内部及工质与外界间达到热的平衡（无温差存在）及力的平衡（无压差存在）时，才能出现平衡状态。

2-9 什么叫标准状态？

答：绝对压力为 $1.013\ 25 \times 10^5\ Pa$（1 个标准大气压），温度为 $0℃$（273.15）时的状态称为标准状态。

2-10 什么叫参数坐标图？

答：以状态参数为直角坐标表示工质状态及其变化的图称参数坐标图。参数坐标图上的点表示工质的平衡状态，由许多点相连而组成的线表示工质的热力过程，如果工质在热力过程中所经过的每一个状态都是平衡状态，则此热力过程为平衡过程，只有平衡状态及平衡过程才能用参数坐标图上的点及线来表示。

2-11 什么叫功？其单位是什么？

答：功是力所作用的物体在力的方向上的位移与作用力的乘积。功的大小根据物体在力的作用下，沿力的作用方向移动的位移来决定，改变它的位移，就改变了功的大小，可见功不是状态参数，而是与过程有关的一个量。

功的计算式为

$$W = FS$$

式中 F——作用力，N；

S——位移，m。

单位换算：$1J=1N \cdot m$，$1kJ=2.778 \times 10^{-4} kWh$。

2-12 什么叫功率？其单位是什么？

答：功率的定义是功与完成功所用的时间之比，也就是单位时间内所做的功，即

$$P = \frac{W}{t}$$

式中　W——功，J；

　　　t——做功的时间，s。

功率的单位就是瓦特，$1W=1J/s$。

2-13 什么叫能？

答：物质做功的能力称为能。能的形式一般有动能、位能、光能、电能、热能等，热力学中应用的有动能、位能和热能等。

2-14 什么叫动能？物体的动能与什么有关？

答：物体因为运动而具有做功的本领叫动能。动能与物体的质量和运动的速度有关，速度越大，动能就越大；质量越大，动能也越大。

动能按下式计算

$$E_k = \frac{1}{2}mc^2$$

式中　m——物体质量，kg；

　　　c——物体速度，m/s。

动能与物体的质量成正比，与其速度的平方成正比。

2-15 什么叫位能？

答：由于相互作用，物体之间的相互位置决定的能称为位能。

物体所处高度位置不同，受地球的吸引力不同而具有的能，称为重力位能。重力位能 E_p 由物质的重量（G）和它离地面的高度（h）而定，$E_p=Gh$。高度越大，重力位能越大；重力物体越重，位能越大。

2-16 什么叫热能？它与什么因素有关？

答：物体内部大量分子不规则的运动称为热运动。这种热运动所具有的能量叫做热能，它是物体的内能。

热能与物体的温度有关，温度越高，分子运动的速度越快，具有的热能就越大。

2-17　什么叫热量？

答：高温物体把一部分热能传递给低温物体，其能量的传递多少用热量来度量。因此物体吸收或放出的热能称为热量。

2-18　什么叫机械能？

答：物质有规律的运动称为机械运动，机械运动一般表现为宏观运动。物质机械运动所具有的能量叫做机械能。

2-19　什么叫热机？

答：把热能转变为机械能的设备称热机，如汽轮机、内燃机、蒸汽机、燃气轮机等。

2-20　什么叫比热容？影响比热容的主要因素有哪些？

答：单位数量（质量或容积）的物质温度升高（或降低）1℃所吸收（或放出）的热量，称为气体的单位热容量，简称为气体的比热容。比热容表示单位数量的物质容纳或储存热量的能力。物质的质量比热容符号为 c，单位为 kJ/(kg・℃)。

影响比热容的主要因素有温度和加热条件，一般说来，随着温度的升高，物质比热容的数值也增大；定压加热的比热容大于定容加热的比热容。此外，分子中原子数目、物质性质、气体的压力等因素也会对比热容产生影响。

2-21　什么叫热容量？它与比热容有何不同？

答：质量为 m 的物质，温度升高（或降低）1℃所吸收（或放出）的热量称为该物质的热容。

热容的大小等于物体质量与比热容的乘积，即 $Q = mc$。热容与质量有关，比热容与质量无关，对于相同质量的物体，比热容大的热容大，对于同一物质，质量大的热容大。

2-22　如何用定值比热容计算热量？

答：在低温范围内，可近似认为，比热值不随温度的变化而改变，即比热容为某一常数，此时热量的计算式为

$$q = c(t_2 - t_1)$$

2-23　什么叫内能？

答：气体内部分子运动所形成的内动能和由于分子相互之间的吸引力所形成的内位能的总和称为内能。

u 表示 1kg 气体的内能，U 表示 $m$kg 气体的内能，即

$$U = mu$$

2-24 什么叫内动能？什么叫内位能？它们由何决定？

答：气体内部分子热运动的动能叫内动能，它包括分子的移动动能、分子的转动动能和分子内部的振动动能等。从热运动的本质来看，气体温度越高，分子的热运动越激烈，所以内动能决定于气体的温度。气体内部分子克服相互间存在的吸引力具备的位能，称为内位能，它与气体的比体积有关。

2-25 什么叫焓？为什么焓是状态参数？

答：在某一状态下单位质量工质比体积为 v，所受压力为 p，为反抗此压力，该工质必须具备 pv 的压力位能。单位质量工质内能和压力位能之和称为比焓。

比焓的符号为 h，单位为 kJ/kg，其定义式为

$$h = u + pv$$

对 $m$kg 工质，内能和压力位能之和称为焓，用 H 表示，单位为 kJ，即

$$H = mh = \overline{U} + p\overline{V}$$

由 $h = u + pv$ 可看出，工质的状态一定，则内能 U 及 $p\overline{V}$ 一定，焓也一定，即焓仅由状态决定，所以焓也是状态参数。

2-26 什么叫熵？

答：在没有摩擦的平衡过程中，单位质量的工质吸收的热量 dq 与工质吸热时的绝对温度 T 的比值叫熵的增加量。其表达式：$\Delta S = \dfrac{dq}{T}$

其中 $\Delta S = S_2 - S_1$ 是熵的变化量，熵的单位是 kJ/(kg·k)。若某过程中气体的熵增加，即 $\Delta S > 0$，则表示气体是吸热过程；若某过程中气体的熵减少，即 $\Delta S < 0$，则表示气体是放热过程；若某过程中气体的熵不变，即 $\Delta S = 0$，则表示气体是绝热过程。

2-27 什么叫理想气体？什么叫实际气体？

答：气体分子间不存在引力，分子本身不占有体积的气体叫理想气体。反之，气体分子间存在着引力，分子本身占有体积的气体叫实际气体。

2-28 火电厂中什么气体可看做理想气体？什么气体可看做实际气体？

答：在火力发电厂中，空气、燃气、烟气可以作为理想气体看待，因为

它们远离液态，与理想气体的性质很接近。

在蒸汽动力设备中，作为工质的水蒸气，因其压力高，比体积小，即气体分子间的距离比较小，分子间的吸引力也相当大。离液态接近，所以水蒸气应作为实际气体看待。

2-29 什么是理想气体的状态方程式？

答：当理想气体处于平衡状态时，在确定的状态参数 p、v、T 之间存在着一定的关系，这种关系表达式 $pv = RT$ 即为 1kg 质量理想气体状态方程式。如果气体质量为 $m$kg，则气体状态方程式为

$$p\overline{V} = mRT$$

式中　p——气体的绝对压力，N/m²；

　　　T——气体的绝对温度，K；

　　　R——气体常数，J/(kg·K)；

　　　$\overline{V}$——气体的体积，m³。

气体常数 R 与状态无关，但对不同的气体却有不同的气体常数，如空气的 $R = 287$J/(kg·K)，氧气的 $R = 259.8$J/(kg·K)。

2-30 理想气体的基本定律有哪些？其内容是什么？

答：理想气体的三个基本定律是：①波义耳—马略特定律；②查理定律；③盖吕萨克定律。三个基本定律的具体内容如下：

（1）波义耳—马略特定律：当气体温度不变时，压力与比体积成反比变化，用公式表示为

$$p_1 v_1 = p_2 v_2$$

气体质量为 m 时

$$p_1 V_1 = p_2 V_2 （其中 V = mv）$$

（2）查理定律：气体比体积不变时，压力与温度成正比变化，用公式表示为

$$\frac{p_1}{T_1} = \frac{p_2}{T_2}$$

（3）盖吕萨克定律：气体压力不变时，比体积与温度成正比变化，对于质量为 m 的气体，压力不变时，体积与温度成正比变化，用公式表示为

$$\frac{v_1}{T_1} = \frac{v_2}{T_2} \text{ 或 } \frac{V_1}{T_1} = \frac{V_2}{T_2}$$

2-31 什么是热力学第一定律？它的表达式是怎样的？

答：热可以变为功，功可以变为热，一定量的热消失时，必产生一定量的功，消耗一定量的功时，必出现与之对应的一定量的热。

热力学第一定律的表达式如下

$$Q = Aw$$

在工程单位制中，$A = \dfrac{1}{427}$ kcal/(kgf·m)，在国际单位制中，工程热量均用焦耳（J）为单位，则 $A = 1$，即 $Q = w$。闭口系统内（不考虑工质的进出），外界给系统输入的能量是加入的热量 q，系统向外界输出的能量为功 W，系统内工质本身所具有的能量只是内能 u，根据能量转换与守恒定律可知，输入系统的能量－输出系统的能量＝系统内工质本身能量的增量，即当工质为 1kg 时：

$$q - w = \Delta u$$

当工质为 $m$kg 时则：

$$Q - W = \Delta U$$

式中　q，Q——外界加给工质的热量，J/kg，J；

　　Δu，ΔU——工质内能的变化量，J/kg，J；

　　w，W——工质所做的功，J/kg，J。

2-32　热力学第一定律的实质是什么？它说明什么问题？

答：热力学第一定律的实质是能量守恒与转换定律在热力学上的一种特定应用形式。它说明了热能与机械能互相转换的可能性及其数值关系。

2-33　什么是不可逆过程？

答：存在摩擦、涡流等能量损失，使过程只能单方向进行、不可逆转的过程叫做不可逆过程。实际的过程都是不可逆过程。

2-34　什么叫等容过程？等容过程中吸收的热量和所做的功如何计算？

答：容积（或比体积）保持不变的情况下进行的过程叫等容过程。由理想气体状态方程 $pv = RT$ 得 $\dfrac{p}{T} = \dfrac{R}{v} =$ 常数，即等容过程中压力与温度成正比。因 $\Delta v = 0$，所以容积变化功 $w = 0$，则 $q = \Delta u + w = \Delta u = u_2 - u_1$，也即等容过程中，所有加入的热量全部用于增加气体的内能。

2-35　什么叫等温过程？等温过程中工质吸收的热量如何计算？

答：温度不变的情况下进行的热力过程叫做等温过程。由理想气体状态方程 $pv = RT$ 对一定的工质则 $pv = RT =$ 常数，即等温过程中压力与比体积成反比。

其吸收热量

$$q = \Delta u + w$$
$$q = T(s_2 - s_1)$$

2-36　什么叫等压过程？等压过程的功及热量如何计算？

答：工质的压力保持不变的过程称为等压过程，如锅炉中水的汽化过程、乏汽在凝汽器中的凝结过程、空气预热器中空气的吸热过程都是在压力不变时进行的过程。

理想气体状态方程 $pv = RT$ ，$\dfrac{T}{v} = \dfrac{p}{R} =$ 常数，即等压过程中温度与比体积成正比。

等压过程做的功为

$$w = p\,(\,v_2 - v_1\,)$$

等压过程工质吸收的热量

$$q = \Delta u + w = (\,u_2 - u_1\,) + p\,(\,v_2 - v_1\,)$$
$$= (\,u_2 + p_2 v_2\,) - (\,u_1 + p_1 v_1\,) = h_2 - h_1$$

2-37　什么叫绝热过程？绝热过程的功和内能如何计算？

答：在与外界没有热量交换情况下所进行的过程称为绝热过程。例如，汽轮机为了减少散热损失，汽缸外侧包有绝热材料，而工质所进行的膨胀过程极快，在极短时间内来不及散热，其热量损失很小，可忽略不计，故常把工质在这些热机中的过程作为绝热过程处理。

因绝热过程

$$q = 0，则\ q = \Delta u + w$$
$$w = -\Delta u$$

即绝热过程中膨胀功来自内能的减少，而压缩功使内能增加。

$$w = \frac{1}{\kappa - 1}\,(\,p_1 v_1 - p_2 v_2\,)$$

式中：κ 为绝热指数，与工质的原子个数有关。单原子气体 $\kappa = 1.67$，双原子气体 $\kappa = 1.4$，三原子气体 $\kappa = 1.28$。

2-38　什么叫等熵过程？

答：熵不变的热力过程称为等熵过程。可逆的绝热过程，即没有能量损失的绝热过程为等熵过程。在有能量损耗的不可逆过程中，虽然外界没有加入热量但工质要吸收由于摩擦、扰动等损耗而转变成的热量，这部分热量使工质的熵是增加的，这时绝热过程不为等熵过程。汽轮机工质膨胀过程是个不可逆的绝热过程。

2-39　简述热力学第二定律。

答：热力学第二定律说明了能量传递和转化的方向、条件、程度。

热力学第二定律有两种叙述方法：从能量传递角度来讲，热不可能自发地不付代价地从低温物体传至高温物体；从能量转换角度来讲，不可能制造出从单一热源吸热，使之全部转化成为功而不留下任何其他变化的热力发动机。

2-40　什么叫热力循环？

答：工质从某一状态点开始，经过一系列的状态变化又回到原来这一状态点的封闭变化过程叫做热力循环，简称循环。

2-41　什么叫循环的热效率？它说明什么问题？

答：工质每完成一个循环所做的净功 w 和工质在循环中从高温热源吸收的热量 q 的比值叫做循环的热效率，即 $\eta = \dfrac{w}{q}$。

循环的热效率说明了循环中热转变为功的过程，η 越高，说明工质从热源吸收的热量中转变为功的部分就越多，反之转变为功的部分越少。

2-42　卡诺循环是由哪些过程组成的？其热效率大小与什么有关？卡诺循环对实际循环有何指导意义？

答：卡诺循环是可逆循环，它由等温加热、绝热膨胀、等温放热和绝热压缩 4 个可逆的过程组成。

卡诺循环热效率的大小与采用工质的性质无关，仅取决于高低温热源的温度。

卡诺循环对怎样提高各种热动力循环的热效率指出了方向，并给出一定的高低温热源热变功的最大值，因而，用卡诺循环的热效率做标准可以衡量其他循环中热变功的完善程度。

2-43　从卡诺循环的热效率得出哪些结论？

答：从 $\eta = 1 - \dfrac{T_2}{T_1}$ 中可以得出以下几点结论：

(1) 卡诺循环的热效率取决于热源温度 T_1 和冷源温度 T_2，而与工质性质无关，提高 T_1 降低 T_2，可以提高循环热效率。

(2) 卡诺循环热效率只能小于 1，而不能等于 1，因为要使 $T_1 = \infty$（无穷大）或 $T_2 = 0$（绝对零度）都是不可能的。也就是说，q_2 损失只能减少而无法避免。

(3) 当 $T_1 = T_2$ 时，卡诺循环的热效率为零。也就是说，在没有温差的体系中，无法实现热能转变为机械能的热力循环，或者说，只有一个热源装置而无冷却装置的热机是无法实现的。

2-44　什么叫汽化？它分为哪两种形式？

答：物质从液态变成汽态的过程叫汽化，它又分为蒸发和沸腾两种形式。液体表面在任何温度下进行的比较缓慢的汽化现象叫蒸发。液体表面和内部同时进行的剧烈的汽化现象叫沸腾。

2-45　什么叫凝结？水蒸气凝结有什么特点？

答：物质从汽态变成液态的现象叫凝结，也叫液化。

水蒸气凝结有以下特点：

（1）一定压力下的水蒸气，必须降到该压力所对应的凝结温度才开始凝结成液体。这个凝结温度也就是液体沸点，压力降低，凝结温度随之降低，反之则凝结温度升高。

（2）在凝结温度下，水从水蒸气中不断吸收热量，则水蒸气可以不断凝结成水，并保持温度不变。

2-46　什么叫动态平衡？什么叫饱和状态、饱和温度、饱和压力、饱和水、饱和蒸汽？

答：一定压力下汽水共存的密封容器内，液体和蒸汽的分子在不停地运动，有的跑出液面，有的返回液面，当从水中飞出的分子数目等于因相互碰撞而返回水中的分子数时，这种状态称为动态平衡。

处于动态平衡的汽、液共存的状态叫饱和状态。在饱和状态时，液体和蒸汽的温度相同，这个温度称为饱和温度；液体和蒸汽的压力也相同，该压力称为饱和压力。饱和状态的水称为饱和水；饱和状态下的蒸汽称为饱和蒸汽。

2-47　为何饱和压力随饱和温度升高而升高？

答：温度升高，分子的平均动能增大，从水中飞出的分子数目越多，因而使汽侧分子密度增大。同时，蒸汽分子的平均运动速度也随着增加，这样就使得蒸汽分子对器壁的碰撞增强，其结果使得压力增大，所以说，饱和压力随饱和温度升高而增高。

2-48　什么叫湿饱和蒸汽、干饱和蒸汽、过热蒸汽？

答：在水达到饱和温度后，如定压加热，则饱和水开始汽化，在水没有完全汽化之前，含有饱和水的蒸汽叫湿饱和蒸汽，简称湿蒸汽。湿饱和蒸汽继续在定压条件下加热，水完全汽化成蒸汽时的状态叫干饱和蒸汽。干饱和蒸汽继续定压加热，蒸汽温度上升而超过饱和温度时，就变成过热蒸汽。

2-49 什么叫干度？什么叫湿度？

答：1kg湿蒸汽中含有干蒸汽的质量百分数叫做干度，用符号 x 表示，即

$$x = \frac{干蒸汽的质量}{湿蒸汽的质量}$$

干度是湿蒸汽的一个状态参数，它表示湿蒸汽的干燥程度；干度值越大，则蒸汽越干燥。

1kg湿蒸汽中含有饱和水的质量百分数称为湿度，以符号 $1-x$ 表示。

2-50 什么叫临界点？水蒸气的临界参数为多少？

答：随着压力的增高，饱和水线与干饱和蒸汽线逐渐接近，当压力增加到某一数值时，两线相交，相交点即为临界点。临界点的各状态参数称为临界参数，对水蒸气来说，其临界压力 $p_c = 22.129\text{MPa}$，临界温度 $t_c = 374.15℃$，临界比体积 $v_c = 0.003\ 147\text{m}^3/\text{kg}$。

2-51 是否存在 400℃ 的液态水？

答：不存在 400℃ 的液态水。因为当水的温度高于临界温度时（即 $t > t_c = 374.15℃$ 时）都是过热蒸汽，所以不存在400℃的液态水。

2-52 水蒸气状态参数如何确定？

答：由于水蒸气属于实际气体，其状态参数按实际气体的状态方程计算非常复杂，而且温差较大，不适应工程上实际计算的要求，因此人们在实际研究和理论分析计算的基础上，将不同压力下水蒸气的比体积、温度、焓、熵等列成表或绘成图。利用查图、查表的方法确定其状态参数是工程上常用的方法。

2-53 熵的意义及特性有哪些？

答：熵是工质的状态参数，与变化过程的性质无关。

在可逆的过程中，熵的变化量指明了系统与热源间热量交换的方向。若熵变化量大于零（熵增加），则系统工质吸收热；熵减少，工质放热；熵变化为零，则为绝热过程。

在不可逆过程中，熵的变化大于可逆过程中熵的变化，是因为系统内的不可逆因素导致功的损失，引起熵的增加。

2-54 什么叫水的欠焓？

答：一定压力下未饱和水的焓与该压力下饱和水的焓的差值称为该未饱和水的欠焓。

2-55　什么叫液体热、汽化热、过热热?

答:把水加热到饱和水时所加入的热量,称为液体热。1kg 饱和水在定压条件下加热至完全汽化所加入的热量叫汽化潜热,简称汽化热。干饱和蒸汽定压加热变成过热蒸汽,过热过程吸收的热量叫过热热。

2-56　什么叫稳定流动、绝热流动?

答:流动过程中工质各状态点参数不随时间而变动的流动称为稳定流动。与外界没有热交换的流动称为绝热流动。

2-57　稳定流动的能量方程是怎样表示的?

答:开口系统中(考虑工质的进出)

$$q = (h_2 - h_1) + \frac{1}{2}(c_2^2 - c_1^2) + g(z_2 - z_1) + w_s$$

式中　$h_2 - h_1$——工质焓的变化量,kJ/kg;

　　$\frac{1}{2}(c_2^2 - c_1^2)$——工质宏观动能变化量,kJ/kg;

　　$g(z_2 - z_1)$——工质宏观位能变化量,kJ/kg;

　　g——重力加速度,$g = 9.8 \text{m/s}^2$;

　　w_s——工质对外输出的轴功。

2-58　稳定流动能量方程在热力设备中如何应用?

答:(1)汽轮机、泵和风机。工质流经汽轮机、泵和风机时,其进出设备时的宏观动能差及位能差相对于轴功 w_s 可忽略不计。工质流经这些设备时,速度很快,向外界散热可以忽略,这时 $\frac{1}{2}(c_2^2 - c_1^2) = 0$,$g(z_2 - z_1) = 0$,$q = 0$,其能量方程式为

$$h_2 - h_1 + w_s = 0$$

(2)锅炉和各种换热器。工质流经锅炉、加热器、凝汽器等换热器时,与外界只有热量的交换而无功的转换,即 $w_s = 0$。工质在流经这些设备时,速度变化很小,位置高度变化也不大,所以工质的宏观动能差、位能差与 q 相比是很小的,也可忽略不计,即 $\frac{1}{2}(c_2^2 - c_1^2) = 0$,$g(z_2 - z_1) = 0$,其能量方程式为

$$q = h_2 - h_1$$

2-59　什么叫轴功?什么叫膨胀功?

答:轴功即工质流经热机时,驱动热机主轴对外输出的功,以"w_s"

表示。将（$q-\Delta u$）这部分数量的热能所转变成的功叫膨胀功，它是一种气体容积变化功，用符号 w 表示，对一般流动系统

$$w=(q-\Delta u)=(p_2 v_2 - p_1 v_1)+\frac{1}{2}(c_2^2 - c_1^2)+g(z_2-z_1)$$

2-60 什么叫喷管？电厂中常用哪几种喷管？

答：凡用来使气流降压增速的管道叫喷管。电厂中常用的喷管有渐缩喷管和缩放喷管两种。渐缩喷管的截面是逐渐缩小的，缩放喷管的截面是先收缩后扩大的。

2-61 喷管中气流流速和流量如何计算？

答：（1）流速的计算。气体在喷管中流动时，气流与外界没有功的交换，即 $w_s=0$；与外界热量交换数值相对极小，可忽略不计，即 $q=0$；宏观位能差也可忽略不计。因此气流在喷管内进行绝热稳定流动的能量方程式为

$$h_2 - h_1 + \frac{1}{2}(c_2^2 - c_1^2)=0$$

则

$$\frac{1}{2}(c_2^2 - c_1^2)=h_1-h_2$$

喷管出口气流流速的计算公式为

$$c_2=\sqrt{2(h_1-h_2)+c_1^2}$$

当 c_1^2 与 c_2^2 相比数值甚小，常将 c_1^2 忽略不计，即 $c_1^2=0$，这时 $c_2=\sqrt{2(h_1-h_2)}$。

c_2、c_1 分别为喷管出口截面及进口截面上气流的流速；h_2 和 h_1 是喷管出口截面及进口截面上气流的焓值。

（2）流量的计算。当喷管入口速度为零时，气体质量流量为

$$q_m=\frac{Ac}{v}$$

式中 A——喷管某一截面的面积，m^2；

v——气流流经喷管某一截面的比体积，m^3/kg；

c——气流流经喷管某一截面的流速，m/s；

q_m——气体的质量流量，kg/s。

气流流经喷管出口截面上的流量为

$$q_{\mathrm{m}} = \frac{A_2 c_2}{v_2} = \frac{A_2}{v_2} \times 1.414 \sqrt{h_1 - h_2}$$

2-62　什么叫节流？什么叫绝热节流？

答：工质在管内流动时，通道截面突然缩小，使工质流速突然增加，压力降低的现象称为节流。节流过程中如果工质与外界没有热交换，则称为绝热节流。

2-63　什么叫朗肯循环？

答：以水蒸气为工质的火力发电厂中，让饱和蒸汽在锅炉的过热器中进一步吸热，然后过热蒸汽在汽轮机内进行绝热膨胀做功，汽轮机排汽在凝汽器中全部凝结成水，并以水泵代替卡诺循环中的压缩机使凝结水重新进入锅炉受热，这样组成的汽—水基本循环称为朗肯循环。

2-64　朗肯循环是通过哪些热力设备实施的？各设备的作用是什么？

答：朗肯循环的主要设备是蒸汽锅炉、汽轮机、凝汽器和给水泵4个部分。

（1）锅炉。包括省煤器、炉膛、水冷壁和过热器，其作用是将给水定压加热，产生过热蒸汽，通过蒸汽管道，进入汽轮机。

（2）汽轮机。蒸汽进入汽轮机绝热膨胀做功将热能转变为机械能。

（3）凝汽器。将汽轮机排汽定压下冷却，凝结成饱和水，即凝结水。

（4）给水泵。将凝结水在水泵中绝热压缩，提升压力后送回锅炉。

2-65　朗肯循环的热效率如何计算？

答：根据效率公式

$$\eta = \frac{w}{q_1} = \frac{q_1 - q_2}{q_1}$$

式中　q_1——1kg 蒸汽在锅炉中定压吸收的热量，kJ/kg；

　　　q_2——1kg 蒸汽在凝汽器中定压放出的热量，kJ/kg。

对于朗肯循环，1kg 蒸汽在锅炉中定压吸收的热量为

$$q_1 = h_1 - h_{\mathrm{fw}} \quad \mathrm{kJ/kg}$$

式中　h_1——过热蒸汽焓，kJ/kg；

　　　h_{fw}——给水焓，kJ/kg。

1kg 排汽在冷凝器中定压放出热量为

$$q_2 = h_2 - h'_2 \quad \mathrm{kJ/kg}$$

式中　h_2——汽轮机排汽焓，kJ/kg；

　　　h'_2——凝结水焓，kJ/kg。

因水在水泵中绝热压缩时，其温度变化不大，所以 h_{fw} 可以认为等于凝结水焓 h'_2，则循环所获功为

$$w = q_1 - q_2 = (h_1 - h_{fw}) - (h_2 - h'_2) = h_1 - h_2 + h'_2 - h_{fw} = h_1 - h_2$$

所以

$$\eta = \frac{w}{q_1} = \frac{h_1 - h_2}{h_1 - h'_2}$$

2-66 影响朗肯循环效率的因素有哪些？

答：从朗肯循环效率公式 $\eta = \dfrac{h_1 - h_2}{h_1 - h'_2}$ 可以看出，η 取决于过热蒸汽焓 h_1、排汽焓 h_2 及凝结水焓 h'_2，而 h_1 由过热蒸汽的初参数 p_1、t_1 决定。h_2 和 h'_2 都由参数 p_2 决定，所以朗肯循环效率取决于过热蒸汽的初参数 p_1、t_1 和终参数 p_2。

毫无疑问，初参数（过热蒸汽压力、温度）提高，其他条件不变，热效率将提高，反之，则下降；终参数（排汽压力）下降，初参数不变，则热效率提高，反之，则下降。

2-67 什么叫给水回热循环？

答：把汽轮机中部分做过功的蒸汽抽出，送入加热器中加热给水，这种循环叫给水回热循环。

2-68 采用给水回热循环的意义是什么？

答：采用给水回热加热以后，一方面，从汽轮机中间部分抽出一部分蒸汽，加热给水提高了锅炉给水温度，这样可使抽汽不在凝汽器中冷凝放热，减少了冷源损失 q_2；另一方面，提高了给水温度，减少给水在锅炉中的吸热量 q_1。因此，在蒸汽初、终参数相同的情况下，采用给水回热循环的热效率比朗肯循环热效率高。一般回热级数不止一级，中参数的机组，回热级数 3～4 级；高参数机组 6～7 级；超高参数机组不超过 8～9 级。

2-69 什么叫再热循环？

答：再热循环就是把汽轮机高压缸内已经做了部分功的蒸汽再引入到锅炉的再热器，重新加热，使蒸汽温度又提高到初温度，然后再引回汽轮机中、低压缸内继续做功，最后的乏汽排入凝汽器的一种循环。

2-70 采用中间再热循环的目的是什么？

答：采用中间再热循环的目的有两个：

（1）降低终湿度。由于大型机组初压 p_1 的提高，排汽湿度增加，对汽轮机的末几级叶片侵蚀增大。虽然提高初温可以降低终湿度，但提高初温度受金属材料耐温性能的限制，因此对终湿度改善较少；采用中间再热循环有利于终湿度的改善，使终湿度降到允许的范围内，减轻湿蒸汽对叶片的冲蚀，提高低压部分的内效率。

（2）提高热效率。采用中间再热循环，正确的选择再热压力后，循环效率可以提高 4%～5%。

2-71　什么是热电合供循环？其方式有几种？

答：在发电厂中利用汽轮机中做过功的蒸汽，抽汽或排汽的热量供给热用户，可以避免或减少在凝汽器中的冷源损失，使发电厂的热效率提高，这种同时生产电能和热能的过程称为热电合供循环。热电合供循环中的供热汽源有两种：一种是由背压式汽轮机排汽；另一种是由调整抽汽式汽轮机抽汽。

2-72　在火力发电厂中存在哪三种形式的能量转换过程？

答：在锅炉中燃料的化学能转换成热能；在汽轮机中热能转换成机械能；在发电机中机械能转换成电能。锅炉、汽轮机和发电机为进行能量转换的主要设备，被称为火力发电厂的三大主机，锅炉是三大主机中最基本的能量转换设备。

2-73　何谓换热？换热有哪几种基本形式？

答：物体间的热量交换称为换热。

换热有三种基本形式，即导热、对流换热和辐射换热。

直接接触的物体各部分之间的热量传递现象叫导热。

在流体内，流体之间的热量传递主要由于流体的运动，使热流中的一部分热量传递给冷流体，这种热量传递方式叫做对流换热。

高温物体的部分热能变为辐射能，以电磁波的形式向外发射到接收物体后，辐射能再转变为热能而被吸收，这种电磁波传递热量的方式叫做辐射换热。

2-74　什么是稳定导热？

答：物体各点的温度不随时间而变化的导热叫做稳定导热，火电厂中大多数热力设备在稳定运行时其壁面间的传热都属于稳定导热。

2-75　如何计算平壁壁面的导热量？

答：实验证明，单位时间内通过固体壁面的导热热量与两侧表面温度差

和壁面面积成正比，与壁厚成反比。考虑这些因素，写出下列导热的计算式

$$Q = \lambda \frac{t_1 - t_2}{\delta} A$$

式中 Q——单位时间内由高温表面传给低温表面的热量，W；

   t_1、t_2——平壁壁面两侧表面的温度，℃；

   A——壁面的面积，m^2；

   δ——平壁的厚度，m；

   λ——导热系数，W/(m·℃)。

2-76　什么叫导热系数？导热系数与什么有关？

答：导热系数是表明材料导热能力大小的一个物理量，又称热导率，它在数值上等于壁的两表面温差为1℃壁厚等于1m时，在单位壁面积上每秒钟所传递的热量。导热系数与材料的种类、物质的结构、湿度有关，对同一种材料，导热系数还和材料所处的温度有关。

2-77　什么叫对流换热？举出在电厂中几个对流换热的实例。

答：流体流过固体壁面时，流体与壁面之间进行的热量传递过程叫对流换热。

在电厂中利用对流换热的设备较多，如烟气流过对流过热器与管壁发生的热交换；在凝汽器中，铜管内壁与冷却水及铜管外壁与汽轮机排汽之间发生的热交换。

2-78　影响对流换热的因素有哪些？

答：影响对流换热的因素主要有5个方面：

（1）流体流动的动力。流体流动的动力有自由流动和强迫流动两种。强迫流动换热通常比自由流动换热更强烈。

（2）流体有无相变。一般来说，对同一种流体有相变时的对流换热比无相变时更强烈。

（3）流体的流态。因为紊流时流体各部分之间流动剧烈混杂，所以紊流时，热交换比层流时更强烈。

（4）几何因素影响。流体接触的固体表面的形状、大小及流体与固体之间的相对位置都影响对流换热。

（5）流体的物理性质。不同流体的密度、黏性、导热系数、比热容、汽化潜热等都不同，它们影响着流体与固体壁面的热交换。

注意：物质分固态、液态、气态三相，相变就是指其状态变化。

2-79　什么是层流？什么是紊流？

答：流体有层流和紊流两种流动状态。层流是各流体微团彼此平行地分层流动，互不干扰与混杂；紊流是各流体微团间强烈地混合与掺杂，不仅有沿着主流方向的运动，而且还有垂直于主流方向的运动。

2-80　层流和紊流各有什么流动特点？在汽水系统上常会遇到哪一种流动？

答：层流的流动特点：各层间液体互不混杂，液体质点的运动轨迹是直线或是有规则的平滑曲线。

紊流的流动特点：流体流动时，液体质点之间有强烈的互相混杂，各质点都呈现出杂乱无章的紊乱状态，运动轨迹不规则，除有沿流动方向的位移外，还有垂直于流动方向的位移。发电厂的汽、水、风、烟等各种管道系统中的流动，绝大多数属于紊流运动。

2-81　什么叫雷诺数？它的大小能说明什么问题？

答：雷诺数用符号 Re 表示，流体力学中常用它来判断流体流动的状态，即

$$Re = \frac{cd}{v}$$

式中　c——流体的流速，m/s；

　　　d——管道内径，m；

　　　v——流体的运动黏度，m^2/s。

$Re > 10\ 000$ 时，表明流体的流动状态是紊流；$Re < 2320$ 时，表明流体的流动状态是层流。在实际应用中只用下临界雷诺数，对于圆管中的流动，$Re < 2300$ 为层流，$Re > 2300$ 为紊流。

2-82　试说明流体在管道内流动的压力损失分几种类型。

答：流体在管道内流动的压力损失有两种。

（1）沿程压力损失。液体在流动过程中用于克服沿程压力损失的能量。

（2）局部压力损失。液体在流动过程中用于克服局部阻力损失的能量。

2-83　什么是流量？什么是平均流速？平均流速与实际流速有什么区别？

答：液体流量是指单位时间内通过过流断面的液体数量，其数量用体积表示，称为体积流量，常用 m^3/s 或 m^3/h 表示；其数量用质量表示，称为质量流量，常用 kg/s 或 kg/h 表示。

平均流速是指过流断面上各点流速的算术平均值。

实际流速与平均流速的区别：过流断面上各点的实际流速是不相同的，而平均流速在过流断面上是相等的（这是由于取算术平均值而得）。

2-84　写出沿程阻力损失、局部阻力损失和管道系统的总阻力损失公式，并说明公式中各项的含义。

答：（1）管道流动过程中单位质量液体的沿程阻力损失公式为

$$h_y = i \frac{l}{d_a} \times \frac{c^2}{2g}$$

式中　i——沿程阻力系数；

l——管道的长度，m；

d_a——管道的当量直径，m；

c——平均流速，m/s；

g——重力加速度，m/s^2。

（2）局部阻力损失公式为

$$h_j = \xi \frac{c^2}{2g}$$

式中　ξ——局部阻力系数。

（3）管道系统的总阻力损失公式为

$$h_w = \sum h_y + \sum h_j$$

式中　$\sum$——总和。

上式表明：由于工程上管道系统是由许多直管子组成，因此，整个管道的总流动阻力损失 h_w 应等于整个管道系统的总沿程阻力损失 $\sum h_y$ 与总的局部阻力损失 $\sum h_j$ 之和。

2-85　何谓水锤？有何危害？如何防止？

答：在压力管路中，液体流速急剧变化，造成管中的液体压力显著、反复、迅速地变化，对管道有一种"锤击"的特征，这种现象称为水锤（或叫水击）。

水锤有正水锤和负水锤之分，它们的危害有：

（1）正水锤时，管道中的压力升高，可以超过管中正常压力的几十倍至几百倍，以致管壁产生很大的应力，而压力的反复变化将引起管道和设备的振动，管道的应力交变变化，将造成管道、管件和设备的损坏。

（2）负水锤时，管道中的压力降低，也会引起管道和设备振动。应力交递变化，对设备有不利的影响，同时负水锤时，如压力降得过低可能使管中产生不利的真空，在外界压力的作用下，会将管道挤扁。

为了防止水锤现象的出现，可采取增加阀门起闭时间，尽量缩短管道的长度，在管道上装设安全阀门或空气室，以限制压力突然升高的数值或压力降得太低的数值。

2-86 水、汽有哪些主要质量标准？

答：水、汽主要质量标准如下：

（1）给水。一般中压机组的 pH 值为 8.5～9.0，硬度不大于 1.5μmol/L，溶解氧低于 15μg/L；超高压机组的 pH 值为 8.8～9.3，硬度为 1μmol/L，溶解氧不大于 7μg/L。

（2）锅炉水。对于一般中压机组，磷酸根为 5～12mg/L，二氧化硅为 1mg/L；对于超高压机组，磷酸根为 2～8mg/L，二氧化硅不大于 1.50mg/L。

（3）饱和蒸汽、过热蒸汽。一般二氧化硅不大于 20μg/L。

（4）凝结水。对于一般中压机组，硬度不大于 1.5μmol/L；对于超高压机组，硬度为 1.0μmol/L。

（5）内冷水。电导率（25℃）不大于 5μS/cm，pH 值（25℃）大于 7.6。

2-87 什么叫热工检测和热工测量仪表？

答：发电厂中，热力生产过程的各种热工参数（如压力、温度、流量、液位、振动等）的测量方法叫热工检测，用来测量热工参数的仪表叫热工测量仪表。

2-88 什么叫允许误差？什么叫精确度？

答：根据仪表的制造质量，在国家标准中规定了各种仪表的最大误差，称允许误差。允许误差表示为

$$K = \frac{\text{仪表的最大允许绝对误差}}{\text{量程上限} - \text{量程下限}} \times 100\%$$

允许误差去掉百分量以后的绝对值（K 值）叫仪表的精确度，一般实用精确度的等级有 0.1、0.2、0.5、1.0、1.5、2.5、4.0 等。

2-89 温度测量仪表分哪几类？各有哪几种？

答：温度测量仪表按其测量方法可分为两大类：

（1）接触式测温仪表。主要有膨胀式温度计、热电阻温度计和热电偶温度计等。

（2）非接触式测量仪表。主要有光学高温计、全辐射式高温计和光电高温计等。

2-90 压力测量仪表分为哪几类？

答：压力测量仪表可分为滚柱式压力计、弹性式压力计和活塞式压力计等。

2-91 水位测量仪表有哪几种？

答：水位测量仪表主要有玻璃管水位计、差压型水位计、电极式水位计。

2-92 流量测量仪表有哪几种？

答：根据测量原理，常用的流量测量仪表（即流量计）有差压式、速度式和容积式 3 种。火力发电厂中主要采用差压式流量计来测量蒸汽、水和空气的流量。

2-93 如何选择压力表的量程？

答：为防止仪表损坏，压力表所测压力的最大值一般不超过仪表测量上限的 2/3；为保证测量的准确度，被测压力不得低于标尺上限的 1/3。当被测压力波动较大时，应使压力变化范围处在标尺上限的 1/3～1/2 处。

2-94 何谓双金属温度计？其测量原理怎样？

答：双金属温度计是用来测量气体、液体和蒸汽的较低温度的工业仪表，具有良好的耐振性，安装方便，容易读数，没有汞害。

双金属温度计用绕成螺旋弹簧状的双金属片作为感温元件，将其放在保护管内，一端固定在保护管底部（固定端），另一端连接在一细轴上（自由端），自由端装有指针，当温度变化时，感温元件的自由端带动指针一起转动，指针在刻度盘上指示出相应的被测温度。

2-95 何谓热电偶？

答：在两种不同金属导体焊成的闭合回路中，若两焊接端的温度不同，就会产生热电势，这种由两种金属导体组成的回路称为热电偶。

2-96 什么叫继电器？它有哪些分类？

答：继电器是一种能借助于电磁力或其他物理量的变化而自行切换的电器，它本身具有输入回路，是热工控制回路中用得较多的一种自动化元件。根据输入信号不同，继电器可分为两大类：一类是非电量继电器，如压力继电器、温度继电器等，其输入信号是压力、温度等，输出的都是电量信号；另一类是电量继电器，它输入、输出的都是电量信号。

2-97　电流是如何形成的？它的方向是如何规定的？

答：在金属导体中存在着大量电子，能自由运动的电子叫自由电子，金属中的电流就是自由电子朝一个方向运动所形成的。电流是有一定方向的，规定正电荷运动的方向为电流方向。

2-98　什么是电路的功率和电能？它们之间有何关系？

答：电路的功率就是单位时间内电场力所做的功，电能用来表示电场在一段时间内所做的功，它们之间的关系为

$$E = Pt$$

式中　P——功率，kW；

　　　t——时间，h；

　　　E——电能，kWh；

注：1kWh 就是平常所说的 1 度电。

2-99　什么是电流的热效应？如何确定电流在电阻中产生的热量？

答：电流通过电阻时，电阻就会发热，将电能转换为热能的这种现象叫做电流的热效应。

焦耳—楞次定律指出：电阻通过电流后所产生的热量与电流的平方、电阻及通电时间成正比，电能转换为热能的关系式为

$$Q = I^2 Rt$$

式中　I——电流，A；

　　　R——电阻，Ω；

　　　t——时间，s；

　　　Q——电阻上产生的热量，J。

2-100　什么叫正弦交流电？交流电的周期和频率有何关系？

答：交流电的电压和电流的大小和方向是随时间变化的，按正弦规律变化的交流电称为正弦交流电。

将完成一个循环所需的时间称周期，用 T 表示，单位为 s（秒）；一秒钟内变化的周期数叫频率用 f 表示，单位为 Hz（赫兹）。频率与周期互为倒数关系，即

$$f = \frac{1}{T}$$

2-101 构成煤粉锅炉的主要本体设备和辅助设备有哪些?

答:煤粉锅炉本体的主要设备包括燃烧器,燃烧室(炉膛)、布置有受热面的烟道、汽包、下降管、水冷壁、过热器、再热器、省煤器、空气预热器、联箱、减温器、安全阀、水位计等。

辅助设备主要包括送风机、引风机、排粉机、磨煤机、粗粉分离器、旋风分离器、给煤机、给粉机、除尘器及烟囱等。

第三章 化学水处理

3-1 什么是碱度？

答：水中含有能与强酸作用的物质含量，也就是能与 H^+ 离子相化合的物质含量称为碱度。碱度的单位一般以"毫克当量/升"表示。

3-2 什么是含盐量？

答：水中的各种盐类均以离子的形式存在于水中，因此水中的阴、阳离子含量总和称为含盐量，单位是 mg/L。

各地的水由于来源不同，因此水中的含盐量往往差别很大。一般来说，地下水（如井水、泉水）的含盐量较大，地面水（如河水，湖水）含盐量较小。

3-3 什么是硬度？

答：水中结垢性物质——钙盐和镁盐的总含量称为硬度，单位为毫克当量/升，或微克当量/升。

水的硬度可以分为碳酸盐硬度和非碳酸盐硬度两种。碳酸盐硬度主要由钙和镁的重碳酸盐[$Ca(HCO_3)_2$、$Mg(HCO_3)_2$]组成，也可能含有少量碳酸盐，当水沸腾时，它们可分解成 $CaCO_3$、$MgCO_3$ 沉淀而除去，因此，又称暂时硬度。

非碳酸盐硬度主要是由钙与镁的硫酸盐、硝酸盐及氯化物等形成的硬度，它们不能用煮沸的方法去除，所以称为永久硬度。

3-4 什么是水的 pH 值？

答：水溶液中氢离子含量倒数的对数称为水的 pH 值。

$$pH = lg \frac{1}{(H^+)}$$

当 pH＝7 时，水溶液为中性；

当 pH＞7 时，水溶液为碱性；

当 pH＜7 时，水溶液为酸性。

为了防止除盐水对设备的腐蚀，要求 pH＞7。

3-5 什么是硬水？什么是软水？什么是软化？

答：硬度较大的水，即钙镁离子含量较多的水称为硬水；硬度较小的水，即钙镁离子含量较小的水称为软水。将硬水变成软水的过程称为软化。

3-6 软化水与除盐水有何区别？

答：软化水只是将水中的硬度降低到一定程度。水在软化过程中，仅硬度降低，而总含盐量不变。软化水的成本较低，设备简单，但因炉水含盐量较大，锅炉的排污率较高，热量损失较大，因此一般中小型锅炉采用较多。

除盐水不但降低水的硬度而且还将溶于水中的盐类降低。锅炉的排污效率降低，但设备比较复杂，成本较高。一般对水质要求较高的高压锅炉常采用除盐水。部分中压锅炉为了降低排污率或用给水作为混合式减温器的减温水，也采用除盐水。

3-7 为什么新安装的锅炉投产前要进行煮炉？

答：为了清除锅炉在制造、运输、储存及安装过程中产生的铁锈以及采取防锈措施所涂抹的防锈剂和管道内油垢，新安装的锅炉在投产前要进行煮炉。煮炉所用的药品为氢氧化钠和磷酸三钠。首先按有关规定配制药品的浓度，然后点火升压，使药溶液在炉内不断循环而将铁锈和污垢洗掉，并通过定期排污将洗下的杂质排掉。

煮炉清洗铁锈的能力是有限的。新安装的高压锅炉投产前及结有铁垢的旧锅炉都需要进行酸洗。为了提高酸洗效果，酸洗之前通常要进行煮炉。

3-8 为什么新建的锅炉投产前应进行酸洗？

答：锅炉安装好后，投产前都要进行煮炉，但煮炉通常只能清除锅炉在制造、运输和安装中涂覆的防锈剂和污染的油垢及尘土、保温材料等各种杂质。而在锅炉各部件生产运输和安装中形成的氧化皮（轧皮）和铁锈，难以通过煮炉将其清除。

氧化皮和铁锈的存在不但增加受热面热阻，而且容易导致水垢的生成。水垢的生成促使锅炉在运行中形成垢下腐蚀，造成管子变薄、穿孔，引起爆管和泄漏。因为锅炉受热面数量很大，锅炉运行初期大量氧化皮和铁锈脱落形成的碎片和水渣，有可能造成炉管堵塞，引起爆管。锅炉投产前在煮炉后经过酸洗，将管内、联箱内和汽包内的氧化皮和铁锈彻底清除，不但可以清除上述危害，而且可以改善锅炉启动初期的水、汽品质，使水、汽质量很快达到标准。

3-9 水垢是怎样形成的？对锅炉有什么危害？

答：物质在水中的溶解能力，取决于它本身的特性和水的温度。在一定温度下，某种物质在水中的溶解量是有一定限度的。

如果水中该物质的含量超过相应温度的溶解度，过剩部分就将以固体状态沉淀下来。含有杂质的给水进入锅炉后，由于强烈的蒸发，杂质的浓度增加。如果杂质的浓度达到了该物质在一定温度下的极限浓度，水溶液中就会产生固态沉淀物。难溶的钙镁化合物具有负的溶解系数，即溶解度随着水温的升高而降低。对这类物质不但在水蒸发——即浓度增加的过程中会产生沉淀，就是当水温升高到某一温度，即使未达到沸点，也会有固态物质沉淀。因此，不仅在蒸发受热面上会有固态沉淀物生成，在省煤器中也可能生成沉淀物。

固态沉淀物一般形成晶体，如果晶体不黏结在受热面上，而悬浮在水中，则称为水渣或沉淀。如果沉淀物的结晶过程是在受热面上进行的，并且坚实地黏结在受热面上，则称为水垢。水中的钙镁离子很多，生成水垢后常黏结在蒸发受热面上。

水垢的导热性能比钢差得多。即使水垢的厚度很小，也会使金属受热面温度大大地提高。例如 $CaSiO_3$（硅酸钙）水垢的导热系数平均只有 $0.16W/(m \cdot \text{℃})$，仅为钢的导热系数的 $1/400$。如果水垢的厚度为 $0.2mm$，水冷壁的热负荷为 $q = 116 \times 10^3 \, W/m^2$，则由于水垢的存在，使管壁温度升高 200℃，水冷壁管就有过热烧坏的危险。锅炉压力越高，饱和温度也随之升高，水冷壁结垢引起过热的危险性就越大。

3-10 水垢与水渣有什么区别？

答：如果锅炉给水质量不良，经过一段时间的运行，就会在受热面与水接触的管壁上，特别是在蒸发受热面管壁上生成一些固态附着物。这种现象称为结垢，生成的附着物称为水垢。受热面管壁上水垢形成的速度和数量，在炉水结垢物质含量一定的情况下，取决于受热面热负荷的大小。热负荷大，水垢生成的速度快，水垢数量多。所以，水冷壁管向火侧水垢形成的速度和数量比背火侧大得多。水垢通常较硬且紧密地附着在受热面管内壁上，一般不会自动脱落，只有通过机械清洗或酸洗的方法才能将水垢清除。水垢的热阻是管壁金属热阻的几十倍至几百倍，水垢的存在使金属壁温明显上升，水垢达到一定厚度，壁会因温度过高而造成爆管。

锅炉运行中，炉水中析出的某些固体物质，有的呈悬浮状态，有的沉积在汽包或下集箱底部等水流缓慢处，形成沉渣。加入锅炉中的磷酸三钠，会与炉水中残余的钙镁离子等结垢物质形成沉渣。这些悬浮状态和沉渣状态的物质称为水渣。

水渣通常不附着在受热面上，不会使受热面的热阻增加，而且可以通过连续排污和定期排污将其排掉；但是如果水质太差，或没有按规定进行连续和定期排污，炉水中水渣太多，就有可能造成炉管因水渣堵塞而引起爆管。

3-11　受热面管内壁的垢下腐蚀是怎样形成的？

答：当管子内壁结垢引起爆管，将管子割下清除水垢后，就会发现凡是有垢的地方，均出现因腐蚀形成的不规则凹坑，这种腐蚀称为垢下腐蚀。

大量试验证明，管子的腐蚀与炉水的 pH 值有关。pH 值过低或过高均会使腐蚀速度加快，当水溶液的 pH 值为 $10 \sim 12$ 时，腐蚀速度最小；当 pH 值大于 13 时，腐蚀速度明显上升的原因是管子表面的 Fe_3O_4 保护膜溶于水溶液而遭到破坏。

锅炉在正常时，炉水的 pH 值控制在 $10 \sim 12$ 范围内，不应发生腐蚀，但是当管子内部结垢时，由于水垢的热阻很大，因此水垢下的管壁金属温度明显升高，使渗透到水垢下的炉水急剧蒸发和浓缩。由于水垢的存在，水垢下浓缩的炉水不易和炉管内浓度较低的炉水相混合，导致水垢下炉水浓度很高。炉水高度浓缩后的水质会与浓缩前完全不同。例如，炉水中有游离的 NaOH（不是由于磷酸三钠水解生成的 NaOH），会使炉水的 pH 值大于 13，而导致管子发生碱性腐蚀。

3-12　锅炉为什么要加药？

答：无论采用何种水处理方式，也不能将水中的硬度完全去除，而只能将水中的硬度降低至一定程度。汽轮机凝汽器铜管泄漏，冷却水漏入凝结水中，使凝结水硬度增加。换言之，给水中还有少量的钙、镁离子（Ca^{2+}、Mg^{2+}），虽然数量很少，但是，随着炉水的强烈蒸发，给水浓缩很快，炉水中钙、镁离子的浓度升高，仍然有可能在蒸发受热面上形成水垢。

向炉内加入某种药剂（常用的是磷酸三钠 Na_3PO_4）与炉水中的钙、镁离子生成不黏结在受热面上的水渣，水渣沉淀在水冷壁的下集箱内，可以通过定期排污的方式将其排出。为了保证炉水中的钙、镁离子全部生成水渣，炉水中必须维持适当的磷酸根 pH_4^{3-} 裕量。炉水中加入磷酸三钠还可以防止金属的晶间腐蚀（苛性脆化）。

3-13　炉水为什么要维持一定碱度？

答：当向炉水内加入磷酸三钠时，与炉水中的钙、镁离子生成难溶的钙镁磷酸盐，但实践证明磷酸钙仍是一种结垢物质。如果炉水的碱度足够高，磷酸钙即可转变为不结垢的碱性磷灰石，它是一种水渣，可以通过定期排污的方式排出炉外。炉水碱度太高，会产生汽水共腾，因而汽水分离效果不好，蒸汽带水。

碱度也不能保持太低，否则，一方面磷酸钙不能转变为不结垢的碱性磷灰石；另一方面，为了维持较低的碱度，连续排污量必然加大，造成给水和热量的损失。所以，炉水的碱度必须控制在一定的范围内。

3-14　什么是分段蒸发？有何优点？

答：蒸汽的品质在很大程度上决定于炉水的含盐量。为了获得品质良好的蒸汽，就必须维持炉水较低的含盐量，这样势必要增大排污率，造成热量和软水的损失。要求获得良好的蒸汽品质与降低排污率存在一定的矛盾。如果能使大部分蒸汽产生于含盐量较低的炉水中，而在炉水的含盐量最大的地方排污，就可以使这一矛盾在很大程度上得到解决。分度蒸发就可以达到上述目的。

把汽包内部分为两个或两个以上的部分，省煤器来的给水进入第一部分，第一部分的炉水作为第二部分的给水，第二部分的炉水作为第三部分的给水。第一部分称为净段，第二部分称为第一盐段，第三部分称为第二盐段。如只分两部分，则分别称为净段和盐段。净段和盐段都有独立的上升管、下降管组成的循环回路。因为净段的炉水是盐段给水，所以净段的炉水含盐量较低，锅炉大部分蒸汽是从净段产生的，蒸汽质量较好。盐段炉水的含盐量很高，从盐段排污可以降低排污率。虽然从盐段产生的蒸汽品质较差，但是因为盐段产生的蒸汽所占的比例较小，而且可以在盐段采用效率高的汽水分离设备（如炉外盐段的外置旋风分离器），又因为分段蒸发可在排污率降低的基础上，使蒸汽的品质提高，所以分段蒸发在大中型锅炉上得到广泛采用。因为三段蒸发比较复杂，而且效果较二段蒸发提高不多，所以三段蒸发采用很少。

3-15　什么是炉外盐段？有何优点？

答：凡是在汽包以外的盐段都称为炉外盐段。盐段炉水的含盐量较净段大得多，如果盐段的汽水分离效果不佳，蒸汽带水，则会严重影响蒸汽品质。汽包内的旋转分离器汽水分离效果较好，但因受汽包容积的限制，要进一步提高旋风分离器的汽水分离效果是困难的。盐段设在炉外，有独立的下降管、下集箱和上升管组成的循环回路，旋风分离器因不受空间的限制，可以设计得较高，有利于提高盐段的蒸汽品质。由于炉外盐段汽水分离效果好，因此允许在炉水含盐量较高的情况下工作，即提高了排污水的浓度，降低了排污率。采用炉外盐段可以防止盐段炉水返回净段，有利于降低净段含盐量，提高分段蒸发效果。

炉外盐段承受着与汽包一样的压力，消耗金属较多，这是炉外盐段的缺点。

随着水处理技术的进步，锅炉广泛采用除盐水作为给水，由于水质的提高，炉外盐段的采用有减少的趋势。

3-16　蒸汽污染的原因是什么？

答：无论何种汽水分离设备都不能完全避免蒸汽带水。汽水分离效果好，带水少；反之，带水多。炉水的含盐量较给水大得多，蒸汽带水就会使蒸汽的含盐量增加，这是中低压锅炉蒸汽污染的主要原因。

随着锅炉压力的提高，蒸汽的各种性质逐渐接近炉水，因此，高压和超高压锅炉的蒸汽还具有溶解某些盐类的能力，炉水中的某些盐类，会转移到蒸汽中。对于高压锅炉，主要溶解硅酸；对于超高压锅炉，还能溶解一部分氯化钠和氢氧化钠。因此，高压锅炉蒸汽污染的原因除蒸汽带水外，还由于高压蒸汽能溶解某些盐类。

3-17　什么是化学临界热负荷？

答：限制锅炉负荷的因素很多，如燃料量、给水量、送吸风量不足等，当蒸汽流量太大，蒸汽品质不合格时，也必须限制热负荷。在一定的炉水含盐量下，能保证蒸汽品质合格的最大负荷称为化学临界热负荷。化学临界热负荷与炉水含盐量有关，当炉水含盐量降低时，化学临界热负荷提高。化学临界热负荷一般通过现场的热化学试验确定，一般化学临界热负荷总是比锅炉的额定负荷大 $20\%\sim30\%$，并在此前提下确定最大的炉水含盐量，以尽量减少热量和工质的损失。

3-18　过热器为什么要定期反冲洗？

答：虽然汽包内有汽水分离设备，但饱和蒸汽进入过热器时不可避免地带有少量的水分，水分在过热器内吸收热量后汽化成蒸汽，炉水中含盐一部分进入蒸汽，一部分就沉积在过热器管内壁上。虽然蒸汽带的水分很少，但是炉水中的含盐量较大，运行时间长了，过热器管壁上还是会有一层盐垢。

如果减温器是表面式的，用给水冷却。当减温器泄漏时，给水压力大于蒸汽压力，给水漏入蒸汽侧，或喷入混合式减温器的减温水含盐量较大（水处理设备工作不正常，或凝汽器的冷却水漏入凝结水时），都会造成过热器管内壁结盐垢。汽水分离不良，蒸汽带水结的盐垢一般在过热器入口，而表面式减温器泄漏或混合式减温器的减温水质量不良结的盐垢，一般在减温后的高温过热器。

盐垢的导热能力很差，结有盐垢的过热器管壁温度会显著上升，有过热的危险。因为盐垢一般都溶于水，所以定期从过热器出口集箱上通入给水进行反冲洗，可将盐垢洗掉。

为了防止反冲洗时有些管子无水通过，反冲洗流量尽可能大些。当取样分析出入口的含盐量相同或接近时，盐垢基本洗掉，反冲洗可结束。

当过热器管结垢较多时，为了保证清洗效果，应进行过热器管单元式冲洗。

单元式冲洗不但清洗效果好，而且可查明各管内积盐的多少，可以帮助分析管内积盐的原因，制订相应的措施。

用水冲洗过热器管只能除掉溶于水的积盐，当需要清除金属腐蚀产物或其他难溶沉淀物质时，应在锅炉酸洗的同时对过热器进行清洗。

3-19　为什么胀接的锅炉装有苛性脆化指示器，而焊接的锅炉没有？

答：锅炉金属受热面发生苛性脆化必须同时具备三个条件，即金属中存在超过屈服应力的部位，蒸发受热面发生泄漏，以及由于炉水浓缩造成炉水中 NaOH 的浓度增大。

胀接的锅炉采用专用的胀管器，使炉管产生塑性变形，直径增大而胀接在汽包或集箱上。胀接时，炉管胀接处承受的应力超过了屈服应力而产生了塑性变形；如果胀接处泄漏，炉水蒸发，则炉水中的 NaOH 浓度升高。这样，上述三个条件同时具备，就有发生苛性脆化的危险。

为了防止胀接锅炉胀口处的炉水泄漏蒸发，炉水中的 NaOH 浓缩发生苛性脆化，除了向炉内加入磷酸三钠维持相对碱度，即游离 NaOH 量与总含盐量之比小于 20% 外，还在汽包集箱内或炉外设置苛性脆化指示器。苛性脆化指示器试样承受超过屈服极限的应力，并人为地产生泄漏，造成炉水浓缩的条件。定期检查试样有无产生苛性脆化，用以判断是否要停炉检查锅炉的胀口。

因为焊接的锅炉在正常情况下，不存在超过屈服应力的部位，一般没有产生苛性脆化的可能性，所以焊接的锅炉一般不设苛性脆化指示器。

3-20　水冷壁管内的水垢是怎样形成的？有什么危害？

答：虽然对给水的含铁量作了规定，在正常运行时给水中含铁量不大，中压炉<50mg/L，高压炉<30mg/L，但由于蒸发，炉水浓缩，含铁量大大增加。当给水的 pH 因控制不当小于 7 时，给水呈酸性，会对管道和设备产生酸性腐蚀，腐蚀产物氧化铁也进入炉水中。凝结水管和给水管都是碳素

钢，由于凝汽器气密性差或除氧器除氧效果不好以及机组启停等原因，因此铁锈随给水进入锅炉是不可避免的，尤其是机组停运后再次启动的初期给水含铁量是较大的。直流锅炉规定启动初期的两次循环冲洗就是为了排除铁锈，降低炉水含铁量。

在锅炉蒸发受热面热负荷较大的部位，如火焰中心处水冷壁的向火面，会形成铁垢。铁垢生成速度与热负荷的平方成正比。割开水冷壁管，可以明显地看出水冷壁管的向火侧结的垢比背火侧多。铁垢的导热系数较金属小，使水冷壁管表面的温度升高。导致水冷壁管鼓包，胀粗，以至爆管。另外，在铁垢下面会形成垢下腐蚀，加速水冷壁管的损坏。

3-21 锅炉为什么要定期酸洗？

答： 由于水处理技术的进步，经炉外水处理和炉内水处理，目前容量稍大的锅炉，可以做到锅炉蒸发受热面基本不结钙、镁水垢。这些锅炉蒸发受热面上所结的垢主要是以氧化铁为主并含有少量铜的铁垢。由于给水中含有铁离子，因此在水冷壁管内壁结铁垢是不可避免的，进一步降低给水中铁离子的含量，不但要增加设备，给水的成本要提高，而且仍然不能避免水冷壁结铁垢，只是降低结垢速度而已。国内外的生产实践已经证明，与其增加设备和成本以降低给水中的铁离子含量，不如定期进行酸洗，清除水冷壁上的铁垢更加经济合理。

铁垢紧密地结在水冷壁管内壁上，水冷壁管的形状又比较复杂，因此用机械的方法很难将铁垢完全清除。盐酸和硫酸不但能够溶解铁垢，而且还能使铁垢从水冷壁上脱落下来。所以，对锅炉定期进行酸洗（3～5年一次）已成为锅炉常规检修项目了。

3-22 怎样确定锅炉是否需要酸洗？

答： 炉管结垢后，因为垢的热阻是炉管金属的几十倍至几百倍，所以管壁温度明显升高。显然垢的厚度越大，壁温越高。因为管内结垢成分较复杂，各种垢的热阻差别较大，而且垢的厚度也难于准确测量，所以很难以垢的厚度来确定锅炉是否需要酸洗。

因为热负荷大的部位结垢速度快、垢的数量多，所以火焰中心处炉管向火侧的部分结垢最多。以单位面积炉管向火侧的结垢数量确定是否需要酸洗比较合理，因为单位面积的结垢数量即代表了垢的厚度，又比较容易测量。虽然现在还难以严格规定单位面积的结垢数量达到多少时必须进行酸洗，但根据国内外锅炉运行的经验，拟定了炉管内允许结垢的极限数量，见表3-1，结垢超过这个极限就应该酸洗。

表 3-1　　　　　　　炉管内允许结垢的极限数量

锅炉类型	汽包锅炉				直流锅炉	
工作压力 （MPa）	≤6	10	14	17	亚临界 压力	超临界 压力
结垢量 （g/m²）	600～800	400～500	300～400	200～300	200～300	150～200

表 3-1 是以燃煤为主，燃油或燃用高热值气体燃料时，因为容积热强度比燃煤炉高约 30%，管内结垢后，壁温比燃煤炉更高，所以可按表 3-1 中工作压力高一级的数值考虑。

随着锅炉工作压力升高，允许结垢的极限数量减少，这是因为随着压力升高，管内炉水的饱和温度升高，在结垢数量相同的情况下，工作压力高的炉管壁温度更高。

3-23　常用的清洗剂有哪几种？各有什么优缺点？

答：常用的清洗剂都是酸类，分为无机酸和有机酸两类。使用得较多的是无机酸，适于锅炉化学清洗的无机酸是盐酸和氢氟酸。

采用盐酸作清洗液的优点是清洗能力很强，选择适当的缓蚀剂，清洗液对基体金属的腐蚀速度很低。采用盐酸清洗时，不但能将管内附着物溶解，而且还可使附着物从管内壁脱落下来。盐酸另一个突出的优点使价格便宜，货源易于解决，输送简便，酸洗操作容易掌握。

盐酸作清洗剂虽然优点很多，但也有缺点。因为氯离子能促使奥氏体钢发生应力腐蚀，所以，盐酸不能用来清洗由奥氏体钢制造部件的锅炉（如亚临界和超临界压力锅炉的过热器及再热器，常用奥氏体钢制造）。此外，对以硅酸盐为主要成分的水垢，盐酸清洗的效果较差。

氢氟酸作清洗剂的优点是溶解铁氧化物的速度很快，溶解以硅化合物为主要成分的水垢的能力很强，而且在较低的浓度（1%）和较低的温度（30℃）下，它也能获得良好的清洗效果。采用氢氟酸清洗时，清洗液通常是一次流过清洗部件，无需像盐酸清洗那样进行反复循环。由于金属与清洗液接触时间很短，清洗液的浓度和温度都较低，只要缓蚀剂选择适当，腐蚀速度就很小，可低于 1g/m²。氢氟酸对金属的腐蚀极小，不但可以清洗有奥体氏钢部件的锅炉，而且可以不必拆卸锅炉汽、水系统中的阀门等附件，清洗时的临时装置可大为简化。此外，采用氢氟酸清洗时，水和药品的消耗较小，酸洗后的废液经过简单处理即可成为无毒无腐蚀性的液体而排放。因为氢氟酸的优点很多，所以近几年来采用氢氟酸清洗的锅炉越来越多。

3-24 为什么酸洗时水冷壁管要分成几个循环回路？

答：因为静置浸泡的酸洗效果较差，所以酸洗时大多采用流动清洗方式。为了保证良好的酸洗效果，酸液的流速应保持在 0.5m/s 左右。如果所有的水冷壁管同时清洗，即使采用一半水冷壁管进、另一半水冷壁管出的酸洗方式，因为水冷壁管的数量很多，总流通面积较大，要维持一定的酸洗流速，就要求酸液泵的流量较大。例如，130t/h 的锅炉酸洗，酸液泵的流量要在 350m^3/h 以上；220t/h 的锅炉酸洗，酸洗泵的流量要在 600m^3/h 以上。在生产现场中往往找不到这么大的耐酸泵。

酸洗后要用给水进行大流量的冲洗，冲洗流量比酸洗流量还要大，在生产中往往难以满足这么大给水流量的冲洗。

为了满足酸洗和冲洗时对流速的要求，避免采用过大的耐酸泵和不影响其他炉的正常生产，常将水冷壁管分成几个回路，每次流动酸洗其中一个回路，其余回路处于静置浸泡中。经过一段时间后再切换至其他回路，进行流动酸洗。采用分成几个回路的酸洗方案，不但酸洗效果好，而且容易实现。缺点是操作比较麻烦，因要切换系统而使工作量增加。

3-25 为什么酸洗液中要加缓蚀剂？

答：锅炉酸洗时，我们希望酸液只将铁垢清洗掉，而对表面没有铁垢覆盖的金属面不腐蚀或腐蚀很小。酸液本身对铁垢或金属表面是没有选择性的，这样在清洗掉铁垢的同时，对完好的金属表面也产生了腐蚀，这实际上使得酸洗根本不能进行。

在酸液中加入缓蚀剂，就可以使酸液具有选择性，即只能将铁垢清洗掉，而对完好的金属表面产生的腐蚀很小。常用的缓蚀剂有乌洛托平、水胶、诺丁等，良好的缓蚀剂其缓蚀率可达 98% 以上。

3-26 缓蚀剂的缓蚀机理是什么？

答：缓蚀剂之所以能在酸洗过程中起到缓蚀作用，是因为：

（1）缓蚀剂分子吸附在金属表面上，形成一层很薄的保护膜，从而抑制了酸液对金属的腐蚀。

（2）缓蚀剂与金属表面或酸液中的其他离子反应，其反应生成物覆盖在金属表面上，从而抑制了腐蚀过程。

缓蚀剂的种类和浓度与酸洗液的种类、浓度、温度和流速有关。缓蚀剂的缓蚀效果通常随着酸液温度的上升和流速的提高而降低，因此，缓蚀剂的选用及浓度应通过小型试验来确定。

3-27 对缓蚀剂的要求有哪些？

答：为了将铁垢洗掉并尽量减少对基体金属的腐蚀，酸洗液中必须要加缓蚀剂。对缓蚀剂的要求有以下几点：

（1）用量少而缓蚀效率高，这样可以降低成本、提高酸洗效果。

（2）不影响酸液对铁垢的清洗效果。

（3）在酸洗时间内和酸洗液浓度及温度范围内，始终能保持其缓蚀效果。

（4）对基体金属的机械性能和金相组织没有任何不良的影响。

（5）无毒性，使用安全、方便。

（6）酸洗结束后排放的废液不会造成污染和公害。

3-28 为什么每个酸洗循环回路都要安装监视管段？

答：酸洗时，酸液、缓蚀剂的浓度、温度、流速及酸洗时间等各项酸洗控制指标的确定都是以小型模拟实验的最佳效果为依据的，锅炉在实际酸洗时的工况不可能与小型模拟试验完全一样。在整个酸洗过程中，无法判断和检查水冷壁管的酸洗效果。

为了掌握酸洗的真实情况，每个循环回路都设有一个监视管段，并使该管段的酸洗工况与该回路基本一致。在酸洗过程中可将监视管段拆下检查，由于监视管段都是从对应循环回路中的水冷壁管割下的，因此，监视管段的酸洗效果就代表了该回路中各管子的酸洗效果，从而避免了锅炉酸洗不足（未将铁垢清洗干净）或酸洗过度，造成基体金属腐蚀过量。

3-29 酸洗腐蚀指示片的作用？

答：为了掌握酸洗时酸液对金属基体腐蚀的速度，以评价缓蚀剂的效果，在循环回路中要安装腐蚀指示片。事先测出腐蚀指示片的面积，放在烘箱内烘干后称出重量，酸洗前安装在酸洗回路中；酸洗后取出，洗净、烘干，称出质量。腐蚀指示片的材质应和锅炉水循环系统受热面金属的材质相同，因此腐蚀指示片的腐蚀速度就可以代表锅炉水循环系统金属腐蚀速度。

$$腐蚀速度 = \frac{酸洗前后腐蚀指示片重量差}{腐蚀指示片面积 \times 酸洗时数} \quad [g/(m^2 \cdot h)]$$

评价酸洗的效果，除了要看垢是否洗净外，还要看腐蚀速度是否在规定的指示以内。一般情况下，由于腐蚀指示片表面没有垢，根据腐蚀指示片算出的腐蚀速度比锅炉蒸发受热面金属的实际腐蚀速度略大些。

3-30 汽包充满酸液保持一定压力的酸洗方式有什么优点？

答：汽包充满了酸液，并保持一定压力，空气不会漏入，这对酸洗回路的选择提供了很大方便。酸洗回路可以根据需要任意选择和组合，酸洗时可以根据需要调整循环流速，改变循环方向。省去了为防止空气进入的水封装置，而且酸洗时监视汽包压力比监视汽包液位容易。

缺点是对过热器的密封要求较高，要防止酸液进入过热器管。

3-31 酸洗过程中为什么要严禁烟火？

答：因为锅炉结铁垢后的速度与热负荷的平方成正比，所以锅炉结铁垢的主要部位是在燃烧器上方 2～4m 的水冷壁向火侧，水冷壁的背火侧和离燃烧器较远的部位结铁垢较少。有些部位如汽包，水冷壁上、下集箱，下降管等部位因不受热，所以不结铁垢。当硫酸或盐酸进入锅炉时，在与铁垢作用的同时，也与上述完好的金属发生反应并产生氢气，而且结铁垢较少的部位，当铁垢被洗掉后，露出的金属表面也会与酸液发生反应产生氢气

$$Fe+2HCl =\!=\!= FeCl_2+H_2 \uparrow$$
$$Fe+H_2SO_4 =\!=\!= FeSO_4+H_2 \uparrow$$

氢气随同酸液回到溶液箱，然后从排氢管排出厂房外，也可能从不严密处漏出。氢气是易燃的，而且空气与氢气按一定的比例混合，遇有明火具有强烈的爆炸性。所以，为了人身和设备安全，酸洗现场应严禁烟火。

3-32 怎样确定盐酸酸洗终点？

答：在酸洗过程中要消耗动力和燃料，而且虽然在酸液中加有缓蚀剂，但仍然会对裸露的基体金属产生少量的腐蚀。所以，在铁垢基本洗净的条件下，适时地中止酸洗是非常必要的。

酸洗前通常要对样管做小型模拟试验，找出最佳酸洗条件。因此，可以根据小型模拟试验确定所需酸洗时间，到预定时间中止酸洗。

钢材表面的氧化皮或铁垢主要是由 FeO 和 Fe_2O_3 组成，其中的 Fe_3O_4 可以看成是 FeO 和 Fe_2O_3 的混合物，FeO 与 Fe_2O_3 和 HCl 的反应式如下

$$FeO+2HCl \longrightarrow FeCl_2+H_2O$$
$$Fe_2O_3+6HCl \longrightarrow 2FeCl_3+3H_2O$$

而 $FeCl_3$ 与 Fe 生成 $FeCl_2$，即

$$2FeCl_3+Fe \longrightarrow 3FeCl_2$$

在盐酸清洗液中的溶解铁主要以二价铁 Fe^{2+} 形式存在，所以，也可以这样分析，当酸液中的 Fe^{2+} 含量无明显变化时，可以认为是酸洗终点而结束酸洗。

3-33　为什么顶酸时必须用给水？

答：监视管段检查全部合格后，即可将酸液排掉。酸洗后，水冷壁管内的铁垢基本被清洗掉，露出的金属表面非常活跃，此时与氧接触很容易被氧化。给水是经过除氧的，用给水顶酸，可以保证酸洗后的金属表面不接触氧，从而不被氧化，提高酸洗质量。

3-34　顶酸以后为什么要用给水进行大流量冲洗？

答：水冷壁管经酸液的浸泡和循环后，大部分铁垢被溶解并脱落，但仍有一部分铁垢虽已松软，却未脱落。顶酸后利用给水大流量冲洗，由于水冷壁管内的水流速比酸洗时的循环流速大，可将松软的垢冲刷下来，以提高酸洗效果。

为了防止酸洗后的金属重新被氧化，大流量冲洗时必须用经过除氧的水。

3-35　冲洗后为什么要进行钝化？

答：水冷壁管内壁经酸洗后露出的金属面是非常活泼的，如果不经钝化处理，一接触氧就非常容易被氧化，降低了酸洗效果。

所谓钝化就是利用化学药剂如磷酸三钠 Na_3PO_4、亚硝酸钠 $NaNO_2$ 的水溶液与清洗后的金属表面生成一种稳定的致密的银灰色钝化膜。这层膜非常稳定致密，可以阻止氧与钝化膜覆盖下的金属发生氧化，从而提高了酸洗效果。钝化以后的金属面，可以接触氧，所以为了节能和降低成本，钝化后可以不用除氧水而用工业水或软水冲洗。

第四章　金属材料知识

4-1　何谓金属的机械性能？

答：金属的机械性能是金属材料在外力作用下表现出来的特性，如弹性、强度、硬度、韧性和塑性等。

4-2　什么叫强度？强度指标通常有哪些？

答：强度是指金属材料在外力作用下抵抗变形和破坏的能力，强度指标有弹性极限 σ_e、屈服极限 σ_s 和强度极限 σ_b。弹性极限是指材料在外力作用下产生弹性变形的最大应力，屈服极限是指材料在外力作用下出现塑性变形时的应力，强度极限是指材料断裂时的应力。

4-3　什么叫塑性？塑性指标有哪些？

答：金属的塑性是金属在外力作用下产生塑性变形而不破坏的能力，塑性指标有延伸率和断面收缩率。

4-4　什么叫变形？变形过程有哪三个阶段？

答：金属材料在外力作用下，所引起的尺寸和形状的变化称为变形。

任何金属，在外力作用下引起的变形过程可分为三个阶段：

（1）弹性变形阶段。在应力不大的情况下变形量随应力值成正比例增加，当应力去除后变形完全消失。

（2）弹—塑性变形阶段。应力超过材料的屈服极限时，在应力去除后变形不能完全消失，而有残留变形存在，这部分残留变形即塑性变形。

（3）断裂。当应力继续增大，金属在大量塑性变形之后即发生断裂。

4-5　什么叫刚度和硬度？

答：刚度是零件在受力时抵抗弹性变形的能力，硬度是指金属材料抵抗硬物压入其表面的能力。

4-6　何谓疲劳和疲劳强度？

答：在工程实际中，很多机器零件所受的载荷不仅大小可能变化，而且方向也可能变化，如齿轮的齿、转动机械的轴等，这种载荷称为交变载荷，交变载荷在零件内部将引起随时间而变化的应力，称为交变应力。零件在交变应力的长期作用下，会在小于材料的强度极限 σ_b 甚至在小于屈服极限的 σ_s 应力下断裂，这种现象称为疲劳。金属材料在无限多次交变应力作用下，不致引起断裂的最大应力称为疲劳极限或疲劳强度。

4-7   金属材料有哪些工艺性能？

答：金属材料的工艺性能包括铸造性、可锻性、焊接性和切削加工性等。

4-8   金属材料有哪些物理化学性能？

答：(1)密度。物质单位体积所具有的重量称为密度。如普通碳素钢的密度为 $7.85g/cm^3$，水银的密度为 $13.6g/cm^3$，水的密度为 $1g/cm^3$。

(2)熔点。金属由故态转变为液态时的温度称为熔点。熔点高的金属常用来制造耐热零件，如过热器管、汽轮机叶片等。

(3)导电性。金属传导电流的能力称为导电性。导电性最好的是银，其次是铜和铝。

(4)导热性。金属传导热量的能力称为导热性。一般说来，导电性好的材料其导热性也好。

(5)热膨胀性。金属变热时体积发生胀大的现象，称为热膨胀性。

(6)抗氧化性。金属材料在高温时抵抗氧化腐蚀的能力，称为抗氧化性。

(7)耐腐蚀性。金属材料抵抗各种介质（大气、酸、碱、盐等）侵蚀的能力称为耐腐蚀性。

4-9   钢如何分类？

答：常用钢分为碳钢与合金钢两大类。

含碳量小于 2.06％的铁碳合金称为碳钢。

当碳钢含有一定量的合金元素（如 Cr、Mo、Ni、Al、Mn 等）时，称为合金钢。

碳钢中根据含碳量的多少分为低碳钢（含碳量≤0.25％）、中碳钢（含碳量为 0.25％～0.55％）和高碳钢（含碳量＞0.55％）。

合金钢根据合金元素的多少分为低合金钢和高合金钢。

4-10   什么叫铸铁？铸铁可分哪几种？

答：含碳量大于 2.06％的铁碳合金称为铸铁。铸铁可分为白口铸铁

（硬而脆，很难切削加工）、灰口铸铁（软，有良好的铸造性、切削加工性、抗磨性以及减振性等）、球墨铸铁（具有一定的塑性和韧性，性能良好，价格低廉）、可锻铸铁和合金铸铁。

4-11　含碳量对碳钢性能的影响如何？

答：随着含碳量的增加，碳钢的强度增加，硬度提高，但塑性降低，焊接性能变差。锅炉广泛使用的 20 钢就是含碳量较低的低碳钢，由于焊接性能良好，给锅炉制造、安装、维修带来很大方便。

4-12　锅炉各部件采用哪几种钢材？

答：锅炉各部件的工作介质温度相差很大，各受热面的热负荷和管内工作介质的放热系数差别也较大。因此，应该根据各种部件的计算温度选用合适的材料。

因为碳钢最便宜，价格是低合金钢的几分之一，是高合金钢的 $1/20 \sim 1/10$，所以，只要能使用碳钢的一般不选用合金钢，能使用低合金钢的不选用高合金钢。

有些部件的计算温度低于碳钢的许用温度，但对于超高压和亚临界压力锅炉的汽包和水冷壁管，为了降低壁厚、减少热应力，便于起吊和运输，也可采用低合金钢制造。锅炉各部件应采用钢材见表 4-1。

表 4-1　锅炉各部件表压力、计算壁温及应采用钢材

名　称	表压力（MPa）	计算壁温（℃）	选用钢材
汽包	$P<0.8$	≤120	A_3
	$P<6$	≤450	20g
	$P=6 \sim 12.5$	≤450	20g
	$P=18 \sim 19$	≤400	14MnMoVg、18MnMoNbg
过热器及再热器	$P<6$	≤480	20
	$P>6$	≤480	20
		≤560	15CrMo
	$P>6$	≤580	12Cr1MoV、12MoV、WBSixt
		≤600	12Cr2MoWVTiB、12Cr3MoVSiTiB

续表

名　　　称	表压力(MPa)	计算壁温(℃)	选 用 钢 材
水冷壁	$P<6$ $P>6$ $P>15$	≤480 ≤480 ≤560	20 20 15CrMo
省煤器	(1.1~1.15) P	≤480	20
空气预热器	低压	回转式 ≤600 ≤450~475 管式≤400	Cr6SiMo 1Cr13 A_3

4-13　合金元素可以使钢材获得哪些特殊的性能？

答：若加入铬（Cr）、镍（Ni）、锰（Mn）、钛（Ti）等元素，可以提高钢的耐腐蚀性；若加入足够的铬（Cr）、硅（Si）、铝（Al）等元素，可以提高钢的抗氧化能力；若加入钨（W）、钼（Mo）、钒（V）等元素，能明显地提高钢在高温下的强度；若加入铬（Cr）、钼（Mo）、钒（V）、钛（Ti）等元素，可以提高钢的耐磨性。

4-14　什么叫热应力？

答：由于零部件内、外或两侧温差引起的零部件变形受到约束，而在物体内部产生的应力称为热应力。

4-15　什么叫热冲击？

答：金属材料受到急剧的加热和冷却时，其内部将产生很大的温差，从而引起很大的冲击热应力，这种现象称为热冲击。一次大的热冲击产生的热应力能超过材料的屈服极限，而导致金属部件损坏。

4-16　为什么同一种钢材，当作受热面管子使用时，许用温度较高，而当作主蒸汽管或集箱使用时，许用温度较低？

答：锅炉的大部分承压部件，例如汽包，水冷壁，省煤器，水冷壁上、下集箱，低温段过热器等的材质都是 20 钢。但是同一种钢材，作受热面管子使用时，许用温度较高，而作主蒸汽管和集箱使用时，许用温度较低，详见表 4-2。

表 4-2 　　　　　各钢材不同用途时的允许使用温度

允许使用温度　　　　用途 钢材	受热面管	主蒸汽管、导汽管、集箱
20 钢	≤480℃	≤430℃
15CrMo	≤560℃	≤550℃
12Cr1MoV	≤580℃	≤565℃

一般来讲，钢中合金元素含量越高，其许用温度也越高，价格也越贵。为了尽量降低造价，在保证安全生产和一定的设计寿命前提下，尽量使钢材在接近许用温度下工作。当受热面管子因超温损坏时，管内的体积小，管内介质的总能量较小而且受热面管子都在炉内，一般不会造成人身事故，事故的影响只限于一台炉，修复也比较容易。当主蒸汽管或集箱因过热或使用寿命终了损坏时，因容积较大，其中介质具有较大的能量，不但会造成严重的人身事故，而且事故造成的影响和损失也大，修复和更换比较困难，工作量也较大。

4-17　钢号中字母和数字所代表的意义？

答：钢号中字母代表钢中所含的元素，数字代表该元素的含量。含碳量以 1/10000 为单位，合金元素以 1% 为单位，合金元素含量小于 1% 者，数字省略。

现以锅炉高温段过热器常用的 12Cr1MoV 钢为例说明：12—含碳量平均为 12/10 000，碳的元素符号一般省略；Cr—含铬量平均为 1.0%；Mo—含钼量小于 1%，为 0.3%；V—含钒量小于 1%，为 0.15%～0.3%。

4-18　为什么锅炉广泛采用 20 钢？

答：除了壁温超过碳钢允许使用温度的过热器、再热器及其集箱，还有主蒸汽管采用耐热合金钢外，锅炉其余受热面，如水冷壁、省煤器、空气预热器、对流管、低温段过热器再热器以及汽包和下降管，几乎全部采用 20 钢。

20 钢是低碳钢中含碳量较高的钢种，不但抗拉强度较高，而且具有良好的韧性和塑性，可在常温下进行弯管工作。20 钢具有良好的氧气切割和焊接性能，一般情况下，焊接前不需要采取任何措施。只要壁厚不超过 30mm 或工件的刚性不大，焊接后也不需进行热处理，即可获得性能良好的焊接接头。因此，采用 20 钢给锅炉的制造、安装和检修带来了很大的方便。

虽然随着含碳量的增加，钢材的抗拉强度提高，但提高的幅度不大，而钢材的韧性和塑性降低。当钢的含碳量超过 0.25％时，焊接性能较差。因此，虽然采用高碳钢使抗拉强度提高，可以减少受热面、集箱或汽包的壁厚，节约少量钢材，但由于常温下机械加工性能和焊接性能较差，给锅炉的制造、安装和检修带来很多困难。权衡利弊，采用 20 钢利远大于弊，所以锅炉广泛使用 20 钢制造各种锅炉部件。

4-19　什么是奥氏体钢？

答：对于碳钢来讲，温度超过 723℃时才出现奥氏体。当温度低于723℃时，如果钢中的含碳量等于 0.8％，则为珠光体。含碳量大于 0.8％为珠光体加二次渗碳体；含碳量小于 0.8％为铁素体加珠光体。也就是说，在常温下碳钢不可能出现奥氏体。

如果在钢中加入数量较多的镍，就能使合金钢在常温下保持奥氏体组织。为了提高含镍奥氏体钢表面的抗氧化性能，通常要加入较含镍量还要多的铬。因此含镍的耐热合金钢几乎都是高合金钢，如 1Cr18Ni9、1Cr18Ni9Ti 等。含铬的奥氏体钢的抗蠕胀和抗氧化性能很好，所以奥氏体钢成为高性能耐热合金钢的代名词。

奥氏体钢最高使用温度可达 700℃，可以满足超高压和亚临界甚至超临界压力锅炉的过热器管和蒸汽管道的要求。但是奥氏体钢含合金元素多，价格昂贵，导热性能差，膨胀系数高，而且工艺性能比低合金耐热钢差，故在使用上受到很大限制。

近 20 多年的运行实践证明，采用奥氏体钢将主蒸汽温度提高到 600～650℃，其经济效益并不高。因此已逐渐地把汽温降低到 540～570℃，这样就可以采用价格较便宜的低合金耐热钢，其经济效果已得到公认。

4-20　什么是蠕变？蠕变极限？锅炉哪些部件会发生蠕变？

答：金属在不变应力作用下，缓慢而持续不断地产生的塑性变形称为蠕变。锅炉过热器的设计寿命为 10 万 h，在 10 万 h 内变形为 1％的应力值为蠕变极限。碳素钢在 400℃以上即产生蠕变，在 400～500℃范围内，平均每升高 12～15℃，蠕变增加一倍。如水冷壁管内清洁无垢，水循环正常，中压炉、高压炉水冷壁管的温度低于 400℃。如果水冷壁管内结垢或由于水循环不良，水冷壁管得不到良好的冷却，壁温显著升高，超过 400℃而产生蠕胀。水冷壁管的局部胀粗、鼓包都是蠕胀的结果。省煤器管由于处于烟气温度较低的区域，管内结垢很少发生，所以，省煤器管很少产生蠕变。预热器管处于烟气温度最低的区域，而且预热器管内压力很低，所以，预热器管也不会发生蠕变。

过热器管处于烟气温度较高的区域，而且管内介质的温度较高，如调整不当，过量空气系数过大，燃烧不良使过热蒸汽超温，管壁温度较高，特别是在点火过程中，如果排汽量不足，过热器管得不到良好的冷却，管壁温度也较高，所以蠕变常在过热器管上产生。为监视蠕变情况，要定期测量过热器管的外径。

4-21　为什么当管子因过热胀粗时而焊口部分没有胀粗？为什么处于相同工况下，管子和焊口的胀粗会出现明显差别？

答：由于各种原因引起承压受热面管子超温时，常会引起管子胀粗。如果注意观察就会发现，管子的焊口一般不胀粗而前后的管子明显胀粗。

为了确保焊口的强度，通常焊缝的高度比管子外壁高 1～2mm。焊缝作为管子的一部分，因为焊缝部分的截面积比管子截面积大，在管内相同压力下，焊缝的应力较小。管子的胀粗速度随着应力的增加而加快。因为管子的应力大，胀粗的速度快，而焊缝的应力小，胀粗速度慢。锅炉大修时要对承压受热面管子进行全面检查，当管子胀粗超过一定值（如 20 钢水冷壁管外径胀粗不得超过 5%）时就要更换。也就是说，当管子的焊缝部分还没有明显胀粗时，管子已经胀粗到需要更换的程度。

4-22　什么是持久强度？

答：在一定的温度下，试样经过一定的时间不发生断裂的最大应力称为持久强度，用 σ_D^t 表示。

持久强度是在一定温度和一定应力下材料抵抗断裂的能力，支持时间越久，则材料抵抗断裂的能力越大。

金属持久强度所反映的是破坏问题，而蠕变极限所反映的是变形问题。对于锅炉元件来说，允许有少量的变形，即元件的失效主要是破坏而不是变形。所以，用持久强度进行锅炉高温元件的强度计算更合理更经济。此时在计算温度下对于拉伸时持久强度（通常为经过 1000h 引起破坏的应力）的许用应力为

$$[\sigma] \leqslant \frac{\sigma_D^t}{n_D}$$

式中　n_D——以持久强度为准的安全系数。

4-23　什么是弹性变形？

答：物体在外力作用下发生变形，如果外力消除后变形也消失，这种变形称为弹性变形。

在弹性限度内，物体的变形与外力成正比。例如弹簧在外力作用下伸长或缩短，外力消除后，弹簧又恢复原状，弹簧的变形是弹性变形。锅炉的汽包、集箱、省煤器管、过热器管和水冷壁管等受压部件，在锅炉压力的作用下，正常情况下所产生的变形都是弹性变形。

4-24 什么是塑性变形？

答：物体在外力作用下发生变形，如果外力消除后变形不完全消失，物体的这种变形称为塑性变形，又称为残余变形。例如用铁锤在铁板上敲出一个坑，或轧钢机将厚钢板轧成薄钢板都是塑性变形的例子。过热器管和水冷壁管产生的鼓包和胀粗都属于塑性变形。

4-25 什么是受热面的计算温度？

答：金属强度随着温度的升高而降低。例如：20 钢在 20℃时的基本许用应力 σ_j 为 15.3kg/mm^2，当温度升高到 450℃时，σ_j 降为 6.0kg/mm^2。因此，进行锅炉受压部件的强度计算时，要按承压部件的实际工作温度选用材料基本的许用应力来确定厚度，这个实际工作温度就是计算温度。

计算温度既不是烟气温度，又不是工质温度，也不是两者的平均温度。计算温度通常较接近于工质温度。当承压部件不受热时，例如，在炉外的汽包和省煤器集箱等，工质的温度就是计算温度。承压部件受热时，计算温度为工质温度加一个温差。温差的大小取决于受热面热负荷的高低和工质侧放热系数的大小。热负荷高，工质侧放热系数小则温差大；反之，热负荷低，工质侧放热系数大则温差小。

即使是同一部件，由于工质吸热后温度不断升高，应以最后离开受热面的温度为工质温度。同时还要考虑受热不均造成个别管子壁温偏高和在不正常情况下，壁温升高的可能。

受热面管子的计算温度可按以下规定计算：

(1) 各种压力下，自然循环的沸腾管 $q_{max} < 348$kW/m^2，$t_b = t_{bh} + 60$℃；

(2) 各种对流式过热器管 $t_b = t_{gr} + 50$℃；

(3) 辐射式半辐射式过热器管 $t_b = t_{gr} + 100$℃；

(4) 对流式省煤器管 $t_b = t_{bh} + 30$℃；

(5) 辐射式省煤器管 $t_b = t_{bh} + 60$℃。

式中　t_b——管壁温度，℃；

$\quad\quad t_{bh}$——计算压力下的饱和温度，℃；

$\quad\quad t_{gr}$——过热器出口蒸汽温度，℃。

4-26 为什么各受热面的壁温总是远低于烟气温度而接近于工质温度?

答:锅炉各受热面管外烟气温度,除空气预热器外均较高。例如,炉膛的平均温度约为 1200～1300℃。过热器区的平均烟温约 800～900℃。省煤器区的平均烟温约为 500～600℃。但水冷壁管、过热器管和省煤器管的壁温均远低于烟气温度,而仅比管内工质温度高 50～60℃。之所以会出现这种情况是因为烟气通过管壁将热量传给工质的过程中,存在几个串联的热阻,而这几个热阻相差很大造成的。传热的基本公式为

$$q = K\Delta t = \frac{1}{R}\Delta t$$

$$\Delta t = qR$$

式中　q——热负荷,W/m²;

　　　R——总热阻,m²·℃/W;

　　　Δt——温差,℃。

以对流式过热器的传热为例,烟气通过管壁将热量传给蒸汽的过程中,有 5 个串联的热阻

$$R = \frac{1}{\alpha_1} + \frac{\delta_h}{\lambda_h} + \frac{\delta_b}{\lambda_b} + \frac{\delta_s}{\lambda_s} + \frac{1}{\alpha_2}$$

式中　$\frac{1}{\alpha_1}$——烟气侧热阻,m²·℃/W;

　　　$\frac{\delta_h}{\lambda_h}$——灰垢热阻,m²·℃/W;

　　　$\frac{\delta_b}{\lambda_b}$——管壁热阻,m²·℃/W;

　　　$\frac{\delta_s}{\lambda_s}$——水垢热阻,m²·℃/W;

　　　$\frac{1}{\alpha_2}$——蒸汽侧热阻,m²·℃/W。

由于过热器的壁厚 $\delta_b = 3～5mm$,λ_b 约为 40m²·℃/W,所以 $\frac{\delta_b}{\lambda_b}$ 很小,可以忽略。

现代锅炉汽包的汽水分离效果很好,可以做到进入过热器管的蒸汽基本不带水,所以水垢热阻 $\frac{\delta_s}{\lambda_s}$ 可以不计。这样,总热阻可简化为

$$R = \frac{1}{\alpha_1} + \frac{\delta_h}{\lambda_h} + \frac{1}{\alpha_2}$$

$$\Delta t = qR = \Delta t_1 + \Delta t_h + \Delta t_2 = q\frac{1}{\alpha_1} + q\frac{\delta_h}{\lambda_h} + q\frac{1}{\alpha_2}$$

由上式可以看出，烟温 t_1 与过热汽温 t_2 的温降 Δt 由烟气侧温降 Δt_1、灰垢温降 Δt_h 和蒸汽侧温降 Δt_2 三个部分组成。同时也可以看出，温降与热阻成正比。

由于烟气侧的放热系数 α_1 约为 $70\sim80\mathrm{m}^2\cdot{}^\circ\!\mathrm{C/W}$，$\frac{1}{\alpha_1}=0.013\sim0.014\mathrm{m}^2\cdot{}^\circ\!\mathrm{C/W}$；$\frac{\delta_h}{\lambda_h}=0.0026\sim0.0043\mathrm{m}^2\cdot{}^\circ\!\mathrm{C/W}$ 蒸汽侧放热系数 α_2 约为 $2300\sim3500\mathrm{m}^2\cdot{}^\circ\!\mathrm{C/W}$，$\frac{1}{\alpha_2}=0.00029\sim0.00043\mathrm{m}^2\cdot{}^\circ\!\mathrm{C/W}$。

由于 $\frac{1}{\alpha_1}+\frac{\delta_h}{\lambda_h}$ 是 $\frac{1}{\alpha_2}$ 的 $50\sim70$ 倍，所以 $\Delta t_1+\Delta t_h$ 是 Δt_2 的 $50\sim70$ 倍。

由此可以看出，壁温之所以远低于烟温而接近工质温度，是因为烟气侧与灰垢的热阻之和比蒸汽侧热阻大几十倍造成的。空气预热器管的壁温近似于烟气和空气的平均温度，是因为烟气侧的放热系数 α_1 和空气侧的放热系数 α_2 大体相当的缘故。

4-27　什么是许用应力？

答：许用应力是某种金属在工作温度（即计算温度）下允许的使用应力。许用应力的大小主要决定于金属的种类和工作温度，工作温度越高，许用应力越小。

4-28　什么是碳钢的球化和石墨化？

答：碳钢是珠光体、铁素体组织。在珠光体内渗碳体以片状存在，故强度较高。在高温作用下，渗碳体晶粒逐渐聚集变成粗大的晶粒称为球化。碳钢在 $450{}^\circ\!\mathrm{C}$ 以上就有明显的球化现象。碳钢发生球化以后一般强度降低，塑性增加，蠕变加速。在碳钢中加入 Cr、Mo、V、W 等元素可防止球化。

在长期高温作用下，渗碳体发生分解，析出游离石墨。石墨以片状存在于珠光体内，由于石墨的强度很低，使珠光体内形成空洞，而使金属的强度降低变脆称为石墨化。碳钢在 $470{}^\circ\!\mathrm{C}$ 以上就有明显的石墨化现象，温度越高，石墨化速度越快，加入能与碳生成稳定化合物的 Cr、Ti 可避免石墨化。

4-29　过热器管使用的合金钢中各合金元素的作用？

答：过热器是锅炉传热面中壁温最高的部件，因此，制作过热器管的合金钢应具有抗氧化和抗蠕变能力。碳钢在高温下氧化生成的氧化铁结构松散，不能阻止氧对氧化层下面的金属进一步氧化，所以碳钢的抗氧化性能不好。在钢中加入铬 Cr、铝 Al、硅 Si 和镍 Ni 就可以显著提高钢材的抗氧化能力。因为 Cr、Al、Si、Ni 这些元素在金属内能很快扩散到表面与氧生成致密的氧化物薄膜，可以有效地阻止氧与薄膜下面金属进一步氧化，所以含有 Cr、Al、Si、Ni 元素的钢材抗氧化能力大大提高。

碳钢在 400℃以上就要产生蠕变，蠕变的原因是金属在高温下晶粒界面发生移动。在金属中加入 Cr、Mo、V、Mn、W、Ti 等合金元素与金属中的碳生成细小的碳化物，这些碳化物均匀地分布在晶界上，使晶界滑动的阻力增加，从而使金属的抗蠕变能力显著提高。锅炉过热器常用的材质为12CrMoV、15CrMoV，其中 Cr、Mo、V 3 种合金元素就可起到提高金属抗氧化、抗蠕变能力的作用。

4-30　如何确定水冷壁管和过热器管爆管的原因？

答：水冷壁管或过热器管爆管以后必须查明原因采取对策，才能避免再发生爆管事故。引起水冷壁管和过热器管爆管的原因很多，外观检查和金相分析可以帮助确定爆管的原因。

如果爆破口边缘较锋利，有撕裂现象，而周围没有细小的裂纹，则一般属于短时期高度过热的塑性破坏，水冷壁管的爆破常属于这种情况。当水循环破坏时，管子得不到良好冷却，而炉膛温度很高，水冷壁管温度迅速升高，钢材的机械强度急骤降低，可在很短的时间内发生爆管。

如果爆破口较钝，爆裂口处没有撕裂现象且爆破口周围有较多的细小的裂纹，则一般属于长时期过热造成的损坏。过热器爆管常属于这种情况，有些水冷壁管的爆破也属于这种情况。这是由于水冷壁管的向火侧由于热负荷较大，管内壁结垢，水冷壁管长期过热造成的。

有时要做金相分析进一步确定管子过热的程度（温度）和过热的时间以帮助进一步查明爆管原因。

4-31　怎样通过计算确定管子爆破时的工作温度？

答：锅炉承压受热面的各种管子，由于各种原因引起过热并造成爆管时，为了查明过热爆管的原因，经常需要了解锅炉运行时管子的工作温度。

虽然从管子外表的颜色、氧化皮的厚度、爆破口及周围的外观特征，可以大致估计出管子工作时的温度，但不够精确，误差较大。

如果用拉尔逊—米勒公式，我们可以较精确地计算出损坏管子的工作温度。拉尔逊—米勒公式为

$$T(C+\lg\tau)=常数$$

式中　T——管壁的绝对温度，K；

　　　C——与钢种有关的常数，$C\approx20$；

τ——管子从投入使用到破坏所经历的时间，h。

因为 $\qquad T_1(C+\lg\tau_1) = T_2(C+\lg\tau_2)$

所以 $\qquad T_2 = \dfrac{T_1(C+\lg\tau_1)}{C+\lg\tau_2}$

在已知的温度 T_1 工作到发生爆管的运行时间 τ_1 是已知的，可以从有关资料中查到，需要计算的管子从投入使用到发生爆管所工作的时间 τ_2 也是已知的。将 T_1、τ_1 和 τ_2 代入上式就可以求得爆破管子的工作温度 T_2。

根据生产实践中的多次验证，用拉尔逊—米勒公式计算出的数据与实际情况非常接近，对分析和查明事故原因参考价值很大。

4-32　为什么承压受热面管子的爆破口总是轴向的？

答：锅炉承压受热面管子水冷壁管、对流管、过热器管、再热器管及省煤器管，由于设计不合理、材质不合格或管理操作不当，都有可能因超温引起过热而造成爆管。水冷壁管布置在温度最高的炉膛内，其热负荷很高，管内结垢的可能性较大。过热器或再热器内的工质温度是最高的，其壁温在锅炉受热面中也是最高的，所以水冷壁管、过热器管及再热器管爆管的可能性最大。

观察管子的爆破口，无论是超温幅度较大引起的短期过热爆管，还是超温幅度较小引起的长期过热爆管，尽管爆破口的形状和特征不同。但有一点是相同的，即所有爆破口均是轴向的。

无论是短期过热爆管，还是长期过热爆管，均是因管壁温度超过钢材允许使用温度、钢材强度降低引起的。当管内工质压力为 p 时，管子承受的轴向力为 $\dfrac{\pi}{4}D_n^2p$，管子的环形面积为 $\pi D_n p$（因为管子壁厚比直径小得多，所以可以用内径 D_n 代替平均直径 D），因此，管壁承受的轴向应力为

$$\frac{\frac{\pi}{4}D_n^2 p}{\pi D_n s} = \frac{D_n p}{4s}$$

管子切向承受的力为 $D_n l P$，管子承受切向力的面积为 $2ls$，因此，管壁承受的切向应力为

$$\frac{D_n l P}{2ls} = \frac{D_n P}{2s}$$

从以上两式可以看出，管子承受的切向应力是轴向应力的两倍。因此，当管子超温金属材料强度降低时，在切向应力的作用下，总是在管子的薄弱方向发生爆管，即爆破口总是轴向的。

4-33 焊接热应力是怎样形成的？

答： 由于焊接时是局部加热的，在垂直于焊缝的方向上各处的温度差别很大，冷却时温度高的金属收缩量大，但受到温度低的金属的限制，结果在温度不同的金属中引起应力。焊接时热源是移动的，沿焊缝方向上焊接和冷却就会有先后之别，先焊的部分凝固后要限制后焊部分的横向收缩，结果在这两部分金属中都产生应力。由于工件各处温度不同而形成的应力称为热应力。热应力是焊接应力的主要形式，焊接热应力有时可以达到很大的数值。焊接压应力只能引起工件变形而不会形成裂纹；而焊接拉应力超过材料的抗拉强度时就会断裂，形成裂纹。当工件在焊接过程中可以自由伸缩或工件的刚度较小时，工件的变形使焊接应力显著减少；反之，当工件两端不能自由伸缩或工件的刚度很大时，由于工件变形很小，工件焊接后就会产生很大的热应力。

为了减少焊接热应力，应尽量使工件在自由状态下焊接，对刚度较大的工件应采取减小刚度的措施。

4-34 什么是热处理？为什么要进行热处理？

答： 将金属或合金的工件加热到一定的温度，在此温度下保持一段时间，然后以某种速度将其冷却，以改变工件的内部金相结构，从而获得所需要性能的工艺方法称为热处理。

热处理是充分发挥金属、合金材料的潜力和节约材料的有效途径，是提高产品质量，延长使用寿命，消除工件焊接后存在的热应力，保证安全生产的有效手段之一。例如阀杆，在阀门启闭时与填料发生摩擦，虽然用高碳钢制作阀杆，表面硬度较高，比较耐磨，但是韧性较差，如操作不当容易折断。如果选用含碳量不太高的钢材作阀杆，阀杆表面进行氮化处理，不但阀杆的韧性较好而且还由于表面硬度提高，使其寿命成倍增加。为了消除汽包、集箱焊接后产生的热应力，可以对其进行整体高温回火。为了提高受热面管子抗氧化和耐腐蚀的能力，延长管子的寿命和减少检修工作量，而又要避免采用昂贵的耐热合金钢，可以对管子表面进行渗铝热处理。可以采取热处理的方法提高磨煤机易磨损件的耐磨能力。对于在高温中使用的中碳铬钼钒钢螺栓进行适当的热处理，可以消除螺栓在运行中产生的脆化现象，使螺栓的韧性恢复而可以继续使用。

因为热处理有许多独特的功能，所以在锅炉制造和检修维护中得到广泛运用。

4-35 什么是可焊性？为什么碳钢焊口，当工件的壁厚在 30mm 以上需要进行热处理？

答：获得优良焊接接头的可能性称为可焊性。

锅炉上应用最广泛的 20 钢具有良好的焊接性能，一般情况下不需要采取任何特殊的措施即可获得良好的焊接接头。但是当工件壁厚在 30mm 以上时，由于工件的刚度较大，焊接后产生的变形很小，工件内存在较大的热应力，所以需要进行热处理。消除焊接热应力最好的方法是对工件进行整体高温高温回火，20 钢加热到 600～650℃，通常可以消除 80％～90％以上的热应力，但是只有在锅炉制造厂才具备整体高温回火的条件。在锅炉检修中常采用局部高温回火，将焊口加热到 600～650℃，按每毫米厚度保温 4～5min，然后在空气中缓慢冷却。局部高温回火虽然效果不如整体高温回火好，但仍可以消除部分焊接应力，并使剩余的焊接应力分布比较平缓，可以满足生产要求。

4-36　为什么水冷壁管、过热器管、省煤器管不直接焊在汽包或集箱上，而是焊接在汽包或集箱的管接头上？

答：水冷壁管、过热器管、省煤器管通常不直接焊接在汽包或集箱上，而是焊接在汽包或集箱的管接头上。虽然 20 钢的焊接性能很好，在一般情况下不需要进行热处理。但是对壁厚在 30mm 以上或刚性较大的部件，为了消除焊接后存在的残余应力，需要进行热处理。将焊接部件整体高温回火（20 钢加热到 600～650℃）是消除残余应力的最好方法。通常可以消除 80％～90％以上的残余应力。锅炉制造厂具有将汽包或集箱进行整体高温回火的条件。方法是将管接头焊接在汽包或集箱上，经整体高温回火热处理，消除残余应力后再出厂。安装时，再把水冷壁管、过热器管、省煤器管焊接在汽包和集箱的管接头上。

由于水冷壁管、过热器管、省煤器管和管接头的管壁都比较薄，而且都是 20 钢，焊接后残余应力很小，通常不需要进行热处理。即使是过热器或再热器的高温段采用合金钢，焊接后需要进行热处理，采用通过管接头与汽包或集箱焊接，在焊缝处进行热处理也比直接焊接在汽包或集箱上方便和容易。

采用通过管接头的连接方式，不但为锅炉安装提供方便，使施工进度大大加快，而且焊接应力很小，焊接接头的质量提高，为锅炉安全运行创造了有利条件。

汽包开孔后，汽包的强度被削弱，如果采用增大汽包壁厚的方法增加汽包的强度，从经济上看是不合理的。考虑到管接头对汽包开孔有一定的加强作用，如果采用比所连接的管子壁厚的管接头，可以更有效地增强汽包的强度，从而减少汽包的壁厚。例如，中压炉的水冷壁管通常采用 $\phi60\times3$ 或 $\phi60\times3.5$ 的管子，而汽包相应的管接头为 $\phi60\times5$。

4-37　蒸汽管道的膨胀如何补偿？

答：各种钢材的膨胀性能除 1Cr18NiT9i 较大外，基本相同。线膨胀系数随着温度的升高略有增加，但差别并不大。各种钢材每米每升高 100℃，线膨胀量平均约为 1.2～1.3mm。蒸汽管道安装时和运行时温差很大，主蒸汽管最高可达 520℃甚至更高。蒸汽管道在锅炉房内的长度也有几十米，向外供热的蒸汽管道长度可达几千米。因此必须考虑蒸汽管道运行时的膨胀补偿问题，否则会在管道内产生很大的热应力。

锅炉房内的蒸汽管道，由于长度有限，通常尽量利用管道的本身弯曲形状补偿其膨胀。利用管道的自然形状补偿膨胀的称为自然补偿器。对外供热的蒸汽管道，由于比较长，通常采用 π 型补偿器来补偿其膨胀。为了使管道按规定的方向膨胀，以充分利用管道自然形状的补偿能力，通常在适当的部位设置死点。为了充分发挥每个 π 型补偿器的补偿能力，一般在两个相邻的 π 型补偿器之间设置死点，使两个 π 型补偿器之间的蒸汽管道的膨胀全部由相邻的 π 型补偿器补偿。由于死点受到很大的推力，因此，设置死点的推力管架的强度要比一般的支承管架大得多。为了增加 π 型补偿器或自然补偿器的补偿能力和减少应力，管道安装时要进行冷抗，冷拉量为管道膨胀量的 1/2。

4-38　蒸汽与金属表面间的凝结放热有哪些特点？

答：总的来说，因为凝结放热时热交换是通过蒸汽凝结放出汽化潜热的方式来实现的，故其放热系数一般较大。凝结放热有两种形式：

（1）蒸汽在金属表面凝结形成水膜，而后蒸汽凝结时放出的汽化潜热通过水膜传给金属表面，这种方式叫膜状凝结。冷态启动初始阶段蒸汽对汽缸内表面的放热就是这种方式，其放热系数在 4652～17445W/(m^2·K)之间。

（2）蒸汽在金属表面凝结放热时不形成水膜的凝结方式叫珠状凝结。冷态启动初始阶段，由于转子旋转的离心力，蒸汽对转子表面的放热属于珠状凝结。珠状凝结放热系数相当大，一般为膜状凝结放热系数的 15～20 倍。

4-39　蒸汽与金属表面间的对流放热有何特点？

答：金属的表面温度达到加热蒸汽压力下的饱和温度以上时，蒸汽与金属表面的热传递以对流放热方式进行，蒸汽的对流放热系数要比凝结放热系数小得多。

蒸汽对金属的放热系数不是一个常数，它与蒸汽的状态有很大的关系，高压过热蒸汽和湿蒸汽的放热系数较大，低压微过热蒸汽的放热系数较小。

4-40 什么叫热疲劳？

答：金属零部件被反复加热和冷却时，其内部产生交变热应力，在此交变热应力反复作用下零部件遭到破坏的现象叫热疲劳。

4-41 什么叫应力松弛？

答：金属零件在高温和某一初始应力作用下，若维持总变形不变，则随时间的增加，零件的应力逐渐地降低，这种现象叫应力松弛，简称松弛。

4-42 何谓脆性转变温度？发生低温脆性断裂事故的必要和充分条件是什么？

答：脆性转变温度是指在不同的温度下对金属材料进行冲击试验，脆性断口占试验断口 5％时的温度，用 FATT 表示。含有缺陷的转子如果工作在脆性转变温度以下，其冲击韧性显著下降，就容易发生脆性破坏。

据有关资料介绍 CrMoV 钢的 FATT 为 80～130℃。并因热处理工艺不同致使 FATT 有所不同，且随高温运行时间的增长，FATT 有逐渐升高的现象。

低压转子的脆性转变温度一般都在 0～100℃ 以下，发生低温脆性断裂事故的必要和充分条件是：

（1）金属材料在低于脆性转变温度的条件下工作。

（2）具有临界应力或临界裂纹，这是指材料已有一定尺寸的裂纹且应力很大。

第五章　燃料基础知识

5-1　燃料如何分类？怎样评价燃料的优劣？

答：锅炉常用燃料分三类：

（1）固体燃料：烟煤、无烟煤、泥煤、页岩、木柴等。

（2）液体燃料：原油、燃料油、渣油、柴油等。

（3）气体燃料：天然气、炼焦煤气、石油加工尾气、高炉煤气等。

优良的燃料应具备下列条件：为减少运输量要求发热量高，水分、灰分及其他杂质含量低；为减少对环境的污染，含硫量要低；为容易着火，低负荷时火焰稳定，要求挥发分含量高；还要便于储存和运输。根据上述几项要求，含硫量低的液体燃料和含硫量低的高热值气体燃料是比较理想的燃料，但是含硫量低的液体燃料和含硫量低的高热值气体燃料价格较昂贵。从降低成本、提高经济效益的角度来看，锅炉不应该燃用优质的液体和气体燃料而应燃用价格低廉、质量较差的固体燃料。锅炉的燃料制备和燃烧设备比较完善，有条件燃用质量较差的固体燃料。

5-2　动力煤依据什么分类？一般分哪几种？

答：动力煤主要依据煤的干燥无灰基挥发分 V_{daf} 来分类，一般分为无烟煤、贫煤、烟煤和褐煤 4 种。

5-3　煤的分析方法是什么？

答：煤是包括有机成分和无机成分等物质的混合物，其分子机构十分复杂。为了实用方便，都通过元素分析和工业分析来确定各种物质的百分含量。

5-4　煤的元素分析是怎样的？

答：煤的元素组成一般指有机物中的碳（C）、氢（H）、氮（N）、氧（O）、硫（S）的含量而言。根据现有的分析方法，尚不能直接测定煤中有机物的化合物，因为其中大多数的化合物在进行分析时会逐渐分解。因此，一般是用测定煤的元素组成，即确定上述元素含量的质量百分比，作为煤的有机物的特性。

5-5 煤的工业分析包括哪些内容？

答：电厂普遍采用的分析方法，包括煤的水分、固定碳、挥发分和灰分等内容。

5-6 什么是燃料的分析基础？

答：燃料是由碳、氢、氮、硫、水分及灰分组成的。由于燃料分析时所处的状态不同，各种成分的分析数据也是不同的。为了理论研究和实际应用的不同需要，通常将燃料分为收到基、干燥基、干燥无灰基和分析基4种状态进行成分分析。

我们将正在用来在炉子中燃烧的燃料，称为应用燃料。如果从应用燃料中取样进行分析，所得到的燃料成分质量百分比，称为燃料的收到基，通常在成分上加角码 Y 表示，即

$$C^Y + H^Y + O^Y + N^Y + S^Y + W^Y + A^Y = 100\%$$

除去水分的燃料称为干燥燃料，以此为基础进行分析得到的成分质量百分数，称为燃料的干燥基，通常在成分上加角码 g 表示，即

$$C^g + H^g + O^g + N^g + S^g + A^g = 100\%$$

通常将除去水分和灰分的成分称为可燃成分，以此为基础进行分析得到的成分质量百分数，称为燃料的干燥无灰基，通常在成分上加角码 r 表示，即

$$C^r + H^r + O^r + N^r + S^r = 100\%$$

由于燃料的外部水分受气象条件的影响较大，在试验分析时常把燃料进行空气自然风干，使其失去外部水分。以此为基础进行分析得到的质量百分数，称为燃料的分析基，通常在成分上加角码 f 表示，即

$$C^f + H^f + O^f + N^f + S^f + W^f + A^f = 100\%$$

因为气体燃料和液体燃料的水分和灰分含量很少，所以，气体燃料和液体燃料的收到基、干燥基、干燥无灰基和分析基的相差很小。而煤的水分和灰分含量很多，而且变化较大，所以，煤的收到基、干燥基、干燥无灰基和分析基相差很大。

显然，在锅炉热力计算时应以收到基燃料成分作为依据。

5-7 为什么各种煤和气体燃料的发热量差别很大，而各种燃油的发热量差别却很小？

答：各种气体燃料的发热量差别很大。例如，液化石油气的低位发热量

高达 104 700kJ/m³，而高炉煤气的低位发热量仅为 3680kJ/m³，其他气体燃料的发热量在液化石油气和高炉煤气之间。液化石油气的发热量是高炉煤气发热量的 28 倍。

气体燃料发热量差别这么大，主要有三个原因。一是因为各种气体燃料的可燃成分所占的比例差别很大。发热量最高的液化石油气，可燃成分为 100％，而发热量最低的高炉煤气，可燃部分仅占 29％。二是因为各种气体燃料中可燃成分的发热量差别很大。液化石油气中的 C_2H_6 和 C_3H_8 发热量高达 69 220kJ/m³ 和 93 630kJ/m³，而高炉煤气中的 CO 的发热量仅为 12 730kJ/m³。三是因为气体燃料的发热量是以立方米计算的。液化石油气的密度是高炉煤气的 1.4～1.5 倍。

各种煤的发热量差别也较大，主要是因为煤中灰分含量差别较大。

燃油的发热量差别很小。其主要原因是燃油中的可燃元素 C 和 H 之和高达 97.0％以上，不可燃元素及灰分、水分的含量之和在 3％以下；其次是各种燃油中 C 和 H 的含量差别很小。

5-8　煤的主要特性是什么？

答：煤的主要特性是指煤的发热量、挥发分、焦结性、灰的熔融性、可磨性等。

5-9　什么是发热量？什么是高位发热量和低位发热量？

答：单位质量的燃料在完全燃烧时所发出的热量称为燃料的发热量。高位发热量是指 1kg 燃料完全燃烧时放出的全部热量，包括烟气中水蒸气已凝结成水所放出的汽化潜热。从燃料的高位发热量中扣除烟气中水蒸气的汽化潜热，称燃料的低位发热量。

因为在各种炉子中排烟温度一般都高于烟气的露点，水蒸气的潜热都没有放出，所以在计算炉子燃料消耗量时，都用低位发热量。

5-10　怎样确定燃料的发热量？

答：固体燃料或液体燃料的发热量，通常采用氧弹测热器直接测定。

氧弹是一个不锈钢制成的容器，把一定量的燃料置于氧弹中，并充以 2.5～3MPa 压力的氧气，然后使燃料完全燃烧，放出的热量被氧弹外的水所吸收，测出水温升高值，便可计算出燃料的发热量。采用氧弹测热器测出的燃料发热量称为氧弹发热量，氧弹发热量通常比高位发热量高些。因为燃料中的硫和氮在氧弹中燃烧时生成了硫酸和硝酸，硫酸和硝酸又溶解与水，它们放出的生成热和溶解热被水吸收。所以，氧弹发热量减去硫酸和硝酸的生成热和溶解热才是燃料的高位发热量。

没有氧弹测热器的单位可以根据燃料的元素分析,采用门德列也夫公式计算固体和液体燃料的发热量,其公式为

$$Q_{dw}^{Y} = 339C^{Y} + 1030H^{Y} - 109(O^{Y} - S^{Y}) - 25W^{Y} \quad kJ/kg$$

该式还可用于检验元素分析及发热量测定的准确性。当煤的 $A^{g} \leqslant 25\%$ 时,发热量测定与按上式计算的发热量之差不应超过 600kJ/kg;当煤的 $A^{g} > 25\%$ 时,其差值不应超过 800kJ/kg,否则检查发热量的测定是否准确。若发热量的测定准确,则说明燃料的元素分析误差较大而应重新分析。

5-11 什么是标准煤?有何作用?

答:收到基低位发热量为 29 270kJ/kg 的煤被称为标准煤。

各发电厂锅炉所采用的燃料不同,主要分气体燃料、液体燃料和固体燃料三大类。即使是同一类燃料,也因产地不同,燃料成分不一样,发热量相差很大。为了便于比较各发电厂或不同机组的技术水平是否先进,以及相同机组的运行管理水平,将每发 1kWh 电所消耗的不同发热量的燃料都统一折算为标准煤。这样,不同类型机组的技术水平或同类机组的运行管理水平就一目了然了。

所以,标准煤实际上是不存在的,只是为了便于比较和计算而假定的。

5-12 煤粉品质的主要指标是什么?

答:煤粉品质的主要指标是指煤粉的细度、均匀程度和煤粉的水分。

5-13 如何表示煤粉的细度?

答:因为煤粉是由尺寸不同的颗粒组成,无法用煤粉尺寸来表示煤粉的细度,所以煤粉的细度是用特别的筛子来测定的。

煤粉细度就是煤粉经过专用筛子筛分后,残留在筛子上面的煤粉质量占筛分前煤粉总量的百分值。用 R 表示,其值越大,表示煤粉越粗。

筛子的编号数就是每厘米长度中的孔眼数。例如 30 号筛子,就是每厘米内有 30 个孔,这种筛子的孔眼长度为 $200\mu m$,用此种筛子测定的煤粉细度用 R_{200} 表示。发电厂常用 30 号和 70 号筛子,换言之,常用 R_{200} 和 R_{90} 表示煤粉的细度。

但是,只用一种筛子来测定煤粉的细度,不能全面地反映煤粉细度颗粒的特性。对于 R_{90} 相同煤粉,如 R_{200} 不同,则表明两种煤粉试样中的大颗粒煤粉含量不同,R_{200} 较大者,含大颗粒的煤粉比例较大,燃烧时容易形成较大的机械不完全燃烧热损失。

因此，同时用 R_{90} 和 R_{200} 来表示煤粉细度，不但说明了煤粉的细度，又说明了煤粉颗粒大小的均匀性。对于颗粒均匀的煤粉，煤粉的经济细度 R_{90} 之值较大。煤粉颗粒的均匀性主要决定制粉设备的型式。

5-14 什么是灰熔点？如何测定？

答：灰熔点即为灰的熔化特性。

关于灰熔点，目前都用试验方法来测定。我国及苏联常用的是角锥法，即先将灰制成等边三角形的锥体，其底边长为 7mm，高度为 20mm，在半还原气氛下逐步加热，根据灰锥的变形情况得到关于灰锥不同状态的 3 个温度，即变形温度 DT、软化温度 ST 和流动温度 FT。变形温度 DT 是指灰锥顶点变圆或开始倾斜时的温度；软化温度 ST 是指灰锥顶部弯至底座或萎缩成球形时的温度；流动温度 FT 是指灰锥体呈液态，并能沿平面流动时的温度。美国采用的角锥法也是在半还原性气氛下进行加热，得出几种灰分状态变化时的温度，其中 IT 为变形温度、ST 为软化温度（此时灰锥高度等于灰锥底宽）、HT 为半球形温度（此时灰锥高度等于 1/2 灰锥底宽）、FT 为熔化温度。

5-15 煤的焦炭特性是什么？

答：煤中挥发分析出后，所余的残留物便是焦炭，焦炭特性随煤种不同而变化。根据国家标准规定，焦炭特性分为以下 8 类：

（1）粉状。焦炭全部为粉状，无互相黏着的颗粒。

（2）黏着。用手指轻碰即成粉末，或基本上是粉状。

（3）弱黏结。用手指轻压即碎成小块。

（4）不熔融黏结。用手指重压才裂成小块，焦炭上表面无光泽，下表面稍有银白光泽。

（5）不膨胀熔融黏结。焦炭为扁平的饼状，炭粒界线不清，表面有明显银白色金属光泽，下表面尤为明显。

（6）微膨胀熔融黏结。手指压不碎，焦炭上下表面均有银白色金属光泽，在表面上有较小的膨胀泡。

（7）膨胀熔融黏结。焦炭上下表面均有银白色金属光泽、且明显膨胀，但膨胀高度不超过 15mm。

（8）强膨胀熔融黏结。焦炭上下表面均有银白色金属光泽，焦炭膨胀高度超过 15mm。

第二部分
设备、结构及工作原理

第六章　燃　烧　设　备

6-1　煤粉炉的燃烧设备主要有哪些?

答:煤粉锅炉的燃烧设备由炉膛(或称燃烧室)、燃烧器和点火装置组成。

6-2　炉膛的作用及要求有哪些?

答:炉膛是供煤粉充分燃烧的空间,这个空间应足够大,使煤粉在其中能基本上燃烧完全。在炉膛内,燃烧生成的高温烟气主要通过辐射方式把一部分热量传给布置在炉膛四周炉墙上的水冷壁等受热面,使炉膛出田烟气温度降低到对流受热面安全工作允许的温度范围内。因此,要求炉膛应有合理的形状和足够的空间尺寸,并与燃烧器共同组织好炉内的空气动力场,保证火焰烟气流在炉膛的充满程度,火焰不贴墙、不冲壁,并有比较均匀的壁面热强度分布。

6-3　对燃烧设备的要求有哪些?

答:(1)燃烧效率高,即化学未完全燃烧热损失 q_3 和机械未完全燃烧热损失 q_4 应尽量小。大容量固态排渣煤粉炉要求 $q_3 \leqslant 0.5\%$,$q_4 \leqslant 1.5\% \sim 2.5\%$,即燃烧效率要接近 $97\% \sim 98\%$。

(2)着火和燃烧稳定、可靠。燃烧设备应能保证着火和燃烧的稳定与连续,并能保证设备和人身的安全,在运行中不发生结渣、腐蚀、灭火和回火等故障。

(3)运行方便。燃烧设备应便于点火、调节等运行操作,并且操作和调节控制机构要灵活简便。

(4)制造、安装和检修要简单、方便。

6-4　现代煤粉锅炉的煤粉燃烧器型式主要有哪些? 其主要特点是什么?

答:现代煤粉锅炉的煤粉燃烧器型式很多,就其出口气流特征,可分为旋流式燃烧器和直流式燃烧器两大类。

旋流燃烧器一般布置在炉膛的前、后墙或两侧墙,其出口气流是一边旋转，一边向前做螺旋式的运动，这股旋转气流是从燃烧器喷口喷入炉膛空间自由扩展，形成带旋转运动的扩展射流，它可以是几个同轴旋转射流的组合，也可以是旋转射流和直流射流的组合。气流的旋转运动可以借助于蜗壳或导向叶片来造成。旋流燃烧器的喷口都是圆形的，中间内圈喷口是一次风，一次风外圈是二次风，两个喷口同一轴心，每边墙上可以布置多个、多排的独立燃烧器。

旋转射流的特点在于扩散角大。扩散角越大，则回流区越大，射流出口段湍动度大，故早期混合强烈。另外，强烈的湍流，衰减也快，故后期的混合较差，射流也较短。所以在大容量锅炉中，它由于射程的影响，应用受到限制，而且，往往只适用于燃用高挥发分的煤种，如烟煤和褐煤等。

直流燃烧器的出口气流是不旋转的直流射流或直流射流组。直流燃烧器通常布置在炉膛四角，四角燃烧器出口的射流，其几何轴线同切于炉膛中心的假想圆，形成四角布置切圆燃烧方式，以此造成气流在炉膛内的强烈旋转，使炉膛四周气流呈强烈的螺旋上升运动。它在炉膛内燃烧器区域形成一个稳定的旋转大火球，各个角上燃烧器喷出的煤粉气流，一进入炉膛就受到高温旋转火球的点燃而迅速着火。因此着火条件良好，煤种的适应范围较广，几乎可以成功地燃用各种固体燃料，炉内气流的强烈旋转上升，可使煤粉气流的后期扰动混合仍十分强烈，煤粉的燃尽条件较好。

6-5　旋流燃烧器是如何分类的？

答：根据燃烧器的不同结构，旋流燃烧器可分为蜗壳式、轴向叶片式和切向叶片式三大类型。蜗壳式旋流燃烧器是利用蜗壳来产生旋转运动，而轴向叶片式和切向叶片式旋流燃烧器则利用导向叶片来产生旋转运动。

6-6　蜗壳式旋流燃烧器是如何分类的？

答：蜗壳式旋流燃烧器又分为单蜗壳式、双蜗壳式、三蜗壳式和轴向叶片—蜗壳式等多种。单蜗壳旋流燃烧器的一次风是不旋转的直流射流，其一次风喷口带有中心扩流锥。双蜗壳旋流燃烧器的一、二次风都是旋转的，另有一个小蜗壳是供油燃烧用的空气旋转器。轴向叶片—蜗壳式旋流燃烧器的一、二次风都是旋转的，但一次风是通过蜗壳而产生旋转，而二次风却是经轴向叶片而旋转的。

6-7　蜗壳式旋流燃烧器的工作原理以及其优缺点是什么？

答：蜗壳式旋流燃烧器曾在我国中、小容量锅炉上得到广泛的应用，其主要优点是结构简单，操作方便。蜗壳式旋流燃烧器的工作原理是：气流以一定的速度从有一定偏心距的位置切向进入蜗壳，形成旋转运动，并以螺旋线轨迹经圆柱形通道或环形通道喷出，在炉膛空间形成旋转气流。

虽然蜗壳式旋流燃烧器有其固有优点，但因其调节性能较差，流动阻力大，特别是双蜗壳式的二次风阻力较大，不适用于直吹式制粉系统。此外，蜗壳式燃烧器的外形尺寸较大，燃烧器出口气流速度分布和煤粉浓度分布很不均匀，且对煤种适应性较差，所以，大容量煤粉锅炉很少采用。

6-8 轴向叶片式旋流燃烧器的工作原理以及其优缺点是什么？

答：利用轴向导叶使气流产生旋转的燃烧器称为轴向叶片式旋流燃烧器，燃烧器中的轴向叶片可做成固定的或可移动调节的，可动叶片式旋流燃烧器的二次风通过轴向叶片产生较强的旋转运动，其旋流强度可通过拉杆移动叶轮以改变叶片的轴向位置来加以调节。可动叶片的外环锥形风道的锥度相同，其锥角一般为30°～40°。当叶片通过拉杆向外轴向拉出时，叶片与风道壳体形成间隙，于是部分空气便不通过叶片旋流器而从间隙直流通过，在叶片后再与流经叶片而旋转的气流汇合，这样就可使二次风总的旋流强度下降。叶片的轴向可调位移一般为0～100mm。移动后对回流区的影响非常明显。这种燃烧器的一次风基本上是直流的，但可以通过一次风管中的舌形挡板，使一次风产生微弱的旋转；也可以在一次风出口处加装扩流锥，以增大回流区。当然，一次风也可以是直流再加上一个钝体，也可以是旋流的。

轴向叶片式旋流燃烧器具有较好的调节性能和较低的一次风阻力，但由于轴向叶片旋流燃烧器的二次风在预混段内过早与一次风混合，致使总的旋流强度衰减较快，射流扩展角也较大，因此，对煤种的适应性较差，只适用于燃用挥发分较高的烟煤和褐煤。

6-9 切向叶片式旋流燃烧器的工作原理是什么？

答：以美国拔伯葛公司的切向可动叶片旋流燃烧器为例，其燃烧器的二次风道内装有8片可动叶片，借助改变叶片的切向倾角，可使二次风产生不同的旋流强度，以控制高温烟气回流区的大小。二次风出口端用耐火材料砌成带52°的扩口（旋口）与水冷壁平齐。一次风管缩进燃烧器的二次风口内，形成一、二次风的预混段，以适应高挥发分烟煤的燃烧。一次风出口处装了一个多层盘式稳焰器，稳焰器有一定的锥角，约为75°，使一部分一次风通过它时略为旋转，并形成一个回流区，卷吸炉膛内的高温烟气，以稳定火焰，故名稳焰器。一次风通过稳焰器后的旋转流动有利于把煤粉气流引入二次风中，使煤粉分布均匀，并改善了煤粉与空气的均匀混合。前后移动的稳焰器与二次风口的距离（调节范围为 50～125mm），可以调节回流区的形状和大小。

这种燃烧器出口截面上沿圆周方向的气流分布要比蜗壳式旋流燃烧器均匀得多。切向叶片式旋流燃烧器的阻力比较小，一、二次风阻力系数分别约为 2.16 和 3.00，主要适用于燃用 $V_{daf} > 20\%$ 的烟煤和洗中煤。

6-10　旋流燃烧器的工作原理及特点如何？

答：旋流燃烧器的出口气流是旋转射流，它是通过各种型式不同的旋流器产生的。气流在出燃烧器之前，在回管中做螺旋运动，所以当它一离开燃烧器时由于离心力的作用，不仅具有轴向速度，而且还具有一个使气流扩散的切向速度，使得煤粉气流形成空心锥形状。

旋流燃烧器的特点：由于气流扩散角大，中心回流区可以卷吸来自炉膛深处的高温烟气，已加热煤粉气流的根部，使着火稳定性增加；但因为燃烧器出口一、二次风混合较早，使着火所需热量增大而对着火不利，早期混合强烈，后期混合较弱，射程短，具有粗而短的火焰。所以旋流式燃烧器适用于挥发分较高的煤种。

6-11　简要介绍直流燃烧器。

答：直流燃烧器通常都布置在炉膛四角，每个燃烧器的出口气流是不旋转的直流射流，但四角布置的直流燃烧器的出口气流轴线同切于炉膛中心的假想切圆，造成气流在炉膛内的强烈旋转，使得炉膛四角都是强烈螺旋运动上升的气流，而中心则是速度很低的微风区。

四角布置直流燃烧器，每单个燃烧器本身的特性，是建立在自由直流射流的基础上，但四角燃烧器形成切圆后，四角喷射出来的气流是彼此影响、相互联系的。

6-12　直流燃烧器的工作原理如何？

答：直流燃烧器是一种采用高初速、大尺寸的矩形喷口，一次风气流成股喷出进入炉膛，首先着火的是气流周界上的煤粉，然后逐渐点燃气流中心的煤粉。所以这种燃烧器的煤粉能否迅速着火，一方面要看是否能很快混入高温烟气，另一方面看迎火周界的大小，也就是气流截面周界的长度。采用四角布置的直流燃烧器，火焰集中在炉膛中心，形成高温火球，燃烧器射出的煤粉进入炉膛中心，就会有一部分直接补充到相邻燃烧器的根部着火，造成相邻燃烧器的相互引燃。另外，由于切向进入炉膛气流在炉膛中心强烈旋转，煤粉与空气混合较充分，燃烧后期混合也较好。

6-13 直流燃烧器为何采用四角布置？直流燃烧器布置的锅炉其切圆直径的大小对锅炉有何影响？

答：在炉膛内，煤粉必须与高温烟气和氧气依次进行剧烈扰动和充分混合，才能进行较理想的燃烧。直流燃烧器的特点是一次风（煤粉射流）是直线喷射的，气流扩散角较小，轴向动能较大，射程较远，而高温烟气只能在气流周围混入，使气流周界的煤粉首先着火，然后逐渐向气流中心扩展，所以着火推迟，火焰行程较长，着火条件不理想。而四角布置时，四股气流在炉膛中心形成一个直径为 600～1500mm 左右的假想切圆，这种切圆燃烧方式能使相邻燃烧器喷出的气流相互引燃，起到帮助气流点火的作用。同时，气流喷入炉膛，产生强烈旋转，在离心力的作用下使气流向四周扩散，炉膛中心形成负压，使高温烟气由上向下回流到气流根部，进一步改善气流着火条件。气流在炉膛中心强烈旋转，煤粉与空气强烈混合，加速了燃烧，形成了炉膛中心的高温火球。另外，气流的旋转上升延长了煤粉在炉内的燃尽时间，改善了炉内气流的充满程度。

直流射流轴线与炉内假想切圆相切，与两侧炉墙的夹角必然不相等，当射流喷入炉膛从两侧卷吸烟气时，在射流两侧形成负压区，炉膛中的烟气就向负压区补充。较大直径的假想切圆，可使邻角火炬的高温火焰更容易达到下游邻角的燃烧器根部，有利于煤粉气流的着火，同时炉内气流强烈旋转，燃烧后期混合得以改善，有利于燃尽过程。但由于一侧的补气条件比另一侧充分，这就造成这侧静压高于另一侧静压。在此差压作用下，迫使射流向一侧偏转。切圆直径越大，则偏转的越严重，会导致煤粉气流贴附或冲击炉墙而造成水冷壁的结渣、磨损。切圆直径过大，气流到达炉膛出口还有较强的残余旋转，会引起烟温和过热汽温的偏差。切圆直径太小，炉内气流旋转不强烈，对稳定着火、强化后期混合都是不利的。

6-14 四角布置切圆燃烧的主要特点是什么？

答：四角布置切圆燃烧的主要特点是：

（1）四角射流着火后相交，互相点燃，使煤粉着火稳定，是一种较好的燃烧方式。切圆燃烧方式是以整个炉膛作为整体来组织燃烧的，故燃烧器的工况与整个炉膛的空气动力特性关系十分密切。

（2）由于四股射流在炉膛内相交后强烈旋转，湍流的热质交换和动量交换十分强烈，因此能加速着火与燃料的燃尽。

（3）四角切向射流有强烈的湍流扩散和良好的炉内空气动力结构，烟气在炉内充满程度好，炉内热负荷分布较均匀。

（4）切圆燃烧时，每角均由多个一、二次风（或有三次风）喷嘴所组成，负荷的调节灵活，对煤种适应性强，控制和调节的手段也较多。

（5）炉膛结构较简单，便于大容量电站锅炉的布置。

（6）采用摆动式直流燃烧器时，运行中改变上下摆动角度，即可改变炉膛出口烟温，达到调节再热汽温的目的。

（7）便于实现分段送风，组织分段燃烧，从而抑制了 NO_x 的产生。

6-15　四角布置燃烧器的缺点是什么？

答：四角布置燃烧器在炉膛内易产生气流偏斜，如偏斜严重，则会形成气流贴壁，造成炉墙结渣，炉管磨损，两侧烟温偏差。

6-16　直流燃烧器的着火方案有哪些？

答：四角布置的直流燃烧器的切圆燃烧方式，其着火方案通常有着火三角形方案和集束吸引着火方案两种。

6-17　直流燃烧器的着火三角形方案的原理是什么？

答：着火三角形方案的原理：二次风和一次风以一定角度相交，一次风喷出一定距离（如 500～800mm）后才与二次风相交。在这段距离内，一次风的煤粉空气射流从两侧卷吸高温烟气，并吸收高温火焰和炉墙的辐射热，温度不断升高至着火点，便开始着火燃烧，着火是从射流外边界开始的。二次风与已着火的一次风射流相交，补充一次风中煤粉燃烧所需的氧气，并加强射流的扰动和混合，使燃烧过程得以稳定并得到强化。由此可见，一、二次风的大量相交混合，必须是在一次风煤粉空气混合物着火以后。如果过早与大量温度较低的二次风混合，不但拖延着火过程，有时甚至引起局部熄火。这个交点的距离与燃料性质密切相关。

6-18　直流燃烧器的集束吸引着火方案的原理是什么？

答：当二次风比例大、风速高、动量大时，尽管二次风和一次风喷嘴平行向炉膛喷射，但由于二次风射流的动量和刚度比一次风大得多，因此一次风喷出后不久即被二次风卷吸，射流轨迹变弯，形成一个转弯的扇形面，对卷吸周围高温烟气形成周缘着火区是十分有利的。着火后的一次风被卷入二次风射流中燃烧。由于一次风射流混入动量大的二次风中，混合性能好，使火炬射流刚性加强，不易受到干扰，燃料能稳定燃烧。

6-19　着火方案与配风方式之间的关系如何？

答：直流燃烧器的着火三角形方案和集束吸引着火方案可根据直流燃烧

器的配风方式加以实现，按一、二次风喷口布置方式，又称为均等配风和分级配风两种。

6-20 直流燃烧器均等配风方式的特点是什么？

答：直流燃烧器均等配风方式的特点是：一、二次风喷口相间布置，即在两个一次风喷口之间均等布置一个或两个二次风喷口，或者在每个一次风喷口的背火侧均等布置二次风喷口。一、二次风喷口相互紧靠，只有较小的间距，这样有利于一、二次风的较早混合，使一次风煤粉气流在着火后就能得到足够的空气补充。按照集束吸引着火原理，可以保证一、二次风之间的强烈混合，以满足高挥发分燃料——烟煤和褐煤燃烧的需要。因此，这种布置方式在国内外燃用烟煤和褐煤的锅炉上应用很多。美国燃烧工程公司对于挥发分 $V_{daf} > 13\%$ 的煤种全部采用这种配风方式。

6-21 直流燃烧器分级配风方式的特点是什么？

答：直流燃烧器分级配风方式的特点是：一次风相对集中布置，二次风分层布置，而且一、二次喷口保持较大的距离。它按着火三角形方案组织燃烧，因此，分级配风方式是把燃烧所需要的二次风分级分阶段送入燃烧着煤粉气流中。首先在一次风煤粉气流着火后送入一部分二次风，促使已着火的煤粉气流的燃烧过程能够继续扩展；待全部着火后，再分批高速喷入二次风，使它与着火燃烧的煤粉火炬强烈混合，借以加强气流的扰动，提高扩散速度，促进煤粉的燃烧和燃尽过程。

6-22 四角布置切圆燃烧直流燃烧器的布置方式有哪些？

答：切圆燃烧方式中，四角直流燃烧器通常有以下几种布置方式：

(1) 正四角方式。这种布置方式，燃烧器出口气流两侧补气条件差异小，气流偏离较轻，风粉管道可对称布置，但有时四角因有柱子而不能采用正四角布置燃烧器。

(2) 正八角方式。这种布置方式的特点与正四角布置相似，但火焰在炉膛的充分程度比四角布置高。

(3) 矩形布置。在这种布置中，矩形的长短边之比应小于 $1.25 \sim 1.35$，否则气流流动发生扭曲和气流偏斜。实际切圆为椭圆。

(4) 大小切圆方式。适用于截面长宽比较大的炉膛，可改善气流偏斜，防止实际切圆的椭圆度太大。若采用一对角正切大圆，另一对角反切小圆，则利用反切气流可减小实际切圆的椭圆度。

(5) 大切圆四角切圆方式。可改善气流出口两侧补气条件，但切角处的水冷壁弯管和炉墙密封结构比较复杂。

（6）两角相切、两角对冲方式。可改善出口气流的偏离，避免炉膛结渣，与四角切圆相比，气流旋转强度较弱。

（7）六角切圆方式。这种方式适用于截面较大的单炉膛，特别适用于大容量褐煤锅炉，可保持炉内气流有足够的旋转强度。风扇磨煤机可以布置在炉膛周围，风粉管道短，锅炉立柱布置方便。但为了防止炉膛出甲烟温偏差大，应避免相邻两角燃烧器同时停用，抽炉烟点的布置应恰当。罗马尼亚的1035t/h褐煤锅炉便采用这种布置。

（8）八角切圆布置。其主要特点和六角切圆相似，联邦德国1800t/h褐煤锅炉采用了这种布置方式。

（9）双炉膛四角切圆方式。双炉膛布置的特点是适用于容量大于500MW的锅炉机组，如美国配500MW机组的锅炉就采用了这种方式。

（10）双室炉膛切圆方式。该布置方式的特点是燃烧器出口轴线与两侧墙夹角相差较大，因而补气条件也相差较大。燃烧器的布置应考虑能打双面水冷壁的焦渣，相邻两燃烧器有抽出检修的可能性，以及风粉管道与立柱布置的合理性。但两炉膛气流的旋转方向会影响炉膛出口烟温的偏差，可利用两个炉膛燃烧器的不同摆动角度来调整炉膛出口烟温的偏差。如上海锅炉厂生产的1000t/h锅炉采用的就是这种布置。

（11）八角双室炉膛。这种布置方式的大切角可改善燃烧器出口气流的偏斜，大切角部分的水冷壁弯管及炉墙密封结构比较复杂，双面水冷壁的打渣条件则比不切角的好些。

6-23　一次风煤粉气流的偏斜是如何形成的？其危害是什么？

答：切圆燃烧方式四角布置直流燃烧器的炉膛内，其空气动力结构比较复杂，从燃烧器喷口喷射出来的气流，并不能保持沿喷口几何轴线方向前进，而会出现一定程度的偏斜，使气流偏向炉墙一侧。偏斜严重时，会使燃烧器射流贴附或冲击炉墙，这是造成炉膛水冷壁结渣的主要原因。而水冷壁结渣，则直接影响锅炉运行的安全性和经济性。

在切圆燃烧中，由于燃烧器的一次风煤粉气流动量比二次风小，其刚性较差，因此一次风气流的偏斜也就最严重。水冷壁结渣往往是由于一次风煤粉气流贴壁冲墙造成的。所以从避免水冷壁结渣方面看，应尽量减小一次风煤粉气流的偏斜。

6-24　影响一次风煤粉气流偏斜的主要因素有哪些？

答：影响一次风煤粉气流偏斜的主要因素有：

（1）冷角气流的横向推力。一次风射流的偏斜，首先是由于受到邻角气流的横向推力作用，而邻角横向推力的大小，取决于炉内气流的旋转强度，即与炉膛四角射流的旋转动量矩有关，其中二次风射流的动量矩起主要作用。二次风动量增加，中心旋转强度就增大，对四角气流的横向推力也增大，致使一次风射流偏斜加剧。当然，由于二次风射流的动量比一次风大，在一、二次风射流混合的过程中，二次风动量会有一部分传给一次风，而使一次风偏斜减缓，但试验证明，这个作用远小于横向推力。

（2）假想切圆直径。假想切圆直径是直接影响四角射流旋转动量矩的因素之一。假想切圆直径过大，四角射流的横向推力就增大，射流喷出燃烧器后就会偏斜，贴壁冲墙，引起结渣。但较小的切圆直径也不好，会影响煤粉着火的稳定。

（3）燃烧器的结构特性。燃烧器的高宽比$\sum h/b$越大，气流偏斜的情况就越严重。为防止气流偏斜到贴壁冲墙，大容量锅炉一般将每个角上的燃烧器沿高度方向分成几组，每组的高宽比要小于$4\sim6$，而不能大于8。而且各组之间的间距高度不小于燃烧器喷口的宽度。这个间距相当于压力平衡孔，以此来减少两侧的压差，减轻气流的偏斜。

（4）炉膛截面尺寸。四角布置直流燃烧器的炉膛，其截面应设计成正方形或接近正方形的矩形，这样的炉膛宽度与炉膛深度，两者的比值应在$1.0\sim1.2$，这时因燃烧器几何轴线与相邻炉墙夹角α与β不等而造成补气条件的差异不会很大，气流偏斜程度较轻。若两者的比值大于1.2，射流两侧的补气条件就会明显不同。

6-25 采用高浓度煤粉燃烧器对稳定着火和燃烧的影响有哪些？

答：采用高浓度煤粉燃烧器，即提高燃烧器出口煤粉的浓度，对煤粉火炬的着火和稳燃有许多积极作用，可以归纳为：

（1）提高煤粉浓度能使一次风煤粉气流的着火热减少。很明显，当煤粉浓度提高，即一次风量减少，此时着火热降低，煤粉气流就容易着火。

（2）煤粉浓度的增加将加速着火前煤粉的化学反应速度，也加速了着火后煤粉的化学反应速度，使放热增加，故促进了煤粉的着火及着火的稳定性。

（3）煤粉浓度增加，使一次风煤粉空气混合物的着水温度降低。

（4）煤粉浓度提高，由于减少了着火热，将使煤粉气流在相同时间内加热到更高温度，即煤粉浓度提高后，气流的加热条件强化了，加热速度提高了，因此，达到着火所需时间缩短了。即着火时间随煤粉浓度的提高，在一定范围内将会缩短，从而也缩短了着火距离。

（5）煤粉浓度提高，增加了火焰黑度和辐射吸热量，促进了煤粉的着火，并提高了火焰传播速度。

（6）煤粉浓度增加，还可以降低 NO_x 的生成量。这是因为煤粉浓度提高后，一次风煤粉气流中的含氧量降低，在氧气不足的条件下，游离的 N_2 转化成 NO_x 的机会减少；而且，试验证明，燃料中 N_2 生成 NO_x 的生成量也与氧浓度平方成正比。因此，减少一次风量，提高煤粉浓度，对降低 NO_x 是有好处的。

应该指出，燃烧器出口的煤粉浓度并不是越高越好，如果煤粉浓度过高，不但会因氧气不定影响挥发分的燃尽，产生煤烟，而且还会影响煤粒温度的提高，使着火推迟，因此，存在着一个最有利的煤粉浓度。煤粉浓度与煤种有关，每个煤种有一个最有利的煤粉浓度，而且煤的挥发分越低，所需的最有利煤粉浓度相应增大。

6-26　高浓度煤粉燃烧器的结构及工作原理是什么？

答：高浓度煤粉燃烧器的结构和工作原理是：

（1）利用转弯使煤粉浓淡分离的高浓度煤粉燃烧器。其工作原理是利用煤粉气流通过管道转弯时，受离心力作用而使煤粉颗粒向管道外侧分离浓缩。这种利用转弯使煤粉分离浓缩的高浓度煤粉燃烧器常在四角布置切圆燃烧的燃烧器锅炉上使用。

（2）利用出口扩锥使煤粉浓缩的高浓度煤粉燃烧器。出口扩锥有两种结构，一种结构是在喷嘴出口处装有波形扩锥，这可以增加一次风煤粉气流与回流烟气的接触面；另一种结构是利用简单的 V 形扩锥，在扩锥出口处有不大的翻边，试验表明，这种翻边对增加高温烟气的回流有很大作用。上述两种结构的扩锥角度均为 20°。

（3）百叶窗式锥形轴向分离浓缩的高浓度煤粉燃烧器。煤粉气流流过百叶窗式的分离浓缩器时，由于煤粉粒子的惯性较大，不易改变其直线流动的状态，而空气流则从百叶窗中小孔流出。这样，煤粉气流在通过百叶窗式分离浓缩器的后部，就将煤粉和空气分离，形成高煤粉浓度的富粉流，直接送进锅炉炉膛中燃烧。

（4）旋风式煤粉浓缩燃烧器。旋风式煤粉浓缩燃烧器是利用旋风子使煤粉浓淡分离。煤粉空气混合物经分配箱分成两路进入旋风子，由于离心分离作用，而被分成富粉流和贫粉流。贫粉流经过旋风子上部的抽气管进入炉膛，而富粉流则从旋风子下部经过燃烧器的喷嘴进入炉膛。

（5）变换一次风的煤粉浓缩燃烧器（简称 PAX 燃烧器）。它的工作原理实质上是先用分离方法把一次风煤粉气流浓缩，然后再混入高温的二次风，以促使煤粉火炬的着火和火焰的稳定。PAX 燃烧器有以下特点：①能增强煤粉气流的初始浓度；② 气粉流速度低，故增加煤粉着火时间；③ 能直接、高效率地燃烧各种低挥发分煤；④ 在低负荷时能稳定燃烧；⑤ 二次风的引入对火焰的稳定和煤粉的燃尽起到积极作用。

6-27 W 形火焰燃烧方式的工作原理是什么？

答：W 形火焰炉膛由下部的拱式着火炉膛和上部的辐射炉膛组成。着火炉膛的深度比辐射炉膛大约 $80\%\sim120\%$，前后突出的炉顶构成炉顶拱，煤粉喷嘴及二次风喷嘴装在炉顶拱上，并向下喷射。当煤粉气流向下流动扩展时，在炉膛下部与三次风相遇后，180°转弯向上流动，形成 W 形火焰。燃烧生成的烟气进入辐射炉膛。在炉顶拱下区域的水冷壁敷设燃烧带，使着火区域形成高温，以利着火。

W 形火焰燃烧方式的炉内过程分为三个阶段：第一阶段为起始阶段，燃料在低扰动状态下着火和初燃，空气以低速，少量引入，以免影响着火；第二阶段为燃烧阶段，燃料和二次风、三次风强烈混合，急剧燃烧；第三阶段为辐射传热阶段，燃烧生成物进入上部炉膛，除继续以低扰动状态使燃烧趋于完全外，对受热面进行辐射热交换。

国内外实践证明，W 形火焰燃烧方式对燃用低挥发分煤是有效的。但它的炉膛容积的大小和形状结构、燃烧带的敷设位置及面积、配风比例及风速等因素，对 W 形火焰燃烧都会产生显著的影响。

6-28 W 形火焰燃烧方式的特点是什么？

答：W 形火焰燃烧方式的特点是：

（1）煤粉开始自上而下流动，着火后向下扩展，随着燃烧过程的发展，煤粉颗粒逐渐变小、速度减慢。在离开一次风喷口数米处，火焰开始转折 180°向上流动，既不易产生煤粉分离现象，又获得了较长的火焰燃烧行程。煤粉在炉内停留的时间较长，有利于提高燃烧效率，更适合低挥发分煤的燃烧。

（2）由于着火区没有大量空气进入，保证了炉膛温度无明显下降。而且，有部分高温烟气回流至着火区，有利于迅速加热进入炉内的煤粉气流，加速着火，提高着火的稳定性。

（3）下部的拱式着火炉膛的前、后墙及炉顶拱部分，可以辐射大量热量，提供了煤粉气流比较充足的着火热。

（4）煤粉自上而下进入炉膛，一次风率可降至 5%～15%，风速很低，可以低至 15m/s。这便于采用直流式燃烧器，而且空气可以沿火焰行程逐步加入，达到分级配风的目的。

（5）宜采用高浓度煤粉燃烧器，有利于着火。

（6）因为燃烧过程基本上是在下部着火炉膛中高温区内完成，而上部炉膛主要用来冷却烟气，所以，锅炉炉膛的高度主要由炉膛出口烟气温度决定。这样可以使上、下炉膛的横截面布置都比较灵活。

（7）因为火焰流向与炉内水冷壁平行，所以没有烟气冲刷炉墙现象，也就不易结渣。

（8）因为火焰不旋转，炉膛出口烟气的速度场和温度场分布比较均匀，可以减少过热器和再热器的热偏差。而且炉内热力工况良好，有利于稳燃。

（9）因为采用了二次风煤粉气流下行后转 180° 弯向上流程的火焰烟气流程，可以分离烟气中的部分飞灰。

（10）由于采用分段送风，以及喷嘴出口煤粉的可调性，使 W 形火焰炉型能适应较广的煤种、负荷的变化，有良好的调节性能。

W 形火焰燃烧方式的锅炉，其主要缺点是煤粉和空气的后期混合较差，且由于下部炉膛截面较上部炉膛大，故火焰中心偏低，炉内温度水平较低，可能使不完全燃烧热损失增大。为解决这个问题，必须在炉顶拱下部的水冷壁上敷设燃烧带，以造成着火区的高温，但燃烧带敷设的部位又易引起结渣。此外，炉膛结构比较复杂，而且尺寸较大，因而造价也较高。

6-29　燃用劣质煤的有效措施有哪些？

答：要使劣质煤完全燃烧，主要从强化燃料的着火、燃烧和燃尽方面着手，通常采用如下的措施比较有效。

（1）要有性能良好的燃烧器。燃烧器的性能和布置要有利于燃煤的加快着火、燃烧和燃尽。在强化着火方面，从燃烧器出来的射流不但要从射流外边界卷吸炉内高温烟气，以提高一次风煤粉气流的温度来帮助着火；而且要有一个回流区，使高温烟气直接回流到火焰根部，即回流到燃烧器出口附近，就可大大强化着火过程。

（2）利用热风送粉和较高的预热空气温度。提高煤粉气流的初温能减少着火热，加快着火，因此，燃用难着火劣质煤的煤粉炉制粉系统，应广泛采用中间储仓式热风送粉系统，利用较高温度的热风，而不是用温度很低的乏气作为一次风。与此同时采用较高的预热空气温度。

（3）提高燃烧器区域的温度。煤粉气流在燃烧器区域内着火，因此提高燃烧器区域的温度可以加快燃煤的着火。广泛采用的措施有两种：①采用适当的燃烧器区域热强度；② 在燃烧器区域内敷设燃烧带，减少该区域内水冷壁的吸热，以相应提高此区域的温度，这是燃用低挥发分煤的有效措施。但应注意，燃烧带安装的位置和数量要适当，否则会引起结渣。另外，燃烧带在炉内高温烟气作用下，很易脱落和减薄，在检修时要及时修复。

（4）采用较低的一次风率和一次风速。减少一次风率会使煤粉气流的着火热减少，有利于着火。对于燃用无烟煤的固态排渣煤粉炉，一次风率在 $20\%\sim25\%$ 范围内，一次风速也相应加以控制，通常在 $20\sim25\mathrm{m/s}$ 范围内。

（5）采用较细的煤粉细度。煤粉颗粒较小，有助于低挥发分煤的着火、燃烧和燃尽，因此，在运行中必须严格控制煤粉细度，最适宜的煤粉细度应为 $R_{90}\leqslant10\%$ 。

（6）锅炉运行的负荷不能太低。在锅炉运行时，其最低负荷不投油助燃情况下，不能低于设计时所考虑的最低稳燃负荷，否则煤粉的着火和燃烧将由于负荷太低、炉内温度水平低、得不到足够的着火热源而出现不稳定，甚至可能熄火。或者要稳定着火和燃烧，必须投油助燃。

6-30　煤粉炉的点火装置的作用是什么？

答：煤粉炉的点火装置的作用：主要是在锅炉启动时，利用它来点燃主燃烧器的煤粉气流。另外，当锅炉机组需在较低负荷下运行，或者在燃煤质量变差时，由于炉膛温度的降低危及煤粉着火的稳定性，炉内火焰发生脉动以至有熄火危险时，也用点火装置来稳定燃烧或作为辅助燃烧设备。

6-31　煤粉炉的点火装置有哪些？

答：现代大型煤粉炉多采用过渡燃料的点火装置。过渡燃料的点火装置有两种，一是气—油—煤粉的三级系统，二是油—煤粉的二级系统。三级系统是从点燃着火能量最小的气体燃料开始，再点燃油，最后点燃主燃烧器的煤粉气流；二级系统则采用一种过渡燃料——燃料油。

6-32　煤粉炉的点火系统包括哪些设备？

答：在点火系统中，都是首先利用电气点火器来点燃过渡燃料——可燃气体或燃料油，因此，煤粉炉的点火装置都要有点火器，还必须要有蒸汽雾化重油枪或其他雾化油枪。此外，为了燃料油的输送，还需要一个炉前油系统，为了检测点火装置和主燃烧器的火焰是否正常，还要装置火焰检测器。

三级系统中还要有可燃气体（一般是丙烷）的供应和预混燃烧装置。

6-33 电气点火器有哪几种？

答：现代大型锅炉常用的电气点火器有电火花点火、电弧点火和高能点火器三种。

6-34 电火花点火器构成及原理是什么？

答：电火花点火器属于三级点火系统。它利用电火花首先点燃可燃气体（丙烷），然后点燃油，最后点燃主燃烧器的煤粉气流。电火花点火器由打火电极、火焰检测器和可燃气体燃烧器三部分组成。点火杆与外壳组成打火电极，在两极间加上 5000～10 000V 的高电压，两极间便产生电火花，借助电火花的高温和电离作用点燃可燃气体。再用可燃气体的火焰点燃油喷嘴喷出的油雾，最后用油的火焰点燃主燃烧器的煤粉气流。电火花点火装置的击穿能力较强，点火可靠。

6-35 电弧点火器的构成及原理是什么？

答：电弧点火器借助于大电流（低电压），通电后再将两极拉开，在极间产生电弧，把可燃气体或燃料油点燃。它的起弧原理与电焊机相似。电弧点火器由电弧引燃器和点火油枪组成，其中的碳棒和碳块组成的点火电极通电后两极先接触，再拉开起弧，利用两极间形成的高温电弧去点燃气体燃料或燃料油。

6-36 高能点火器的构成及原理是什么？

答：高能点火器是一种新型的点火装置，它属于两级点火系统，用它来直接点燃燃料油，可以省掉过渡的气体燃料，国内许多大型电站锅炉多采用半导体电嘴高能点火器。它的工作原理是：将半导体电嘴两极置于一个能量峰值很高的脉冲电压作用下，因而在半导体电嘴的表面就产生出强烈的电火花，其能量能够直接点燃雾化了的重油。整个点火装置放在主燃烧器内。高能点火器和点火重油枪（包括点火稳燃器）由两台电动推杆带动，主燃烧器煤粉气流着火后，重油枪和点火器自行退出，避免停用时处在高温区域被烧坏。

高能点火器能简化点火程序，而且能适应遥控和程控的要求。

6-37 何为进退式蒸汽雾化油枪？

答：CE公司的进退式蒸汽雾化油枪，全称为蒸汽雾化平行管、可进退的内混型油枪。该油枪可用来点火暖炉、升压，并可用于引燃或稳燃相邻的煤粉气流。整个油枪装置由进退机构和可拆卸的油枪这两个主要组件组成。

进退机构在安装板上用螺栓紧固到箱壳上去,拆卸外部安装板螺栓后,整套设备就可以从箱壳风室中抽出来。

油枪可拆卸部分由可卸连接体、两根平行管及雾化喷嘴所组成。喷嘴组件由喷嘴螺帽、雾化板、后板和喷嘴本体组成。

第七章 锅炉受热面

7-1 锅炉蒸发设备主要包括哪些?

答: 蒸发设备包括汽包、下降管、水冷壁、集箱及连接管道等。

7-2 汽包结构是怎样的?

答: 汽包是由钢板制成的长圆筒形容器,它由筒身和两端的封头组成,筒身是由钢板卷制焊接制成的,有等壁厚结构和不等壁厚结构之分,大型锅炉多采用不等壁厚结构汽包。封头用钢板模压制成并焊接于筒身两端,在封头中部留有圆形或椭圆形人孔门,以备安装和检修工作人员进出。在汽包上开有很多管孔,并焊上短管,称为管座,用以连接给水管、汽水混合物引入管、下降管、蒸汽引出管以及连续排污管、事故放水管、加药管等。汽包内部装设有汽水分离器和一些连接仪表和自动装置的管道。

7-3 汽包的主要作用有哪些?

答: 汽包的主要作用有:

(1) 汽包是工质加热、蒸发、过热三个过程的连接枢纽,同时,汽包作为一个平衡器,可保持水冷壁中汽水混合物流动所需压头。

(2) 汽包容有一定数量的水和汽,加上汽包本身的质量很大,因此有相当的蓄热量,在锅炉工况变化时,能起到缓冲和稳定汽压的作用。

(3) 装设汽水分离和蒸汽净化装置,保证饱和蒸汽的品质。

(4) 装置测量表计及安全附件,如压力表、水位、安全阀等。

7-4 汽包内典型布置方式是怎样的?

答: 汽包内典型布置方式有采用旋风分离器、卧式旋风分离器和涡轮分离器几种方案。

对于高压和超高压锅炉的汽包,其内部装置布置及作用一般为:沿汽包长度在两侧装设若干旋风分离器,每个旋风分离器筒体顶部配置有百叶窗(波形板)分离器,它们的主要作用是将由上升管引入的汽水混合物进行汽和水的初步分离。在汽包内的中上部水平装设蒸汽清洗孔板,其上有清洁给水层，当蒸汽穿过水层时，便将溶于蒸汽或携带的部分盐分转溶于水中，以降低蒸汽的含盐量。靠近汽包的顶部设有多孔板，均匀汽包内上升蒸汽流，并将蒸汽中的水分进一步分离出来。汽包中心线以下 150mm 左右设有事故放水管口；正常水位线下约 200mm 处设有连续排污管口，在下面布置加药管。下降管入口处还装设了十字挡板，以防止下降管口产生漩涡斗造成下降管带汽。

亚临界压力锅炉一般不用蒸汽清洗，而是采用先进的化学水处理方法提高给水品质，从而满足蒸汽品质的要求。

7-5 旋风分离器的结构及工作原理是怎样的？

答：旋风分离器由筒体、引入管、顶帽、溢流环、筒底导叶和底板等部件组成。

旋风分离器是一种分离效果很好的汽水分离设备。其工作原理及工作过程是：较高流速的汽水混合物经引入管切向进入筒体而产生旋转运动，在离心力的作用下，将水滴抛向筒壁，使汽水初步分离。分离出来的水通过筒底四周导叶，流入汽包水容积中。饱和蒸汽在筒体内向上流动，进入顶帽的波形板间隙中曲折流动，在离心力和惯性力的作用下，小水滴被抛到波形板上，在附着力作用下形成水膜下流，经筒壁流入汽包水容积，使汽水进一步分离，而饱和蒸汽从顶帽上方或四周引入汽包蒸汽空间。

7-6 百叶窗（波形板）分离器的结构及工作原理是怎样的？

答：百叶窗分离器是由许多平行的波浪形薄钢板组成，波形板厚度为 0.8～1.2mm，相邻两块波形板之间的距离为 10mm，并用 2～3mm 厚的钢板边框固定。

工作原理及过程是：经过粗分离的蒸汽进入百叶窗分离器后，在波形板之间曲折流动。蒸汽中的小水滴在离心力、惯性力和重力的作用下抛到板壁上，在附着力的作用下，黏附在波形板上形成水膜。水膜在重力作用下向下流入汽包水容积，使汽水得到进一步分离。因为利用附着力分离蒸汽中细小水滴的效果好，所以百叶窗分离器被广泛地用来作为细分离设备。

7-7 左、右旋的旋风分离器在汽包内如何布置？为什么要如此布置？

答：旋风分离器虽然能使分离出来的水经过筒底倾斜导叶平稳地流入汽包水容积，但并不能消除其旋转动能，水的旋转运动可能造成汽包水位的偏斜。因此，采用左旋与右旋旋风分离器交错排列的布置方法，可将排水的旋转运动相互抵消，使汽包水位保持稳定。

7-8　清洗装置的作用及结构如何？

答：清洗装置利用省煤器来的清洁给水，将经过机械分离后的蒸汽加以清洗，使蒸汽中的部分盐分转溶解于水中，减少蒸汽的含盐量。清洗装置的型式较多，但近代锅炉多采用平孔板式蒸汽穿层清洗装置，由一块块的平孔板组成，每块平孔板钻有很多 5～6mm 的小孔，相邻的两块孔板之间装有 U 型卡，清洗装置两端封板与平孔板之间装有角铁，以组成可靠的水封，防止蒸汽短路。

7-9　平板孔式清洗装置的工作原理是怎样的？

答：约 50% 的给水经配水装置均匀地分配到孔板上，蒸汽自下而上通过孔板小孔，经由 40～50mm 厚的清洗水层穿出，使蒸汽的部分溶盐扩散转溶于水中。水则溢过堵板，溢流到水容积中。孔板上的水层靠蒸汽穿孔阻力所造成的孔板前后压差来托住。蒸汽穿孔的推荐速度为 1.3～1.6m/s，以防止低负荷时出现干孔板区或高负荷时大量携带清洗水。

7-10　汽包内锅水加药处理的意义是什么？

答：防止锅内结垢，若单纯用锅炉外水处理除去给水所含硬度，需用较多设备，会大大增加投资；而加大锅水排污，不但增加工质热量损失，也不能消除锅水残余硬度。因此，除采用锅炉外水处理外，也在锅炉内对锅水进行加药处理，清除锅水残余硬度，防止锅炉结垢。其方法是在锅水中加入磷酸盐，使磷酸根离子与锅水中钙镁离子结合，生成难溶于水的沉淀泥渣，定期排污排除，使锅水保持一定的磷酸根，既不产生结垢和腐蚀，又保证蒸汽品质。

7-11　通常汽包有几种水位计？各有什么特点？

答：汽包两侧各有一个双色玻璃水位计，此外还有平衡容器差压式水位计和电接点水位计。

通常，电接点与就地水位计是应用连通管原理来指示水位的，只有当水位计内水柱的密度与汽包内水的密度相同时，两者的水位才在同一水平面。实际上，这 4 个汽包水位计布置在汽包外面，没有采取保温或加热措施，水位计要向周围散热，使水位计中水的密度增大，所指示的水位低于汽包内部实际水位，因此需要对其修正。双色水位计更直观，但量程范围小。电接点水位计量程范围大。

平衡容器差压式水位计是利用压差测量水位的，当汽包水位变化时，与参比水柱的压差随之变化，可利用这个压差进行计算从而推算出汽包水位值。汽包水位是汽包压力的函数，经过汽包压力的修正，可以得到接近实际值的汽包水位。

7-12 事故放水管的作用？其开口应在什么位置较好？

答：事故放水管的作用是当汽包水位超过最高允许水位时，将多余的水排掉，使汽包水位恢复正常。其开口位置一般在汽包正常水位处。

7-13 简述炉水循环泵的结构及工作原理。

答：炉水循环泵是将泵的叶轮和电动机转子装在同一个主轴上，置于相互连通的密封压力壳体内，泵与电动机结合成一整体，没有通常泵与电动机之间连接的那种联轴器结构，没有轴封，这就根本上消除了泵泄漏的可能性。炉水循环泵的基本结构，都是由电动机轴端悬伸一只单吸泵轮的主轴结构，电动机与泵体由主螺栓和法兰来连接。整个泵体和电动机以及附属的阀门等配件完全由锅炉下降管的管道支撑，这样，泵装置在锅炉热态时，可以随下降管一起向下自由移动而不受膨胀限制。

电动机的定子和转子用耐水的绝缘电缆作为绕组且浸没在高压冷却水中，电动机运行时所产生的热量就由高压冷却水带走，并且该高压冷却水通过电动机轴承的间隙，既是轴承的润滑剂，又是轴承的冷却介质。泵体与电动机是被分隔的两个腔室，中间虽有间隙，但不设密封装置，使压力可以贯通，但泵体内的炉水与电动机腔内的冷却水是两种不同的水质，两者不可混淆。由于电动机的绝缘材料不能承受高温，因此围绕电动机周围的高压冷却水温度必须加以限制。由于绕组及轴承的间隙极为紧密，该处流经的冷却水不得含有颗粒杂质。高压冷却水的水质要比炉水干净得多，其冷却水的水温也要比炉水的温度低得多。为了保证电动机的安全运行，必须配备一套相应的冷却水系统。一般大机组采用外置式冷却器，用工业水做冷却介质，并设置两台水泵，一台工作，一台备用，为炉水循环泵的电动机腔提供冷却水。

7-14 水冷壁型式是怎样的？

答：锅炉水冷壁主要有：

（1）光管式水冷壁。

（2）膜式水冷壁。

（3）内螺纹管式水冷壁。

（4）销钉式水冷壁（也叫刺管水冷壁）。这种水冷壁是在光管表面按要求焊上一定长度的圆钢，以利铺设和固定耐火材料。主要用于液态排渣炉、旋风炉及某些固态排渣炉的燃烧器区域。

大型锅炉多采用大直径集中下降管及膜式水冷壁。

7-15　采用膜式水冷壁的优点有哪些?

答：膜式水冷壁有两种型式，一种是用轧制成的鳍片焊成，另一种是在光管之间焊扁钢而形成。其主要优点如下：

（1）膜式水冷壁将炉膛严密地包围起来，充分地保护着炉墙，因而炉墙只须敷上保温材料及密封涂料，而不用耐火材料，所以，简化了炉墙结构，减轻了锅炉总质量。

（2）炉膛气密性好、漏风少，减少了排烟热损失，提高了锅炉效率。

（3）易于制成水冷壁的大组合件，因此，安装快速方便。

7-16　折焰角是如何形成的? 其结构是怎样的?

答：折焰角是由后墙水冷壁在一定的标高处，并按照一定的外形向炉膛内弯曲而成。结构型式有两种，一种是借助分叉管，将每根水冷壁管分成两路，一路向内弯曲成一定形状，另一路为垂直短管，起悬吊传递水冷壁组件重量的作用。两路管内的汽水混合物均进入后水冷壁上集箱，再通过导管引入汽包。为了使大部分工质从受热强烈的折焰管通过，在垂直短管至集箱的连接处装有节流孔板以限制垂直管的流通量。

另一种结构是在后墙水冷壁的上部直接向内弯成折焰角，在折焰角后，每三根管中有一根垂直向上作后墙水冷壁悬吊管，其余两根继续向后延伸构成水平烟道的斜底，然后在折转向上进入上集箱。而垂直向上那根水冷壁，通过连接折焰角前后垂直水冷壁管的吊杆传递后墙水冷壁组件的重量，并向上引入上集箱。

7-17　采用折焰角的目的是什么?

答：折焰角是后墙水冷壁上部部分管子分叉弯制而成的。采用折焰角的作用有：

（1）可以增加水平烟道的长度，以利于高压、超高压大容量锅炉受热面的布置。

（2）增加了烟气流程，加强了烟气混合，使烟气沿烟道的高度分布趋于均匀。

（3）可以改善烟气对屏式过热器的冲刷特性，提高传热效果。

7-18　冷灰斗是怎样形成的? 其作用是什么?

答：对于固态排渣锅炉的燃烧室，由前后墙水冷壁下部的内弯曲而形成冷灰斗。它的作用主要是聚集、冷却并自动排出灰渣，而且便于下集箱同灰渣井的连接和密封。

7-19　底部蒸汽加热装置的结构如何？

答：底部蒸汽加热装置沿着下集箱长度在下集箱内放有钢管，在钢管上开有直径 5mm 的小孔（孔数与水冷壁根数对应），并与引入外来的蒸汽管子连接，当投用时，由阀门控制进汽量。

7-20　简述水冷壁及其集箱的作用。

答：水冷壁的作用是吸收炉膛中高温火焰或烟气的辐射热量，在管内产生蒸汽或热水，同时降低炉墙温度，保护炉墙，具体如下：

（1）炉膛中的高温火焰对水冷壁进行辐射传热，使水冷壁内的工质吸收热量后由水逐步变成汽水混合物。

（2）由于火焰对水冷壁的辐射传热与火焰热力学温度的四次方成比例，炉内火焰温度很高，水冷壁的辐射吸热就很强烈，因此采用水冷壁对流蒸发管束节省金属，可降低锅炉受热面的造价。

（3）在炉膛敷设一定面积的水冷壁，可使炉膛出口烟温冷却到灰的软化温度 ST 以下，防止炉墙及受热面结渣，提高锅炉运行的安全可靠性。

（4）保护炉墙，减小结渣和高温对炉墙的破坏作用。装设水冷壁后，炉墙的内壁温度可大大降低，因此炉墙的厚度可以减小，重量减小，为采用轻型炉墙创造了条件。

水冷壁的集箱有汇合炉水的作用，使不同数量的管束可以通过集箱连接，此外还大大简化了水冷壁的结构。

7-21　水冷壁为什么要分若干个循环回路？

答：因为沿炉膛宽度和深度方向的热负荷分布不均，造成每面墙的水冷壁管受热不均，使中间部分水冷壁管受热量最强，边上的管子受热较弱。若整面墙的水冷壁只组成一个循环回路，则并联水冷壁中，受热强的管子循环水速大，受热弱的管内循环水速小，对管壁的冷却差。为了减少各并列水冷壁管的受热不均，提高各并列管子水循环的安全性，通常把锅炉每面墙的水冷壁，划分成若干个循环回路。

7-22　膨胀指示器的作用是什么？

答：膨胀指示器是用来监视汽包、联箱等厚壁压力容器在点火升压过程中的膨胀情况的，通过它可以及时发现因点火升压不当或安装、检修不良引起的蒸发设备变形，防止膨胀不均发生裂纹和泄漏等。

7-23　按传热方式分类，过热器的型式有哪几种？

答：按传热方式区分，过热器有三种型式：

（1）辐射式过热器。如全大屏、顶棚、墙式过热器等。

（2）半辐射式过热器。如后屏过热器。

（3）对流过热器。如高温对流、低温对流过热器等。

7-24　按介质流向分类，对流过热器的型式有哪几种？

答：按介质流向分类有顺流、逆流、双逆流、混合流等几种过热器型式。

7-25　按布置方式分类，过热器有哪几种型式？

答：按布置方式分类有立式和卧式两种型式过热器。

7-26　立式布置的过热器有何特点？

答：立式布置的过热器支吊简便、安全，运行中积灰、结渣可能性小，一般布置在折焰角上方和水平烟道内。缺点是停炉时蛇形管内的积水不易排出，在点炉时管子通汽不畅易使管子过热。

7-27　卧式布置的过热器有何特点？

答：布置在垂直烟道中的卧式过热器，蛇形管内不易积水，疏水排汽方便。但支吊较困难，支吊件全部在烟道内易烧坏，需要用较好的钢材，故近代锅炉常用有工质冷却的受热管子（如省煤器等）作为悬吊管。另外，过热器易积灰、影响传热。

7-28　对流式过热器的流量—温度（热力）特性如何？

答：对流过热器布置在对流烟道内，是以吸收烟气对流放热为主的过热器。这种型式的过热器，蒸汽温度是随着锅炉负荷的增加而升高的。这是因为当负荷增加时，燃料消耗量增加，流经过热器的烟气量增多，提高了烟气对管壁的放热系数；而且随着燃料量的增加，使炉膛出口烟温有所提高，提高了平均温差。虽然蒸汽流通量有所增加，但单位质量的蒸汽还是获得了较多的热量，使出口蒸汽温度提高。反之，当锅炉负荷减少时，对流过热器的蒸汽温度将降低。

7-29　辐射式过热器的流量—温度（热力）特性如何？

答：辐射式过热器是以吸收火焰或烟气的辐射热为主的过热器，这种型式的过热器其出口蒸汽温度是随锅炉负荷（蒸汽流量）的增加而降低的。这是因为辐射式过热器吸收热量主要取决于炉内火焰和烟气温度，而辐射传热与其绝对温度的四次方成正比。当锅炉负荷增加时，虽然炉膛温度和烟气温度有所增高，但增加幅度不大，因此辐射传热虽有增加，但流经该过热器的蒸汽流量相应也增加，而且蒸汽量增加的影响要大于辐射吸收热量增多的影响，使单位质量的蒸汽获得的热量减少，所以其出口蒸汽温度是降低的。反之，当负荷降低时，辐射式过热器出口温度是升高的。

7-30 半辐射式过热器的流量—温度（热力）特性如何？

答：半辐射式过热器既吸收火焰和烟气的辐射热，同时又吸收烟气的对流放热。所以其出口蒸汽温度的变化受锅炉负荷（蒸汽流量）变化的影响较小，介于辐射式和对流式之间。但通过试验发现，该型式过热器的热力特性接近于对流式过热器热力特性，只是影响幅度较小，汽温变化比较平稳。

7-31 什么是联合式过热器？其热力特性如何？

答：现代高参数、大容量锅炉需要蒸汽过热热量多，过热器受热面积大。为使锅炉在负荷变化时，出口蒸汽温度相对平稳，同时采用了辐射、半辐射和对流过热器，形成了联合式过热器。它的热力特性是由各种型式过热器传热份额的大小决定的，一般略呈对流过热器热力特性，即随锅炉负荷增加或降低，出口蒸汽温度也随之略有提高或降低。

7-32 再热器为什么要进行保护？

答：因为在机组启停过程或运行中汽轮机突然故障而使再热汽流中断时，再热器将无蒸汽通过来冷却造成管壁超温烧坏。所以，必须装设旁路系统通入部分蒸汽，以保护再热器的安全。

7-33 锅炉喷水式减温器的工作原理是什么？

答：喷水减温器是一种混合式减温器，布置在过热器、再热器的集箱中，喷水方向与汽流方向相同。高温蒸汽从减温器进口端被引入文丘里管，而水经文丘里管喉部喷嘴喷入，形成雾状水珠与高速蒸汽充分混合，并经一定长度的套管，有另一端引出减温器。这样喷入的水吸收了过热蒸汽的热量而变为蒸汽，使汽温降低。

7-34 旁路烟道烟气挡板有哪些作用？其工作原理是怎样的？

答：旁路烟道挡板以改变烟气流量来作为再热汽温粗调之用。

其工作原理为：当再热蒸汽温度过高，开大安装在旁路烟道中的挡板时，流经低温再热器的烟气量减少，从而减弱了低温再热器区域的对流换热量，而流经旁路烟道的烟气增加了旁路省煤器区域的对流换热量，从而提高了进入汽包的水温，降低了炉水的欠焓，所以同样工况下进入炉膛的燃料量也将相对减少，使得再热器的换热量再次减少。在上述两方面的作用下，达到了降低再热汽温的目的。当再热汽温过低，则关闭旁路烟道挡板，原理反之。

7-35　再热蒸汽温度的调节为什么不宜用喷水减温的方法？

答：再热器喷入的水在中压下工作，会使汽轮机中、低压缸的蒸汽流量增加，即增加了中、低压缸的输出功率。如果机组负荷一定，则势必要减少高压缸的功率，这样中压蒸汽做的功代替高压蒸汽做功，电厂循环热效率降低。计算表明，再热蒸汽中喷入 1% 减温水，循环热效率下降 $0.1\%\sim0.2\%$。

再热蒸汽温度调节常采用烟气侧调节方法作为汽温调节的主要手段，而用微量喷水减温器作为辅助调节方法，及作再热汽温的辅助细调节以补充其他调温手段之不足；同时还可以在两级再热蒸汽回路中用来调整热偏差。

7-36　简述过热器和再热器的向空排汽门的作用。

答：在锅炉启动初期，用于排出积存的空气和部分过热汽及再热蒸汽，保证过热器、再热器内蒸汽的流动，使其得到冷却。另外，在锅炉压力升高或事故状态下，可以向空排汽泄压，防止锅炉超压。在锅炉启动过程中，还可起到增大排汽量、减缓升压速度的作用。对于再热器向空排汽门，当二级旁路不能投入时，仍可用一级旁路向再热器通汽，并通过向空排汽门排出，以保护再热器。

7-37　锅炉省煤器的主要作用是什么？

答：利用锅炉尾部低温烟气的热量来加热给水，以降低排烟温度，提高锅炉效率，节省燃料消耗量，并减少给水与汽包的温度差。

7-38　简述省煤器再循环的作用。

答：省煤器再循环管连接于省煤器入口和汽包下降管之间，锅炉在启动初期，常常是间断进水，当停止进水时，省煤器中的水不流动，由于高温烟气的不断加热，会使部分水汽化，生成的蒸汽会附着在管壁上或集结在省煤器上段，造成局部管壁超温而损坏。因此，应对省煤器进行保护，装设不受热的省煤器再循环管，其上装有再循环门。当锅炉在启动期间停止上水时，开启再循环门，使汽包、再循环管、省煤器之间形成自然水循环回路，对省煤器进行了保护。此时，再循环管相当于下降管，省煤器管相当于上升管，炉水在此循环压头的推动下，不断地流经省煤器进入汽包防止了省煤器因无水流过而过热烧坏。当锅炉补水时，为了防止给水短路，（从再循环管进入汽包），再循环阀应关闭。

7-39 省煤器再循环门在正常运行中泄漏有何影响？

答：省煤器再循环门在正常运行中发生内漏，就会使部分给水经由循环管短路直接进入水冷壁下集箱而不经过省煤器。这部分水没有在省煤器内受热，水温较低，易造成汽包上下壁温差增大，产生热应力而影响汽包寿命。另外，使省煤器通过的给水减少，降低了给水温度，排烟损失增加，使机组效率下降。所以，在正常运行中，循环门应关闭严密。

7-40 空气预热器的作用是什么？空气预热器有哪几种型式？

答：空气预热器的作用是利用排烟余热，加热燃料燃烧所需的空气及制粉系统工作所需的热空气，并可降低排烟温度，提高机组热效率。空气预热器有管式空气预热器、回转式空气预热器两种。

7-41 容克式空气预热器的结构如何？

答：容克式空气预热器的主要结构有转子，外壳，冷端、热端连接板，传动装置，密封系统以及油循环系统等。

7-42 简述回转式空气预热器的工作原理。

答：预热器由转子连续旋转，通过特殊形状的金属元件从烟气中吸收热量，然后将热量交换给冷空气。这些高效传热元件紧密地排列在圆周形转子中按径向分割的扇形仓格里，转子周围的外壳与两端连接板连接，通过连接板的分割以及径向、旁路密封等适当的密封，形成分别由两部分预热器组成的两个通道，一个是空气通道，另一个是烟气通道。

由于预热器转子缓慢地旋转，烟气和空气交替地流过传热元件。当旋转至烟气通道时，传热元件表面吸收高温烟气的热量，当转子旋转至空气通道时，传热元件释放出热量加热空气。如此循环往复，转子每旋转一周就进行一次热交换，通过转子的连续旋转，不断地将热量传给冷空气，提高进入炉膛燃烧的空气温度，满足锅炉燃烧的需要。同时降低排烟损失，提高锅炉效率。

7-43 什么是受热面积灰？

答：当携带飞灰的烟气流经受热面时，部分灰粒沉积在受热面上的现象，称为积灰。当烟气横向冲刷管束时，在管子背风面产生旋涡区。小于 $30\mu m$ 的灰粒会被卷入旋涡区，在分子间引力和静电力的作用下，一些细灰被吸附在管壁上造成积灰。积灰是微小灰粒积聚与粗灰粒冲击同时作用的过程。开始积灰速度较快，随后逐渐降低。当积聚的灰与被粗灰冲掉的灰相等时，则处于动态平衡状态。

7-44　影响受热面积灰的因素有哪些？

答：影响受热面积灰的原因有：

（1）烟气流速。烟气流速越高，灰粒的冲击作用就越大，积灰程度越轻；反之，则积灰越多。

（2）飞灰颗粒度。烟气中粗灰多细灰少，冲刷作用大，则积灰减少；反之，细灰多粗灰少，则积灰增加。

（3）管束结构特性。错列布置管束比顺列布置管束积灰少，因为错列布置的管束不仅迎风面受到冲刷，而且背风面也比较容易受到冲刷，故积灰较轻。

7-45　空气预热器积灰和低温腐蚀有何危害？

答：烟气中的飞灰容易沉积在传热元件上，引起传热元件的腐蚀和气流通道的堵塞，而传热元件堵灰又会增加气流的流动阻力，这样又会使引风机、送风机以及一次风机的电耗增加，尤其对于引风机来说，会因受管道阻力的增加而改变其正常的工作点位置。严重时，使风机进入不稳定工况区工作，容易发生喘振。其次，由于传热条件变差，使一、二次风温度降低，锅炉排烟温度升高，影响锅炉效率，甚至会限制锅炉出力。空气预热器的积灰又会使受热元件传热下降，使管壁温度降低，这样凝结酸量就增多，又会加剧低温腐蚀。

空气预热器受热面的金属腐蚀造成空气预热器大面积损坏而报废。空气预热器腐蚀穿孔，使大量空气漏入烟道，一方面增加引风机单耗；另一方面使炉内空气不足，燃烧恶化，燃烧效率降低。腐蚀又伴随生成低温黏结性结灰，不仅影响受热面传热，而且严重时将造成烟气通道堵灰，从而通风阻力增加。排烟温度升高会影响锅炉效率和可用率，严重时3～4个月即需要更换受热面，甚至锅炉被迫减负荷运行。

7-46　减轻受热面积灰的措施有哪些？

答：（1）选择合理的烟气流速在额定负荷时，烟气流速不应低于6m/s，一般可保持在8～10m/s，过大会加剧磨损。

（2）布置高效吹灰装置，制定合理的吹灰制度，运行人员应按要求定期吹灰，以减轻受热面的积灰。

(3) 采用小管径、小节距、错列布置，可以增强冲刷和扰动，积灰减轻。

7-47　吹灰的作用是什么？

答：锅炉（特别是燃煤炉）运行一段时间后，受热面上将积灰或结渣，将会影响锅炉的安全与经济运行，因此必须及时清除。吹灰器的作用就是清除受热面上的结渣和积灰，维持受热面的清洁，避免金属管壁局部由于受热不均而超温，提高受热面的吸热能力及锅炉效率。对易结焦的炉子，及时投用吹灰器还可降低排烟温度，以防止和减少结焦。

7-48　尾部烟道受热面磨损的机理是什么？

答：煤粉炉的烟气带有大量飞灰粒子，这些飞灰粒子都有一定的动能，当烟气冲刷受热面时，飞灰粒子不断的冲刷管壁，每次冲刷都从管子上削去极其微小的金属屑，这就是磨损。

7-49　影响低温受热面磨损的因素有哪些？

答：(1) 飞灰速度。磨损量与飞灰速度的 3 次方成正比，烟气流速增加 1 倍，磨损量要增加 7 倍。

(2) 飞灰浓度。飞灰浓度增大，飞灰冲击次数增多，磨损加剧。

(3) 灰粒特性。灰粒越粗，越硬，磨损越严重。飞灰中含碳量增加，也会使磨损加剧，因为灰中焦炭的硬度比灰粒要高。

(4) 飞灰撞击率。飞灰颗粒大，飞灰比重大，烟气流速快，烟气黏度小，则飞灰撞击机会就多，磨损就严重。

7-50　运行中减少尾部受热面磨损的措施有哪些？

答：减少尾部受热面磨损的措施有：

(1) 选取最佳空气量，减少炉底漏风，使尾部烟道内气流速度适中。

(2) 选择合理的配风，使煤粉完全燃烧，减少飞灰含碳量。

(3) 选择合理的煤粉细度，使其完全燃烧。

7-51　简述尾部受热面低温腐蚀的机理。

答：燃料中硫分燃烧产生二氧化硫，二氧化硫又会再氧化成三氧化硫，三氧化硫与烟气蒸汽形成硫酸蒸汽，当受热面的壁温低于硫酸蒸汽的露点温度时，硫酸蒸汽就会凝在管壁上腐蚀受热面。

7-52　影响低温腐蚀的因素是什么？

答：低温腐蚀主要取决于烟气中三氧化硫的含量与管壁温度。

烟气中的三氧化硫增多，既提高了烟气露点又增多了硫酸凝结量，因而提高了腐蚀程度。只要受热面的壁温低至烟气的露点，硫酸便开始凝结在受热面上而发生腐蚀。

7-53　运行中防止低温腐蚀的措施有哪些？

答：烟气中的三氧化硫的形成与燃料硫分、火焰温度、燃烧热强度、燃烧空气量、飞灰性质和数量以及催化剂等有关，运行中可控制的有：

（1）投入暖风器或热风再循环，提高进入空气预热器的冷风温度，以此来提高空气预热器的管壁温度。

（2）加强对空气预热器的吹灰。

第八章 泵 与 风 机

8-1 离心泵的工作原理是什么？

答：离心泵中的液体与叶轮一起旋转，由于液体有一定的质量而产生离心力，液体沿着叶轮流向出口。入口成为负压，液体在大气压力和液体静压作用下进入离心泵，在叶轮中获得的能量靠扩压管或导叶将动能转变为压力能，源源不断地从泵的出口流出。

8-2 什么是泵的倒灌高度？什么是泵的真空吸高度？

答：泵的叶轮中心线低于入口液面的距离称为泵的倒灌高度。

泵的叶轮中心线高于入口液面的距离称为泵的真空吸上高度。

8-3 为什么泵处于倒灌高度状态下较好？

答：泵处于倒灌状态下，由于泵入口有液体静压，启动前排除泵体和管线内的空气比较方便，只要将泵入口阀门和泵体排空阀开启即可。不必像处于真空吸上状态的泵那样，要在泵的下部入口管装止回阀，灌注液体才能排除泵和入口管线内的空气。泵处于倒灌状态下，入口不易漏进空气，泵不易抽空。因为入口有液体的静压，泵不易产生汽蚀。所以，只要有可能，应尽量使泵处于倒灌状态下工作。

8-4 什么是扬程？其单位是什么？

答：1kg 液体经过泵后所获得的能量，或可以理解为将 1kg 液体提升的高度，称为扬程，其单位为 m。

8-5 为什么一般泵都用扬程而不用压力表示泵的性能？

答：因为扬程表示将 1kg 液体提升的高度，对于同一台泵无论输送何种工作，扬程都是一样的，泵的扬程包括静压和动压差。如果用压力来表示，则不同的工质其压力是不一样的，密度大的工质压力高，密度小的工质压力低。而且知道泵的扬程，根据工质的密度可以换算成压力。

8-6 什么是泵的汽蚀余量？单位是什么？

答：汽蚀余量是表示为使泵不发生汽蚀的一个安全余量。例如泵的汽蚀余量是 5m，入口管道的阻力为 3m，则泵的吸上高度 H_x 为

$$H_x = 大气压力 - 汽蚀余量 - 入口管道阻力$$
$$= 10m - 5m - 3m$$
$$= 2m$$

H_x 为正值称吸上高度，允许泵安装在液面上。如 H_x 为 2m，则泵叶轮中心线高于入口液面的距离不得超过 2m。

H_x 为负值称倒灌高度，不允许泵安装在液面之上，而只能将泵安装在入口液面以下。如 H_x 为 -2m，则泵叶轮中心线低于入口液面的高度不得小于 2m。

8-7 如何判断泵的入口和出口？

答：一般在泵的出入口管道上都标有工质的流动方向。如果管路上未标工质流动方向或标志脱落，也可从以下几点加以判断：①入口管径比出口管径大；②出口管路上有止回阀，而入口没有；③出口管路上有压力表，而入口一般没有，或入口也有压力表，但入口压力表的量程要较出口小；④出口管的压力高，因而出口管的法兰盘较厚，出口管上的阀门公称压力较高。

8-8 为什么泵的入口管径大于出口管径？

答：为了避免产生汽蚀、防止泵抽空，应该尽量减少泵入口管道的阻力损失。管道的阻力损失与流速的平方成正比，而流速与管径的平方成反比，也就是说管道阻力损失与管径的平方成反比，增大管径可以有效地降低管道阻力损失。泵入口的压力很低，可采用管壁较薄的管子，而且泵入口管道大都较短，采用较大直径的管子，所需费用增加不多。

泵出口压力很高，需要采用管壁较厚的管子，如果用管径较大的管子，钢材消耗太多，相应阀门、法兰也要加大，投资增加。采用较小的管径，虽然管道阻力损失增加，但泵出口压力有较大的富裕量，故允许管道有较大的阻力损失。

8-9 为什么离心泵启动时要求出口阀关闭而联动备用泵的出口阀应处于开启状态？

答：由于驱动离心泵常用的感应式电动机启动电流很大，而启动转矩不大。为了保障电动机的安全，一般要求在无负荷或低负荷状态下启动。离心泵在出口阀关闭状态下启动，就是不带负荷启动，对减少电动机启动电流，缩短启动时间，从而延长电动机的寿命是有利的。所以离心泵一般都要在出

口阀关闭下启动。

凡是有联动备用泵的，大都是生产流程中非常重要的泵，一旦泵停止运行，将会造成停产或发生事故。如果联动泵的出口阀处于关闭状态，即便备用泵及时启动也不能立即接带负荷，会造成严重的后果，所以联动备用泵出口阀开启能及时联启并接带负荷，保证机组正常运行。

联动备用泵启动时，泵出口母管还有较高的压力，联动备用泵启动时，不会因负荷很大超电流损坏电动机，所以联动备用泵出口阀开启是可行的。

8-10 油泵出口止回阀的作用是什么？

答：可以在油系统油压低于规定值时，备用油泵联启后能正常及时投入运行，保证油系统油压正常。

可以防止备用泵在备用时，大量的油从出口母管经备用泵返回油罐。

8-11 油泵出口止回阀的旁路阀的作用是什么？

答：为了使备用泵处于随时可以启动的状态必须使油泵里的油具有一定的温度，避免因油泵散热油温太低，油黏度过大，备用泵无法启动或超电流太多。装了止回阀旁路阀，油泵备用时，稍开止回阀旁路阀，油泵出口母管的油经旁路阀流经油泵，然后返回油罐。由于油泵中的油处于不断流动的状态，泵体中的油能维持一定的温度，因此，备用泵处于可以随时启动的状态，有利于保证锅炉安全生产。

8-12 什么是临界转速？是怎样产生的？

答：当转动设备的转子的转速等于或接近某一数值时，会产生强烈的振动，如转子的转速低于或高于这个数值都不会产生强烈的振动，这个引起转动设备转子产生强烈振动的转速即称临界转速。

转子由于加工精度或材质不均匀等各种原因造成转子质量不平衡，当转子旋转时会产生离心力，周期性地作用在转子上，其频率与转速一致，引起转子强迫振动。而转子本身有一个固有频率，固有频率的大小与转子的结构尺寸（长度、直径）、质量、材质及支撑情况有关，可以通过计算求出。当转子质量不平衡引起的强迫振动的频率与转子的固有频率接近或相等时，转子将会产生共振，导致振幅急剧增大使轴断裂。所以在设计时要时转子的工作转速尽量远离临界转速。

8-13 什么是刚性轴？什么是挠性轴？

答：凡是工作转速比临界转速低的轴称为刚性轴。刚性轴的特点是转子质量轻，轴短粗，小型机泵的轴多属于刚性轴。

凡是工作转速高于临界转速的轴称为挠性轴。挠性轴的特点是转子质量大，轴细长，大型机泵的轴都属于挠性轴。

8-14　机械密封有哪些优点？

答：为了防止离心泵体内的液体外漏和空气漏入泵体的入口，需要对旋转轴和静止的泵体之间的间隙进行密封。过去常采用填料密封，因缺点较多，近来有逐渐被机械密封取代的趋势。

机械密封具有密封性好、工作可靠、泄漏量小、使用寿命长、功率消耗少等一系列优点，因而得到广泛应用。

机械密封要求加工精度高，成本也较高，因此，低转速低扬程小容量的离心泵仍采用填料密封。

8-15　什么是锅炉通风？

答：为了能使炉膛中的燃烧正常进行下去，必须要连续不断地把燃烧所需要的空气送入炉膛，同时把燃烧产物排出炉外。因此，连续送风和把燃烧产物排出炉外的过程称为锅炉通风。

锅炉通风方式有以下 4 种：

（1）自然通风。利用烟囱高度形成的抽力，克服通风过程中的流动阻力。由于烟囱的造价较高，烟囱的高度受到限制，而且烟囱产生的抽力有限，因此，自然通风只适用于没有空气预热器和省煤器通风阻力较小的小型锅炉。

（2）负压通风。除利用烟囱的抽力外，还在烟囱前的烟道设置引风机克服锅炉通风阻力。为了防止炉膛负压太大，漏风量增加，锅炉效率降低，负压通风只适用于没有空气预热器，仅有少量省煤器传热面的小型锅炉。

（3）正压通风。利用送风机产生的压头，克服空气侧和烟气侧的流动阻力。由于不需要引风机，不但节省了设备投资，而且经过送风机的是低温清洁的空气，叶轮不会磨损，工作条件好，寿命长，工作可靠，维修工作量小。

（4）平衡通风。用送风机克服空气侧的空气预热器和燃烧器的流动阻力，用引风机克服烟气侧的过热器、再热器、省煤器、空气预热器、除尘器等的流动阻力。由于空气侧和烟气侧的流动阻力分别由送风机和引风机克服，锅炉的烟气系统全部处于负压状态，对炉膛和烟道的密封要求降低，维护工作量小，现场卫生条件较好。采用平衡通风，炉膛负压较小，克服了负压通风炉膛负压太大带来的缺点。

平衡通风综合了负压通风和正压通风的优点，避免了两者的缺点，是应用最广泛的通风方式，大中小型锅炉均可采用。

8-16 简述引风机的作用。

答：引风机的作用是保持炉膛负压、并克服烟气侧的流动阻力，将燃料在炉膛燃烧后所形成的烟气排出炉外。

8-17 简述送风机的作用。

答：送风机的作用是向炉膛供给燃烧所必需的空气，并克服空气预热器的流动阻力，使空气离开燃烧器时具有较高的速度，以保证空气与燃料充分混合。

8-18 简述离心式风机的工作原理。

答：风机叶片中的空气与叶轮一起旋转，由于空气有一定的质量而产生离心力。空气从入口沿着叶片流向出口，入口形成真空，空气在大气压力的作用下，在叶轮中获得能量后源源不断从风机出口排出。这就是离心式风机的简单工作原理。

8-19 离心式风机有何优缺点？

答：离心式风机构造简单，工作可靠，维修工作量少，风压较高，在额定负荷时效率较高，可达94%。但离心式风机负荷较小时，效率较低，且体积较大。

8-20 离心式风机如何分类？

答：按风压大小分为通风机（风压在10 000Pa以下）、鼓风机（风压在10 000～300 000Pa）和气流机（风压在300 000Pa以上）3种。

按叶片的形状分为机翼型、平板型、弯曲型3种。

按叶片安装的角度分为前向、径向和后向3种。

8-21 离心式风机调整风量的方式有几种？各有什么优缺点？

答：离心式风机调节风量的方式有两种：

(1) 节流调节：在风机的入口设置挡板，改变挡板的开度来调节风量。

1) 优点：设备简单、工作可靠。

2) 缺点：节流损失大，经济效果差。

(2) 转速调节：风机的风量与转速的一次方成正比，即 $Q_1/Q_2=n_1/n_2$；风压与转速的二次方成正比，即 $H_1/H_2=(n_1/n_2)^2$，因此风机所需功率与转速的三次方成正比，即 $N_1/N_2=(n_1/n_2)^3$。改变转速可以灵活地调节负荷。

1）优点：没有节流损失，风机的功率与转速的三次方成正比，转速调节的经济性好。

2）缺点：调速电动机结构复杂，价格较贵。

8-22　简述轴流式风机的工作原理。

答：轴流式风机是利用叶片对空气的推挤作用工作的。由于空气是沿着风机轴的方向流入和流出的，故称为轴流式风机。

8-23　轴流式风机有何优缺点？

答：轴流式风机的优点是体积很小，几乎和风道差不多小。当轴流式风机的叶片角度可以调整时，风机效率随着负荷增减，变化不大。

轴流式风机的缺点是风压较低，叶片角度可调时轴流风机构造较复杂，维护工作量较大，轴流式风机的最高效率较离心式风机略低。

8-24　简述轴流风机的动叶调节原理及优点。

答：轴流风机的工作是基于机翼型原理。气体以一个功角进入叶轮，在翼背上产生一个大小相等、方向相反的作用力，使气体在叶轮上成螺旋形沿轴向向前运动，从而排出。与此同时，风机进口处由于差压的作用，使气体不断地被吸入。动叶可调式风机，功角越大，翼背的周界越大，则升力越大，风机的差压越大，风量则小。当叶片功角达到临界值时，气体将离开翼背的型线而发生涡流，此时风机压力大，风量下降，产生失速现象。

风机动叶调节机构的工作原理是通过伺服机构操纵，使液压缸调节阀和切口通道发生变化，使一个固定的差动活塞两个侧面的油量、油压发生变化，从而推动液压缸缸体轴向移动，带动与液压油缸缸体相连接的转子叶片内部的调节元件，使叶片角度产生变化。当外部调节臂与调节阀处在一个给定的位置上时，液压缸移动到差动活塞的两个侧面上使液压油作用力相等，液压缸将自动位于没有摆动的平衡状态。这时动叶片的角度就不再变化。

优点是：调节范围广，可达到最大的容积流量，且调节装置灵敏，传动可靠，操作方便，远胜于机械调节装置。

8-25　为什么离心式风机要空负荷启动，而轴流式风机要满负荷启动？

答：这是由离心式风机和轴流式风机的特性决定的。离心式风机的功率是随着负荷的增加而增加的，在空负荷时所需功率最低。而轴流式风机则相反，随着负荷的增加，风机所需的功率下降，在满负荷时风机功率最小。

风机大多由异步电动机驱动，异步电动机启动力矩小，启动电流大。因此，在风机所需功率最小的工况下启动，对异步电动机是必要的。

8-26 什么是离心式风机的工作点？

答： 由于风机在其连接的管路系统中输送流量时，它所产生的全风压恰好等于该管路系统输送相同流量气体时所消耗的总压头。因此它们之间在能量供求关系上是处于平衡状态的，风机的工作点必然是管路特性曲线与风机的流量—风压特性曲线的交点，而不会是其他点。

第九章 附属设备

9-1 弹簧式安全门由哪些部分组成？动作原理是什么？

答：弹簧式安全门由阀体、阀座、阀瓣、阀杆、阀盖、弹簧、调整螺栓、锁紧螺母等部件组成。弹簧式安全阀的阀瓣是靠弹簧的力量压紧在阀座上，当蒸汽作用在阀瓣上的力超过弹簧的压紧力时，弹簧被压缩，同时阀杆上升，阀瓣开启，使蒸汽排出。安全阀的开启压力是通过调整螺栓，即调节弹簧的松紧来实现的。当容器内介质压力低于弹簧压紧力时，阀瓣又被弹簧压紧在阀座上，使阀门关闭。有些弹簧式安全门还没有附加装置以帮助弹簧开启或关闭安全门，防止阀门关闭不严而漏汽或有利于自动控制其动作。

9-2 脉冲式安全阀由哪些部分组成？动作原理是什么？

答：脉冲式安全阀由主安全阀、脉冲阀和连接管道组成。主安全阀由小脉冲阀控制，在正常情况下，主安全阀被高压蒸汽压紧，严密关闭。当汽压超过规定值时，小脉冲阀在蒸汽压力及电磁线圈的作用下先打开，蒸汽经导汽管引入主安全阀活塞上面，蒸汽在活塞上的压力可以克服弹簧压紧的作用力，故将主阀打开排汽泄压；当压力下降到一定数值后，小脉冲阀关闭，活塞上部的汽流切断，压力降低，主安全阀在蒸汽压力及弹簧的作用下又关闭。而活塞上的余汽可以起缓冲作用，使主安全阀缓慢关闭，以免阀瓣与阀座因撞击而损伤。

9-3 阀门按结构特点可分为哪几种？

答：按结构特点主要可分为闸阀、球阀。

（1）闸阀。闸阀的阀芯（即闸门）移动方向与介质的流动方向垂直。

（2）球阀。又称截止阀，球阀的阀芯风沿阀座中心线移动。

9-4 按用途分类阀门有哪几种？各自的用途是什么？

答：按用途可分为以下几类：

（1）关断用阀门。如截止阀（球型阀）、闸阀及旋塞等，主要用以接通和切断管道中的介质。

（2）调节用阀门。如节流阀（球型阀）、压力调整阀、水位调整器等，主要用于调节介质的流量、压力、水位等，以适应不同工况的需要。

（3）保护用阀门。如止回阀、安全阀及快速关断阀等。其中止回阀用来自动防止管道中介质逆向流动；安全阀是在必要时能自动开启，向外排出多余介质，以防止介质压力超过规定的数值。

9-5　什么是减压阀？其工作原理是什么？

答：减压阀是用来降低工质压力的一种阀门。减压阀的工作原理是通过节流圈组来实现的，通过调节阀杆的行程而改变节流圈组的通流截面以满足减压的要求。其结构如图 9-1 和图 9-2 所示。

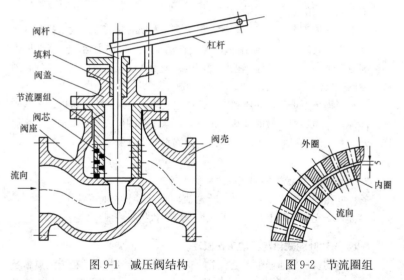

图 9-1　减压阀结构　　　图 9-2　节流圈组

9-6　什么是减温减压阀？其工作原理是什么？

答：减温减压阀是用来降低工质温度，同时又降低压力的一种阀门。如汽轮机Ⅰ级旁路和大旁路都装有这种阀门，它是由减温器、减压阀和扩散管三个部件构成，蒸汽首先经减温器喷水减温，再由减压阀减压，最后从扩散管流出（见图 9-3）。

9-7　锅炉空气阀起什么作用？

答：在锅炉某些集箱导管的最高点，一般都安装空气管，并装有排放空

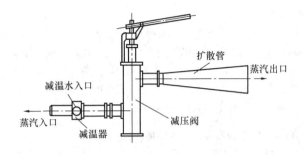

图 9-3 减温减压阀示意

气的阀门。

锅炉空气阀的主要作用是：

（1）在锅炉进水时，受热面水容积中空气占据的空间逐渐被水代替（水的重度大于空气的重度），在给水的驱赶作用下，空气向上运动聚拢，所占的空间越来越小，空气的体积被压缩，压力高于大气压，最后经排空气管通过开启的空气门排入大气。

（2）当锅炉停炉后，卸压到零前开启空气门，使外界空气可以进入锅炉承压部件，因为随着工质的冷却或排放，在承压部件形成真空，水就无法放出，开启空气门可以利用大气的压力，使锅水放出。

9-8 叶轮式给粉机由哪些主要部件组成？

答：叶轮式给粉机由带齿轮的叶轮轴，装于轴上的上下叶轮、搅拌器、壳体，固定于壳体上的上孔板、下孔板及给粉机挡板组成（见图9-4）。

9-9 简述叶轮式给粉机的工作原理。

答：电动机经减速器带动上、下叶轮及搅拌器转动，上孔板上的煤粉受到搅拌器的搅动，并通过上孔板（固定盘）上一侧的下粉孔落入上叶轮槽内，然后由上叶轮经下孔板另一侧的下粉孔、拨落入下叶轮的槽道内，最后由下叶轮板送至对侧、落入一次风管内。

9-10 简述空气预热器的作用和型式分类。

答：（1）空气预热器安装于锅炉尾部烟道，利用烟气余热加热炉内燃烧所必需的空气，以及制粉系统所需的送粉或加热介质的受热面，可以降低排烟温度，提高锅炉效率。

（2）空气预热器分为管式空气预热器和回转式空气预热器两大类。

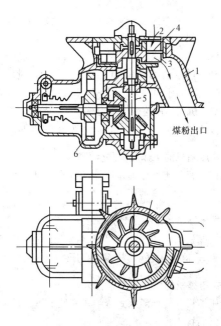

煤粉出口

图 9-4 叶轮式给粉机
1—外壳；2、3—叶轮；4—孔板（固定盘）；5—轴；6—减速器

9-11 不同转速的转机振动合格标准是什么？

答：（1）额定转速 750r/min 以下的转机，轴承振动值不超过 0.12mm；

（2）额定转速 1000r/min 的转机，轴承振动值不超过 0.10mm；

（3）额定转速 1500r/min 的转机，轴承振动值不超过 0.085mm；

（4）额定转速 3000r/min 的转机，轴承振动值不超过 0.05mm。

9-12 空气压缩机的作用是什么？

答：空气压缩机是气源装置中的主体，它是将原动机（通常是电动机）的机械能转换成气体压力能的装置，是压缩空气的气压发生装置。

9-13 空气压缩机是如何分类的？

答：空气压缩机的种类很多，按工作原理可分为容积式和动力式两种。容积式包括往复式和回转式，其中回转式有单轴式和双轴式两种。双轴式包括双螺杆式、罗茨转子式等；单轴式包括滚动活塞式、滑片式、液环式、单螺杆式等。往复式主要包括轴驱动式和自由活塞式，其中轴驱动式包括活塞式和膜式。动力式分为透平式和喷射式，其中透平式包括离心式、轴流式。

按照冷却方式可以分为风冷和水冷空气压缩机，另外，还可以分为喷油式或无油式空气压缩机。

现在，常用的空气压缩机有离心式压缩机、活塞式压缩机、螺杆式压缩机（又分为双螺杆空气压缩机和单螺杆空气压缩机）、滑片式压缩机等类型。其中离心机的应用范围为压力 $0.7\sim1.2MPa$，气量 $60m^3/min$ 以上；活塞机的应用范围最广；螺杆机的应用范围为压力 $0.7\sim1.5MPa$，气量 $1\sim120m^3/min$；滑片机的应用范围为压力 $0.7\sim1.2MPa$，气量 $0.5\sim40m^3/min$。

9-14 容积式压缩机的工作原理是什么？

答：容积式压缩机的工作原理是压缩气体的体积，使单位体积内气体分子的密度增加以提高压缩空气的压力。

9-15 离心式压缩机的工作原理是什么？

答：离心式压缩机的工作原理是提高气体分子的运动速度，使气体分子具有的动能转化为气体的压力能，从而提高压缩空气的压力。

9-16 往复式压缩机的工作原理是什么？

答：往复式压缩机（也称活塞式压缩机）的工作原理是直接压缩气体当气体达到一定压力后排出。

9-17 安全阀的作用是什么？

答：锅炉的过热器、再热器、汽包以及其他压力容器上均装有安全阀。安全阀在锅炉或容器内介质的压力超过规定数值时，能自动开启，排放过剩介质，当压力重新恢复到规定值时，又能自动关闭，借以保障锅炉承压部件和汽轮机的工作安全。

9-18 简述安全阀的种类及其对排汽量的规定。

答：安全阀一般分为重锤式、弹簧式和脉冲式 3 种。

锅炉全部安全阀排汽量的总和必须大于锅炉最大连续蒸发量。当所有安全阀都开启后，锅炉蒸汽压力上升幅度不得超过安全阀起座压力的 3%，而且不得使锅炉各部压力超过计算压力的 8%。再热器进、出口安全阀的蒸汽排放量应为再热器最大设计流量的 100%，直流锅炉启动分离器安全阀的蒸汽排放量应大于锅炉启动时的产汽量。

9-19 锅炉空气阀起什么作用？

答：在锅炉进水时，受热面容积空气占据的空间逐渐被水所代替，在给水的驱赶作用下，空气向上运动聚集，所占的空间越来越小，空气的体积被压缩，压力高于大气压，最后经排空气门排入大气。防止了由于空气滞留在受热面对工质的品质以及防止锅炉管壁腐蚀。

当锅炉停炉后，泄压到零前开启空气门可以防止锅炉承压部件内因工质冷却，体积缩小所造成的真空；可以利用大气的压力，放出炉水。

第三部分

运行岗位技能知识

第十章 燃 料 制 备

10-1 煤粉的一般特性是什么？

答：煤粉是由不规则形状的微细颗粒组成的颗粒群，其尺寸一般为 $0 \sim 300 \mu m$，其中 $20 \sim 50 \mu m$ 的颗粒占多数。与其他的颗粒群体不同的是，煤粉由于在制粉系统中被干燥，其水分一般为 $(0.5 \sim 1.0) M_{ad}$，因此干燥的煤粉具有很强的吸附空气的能力。它借助颗粒表面极薄空气层的减阻作用而具有很好的流动性（又称松散性），能够像水一样因自重而由高处向低处自流，像流体一样很容易地在管内输送。

10-2 煤粉的自然性和爆炸性如何？

答：煤粉（挥发分很低的无烟煤除外）堆积在某一死区里，与空气中的氧长期接触而氧化时，自身热分解释放出挥发分和热量，使温度升高，而温度升高又会加剧煤粉的氧化。若散热不良，会使氧化过程不断加剧，最后使温度达到煤的着火点而引起煤粉的自燃。在制粉系统中，煤粉是由气体来输送的，气体和煤粉混合成云雾状的混合物，它一遇到火花就会造成煤粉的爆炸。在封闭系统中，煤粉爆炸时所产生的压力可达 0.35MPa。

10-3 影响煤粉爆炸的因素有哪些？

答：影响煤粉爆炸的因素很多，如挥发分含量，煤粉细度，气粉混合物的浓度、流速、温度、湿度和输送煤粉的气体中氧的比例等几个方面。

（1）挥发分含量 $V_{daf} < 10\%$ 的煤粉（无烟煤）是没有爆炸危险的；$V_{daf} > 20\%$ 的煤粉（烟煤等）很容易自燃，爆炸可能性很大。

（2）煤粉越细，越容易自燃和爆炸；粗煤粉爆炸可能性较小，如烟煤粒度大于 0.1mm 时，几乎不会爆炸。对于挥发分高的煤，不允许磨得过细。

（3）煤粉浓度是影响爆炸的重要因素。实践证明，最危险的浓度为 $1.2 \sim 2.0 kg/m^3$，大于或小于该浓度时爆炸可能性都会减小。在实际运行中，一般很难避免危险浓度，因此，制粉系统的防爆是一个十分重要的问题。

（4）煤粉空气混合物的温度要低于煤粉的着火温度，否则可能自燃而引起爆炸。

（5）制粉系统中煤粉管道应具有一定的倾斜角。气粉混合物在管内的流速应适当，过低易造成煤粉的沉积，过高又会引起静电火花，导致爆炸，故一般应在 $16\sim30\mathrm{m/s}$ 的范围内。

（6）潮湿的煤粉具有较小的爆炸危险性。对于褐煤和烟煤，当煤粉水分稍大于固有水分时，一般没有爆炸危险。煤粉的水分往往反映在磨煤机出口风温上。对不同煤种，应控制适当的出口风温。

10-4 什么是煤粉细度以及煤粉的经济细度？

答：煤粉细度是煤粉最重要的特性之一，它是煤粉颗粒群粗细程度的反映。

煤粉细度是指把一定量的煤粉在筛孔尺寸为 $x\mu\mathrm{m}$ 的标准筛上进行筛分、称重后，煤粉在筛子上剩余量占总量的质量百分数，即

$$R_x = a/(a+b) \times 100\%$$

式中　a——筛孔尺寸为 x 的筛上剩余量；

　　　b——通过筛孔尺寸为 x 的煤粉量。

对于一定的筛孔尺寸，筛上剩余的煤粉量越少，则说明煤粉磨得越细，也就是 R_x 越小。我国电站锅炉煤粉细度常用筛孔尺寸为 $200\mu\mathrm{m}$ 和 $90\mu\mathrm{m}$ 的两种筛子来表示，即 R_{200} 和 R_{90}。

从燃烧的角度看，煤粉磨得越细越好，这样可以适当减少炉内送风量，使排烟热损失降低，同时煤粉细可使机械不完全燃烧热损失降低。但从制粉系统的角度，希望煤粉磨得粗些，以便降低磨煤所消耗的能量，并减少磨煤系统的金属消耗，因此锅炉实际采用的煤粉细度应根据不同煤种的燃烧特性对煤粉细度的要求与磨煤运行费用两个方面进行技术经济比较后确定。我们把 $q_2+q_4+q_N+q_M$（其中 q_N 为磨煤电能消耗，q_M 为制粉设备金属消耗）的总和最小时所对应的 R_{90} 称为经济细度。

10-5 什么是煤的可磨性系数？什么是煤的磨损指数？

答：煤的可磨性指数，表示煤被磨碎成煤粉的难易程度，按前全苏热工研究所的定义：在风干状态下，将质量相等的标准燃料与被测燃料由相同粒度磨碎到相同的煤粉细度所消耗的电能之比称为煤的可磨性系数，用 K_{km} 表示。

标准燃料是用一种比较难磨的无烟煤，其可磨性系数定为1。燃料越容易磨，则磨制煤粉耗电就越小，可磨性系数就越大。我国和苏联广泛采用前全苏热工研究所的测量方法确定煤的可磨性系数。

大多数欧美国家采用哈德罗夫法测定煤的可磨性系数。

显然煤越软，则可磨性系数越大；煤越硬，则可磨性系数越小。

煤的磨损指数表示煤种对磨煤机的研磨部件磨损的轻重程度，用 K_{ms} 表示。实验研究表明，煤在破碎时对金属的磨损是由煤中所含硬质颗粒对金属表面形成显微切削造成的。

磨损指数主要取决于煤中硬质颗粒的性质和含量，而煤中这些颗粒与煤的总量相比毕竟是少数；可磨性系数取决于煤的机械强度、脆性等因素，而碳和除硬质颗粒以外的灰分占原煤中的绝大部分，是这个主要部分决定了煤的机械强度、脆性等因素，从而影响着 K_{km} 的大小。

10-6　发电厂磨煤机如何分类？

答：按磨煤机的工作转速，磨煤机大致可分为如下 3 种：

（1）低速磨煤机。转速为 15～25r/min，如筒式钢球磨煤机。

（2）中速磨煤机。转速为 50～300r/min，如中速平盘磨煤机、中速钢球磨煤机、中速碗式磨煤机、

（3）高速磨煤机。转速为 500～1500r/min，如锤击磨煤机、风扇磨煤机。

10-7　简述钢球磨煤机的工作原理。

答：钢球磨煤机是一种低速磨煤机，其转速为 15～25r/min。它利用低速旋转的滚筒带动筒内钢球运动，通过钢球对原煤的撞击、挤压和研磨实现煤块的破碎和磨制成粉。

10-8　钢球磨煤机有什么优缺点？

答：钢球磨煤机又称筒型球磨，它对煤种的适应性很强，可磨软的煤，也可磨很硬的煤，对煤中的杂质不敏感，工作很可靠，可以连续工作很长时间而不必修理，制粉能力高，特别适用于大型锅炉。所以国内外电厂广泛采用钢球磨煤机。

缺点：钢球磨煤机结构笨重，金属用量大，而且只适宜在满负荷下运行，否则，随着钢球磨煤机的负荷下降，制粉电耗增加。钢球磨煤机的金属消耗量（主要是钢球和硬质合金衬里）较大（特别是在低负荷下运行时），其金属磨损率约为 100～300g/t 煤。占地面积大，初投资高漏风量较大。另外，钢球磨煤机运行时，噪声也很大。

10-9　为什么钢球磨煤机应该在满负荷下运行？

答：钢球磨煤机结构笨重，其转动部分的质量相当于钢球磨煤机内煤质

量的几十倍。电动机所消耗的功率绝大部分用来带动钢球磨煤机筒体和钢球旋转。因此，钢球磨煤机的负荷即使大幅度减少，电动机消耗的功率是基本不变的。这样钢球磨煤机在低负荷运行时，其制粉单耗必然大大增加。另外，在低负荷下运行，钢球磨煤机的硬质合金衬里和钢球的磨损较严重。

因此钢球磨煤机适用于带基本负荷的锅炉使用，或在制粉系统中设置中间储粉仓。有了中间储粉仓，无论锅炉负荷如何变化，磨煤机始终在满负荷下运行。当煤粉仓装满后，磨煤机可停下备用，这样制粉电耗较低。

10-10 为什么钢球磨煤机要定期挑选钢球？

答：钢球磨煤机中的钢球在工作中不断磨损而使直径逐渐减少。直径过小的钢球磨煤机制煤粉的能力下降。煤在开采和储运过程中会有金属混入，虽然在钢球磨煤机前装有电磁铁分离器，但仍不能保证将铁件全部除掉，仍有部分铁件进入钢球磨煤机。进入钢球磨煤机的铁件形状各异，制粉能力很差，徒然增加制粉单耗。

因此，定期挑选钢球，将直径过小的钢球形状不规则的铁屑碎块和有色金属、非金属零部件跳出，对降低制粉单耗是有利的。

10-11 影响钢球磨煤机工作的主要因素有哪些？

答：（1）钢球磨煤机的临界转速和工作转速。钢球磨煤机筒体转速发生变化时，其中钢球和煤的运转特性也发生变化。当筒体的转速很低时，随着筒体的转动，钢球被带到一定高度，在筒体内形成向筒体下部倾斜的状态，当这堆钢球的倾角等于或大于钢球的自然倾角时，球就沿斜面滑下。这时磨煤的作用是微不足道的，而且很难把磨好的煤粉从钢球堆中分离出来，煤将被重复研磨。当筒体转速超过一定数值以后，作用在钢球上的离心力很大，以致使钢球和煤附着于筒壁与其一起运动。产生这种状态的最低转速称为临界转速，这时煤不再是被打碎而是被研碎，但其磨煤作用仍然很少。当筒体转速处在上述两种情况之间时，钢球被筒体带到一定的高度后成抛物线轨迹落下，产生强烈的撞击磨煤作用。磨煤作用最大时的转速称为最佳转速。钢球磨煤机筒体的最佳工作转速与临界转速之间具有一定的关系。在理想条件下，临界转速与筒内所装物料性质无关，钢球和煤将同时达到临界状态。实际上，临界转速还与护甲的形状、钢球充满系数 ψ 及磨制燃料的种类有关。

（2）护甲。运行中很明显的现象是，当更换新的护甲后，磨煤出力显著增加，电耗下降。随着护甲的磨损，磨煤出力逐渐降低。这说明护甲形状对磨煤机的工作有很大影响。在钢球磨煤机的圆筒内，钢球的旋转速度永远小于筒体本身的旋转速度，两者的差值取决于钢球和护甲间的摩擦系数。摩擦系数越小，筒体和钢球的速度差增大，意味着钢球与护甲间有较大的相对滑动，于是将有较多的能量消耗在钢球与护甲的摩擦上，而未能用来提升钢球；如果护甲的摩擦系数高，就可以在相对比较低的筒体转速下造成钢球的最佳工作条件，也就是说可以在较小的能量消耗下达到最佳的工作条件，因此，决定钢球最佳工作条件的因素除了筒体转速外，护甲的结构也相当重要。

（3）钢球充满系数。钢球磨煤机内所装的钢球量通常用钢球容积占筒体容积的百分比来表示，称为钢球充满系数。

从整体上来讲，磨煤出力并不随钢球量 G 成正比增加，而是与 $G^{0.6}$ 成正比。然而对功率消耗起决定作用的仍然是钢球质量，所以总体上来讲，$P = f(G)$ 近似为直线关系。运行中当磨煤出力能满足要求时，减少钢球的装载量是可以提高球磨机运行的经济性。

试验研究表明，当护甲结构和钢球尺寸不变时，每一个筒体转速下有一个最佳钢球充满系数，这里所说的"最佳"是指磨煤电耗最小的工况。为了保证磨煤机最经济地工作，应该以最佳钢球充满系数运行。根据最佳钢球充满系数，可以确定最佳钢球装载量。

钢球磨煤机运行中除了要装载一定数量的钢球外，还要正确选择钢球尺寸，保证钢球的材质，并且要及时地为弥补磨损而补充新的钢球。

（4）钢球磨煤机筒体的通风工况。钢球磨煤机筒体内的通风工况直接影响燃料沿筒体长度方向的分布和磨煤出力。当通风量很小时，燃料大部分集中在筒体的进口端，由于钢球沿筒体长度是近似均匀分布的，因而在筒体的后部分钢球的能量没有被充分利用，很大一部分能量被消耗在金属的磨损和发热上。同时因为筒内风速不变，由筒体带出的仅仅是少量的细煤粉，因而磨煤出力也低。随着通风的增加，燃料沿筒体长度方向的推进速度增加，改善了沿筒体长度方向燃料对钢球的充满情况，使磨煤出力增加，磨煤电耗降低。然而通风电耗是随通风量增加而增加的；同时，当过分地增加筒体通风时，粗粉分离器的回粉增加，将在系统内造成无益的循环，使输粉消耗的能量也提高。综上可知，在一定的筒体通风量下可以达到磨煤和通风总电耗最小，这个风量称为最佳通风量，它与煤种、分离器后的煤粉细度、钢球充满系数有关。应当指出，筒体的通风和筒体的转速之间是有一定联系的，这两个因素对于燃料在筒体长度方向上的影响是相同的。

最佳通风量对应于钢球磨煤机制粉系统的最经济工况，钢球磨煤机应在最佳通风量下运行，干燥风量也应该由它来确定。

（5）载煤量。钢球磨煤机筒体内的载煤量直接影响磨煤出力。当载煤量较少时，钢球下落的动能只有一部分用于磨煤，另一部分消耗于钢球的空撞磨损；随着载煤量的增加，钢球用于磨煤的能量增大，磨煤出力增大。但如果载煤量过大，由于钢球下落高度减少，钢球间煤层加厚，使部分能量消耗于煤层变形，钢球磨煤机能量减小，磨煤出力反而降低，严重时将造成圆筒入口堵塞，磨煤机无法工作。磨煤出力与载煤量的对应关系可以通过试验来确定，对应最大磨煤出力的载煤量称为最佳载煤量。运行中的载煤量可以通过磨煤机进出口压差和磨煤机电流进行控制。

10-12 简述双进双出钢球磨煤机的结构特点与工作原理。

答：双进双出钢球磨煤机的工作原理与一般钢球磨煤机的基本相同，即利用圆筒的滚动，将钢球带到一定的高度，然后落下，通过钢球对煤的撞击以及由于钢球之间、钢球与滚筒衬板之间的研压将煤磨碎。对于一般的钢球磨煤机来说，粗煤与热风从磨煤机的一端进入，而细煤粉则由热风从磨煤机的另一端带出；对双进双出钢球磨煤机而言，粗煤和热风则从磨煤机的两端进入，同时，细煤粉又由热风从磨煤机的两端带出。就像在磨煤机的中间有一隔板一样，热风在磨煤机内循环，而不像一般钢球磨煤机那样热风直接通过钢球磨煤机。

目前，国外生产的双进双出钢球磨煤机大致可以分为两大类型，一类是在钢球磨煤机轴颈内带有热风空心圆管，另一类在轴颈内不带热风空心圆管。

10-13 双进双出钢球磨煤机与一般钢球磨煤机的主要区别有哪些？

答：（1）在结构上，双进双出钢球磨煤机两端均有转动的螺旋输送器，一般钢球磨煤机则没有。

（2）从风粉混合物的流向来看，双进双出钢球磨煤机在正常运行时，磨煤机两端同时进煤，同时出粉，且进煤出粉在同一侧；而一般钢球磨煤机只是从一端进煤，在另一端出粉。

（3）在出力相同（近）时，一般钢球磨煤机比较大，占地也大。

（4）一般情况下，在出力相同（近）时，一般钢球磨煤机电动机容量大些，单位磨煤电耗也较高。

（5）双进双出钢球磨煤机的热风、原煤分别从磨煤机的端部进入，在磨煤机内混合；而一般钢球磨煤机的热风、原煤是在磨煤机入口的落煤管内混合的。

（6）从送粉管的布置上看（尤其是对于大容量锅炉），由于双进双出钢球磨煤机从磨煤机两个端部出粉，而一般钢球磨煤机只从一个端部出粉，前者比后者多一倍出粉口。对于配 300MW 机组的锅炉，按一台炉配 4 台磨煤机比较，双进双出钢球磨煤机有 8 个出粉口，而一般钢球磨煤机只有 4 个出粉口。因此，无论是从煤粉分配上，还是从管道的阻力平衡上，双进双出钢球磨煤机比一般钢球磨煤机在布置上部更有利。

10-14　双进双出钢球磨煤机的优点有哪些？

答：（1）可靠性高，可用率高。国外运行情况表明，包括双进双出钢球磨煤机制粉在内的磨煤机年事故率仅为 1%，且磨煤机本身几乎无事故发生。一般情况下，磨煤机的可靠性要高于锅炉本体。

（2）维护简便，维护费用低。与中、高速磨煤机相比，双进双出钢球磨煤机维护最简便，维护费用也最低，只要定期更换大牙轮油脂和补充钢球即可。

（3）出力稳定。能长期保持恒定的容量和需求的煤粉细度，不存在磨煤机出力下降的问题。

（4）能有效地磨制坚硬、腐蚀性强的煤。双进双出钢球磨煤机能磨制哈氏可磨性系数小于 50 的煤种或高灰分煤种，而这对于中、高速磨煤机是无法适应的。

（5）储粉能力强。与中、高速磨煤机相比，双进双出钢球磨煤机的筒体本身就像一个大的储煤罐，有较大的煤粉储备能力，大约相当于磨煤机运行 10～15min 的出粉量。

（6）在较宽的负荷范围内有快速反应的能力。试验表明，双进双出钢球磨煤机直吹式制粉系统对锅炉负荷的响应时间几乎与燃油和燃气炉一样快，其负荷变化率每分钟可以超过 20%。双进双出钢球磨煤机的自然滞留时间是所有磨煤机中最少的，只有 10s 左右。

（7）煤种适应能力强。双进双出钢球磨煤机对煤中杂物不那么敏感，这已在国内外电厂运行情况中证明。但应当指出，磨煤机两端的螺旋输送器对于煤中杂物的限制比之一般钢球磨煤机要严格。

（8）能保持一定的风煤比。在双进双出钢球磨煤机中，通过磨煤机的风量与带出的煤粉量呈线性关系。当设计的风煤比一定时，如果要求磨煤机的出力增加，风量实际上也呈比例增加。

（9）低负荷时能增加煤粉细度。在低负荷运行时，由于一次风量减小，相应的风速也减小，带走的只能是更细的煤粉，这对于燃用低挥发分的煤的稳燃有利。

（10）无石子煤泄漏。与中速磨煤机相比，双进双出钢球磨煤机省去了石子煤处理系统，节省了投资，布置也得到了改善。

（11）显著的灵活性。对双进双出钢球磨煤机而言，当其低负荷运行或在启动时，既可全磨也可半磨运行，被研磨的介质既可以是一种，也可以是几种混合物料。此外，当一台给煤机事故或一端煤仓（或落煤管）堵煤时，磨煤机能照常运行。

总之，双进双出钢球磨煤机较一般钢球磨煤机有许多无法比拟的优点，在某些情况下比中、高速磨煤机适应性更好，因此它在大容量机组的制粉系统中得到了越来越多的应用。

10-15 中速磨煤机的结构特点与工作原理是什么？

答：中速磨煤机的结构各异，但都具有共同的工作原理。它们都有两组相对运动的研磨部件，研磨部件在弹簧力、液压力或其他外力的作用下，将其间的原煤挤压和研磨，最终破碎成煤粉。通过研磨部件的旋转，把破碎的煤粉甩到风环室，流经风环室的热空气流将这些煤粉带到中速磨煤机上部的煤粉分离器，过粗的煤粉被分离下来重新再磨。在这个过程中，还伴随着热风对煤粉的干燥。在磨煤过程中，同时被甩到风环室的还有原煤中夹带的少量石块和铁器等杂物，它们最后落入杂物箱，被定期排出。

10-16 几种中速磨煤机的特点各是什么？

答：RP 磨煤机、MPS 磨煤机和 E 型磨煤机的主要特点的比较，E 型磨煤机适应磨损指数较大的煤种，其研磨件寿命较长，但运行电耗大，且由于其直径较大，向大型化发展受到限制。MPS 磨煤机和 RP 磨煤机的电耗低于 E 型磨煤机，而 MPS 磨煤机的研磨件寿命相对较短。应当指出，当磨制煤种的磨损指数不大于 1.0 时，无论选用哪种中速磨煤机，其研磨部件的寿命都较高。此时如果采用 RP 磨煤机，还可以享有运行电耗低、检修方便等优越性。此外，对几种中速磨煤机检修工时的比较表明，RP 磨煤机更换一套研磨部件需 75～80 个工时，而 MPS 磨煤机及 E 型磨煤机则需 100～120 个工时，因此，RP 磨煤机具有检修方便的优势。

10-17 影响中速磨煤机工作的主要因素有哪些？

答：（1）中速磨煤机的转速应考虑到最小能量消耗下的最佳磨煤效果及研磨元件的合理使用寿命。转速太高，则因离心力太大，煤来不及磨碎即通过研磨件，使气力输送的电耗增加；而转速过低，煤研磨得过细，又将使磨煤的电耗增大。随着磨煤机容量的增大，为了减轻研磨件的磨损，降低磨煤电耗，转速趋向降低。

(2) 通风量。通风量的大小对中速磨煤机出力和煤粉细度影响较大，而且还影响石子煤量的多少，因此要求维持一定的风煤比，风煤比与磨煤出力成线性关系。对 E 型磨煤机，推荐的风煤比为（1.8~2.2）kg（风）/kg（煤）；对 RP 磨煤机，推荐的风煤比约为 1.5kg（风）/kg（煤）。

(3) 风环气流速度。对中速磨煤机，其风环气流速度应选择一合理数值，以保证研磨区具有良好的空气动力特性，即气流应能托起大部分煤粒，但仅携带少量煤粒进入分离器，其余部分仍返回研磨区，在研磨元件周围形成一定厚度的循环煤层，以便保证一定的磨煤出力，减少石子煤的排放量。风环气流速度过低，不仅会降低磨煤出力，而且会使煤粉过细，石子煤排放量增加；流速过高，又会使煤粉变粗，阻力增大，通风电耗增加。因此，风环气流速度应控制在一定范围，这可以通过控制风环间隙实现。

(4) 研磨压力。研磨件上的平均荷载称为研磨压力，它对磨煤机的工作影响较大。压力过大将加快研磨件的磨损，过小将导致磨煤出力降低、煤粉变粗。为了维持稳定的磨煤机运行特性，要求磨煤压力不变。运行中随着研磨件的磨损，研磨件的承载逐渐减弱，因此需要随时调整研磨压力。小型磨煤机是通过人工调整压力弹簧的紧力来实现的，大型磨煤机则一般采用液压气动装置自动加压以维持研磨压力稳定。

(5) 燃料性质。中速磨煤机主要靠研压方式磨制煤粉，燃料在磨煤机中扰动不大，干燥过程并不强烈，如果燃料水分过大易压成煤饼，水分过小又易发生滑动，这些都将导致磨煤出力降低，因此中速磨煤机对燃料的水分有一定的限制。一般要求原煤水分 $M_{ar} < 12\%$，对 E 型磨煤机最高允许为 15% ~20%，RP 型磨煤机、MPS 型磨煤机当热风温度较高时，可磨制 $M_{ar} = 20\% \sim 25\%$ 的原煤。

此外，当磨制质硬、磨损指数高的煤种时，将加速研磨部件的磨损，增大磨煤电耗及检修工作量，因此中速磨煤机对煤的磨损指数、灰分含量及成分、可磨性系数都有一定要求，一般以挥发分小于 40%、哈氏可磨性系数 $K_{km}^{Ha} \geqslant 50$、磨损指数 $K_{ms} < 3.5$ 的烟煤、贫煤为宜。

总之，中速磨煤机将磨煤机与分离器装配成一体，结构紧凑，占地面积小，金属耗量低，投资小，运行中噪声小，电耗低，特别是空载功率小，运行控制比较灵敏，煤粉的均匀性指数较高。但其结构比较复杂，需严格地定期检修，对煤种有一定的选择性，一般用于磨制烟煤（包括贫煤）。随着锅炉机组容量的增大，中速磨煤机在国内大型机组中也得到了越来越多的应用。

10-18　风扇磨煤机的运行特点有哪些？

答：与中速磨煤机一样，风扇磨煤机的功率消耗随出力的增加而增大，因此它可以比较满意地在低负荷下运行，这一点是钢球磨煤机不及的。风扇磨煤机在高于额定出力的负荷下运行时，不仅功率消耗增大，而且更重要的是受到磨煤机内储粉量增加而堵塞以及叶片严重磨损的限制。根据国内外的运行经验，增大圆周速度可以提高击碎能力，减轻堵塞和磨损。国外资料表明，当圆周速度从 60m/s 提高到 80m/s 时，出力和通风能力增大，磨煤电耗和磨损减少，击碎制粉作用增加，底部靠研磨破碎制粉的作用减少，所以磨损反而减轻。因此近年来生产的风扇磨煤机圆周速度均在 80m/s 左右。

10-19　简述粗粉分离器的作用和工作原理。

答：粗粉分离器的作用：首先，将不合格的粗煤粉分离出来，经回粉管再送回磨煤机重新磨制；其次，通过粗粉分离器的调节挡板可以调节煤粉细度，以保证锅炉在最佳工况下运行。

工作原理：粗粉分离器主要通过重力分离、惯性分离和离心分离对煤粉中的粗粉进行分离。重力分离就是在当气流进入粗粉分离器内，由于体积变大，气流速度下降，当上升气流速度在一定范围内时颗粒较大的煤粉会因重力大于气流对它的浮力而坠落。惯性分离是携带煤粉的气流在粗粉分离器通过折向挡板等气流方向改变时，由于惯性作用使部分粗粉从气流中分离出来。离心分离是煤粉气流旋转流动时在离心力的作用下有脱离气流的趋向，同惯性分离相似，粗粒煤粉离心力大，容易从气流中分离出来。

10-20　煤粉制备系统分为哪几种？

答：煤粉制备系统可分为中间储仓式和直吹式两种。所谓中间储仓式制粉系统，是将磨好的煤粉先储存在煤粉仓中，然后再从煤粉仓根据锅炉负荷的需要经过给粉机送入炉膛中燃烧；而直吹式制粉系统，则是将煤经磨煤机磨成煤粉后直接吹入炉膛燃烧。

10-21　简述中间储仓式制粉系统的结构特点及工作原理。

答：在中间储仓式制粉系统中，由磨煤机来的煤粉空气混合物经粗粉分离器后不直接送入锅炉，而先让它经旋风分离器将煤粉从气粉混合物中分离出来，储存在煤粉仓中。进入锅炉的给粉量经给粉机按锅炉负荷来调节，因此磨煤机的出力与锅炉燃料消耗量可以不相等。这样，磨煤机就可按其本身的经济出力运行，而不受锅炉负荷的影响，提高了制粉系统的经济性。

中间储仓式制粉系统的最大优点在于系统可靠性很高，可以在制粉系统发生故障时不影响锅炉的正常运行，因为煤粉仓中储存有足够量的煤粉维持锅炉继续运行一段时间，同时，磨煤机可以长期保持在其最经济的出力下运行。锅炉负荷变化时，通过调节给粉机转速来适应，且延滞性小，反应灵敏。故这种系统在国产 300MW 机组中得到了广泛应用。其缺点是系统复杂，投资及运行费用较高。

10-22 为什么中、高速磨煤机多采用直吹式制粉系统？

答： 直吹式制粉系统中，磨煤机磨制的煤粉全部送入炉膛燃烧。当锅炉负荷变化时，磨煤机的制粉量也必须相应变化，因此，锅炉正常运行完全依赖于制粉系统的可靠性程度。由于中、高速磨煤机的功率特性，其单位电耗随磨煤出力的增加而增大，反之，随磨煤出力的减少而减小，故它们适应锅炉负荷变化的经济性较好。因此采用中、高速磨煤机的制粉系统一般均为直吹式。同时必须看到，由于双进双出钢球磨煤机结构上的特点，它在较宽的负荷范围内的锅炉负荷有快速反应的能力，故也应用于直吹式系统中。

10-23 中速磨煤机直吹式制粉系统有哪两种形式？各有什么优缺点？

答： 在中速磨直吹式制粉系统中，按磨煤机处的压力条件可将其分为正压系统和负压系统。在负压系统中，原煤经给煤机进入磨煤机内完成干燥和磨粉两个过程后，随气流进入粗粉分离器，合格的煤粉送入炉内燃烧。排粉机布置在磨煤机和分离器后，故整个系统处在负压下运行；在正压系统，排粉机位于磨煤机前，整个系统处在正压下运行。负压系统中，煤粉不会向外喷冒，制粉系统环境比较干净，但由于全部合格煤粉都要经过排粉机吹入炉膛，故排粉机磨损严重，此时风机效率下降，通风电耗增加，系统工作的可靠性会下降；正压系统中，按照风机中介质温度又分为冷一次风机系统和热二次风机系统，其中后者因介质温度高，从安全性看不如前者，因此在大容量电厂中一般不采用后者。

10-24 简述风扇磨煤机直吹式制粉系统的特点。

答： 在风扇磨煤机直吹式制粉系统中，由于风扇磨煤机本身就代替了排粉机，简化了制粉系统。在我国，用风扇磨煤机磨制烟煤时，基本上都采用热空气作为干燥剂；对高水分的褐煤，考虑到干燥任务很重且褐煤挥发分很高、容易爆炸的特殊性，常从炉内抽取高温炉烟加热空气作为干燥剂。

10-25 什么是闭式半直吹系统？

答： 该系统中用一个离心式分离器把煤粉与制粉系统乏气分离开来。汇集的煤粉用热空气送入炉膛燃烧，被分离开的乏气含有少量煤粉，从乏气喷口喷入炉内。这实质上是热风送粉方案，有利于改善着火和燃烧条件，最适于燃烧低水分、高灰分硬褐煤。

10-26　什么是开式半直吹系统？

答：开式半直吹系统在闭式系统的基础上增加了电气除尘器，从磨煤机出来的气粉混合物一部分直接进入炉内，另一部分进入分离器。从离心分离器出来的含有少量煤粉的乏气，经电气除尘器把这些煤粉从乏气中再分离下来，最后这部分乏气排入大气，故称为开式。这种系统适合于高水分和高灰分的褐煤，发热量可低到 3768kJ/kg。这是由于一部分乏气排入大气，一次风以热风送粉为主，可以调节乏气送粉的比例，使炉膛温度达到很高，对燃烧很有利。

10-27　什么是钢球磨煤机直吹式制粉系统？具有什么特点？

答：钢球磨煤机一般应用于中间储仓式制粉系统中，但双进双出钢球磨煤机却可应用手直吹式制粉系统中（已在国产 300MW 机组中应用）。在双进双出钢球磨煤机正压直吹式制粉系统中，钢球磨煤机处于正压下工作，为了防止煤粉泄漏，系统中配备了密封风机，用以产生高压空气，送往磨煤机转动部件的轴承。制粉用风由一次风机供给。与国内普遍采用的中速磨煤机直吹式系统相比，该系统具有以下特点：

（1）双进双出钢球磨煤机作为磨煤设备可靠性高，可省去备用磨煤机，并可降低维修成本；钢球磨煤机可磨制可磨性系数很低的煤种这是中速磨所不及的；此外，选用钢球磨煤机可以充分地满足稳定燃烧所需要的煤粉细度。

（2）采用了冷一次风机，可使风机在高效条件下工作，并且提高了风机工作的可靠性。与此相适应，采用了三分仓回转式空气预热器，以分别加热工作压力不同的一次风和二次风。

10-28　直吹式制粉系统有什么优缺点？

答：所谓直吹式制粉系统，是指原煤经磨煤机磨成粉后，直接由燃烧器吹入炉膛燃烧。300MW 机组一般选用正压直吹式制粉系统。

优点：直吹式制粉系统结构简单，设备部件少，输粉管路阻力小，因而输粉系统的电耗小，大机组均采用直吹式制粉系统。

缺点：由于整台锅炉的燃料量在任何时候均等于磨煤机磨制的煤粉量，因此制粉设备运行的稳定与否将直接影响机组运行的可靠性。而且在锅炉变负荷时，直吹式系统改变煤量要从改变给煤量开始，经过整个系统后才得以实现，因而其应付变负荷时的迟滞性较大。另外，磨煤机需要采取密封措施，否则会向外漏粉，污染环境，并有引起煤粉自然爆炸的危险。

10-29 中间储仓式制粉系统与直吹式制粉系统相比有哪些优缺点？

答：储仓式制粉系统的特点是，以原煤进入制粉系统到煤粉送进燃烧室的制粉过程中，有储仓煤粉的设备，它与直吹式制粉系统比较有以下优缺点。

优点包括以下几个方面：

（1）磨煤机出力不受锅炉负荷的限制，可以保持在经济工况下运行。

（2）磨煤机工作对锅炉本身影响较小，各粉仓之间或各炉之间备用输粉机相互联系，以提高供粉可靠性。有利于锅炉机组安全运行。

（3）锅炉所需大部分煤粉经给粉机送到炉膛，因此排粉机工作条件大为改善。

缺点包括以下几个方面：

（1）由于储仓式制粉系统在较高负压下工作，漏风量大，因而输粉电耗大。在保证最佳过量空气系数时，锅炉送风量减少，使 q_4、q_2 增大，锅炉效率降低。

（2）储仓式制粉系统部件多，因而投资大，占地面积大，设备维护量大，同时爆炸的危险性也较直吹式制粉系统大。

10-30 制粉系统的主要部件有哪些？

答：制粉系统的主要部件除了磨煤机外，还有给煤机、给粉机、煤粉分离器等。

10-31 给煤机的作用是什么？有哪几种型式？

答：给煤机的作用是根据磨煤机负荷的需要调节给煤量，并把原煤均匀连续地送入磨煤机中。国内应用较多的给煤机有圆盘式、振动式、刮板式、皮带式等几种，其中后两者在大型机组中应用较多。

（1）刮板式给煤机。这种给煤机利用煤在自身内摩擦力和刮板链条拖动力的作用下，在箱体内沿着刮板链条的运动方向形成连续的煤层流，不断地从进煤口流到出煤口，实现连续均匀定量的输送任务。刮板式给煤机可以通过煤层厚度调节板调节给煤量，也可用改变链轮转速的方法进行调节。其结构合理、系统布置灵活，能满足较长距离的供煤要求；可制成全密封式，故适用于正、负压下运行；速度调节采用电磁调速异步电动机，操作方便并利于集中控制和远控，还可满足过载安全保护的要求；此外，其安装维修方便。其不足之处是占地面积较大。

（2）电子重力皮带式给煤机。这种给煤机的主要部件有壳体、皮带、皮带轮、称重传感器、校正装置、清扫输送带装置、皮带刮板、皮带传感器、出煤口堵塞指示板等。它具有先进的皮带转速测定装置、精确性高的称重机构、防腐性能好、良好的过载保护、完善的检测装置等特性，因此具有自动调节和控制的功能，在国内 300MW 及 600MW 机组中均得到了广泛的应用。

其工作原理为：由原煤斗下来的原煤，通过煤闸门和落煤管送入给煤机中。当煤闸门开向给煤机供煤时，主动轮转速是由给煤机驱动电动机涡流离合器输入与输出之间的电磁滑块位置决定的。如果燃烧系统要求的给煤率与实际给煤不符时，电磁滑块产生相应的移动，以改变皮带转速快慢使两者保持一致。皮带转速是根据主动轮上的数字测量发出代表皮带速度信号和称重模块重量指示发出的煤重量信号，这两者相乘而产生的给煤率信号，使煤在皮带上得以称重，从而确定转速的。

10-32　简述给粉机的工作原理。

答：在中间储仓式制粉系统中，煤粉仓中的煤粉是通过给粉机按需要量送入一次风管，再吹入炉膛的。炉膛内燃烧的稳定与否在很大程度上取决于给粉机给粉量的均匀性及它适应负荷变化的调节性能。通过调节给粉机的给粉量来控制锅炉蒸汽温度和压力，从而保证要求的锅炉出力。其给粉量的调节靠改变电磁调速异步电动机的转速达到。变速系统由一级蜗轮与蜗杆构成；变速时通过装在同主轴上的刮板、供给叶轮和测量叶轮实现给粉。

叶轮给粉机的最大优点是给粉均匀，不易发生煤粉自流，可以防止一次风冲入煤粉仓；缺点是构造复杂、易被异物堵塞，且给粉机的电耗较大。

10-33　粗粉分离器的作用是什么？

答：粗粉分离器是制粉系统中必不可少的分离设备，其任务是对磨煤机带出的煤粉进行分离，把粗大的颗粒分离下来返回磨煤机再磨，合格的煤粉供锅炉燃烧用占此外，它还可以调节煤粉细度，以便在运行中当煤种改变或磨煤出力（或干燥剂量）改变时能保证所要求的煤粉细度。

在中间储仓式制粉系统中还有一个重要的煤粉分离设备——细粉分离器，其任务是把煤粉从制粉系统的乏气中分离开来，因它依靠旋转运动实现惯性分离，故又名旋风分离器。

10-34　制粉系统漏风对制粉出力有何影响？

答：制粉系统漏风会减少进入磨煤机的热风量，恶化通风过程，从而使磨煤机出力下降，磨煤电耗增大，漏入系统的冷风最后是要进入炉膛的，结果使炉内温度水平下降，辐射传热量降低，对流传热比例增加，同时还使燃烧的稳定性变差。由于冷风通过制粉系统进入炉内，在总风量不变的情况下，通过空气预热器的空气量将减小，结果会使排烟温度升高，锅炉热效率下降。

10-35 何种情况应紧急停用制粉系统？

答：（1）紧急停炉时。

（2）制粉系统发生爆炸时。

（3）危及人身安全时。

（4）制粉系统着火危及安全时。

（5）轴承温度上升很快，经采取措施仍无效，温度继续上升超过限额时。

（6）发生严重振动危及设备安全时。

（7）磨煤机电动机电流突然增加超过限额。

（8）电气设备发生故障需停止制粉系统时。

（9）应自动跳闸而拒绝动作时。

第十一章 燃 烧 原 理

11-1 煤的燃烧特性及其影响如何?

答：煤的燃烧是一个非常复杂的物理、化学过程，要能设计出优良的燃烧设备、组织良好的燃烧过程，必须尽可能透彻地了解燃煤燃烧特性对燃烧过程的影响。近年来，国内外都在对煤的燃烧特性进行研究，并提出以下一些可以直接反映燃煤的燃烧特性的指标：

（1）反应指数。所谓反应指数，是指煤样在氧气流中加热，使煤样的温升速度达到 15℃/min 时所需的加热温度，用 T_{15} 表示。很明显，煤的反应指数 T_{15} 越大，表示越难着火、燃烧。

（2）熄火温度。所谓熄火温度，就是先把煤样加热到着火，然后停止加热，测定熄火时的温度，即为熄火温度。如果把挥发分与熄火温度联系起来，则可判断出不同煤种着火后燃烧的稳定性，这也是煤的燃烧性能的一种指标。因为煤的挥发分越多，挥发分越易着火，而挥发分着火燃烧后所释放出来的热量越多，故燃烧则越稳定。由此分析可知，挥发分越多的煤，其熄火温度必然比挥发分少的低些，即越不易熄火。

（3）煤的着火性能主要指标是着火温度。但煤的着火温度并不是一个物理常数，只是在一定条件下得到的相应特性值。因为在燃烧过程中，煤的着火温度取决于燃烧过程中的热力条件，即取决于发热（加热）条件和散热条件。在相同的测试条件下，不同燃料的着火温度是不同的。就煤而言，反应能力越强（即挥发分高、焦炭活化能小）的煤，着火温度越低，就越容易着火；而挥发分低的无烟煤，着火温度就较高。

根据煤的着火温度可将煤的着火性能分成表 11-1 所列的几个等级。

表 11-1　　　　　　　　　煤的着火性能等级

着火温度（℃）	>450	350~450	280~350	240~280	<240
着火性能等级	极难	难	中等	易	极易

根据试验煤的燃烧分布曲线及数据，可得知煤样的着火温度，因此就可得知该煤的着火性能等级，并看易燃峰和难燃峰区域的温度，易燃峰区域的温度越偏向低温区，则表示该煤越易燃烧。结合煤的热解曲线和燃尽率曲线分析，可知煤的挥发分初析温度的高低，而且可看出煤样有没有挥发分集中释放区域，从而可以确定煤样是否难燃，同时可以知道燃尽所需时间，这样，对煤样的着火、燃烧性能就比较清楚了。

11-2　煤的结渣性能指标有哪些？

答：过去常用灰的熔融特性，即灰熔点来表示煤的结渣性能。有资料说明，当煤灰的 DT＜1204℃时，为结渣煤；而当 DT＞1371℃时，属不结渣煤。更多资料用灰的软化温度 ST 表示结渣性能，当 ST＞1350℃时，结渣的可能性很小；而当 ST＜1350℃时，就有可能结渣。

灰的变形温度 DT（或 DT）和流动温度 FT 之间的温度差值 Δt 也会影响到结渣的可能性。Δt 值较大时，不易结渣，而且略有结渣也可用吹灰法除去；如果 Δt 值小，就容易结成大块渣。

以上的一些说法都是比较粗略的。各种不同灰分的灰熔点各不相同，并且与煤的密度组成、煤的发热量、灰渣流变特性以及灰渣周围介质气氛有关，因而常用下列指标表示：

（1）结渣率。煤样在一定的空气流速下燃烧并燃尽，其所含灰分因受高温影响而结渣，其中大于 6mm 的渣块占灰渣总质量的百分数称为结渣率。结渣率与煤种及空气流速有关。

（2）灰成分结渣指数。由于煤灰中各种组成成分的灰熔点不同，因此就可以用灰的主要成分来判断煤灰的结渣特性。

（3）灰渣流变特性和灰黏度结渣指标。流变特性又称黏温特性，是表征灰渣黏度随温度变化的关系。如果黏性熔渣接近于凝固状态，则不易形成结渣；如果黏性灰渣保持黏性状态，而且时间较长，则黏附在炉壁或受热面上的可能性便增大，就容易出现结渣现象。

11-3　煤灰的沾污指标 R_F 是什么？

答：煤灰对于高温受热面（包括高温过热器和高温再热器）沾污的倾向，可以用类似基于煤灰组成成分计算的沾污指标 R_F 来衡量；依据煤灰的 R_F 值，可将煤灰的沾污特性分成 4 类：当 R_F＜0.2 时，为轻微沾污；R_F＝0.2～0.5 时，为中等沾污；R_F＝0.5～1.0 时，为强沾污；R_F＞1.0 时，为严重沾污。

11-4 简述煤粒燃烧的特点。

答：将煤粒放在空气中燃烧，其燃烧过程可分 4 个阶段，即：

（1）预热干燥阶段。燃料被预热、析出挥发分。

（2）着火阶段。燃料达到一定温度，氧化反应并放出热量与光。

（3）燃烧阶段。挥发物着火后焦炭燃烧使燃料迅速氧化反应。

（4）燃尽阶段。少量的可燃物继续燃尽。

必须指出，将煤粒的燃烧阶段分为 4 个阶段，只是对一颗煤粒而言，对群集的煤粒群来说，只是为了分析问题方便；但实际上因为各煤粒的大小不同，受热情况又有差异，燃烧过程 4 个阶段往往是交错进行的。例如，在燃烧阶段，仍不断有挥发分析出，只是数量逐渐减少，同时灰渣也开始形成。

11-5 简述煤粉燃烧的特点。

答：煤粉燃烧过程不同于煤粒或煤块的燃烧。现代大型煤粉炉的煤粉燃烧，由于煤粉颗粒很细，炉膛温度有很高，因此悬浮在气流中的煤粉粒子加热速度可高达 $10^4 ℃/s$。现代的研究表明，在这样高的升温速度下，煤粉燃烧与一般煤粒燃烧有些不同，主要在于：

（1）挥发分的析出过程几乎延续到煤粉燃烧的最后阶段。

（2）在高速升温情况下，挥发分的析出、燃烧是和焦炭燃烧同时进行的，在更高的升温速度下，微小的煤粉粒子甚至会先着火，然后才热分解析出挥发分。

（3）高速加热时，挥发分的产量和成分与低速加热的现行常规测试方法所得的数值有所不同，产量有高有低，成分也不尽相同。

（4）快速加热形成的焦炭与慢速加热形成的焦炭，在孔隙结构方面也有很大差别。

11-6 煤粉气流着火和熄火的热力条件是什么？

答：通常燃烧过程又可归纳为两大阶段，即着火阶段和燃烧阶段。着火是燃烧的准备阶段，而燃烧又给着火提供必要的热量来源，这两大阶段是相辅相成的。

燃料由缓慢的氧化状态转变到化学反应自动加速到高速燃烧的瞬间过程称为着火，着火时反应系统的温度称为着火温度。

锅炉燃烧设备中，燃料着火的发生是由于炉内温度不断升高而引起的，这种着火称为热力着火。各种固体燃料在自然条件下，尽管和氧（空气）长时间接触，但不能发生明显的化学反应。然而随着温度的升高，它们之间便会产生一定的反应速度，同时放出反应热，随着反应热量的积累，又使反应系统温度进一步升高，这样反复影响，达到一定温度便会发生着火。

　　燃料和空气组成的可燃混合物，其燃烧过程的发生和停止，即着火或熄火以及燃烧过程进行是否稳定，都取决于燃烧过程所处的热力条件。因为在燃烧过程中，可燃混合物在燃烧时要放出热量，但同时又向周围介质散热。放热和散热这两个相互矛盾过程的发展，对燃烧过程可能是有利的，也可能是不利的，它可能使燃烧发生（着火）或者停止（熄火）。

　　系统的着火温度和熄火温度是随着反应系统的热力条件——放热和散热的变化而变化的。例如，反应系统的氧浓度、燃料颗粒大小、燃料性质及散热条件改变时，其对应的着火温度和熄火温度也随之而变化，因此，着火温度和熄火温度并不是一个物理常数。各种书中所列出的燃料着火温度，只是在一定的测试条件下得出的相对特征值。

11-7　影响煤粉气流着火与燃烧的因素有哪些?

　　答：（1）燃料的性质。燃料性质是对着火过程影响最大的是挥发分 V_{daf}。挥发分降低时，煤粉气流的着火温度显著升高，着火热也随之增大。原煤水分增大时，着火热也随之增大。原煤灰分在燃烧过程中不但不能放出热量，而且还要吸收热量。特别是当燃用高灰分的劣质煤时，由于燃料本身发热值较低，燃料消耗量增加幅度较大，大量灰分在着火和燃烧过程中要吸收更多热量，因此使锅炉炉膛内烟气温度降低，同样使煤粉气流着火推迟，而且也影响着火的稳定性。煤粉气流的着火与煤粉细度也有关，煤粉越细，着火就越容易。

　　（2）炉内散热条件。炉内散热条件的好坏也影响煤粉着火与燃烧。

　　（3）煤粉气流的初温。提高煤粉气流的初温，即提高燃烧室壁面温度，可以迅速稳定地着火。

　　（4）一次风量和风速。若一次风所占份额大，着火热将明显增加，使着火过程推迟；减少一次风量，会使着火热显著减小。

　　除一次风量外，一次风煤粉气流出口速度对着火过程也有一定影响。若一次风速过高，使通过气流单位截面积的流量增大，势必降低煤粉气流的加热速度，使着火推迟，并使着火距离拉长，影响整个燃烧过程。

　　（5）燃烧器的结构特性。影响着火快慢的燃烧器结构特性，主要是指一、二次风混合的情况。

　　（6）炉内空气动力场。合理组织炉内空气动力场、加强高温烟气的回流、强化煤粉气流的加热，是改变着火的有效措施。

　　（7）锅炉的运行负荷。锅炉负荷降低时，送进炉内的燃料消耗量相应减少，水冷壁的吸热量虽然也减少一些，但减少的幅度却较小，相对于每千克燃料来说，水冷壁的吸热量却反而增加了，致使炉膛平均烟温降低，燃烧器区域的烟温也降低，因而锅炉负荷降低，对煤粉气流的着火是不利的。当锅炉负荷降到一定程度时，就将危及着火的稳定性，甚至引起熄火，因此，着火稳定性条件常常限制了煤粉锅炉负荷的调节范围。通常在没有其他措施的条件下，固态排渣煤粉炉只能在高于70%额定负荷下运行。

（8）空气量。空气量过多，炉膛温度降低，空气量过少则燃烧不完全，所以应保持最佳过量空气系数。

（9）燃烧时间。燃烧时间对煤粉完全燃烧影响较大，在炉膛尺寸一定的情况下，燃烧时间与炉膛火焰充满程度有关。充满度好，燃烧时间相应地增长。

（10）热风温度。热风温度越高，有利于着火与燃烧，但是，也应注意，热风温度过高，容易引起着火点近，进而烧坏喷嘴与粉管。

11-8　何谓最佳过量空气系数？

答：为了降低排烟温度，可以适当减少炉膛过量空气系数，但空气量太小，不仅会引起q_3和q_4的增大，还会使炉内存在还原性气体，使炉渣熔点降低，引起炉内结焦，危及锅炉的安全运行，这是应当避免的。所以，最合理的过量空气系数应使$q_2+q_3+q_4$为最小。

11-9　煤粉迅速完全燃烧的条件有哪些？

答：要组织良好的燃烧过程，其标志就是尽量接近完全燃烧，也就是在保证炉内不结渣的前提下，燃烧速度快，而且燃烧完全，得到最高的燃烧效率。要接近完全燃烧，其原则性条件为：

（1）供应合适的空气量；

（2）保证适当高的炉温；

（3）有足够的燃烧时间；

（4）空气和煤粉的良好扰动和混合。

11-10　如何衡量燃烧工况的好坏？

答：主要以安全、经济两项指标来衡量燃烧工况的好坏。

（1）安全。良好的燃烧工况应该是喷嘴不烧坏、炉内气流不刷墙、不结渣、受热面不超温、燃烧正常。

（2）经济。保持较高的锅炉效率，使其接近或达到设计值，并能提供额定参数的合格蒸汽。

11-11　强化燃烧的措施有哪些?

答:在煤粉气流燃烧过程中,着火是良好燃烧的前提,燃烧是整个燃烧过程的主体,燃尽是完全燃烧的关键。燃烧过程的强化,很大程度上依靠燃烧设备合理的结构与布置来实现。

强化燃烧的措施有:

(1) 选择适当的炉膛容积和高度,保证煤粉在炉内停留的总时间。

(2) 强化着火和燃烧中心区的燃烧,使着火和燃烧区火炬行程缩短,在一定炉膛容积内等于增加了燃尽区的火焰长度,延长煤粒在炉内的燃烧时间。

(3) 合理组织炉内空气动力工况,改善火焰在炉内的充满程度。

(4) 保证煤粉细度,提高煤粉均匀度。煤粉越细,总表面积越大,挥发分析出越快,这对着火的提前和稳定是有利的,且燃烧越安全。

(5) 选择合适的炉膛出口过量空气系数,过量空气系数过小会造成燃尽困难。

(6) 提高热风温度,有助于提高炉内温度,加速煤粉的燃烧和燃尽。

(7) 保持适当的空气量,并限制一次风。根据挥发分的含量,选择一次风速。同时,保证二次风速大于一次风速,使空气和煤粉充分混合。

11-12　影响排烟温度的因素有哪些?

答:影响排烟温度的因素有:

(1) 尾部受热面的多少。尾部受热面越多,排烟温度就越低,但排烟温度太低又会引起尾部受热面金属的腐蚀与增加金属的消耗量。一般排烟温度在 110~160℃左右。

(2) 受热面积灰或结垢,使热交换变差,导致排烟温度上升。

(3) 炉膛内结焦,使离开炉膛的烟气温度升高,导致排烟温度升高。

(4) 炉底漏风大使火焰中心抬高,以及烟道漏风都会使排烟温度升高。

11-13　运行中锅炉结焦与哪些因素有关?

答:运行中锅炉结焦与下列因素有关:

(1) 煤灰的熔点。若熔点低容易结焦。

(2) 炉内空气量。燃烧过程中空气量不足,炉内存在有还原性气体,降低了煤灰的熔点,使结焦加剧。

(3) 燃料与空气的混合情况。燃料与空气的混合不良,存在未燃尽碳粒。若未燃尽的碳粒黏在受热面上而继续燃烧,此区域温度升高,黏结性也强,易结焦。

（4）燃烧气流特性。燃烧不良造成火焰偏斜，使火焰偏向一侧。灼热的灰粒与水冷壁受热面接触时，立即就黏上去形成结焦。

（5）炉膛热负荷情况。炉膛热负荷过高也容易形成炉内结焦。

（6）炉底出渣受阻，堆积成焦渣。

11-14 简述在炉内引起煤粉爆燃的条件。

答：炉内引起煤粉爆燃的条件是：

（1）炉膛灭火后未及时切断供粉，炉内积粉较多，第二次再点火时间可能引起爆炸。

（2）锅炉运行中个别燃烧器灭火，例如采用双进双出的磨煤机单侧给煤机断煤，两侧燃烧器煤粉浓度不均匀，储仓式制粉系统（直吹式制粉系统）的个别给粉机故障。

（3）输粉管道中积粉、爆燃。

（4）操作不当，使邻近正在运行的磨煤机煤粉泄漏到停用的燃烧器一次风管道内，并与热风混合，引起爆燃。

（5）由于磨煤机停运或磨煤机故障停用时，吹灰不干净，煤粉堆积（缺氧），再次启动磨煤机时，燃烧器射流不稳定，发生爆燃。

11-15 强化煤粉气流燃烧的措施有哪些？

答：（1）提高热风温度；

（2）保持适当的空气量并限制一次风量；

（3）选择适当的气流速度；

（4）合理送入二次风；

（5）在着火区保持高温；

（6）选择适当的煤粉细度；

（7）在强化着火阶段的同时必须强化燃烧阶段本身；

（8）合理组织炉内空气动力工况。

第十二章　锅炉水循环及汽水品质

12-1　简述自然循环的原理。

答：锅炉在冷态下，汽包水位标高以下的蒸发系统内充满的水是静止的。当上升管在锅炉内受热时，部分水就生成蒸汽，形成了密度较小的汽水混合物。而下降管在炉外不受热，管中水分密度较大，这样在两者密度差的作用下就产生了推动力，汽水混合物在水冷壁内向上流动，经过上集箱、导管进入汽包，下降管中由汽包来的水则向下流动，经下集箱补充到水冷壁内，这样不断地循环流动，就形成了自然循环。

12-2　什么叫循环倍率？

答：循环回路中进入上升管的循环水量 C 与上升管出口处的蒸汽量 D 之比叫循环倍率，以符号 K 表示。

12-3　什么叫循环水速？

答：循环水速是指循环回路中，在上升管入口截面，按工作压力下饱和水密度折算的水流速度。

12-4　什么叫自然循环的自补偿能力？

答：在一定的循环倍率范围内，自然循环回路中水冷壁的吸热增加时，循环水量随产汽量相应增加以进行补偿的特性，叫做自然循环的自补偿能力。

12-5　自然循环的故障主要有哪些？

答：自然循环的故障主要有循环停滞、倒流、汽水分层、降管带汽和沸腾传热恶化等。

12-6　水循环停滞在什么情况下发生？有何危害？

答：水循环停滞易发生在部分受热较弱的水冷壁管中，当其重位压头等于或接近于回路中共同压差，水在管中几乎不流动，只有所产生的少量汽泡在水中缓慢地向上浮动，进入汽包，而上升管的进水量仅与出汽量相等，才发生了循环停滞。

水循环停滞时，由于水冷壁管中循环水速接近或等于零，因此热量传递主要靠导热。即使热负荷较低，但由于热量不能及时带走，管壁仍可能超温烧坏。另外，由于水的不断"蒸干"，水中含盐浓度增加，还会引起管壁的结盐和腐蚀。当在引入汽包蒸汽空间的上升管中发生循环停滞时，上升管内将产生"自由水位"，水面以上管内为蒸汽，冷却条件恶化，易超温爆管；而汽水分界处由于水位的波动，管壁在交变热应力作用下，易产生疲劳损坏。

12-7　水循环倒流在什么情况下发生？有何危害？

答：水循环倒流现象发生在上升管直接引入汽包水空间，而且该管受热很弱，以致其重位压差大于回路的共同压差。当倒流管中蒸汽泡向上的流速与倒流水速接近时，汽泡将不能被带走，处于停滞或缓动状态的汽泡逐渐聚集增大，形成汽塞，这段管壁温度将升高或壁温交变，导致超温或疲劳损坏。

12-8　汽水分层在什么情况下发生？为什么？

答：汽水分层易发生在水平或倾斜度小而且管中汽水混合物流速过低的管。这是由于汽、水的密度不同，汽倾向在管道的上部流动，水的密度大，在下部流动。若汽水混合物流速过低，扰动混合作用小于分离作用，便产生汽水分层。因此，自然循环锅炉的水冷壁应避免水平和倾斜度小的布置方式。

12-9　大直径下降管有何优点？

答：采用大直径下降管可以减小流动阻力，有利于水循环。另外，采用大直径下降管既简化布置，又节约钢材，还减少了汽包的开孔数。

12-10　下降管带汽的原因有哪些？

答：下降管带汽的原因有：

(1) 汽包中汽水混合物的引入口与下降管入口距离太近或下降管入口位置过高。

(2) 锅水进入下降管时，由于进口流阻和水流加速而产生过大压降，使锅水产生自汽化。

(3) 下降管进口截面上部形成漩涡斗，使蒸汽吸入。

(4) 汽包水室含汽，蒸汽和水一起进入下降管。

（5）下降管受热产生蒸汽。

12-11　下降管水中带汽有何危害？

答： 下降管水中含汽时，将使下降管中工质的平均密度减小，循环运动压头降低，同时工质的平均容积流量增加、流速增加，造成流动阻力增大，结果使克服上升管阻力的能力减小，循环水速降低，增加了循环停滞、倒流等故障发生的可能性。

12-12　防止下降管带汽的措施有哪些？

答： 主要在结构设计时针对带汽原因采取一些措施，如：大直径下降管入口加装十字挡板或格栅；提高给水欠焓，并将欠焓的给水引至下降管入附近；防止下降管受热；规定汽水混合物与下降管入口的距离；下降管从汽包最底部引出等。在运行中还要注意保持汽包水位，防止过低时造成下降管带汽。

12-13　什么是水循环？水循环有哪几种？

答： 在循环回路中，水或汽水混合物所形成的连续不断的流动叫水循环。

锅炉水循环分自然循环和强制循环两种。依靠工质的重度差作为动力所产生的循环流动称为自然循环；借助水泵的压力迫使工质流动循环称为强制循环。

12-14　为什么要保持锅炉一定的循环倍率？

答： 循环倍率关系到水循环的安全。循环倍率大，表示管子出口端汽水混合物中水所占比例大，产生的蒸汽所占比例小，水循环就安全。当水循环倍率过大时，水循环流速很低，对水循环很不利。循环倍率过小时，锅炉产汽量多，汽水混合物的流速增大，上升管出口处有一层很薄的水膜容易撕破，造成传热恶化，管壁结盐，金属超温。因此，为了保证水循环的安全可靠，循环倍率不应太大，也不应太小，应保持在一定范围内。

12-15　自然循环锅炉水循环故障有哪几种？

答： 自然循环锅炉水循环故障主要有以下几种：

（1）循环停滞和循环倒流。

（2）汽水分层。

（3）下降管含汽。

（4）膜态沸腾。

12-16　大容量自然循环锅炉水循环主要故障是什么？

答： 大容量自然循环锅炉水循环主要故障是膜态沸腾。

12-17　什么是膜态沸腾？

答：锅炉在很高热负荷时，上升管壁面上生成汽泡的速度超过了汽泡的脱离速度，使一层汽膜将壁面和水分隔开，这种情况称为膜态沸腾。

12-18　汽包的作用是什么？

答：汽包是自然循环和多次强制循环锅炉蒸发设备中的主要器件，它和水冷壁、下降管和下集箱等组成水循环系统，是锅炉加热、蒸发、过热三个过程的中枢。

汽包是汇集炉水和饱和蒸汽的容器，能储存很多汽水，因而蓄热量很大，可以适应负荷骤变的需要。同时，汽包也是汽水分离，保证蒸汽和炉水品质合格的容器。此外汽包上还装有压力表、水位计和安全门取样，以保证锅炉安全运行。

12-19　自然循环锅炉与强制循环锅炉水循环的原理主要有什么区别？

答：主要区别是水循环动力不同。自然循环锅炉水循环动力是靠锅炉点火后所产生的汽水密度差提供的；而强制循环锅炉循环动力主要是由水泵的压头提供的，而且在锅炉点火时就已建立了水循环。

12-20　控制循环锅炉的特点有哪些？

答：（1）水冷壁布置较自由，可根据锅炉结构采用较好的布置方案。

（2）水冷壁可采用较小的管径，因管径小、厚度薄，所以可减少锅炉的金属消耗量。

（3）水冷壁管内工质流速较大，对管子的冷却条件好，因而循环倍率较小，但由于工质流速大，因此流动阻力较大。

（4）水冷壁下集箱的直径较大（俗称水包），在水包里装置有滤网，在水冷壁的进口装置有不同孔径的节流圈。装置滤网的作用是防止杂物进入水冷壁管内，装置节流圈的目的是合理分配各并联管的工质流量，以减小水冷壁的热偏差。

（5）汽包尺寸小。因循环倍率低，循环水量少，可采用分离效果较好而尺寸较小的汽水分离器（如涡轮分离器）。

（6）控制循环锅炉汽包低水位时造成的影响较小，是因为汽包水位即使降到最低水位附近，也能通过循环泵向水冷壁提供足够的水冷却。

（7）采用循环泵增加了设备的制造费用和锅炉的运行费用。

12-21　锅炉排污分为哪几种？

答：锅炉排污分为定期排污和连续排污两种。

12-22 锅炉为什么要定期排污?

答:锅炉定期排污是从水冷壁下集箱引出,用以排掉炉水中的沉渣、铁锈,以防这些杂质在水冷壁管中结垢和堵塞。

12-23 定期排污开门放水的时间是怎样规定的?排污时注意哪些事项?

答:定期排污开门放水的时间是全开排污分门30s后关闭。

排污时应注意下列事项:

(1)排污时应与司炉、汽轮机值班员联系,得到同意后方可进行。

(2)在排污前,对排污系统进行检查,确认无误后,方可进行排污。

(3)排污时要进行充分暖管,阀门开关要缓慢,以防造成管路冲击。

(4)排污时不得两个和两个以上回路同时进行。

12-24 为什么要连续排污?排污率的大小是怎样确定的?

答:锅炉运行时,炉内的水不断的蒸发而浓缩,因此炉水的含盐浓度逐渐增加。为了将炉水的含盐浓度控制在允许的范围内,保证蒸汽品质合格,必须对炉水进行连续排污,而连续排污排出去的水量用比较纯净的给水来代替,同时,通过连续排污还可以调节炉水的碱度。

锅炉排污率的大小,是根据技术经济比较得到的。对于不同类型的电厂,最大允许的排污率如表12-1所示,最小排污率取决于炉水含盐量的要求。锅炉排污率一般是由电厂化学专业人员通过化验的结果,进行调节。

表 12-1   不同类型电厂的最大允许排污率

补给水的处理方法	凝汽式电厂排污率(%)	热电厂排污率(%)
化学除盐水	1	2
化学软化水	2	5

12-25 汽包锅炉的锅水含盐量与哪些因素有关?

答:锅水临界含盐量的数值与蒸汽压力、锅炉负荷、蒸汽空间高度及锅水中盐质的成分等因素有关。由于影响因素较多,故对具体锅炉而言,锅水中的临界含盐量应由热化学试验来确定,而实际允许锅水含盐量,应远小于临界锅水含盐量。尽管影响蒸汽机械携带的因素很多,但锅水含盐量的影响是主要的,是使蒸汽质量变坏的主要根源。同负荷下的锅水临界含盐量是不同的,负荷越高,锅水临界含盐量越低。所以,在负荷高时,若锅水含盐量增加，则容易引起蒸汽湿度的增大。

12-26　简述蒸汽及给水品质不良的危害。

答：给水品质的好坏直接影响到锅水的含盐量，因而影响到蒸汽品质。给水品质不良，会造成锅炉给水系统腐蚀、结垢，并且能够使锅炉排污率超过规定值。

蒸汽品质不良、清洁度差，会引起锅炉、汽轮机等热力设备表面结成盐垢，从而给锅炉、汽轮机等的安全运行带来很大的危害。如盐分沉积在过热器管壁上，必将影响传热，轻则会使蒸汽吸热量减少，锅炉排烟温度升高，锅炉效率降低；重则会使管壁温度超过金属允许的极限温度而使管子烧坏。如盐分沉积在蒸汽管道的阀门处，可能引起阀门动作失灵以及阀门漏汽。如盐分沉积在汽轮机的通流部分，会使蒸汽的流通截面积减小，喷嘴和叶片的粗糙度增大，甚至改变喷嘴和叶片的型线，从而导致汽轮机的阻力增加，出力和效率降低；此外，还将使汽轮机的轴向推力和叶片应力增大，如果汽轮机转子积盐不均匀，还会引起机组振动，造成事故。

12-27　什么是直流锅炉的水动力特性？水动力特性不稳定有何危害？

答：水动力特性是指在一定的热负荷下，强制流动的受热面管圈中工质流量与压差之间的关系，也就是管圈进出口压差 Δp 与流经该管子的工质流量 q_m 之间的关系。

如果对应一个压差 Δp 只有一个流量 q_m，则其水动力特性是稳定的，如过热蒸汽在过热器内的流动、水在省煤器内的流动就属于这种情况。如果对应一个压差在并联的管子中出现两个或三个流量时，这样的水动力特性就不稳定，是因为这会使并联各管道出口的工质状态参数产生较大变化，出口可能是汽水混合物、过热蒸汽，也可能是未饱和水。

发生不稳定性流动时，通过管道的流量经常发生变动，蒸发点也随之前后移动，这将使蒸发点附近的管屏金属疲劳损坏。并联蒸发管中发生多值性流动时，部分流量小的管道出口工质温度可能过高，管壁可能超温而烧坏。

12-28　如何防止直流锅炉水动力的不稳定性？

答：（1）提高锅炉压力，使汽和水的比体积差减小，管中汽、水混合物的平均比体积变化减小，水动力工况就越稳定。

（2）提高蒸发管进口水温，以稳定蒸发点。当管圈进口水温接近于饱和温度时，若热负荷不变，蒸汽产量不变、比体积变化小，使水动力特性稳定；但管圈进口不能是汽水混合物，否则会引起管圈进口流量的分配不均。

（3）增加热水区段的阻力。如在 1000t/h 直流锅炉在水冷壁进口集箱前加装节流调节阀。

（4）采用分级管径管圈。加热区采用小直径管以增大其阻力，往后逐级放大管径。如 1000t/h 直流锅炉下辐射、中辐射区采用 $\phi22\times5.5$ 管子，上辐射区采用 $\phi25\times6$ 的管子。

（5）加装多级混合器及呼吸箱。

12-29　什么叫直流锅炉的脉动现象？有何危害？

答：在直流锅炉的蒸发受热面中，并联管圈中流量发生周期性的波动现象，称为直流锅炉的脉动。

脉动又分为整炉脉动、屏间脉动和管间脉动 3 种，而以管间脉动居多。整炉脉动时，整个锅炉的蒸发量和给水量都发生周期性波动；管间脉动时，管屏进出口集箱压差基本不变，整个管屏的给水量和蒸汽量也无变化，但管屏并联各管的工质流量发生周期性波动；其中一些管子的工质流量增大时，另一些管子的流量即减少；当这种脉动在一个管屏与另一个管屏间发生时，就称为屏间脉动。

直流锅炉各受热面之间无固定分界，脉动将引起水流量、蒸发量及出口汽温的周期性波动。流量的忽多忽少，使加热、蒸发、过热区段的长度发生变化，因而不同受热面交界处的管壁交变地与不同状态的工质接触，使该处的金属温度周期性的波动，产生交变热应力，从而使金属疲劳损坏。

12-30　锅炉蒸发受热面水动力特性不稳定包括哪些方面？

答：锅炉蒸发受热面水动力特性稳定与否，包括水动力不稳定和脉动等，将直接影响水冷壁的工作。

12-31　什么是水动力特性？

答：水动力特性是指在一定的热负荷下，强迫流动的蒸发受热面管屏中，管内工质流量 q_m 与管屏进出口压差 Δp 之间的关系。

12-32　什么情况下水动力特性是稳定的？

答：若一个压差对应的只有一个流量，则这样的水动力特性是稳定的，或者说是单值性的。当并列管中的工质是单相流体（单相水或单相汽）时，就属于此情况。

12-33　水动力不稳定现象是如何产生的？

答：亚临界压力直流锅炉和超临界压力直流锅炉低负荷变压运行时，水冷壁内工质处于两相流动状态。随着蒸汽份额增大，水冷壁管内加速压降增大，重位压降减小，流动阻力的变化不确定。当汽相份额增大时，汽水混合物流速增大，动压头增大，流动阻力增大，但是汽水混合物密度减小，使得流动阻力减小，综合影响使得流量和压差的关系呈现三次方曲线的趋势，出现了水动力不稳定现象。

12-34 水动力不稳定现象有何危害？

答： 当发生水动力特性不稳定时，将严重影响各并列蒸发管的安全。对于并联工作的管子，虽然这时管屏进出口压差相等，管屏的总流量不变，但各管流量呈周期性时大时小变化。管内流量小，管子出口为过热蒸汽；管内流量大，管子出口为未饱和水；有的管子出口为汽水混合物，各管子出口的工质比体积、干度、温度等状态参数各不相同，造成严重的热偏差，导致管子发生损坏。

12-35 如何分析水平布置蒸发受热面管屏中的水动力特性？

答： 水平布置蒸发受热面管屏包括水平围绕管带、水平迂回管屏及螺旋式水冷壁等。在水平布置的蒸发受热面管屏中，由于管子长度相对管子高度要大很多，即工质的流动阻力要远大于其重位压头，因此可以忽略重位压头的影响。这时管屏进出口压差 Δp 等于流动阻力，即

$$\Delta p = \Delta p_{ld} = K q_m^2 v$$

当管子长度、直径、阻力系数一定时，K 是常数。从上式可见，管子进出口压差 Δp（或流动阻力 Δp_{ld}）与工质流量 q_m 的平方及平均比体积 v 成正比。对于单相水，因平均比体积 v 变化较小，因此进出口压差 Δp 主要取决于工质流量 q_m，而汽水混合物的平均比体积 v 与管屏中含汽率 x 值有很大的关系。随着含汽率 x 增大，平均比体积 v 增大，但当增大到一定程度后，平均比体积 v 又减小。这时进出口的压差 Δp 就取决于工质流量 q_m 与平均比体积 v 两个因素。其影响可以通过一个水平管的试验说明，并得到水平布置蒸发受热面管屏的水动力特性曲线。

12-36 造成水平布置蒸发受热面管屏的水动力特性不稳定的根本原因是什么？

答： 造成水平布置蒸发受热面管屏的水动力特性不稳定的根本原因是汽与水的比体积不同。试验的条件是：管子进口为有一定欠焓的未饱和水，沿管子长度的热负荷一定且是均匀分布的。试验方法是，逐渐增加管内水的流量，同时测定管子进出口的压差及管子出口工质的状态。

根据上述分析可知，造成水平布置蒸发受热面管屏的水动力特性不稳定的根本原因是汽与水的比体积不同。

12-37　如何分析垂直布置蒸发受热面管屏的水动力特性？

答：垂直布置蒸发受热面管屏包括多次上升管屏、一次上升管屏及上下迂回管屏等。垂直布置的管屏的高度相对较高，重位压头影响较大，因此不能忽略。在分析其水动力特性时，必须同时考虑流动阻力 Δp_{ld} 和重位压头 Δp_{zw}。Δp 与流量 q_m 之间的关系，即

$$\Delta p = \Delta p_{ld} + \Delta p_{zw}$$

下面以一次垂直上升管屏为列，分析其水动力特性。

一次垂直上升管屏的重位压头 $\Delta p_{zw} = H \rho_{qs} g$，其中管屏高度 H 是不变的，在热负荷一定时，工质密度 ρ_{qs} 总是随着流量 q_m 的增加而增大，因此重位压头 Δp_{zw} 总是单值性地随流量 q_m 一起增加。流动阻力 Δp_{ld} 与流量 q_m 的关系，在高压以上时往往是单值性的，这时水动力特性是稳定的。在压力较低时，由于汽水比体积相差较大，因此可能是多值性的。但加上重位压头 Δp_{zw} 影响后，所得的进出口压差 Δp 与流量 q_m 的关系仍是单值性的。总之，一次垂直上升管屏的水动力特性是稳定的。

12-38　为何一次垂直上升管屏的水动力特性是稳定的，也可能出现类似自然循环锅炉中的停滞和倒流现象？

答：虽然一次垂直上升管屏的水动力特性是稳定的，但当并列各管受热不均时，在受热弱的管子中可能出现类似自然循环锅炉中的停滞和倒流现象。尤其是在低负荷运行时，炉膛中火焰温度分布的不均匀性增大，管屏中各管之间受热不均匀性随之增加，再加上管屏流动阻力减小，使得管屏的总压差减小，不但容易引起水动力不稳定，而且容易出现停滞和倒流现象。直流锅炉对热偏差极为敏感，必然影响蒸发受热面的安全工作。

12-39　防止水动力特性不稳定的措施有哪些？

答：为了防止水动力特性不稳定，主要在结构上采取了以下防护措施：

（1）适当减小进口水的欠焓。当进口水的欠焓等于零，即进口水为饱和水时，管中就没有加热区段。在一定的热负荷下，管内产汽量不变，因而流动阻力总是随着给水流量的增加而增加的。所以进口水的欠焓越小，则水动力特性越趋于稳定。但是进口水的欠焓过小也是不合适的。因为这时工况稍有变动，管屏进口处就可能产生蒸汽，而造成进口集箱至各管的蒸汽流量分配不均匀，使热偏差增大。

（2）在管子进口加装节流圈或采用变管径。在进口水相同的欠焓下，若增加加热区段流动阻力，使压降增大，水很快达到饱和温度，则加热区段将缩短，其与减小进口水欠焓的道理一样，使水动力特性趋向稳定。增加加热区段阻力的最常用方法是在管子进口加装节流圈，加装了节流圈后，虽然总的流动阻力增加，但能使水动力特性稳定。节流圈孔径的大小对水动力特性的影响不同，孔径越小，阻力越大，加热区段越短，水动力特性越稳定。

（3）加装呼吸集箱。即在蒸发区段用连接管将各并联蒸发管连通至一公共集箱——呼吸集箱。当管屏发生不稳定流动时，各并联管中的流量不同，故沿管长的压力 p 分布也不相同。在相同管长处，流量小的管子压力大，而流量大的管子压力小，于是工质便从流量小的管子通过呼吸集箱流入流量大的管子，使进口集箱中流入小流量的管子的流量增加，而流入大流量的管子的流量减小，从而使管屏中各管的压力和流量逐渐趋于平衡。实践证明，呼吸集箱装设在管间压力差较大的地方，含汽率 x 为 $0.1 \sim 0.15$ 的地方效果较好。

12-40　节流圈孔径的大小对水动力特性的影响有何不同？

答：节流圈孔径的大小对水动力特性的影响不同，孔径越小，阻力越大，加热区段越短，水动力特性越稳定。

12-41　锅炉汽包内部主要由哪些装置组成？

答：高压锅炉汽包内部主要由旋风分离器、百叶窗分离器、进口挡板、蒸汽清洗装置、集汽孔板、栅格及加药、连续排污、事故放水管等设备组成。

第十三章 锅 炉 启 动

13-1　新安装的锅炉在启动前应进行哪些工作？

答：这些工作包括：

（1）水压试验（超压试验），检验承压部件的严密性。

（2）辅机试转及各电动门、风门的校验。

（3）烘炉。除去炉墙的水分及锅炉管内积水。

（4）煮炉与酸洗。用碱液与酸液清除蒸发系统受热面内的油脂、铁锈、氧化皮和其他腐蚀产物及水垢等沉积物。

（5）炉膛空气动力场试验。

（6）冲管。用锅炉自生蒸汽冲除一、二次汽管道内杂渣。

（7）校验安全门等。

13-2　锅炉启动前上水的时间和温度有何规定？为什么？

答：锅炉启动前的进水速度不宜过快，进水初期尤应缓慢，上水时间一般冬季不少于 4h，其他季节为 2～3h。冷态锅炉的进水温度一般不大于 100℃，以使进入汽包的给水温度与汽包壁温度的差值不大于 40℃。未完全冷却的锅炉，进水温度可比照汽包壁温度，一般差值应控制在 40℃ 以内，否则应减缓进水速度，原因如下：

（1）汽包壁较厚，膨胀较慢，而连接在汽包壁上的管子壁较薄，膨胀较快。若进水温度过高或进水速度过快，将会造成膨胀不均，使焊口发生裂缝，造成设备损坏。

（2）给水进入汽包时，总是先与汽包下半壁触，若给水温度与汽包壁温度差值过大，进水时速度又快，汽包的上下壁、内外壁间将产生较大的膨胀差，给汽包造成较大的附加压力，引起汽包变形，严重时还会产生裂缝。

13-3　什么叫锅炉的点火水位？

答：由于水的受热膨胀及汽化原理，点火前的锅炉进水常在低于汽包正常水位时即停止，一般把汽包水位计指示数为 −100mm 时的水位称为锅炉点火水位。

13-4 为什么在锅炉启动过程中要规定上水前后及压力在 **0.49MPa** 和 **9.8MPa** 时各记录膨胀指示一次？

答：锅炉上水前各部件都处于冷态，膨胀为零，当上水后各部件受到水温的影响，就有所膨胀。锅炉点火升压后，0～0.49MPa 压力下，饱和温度上升较快，则膨胀值也较大；4.9～9.8MPa 压力下，饱和温度上升较慢，则膨胀变缓，但压力升高，应力增大。锅炉是许多部件的组合体，在各种压力下记录膨胀指示，其目的就是监视各受热承压部件是否均匀膨胀。如膨胀不均匀，易引起设备的变形和破裂、脱焊、裂纹等，甚至发生泄漏和引起爆管，所以要在不同的状态下分别记录膨胀指示，以便监视、分析并发现问题。当膨胀不均匀时，应及时采取如减缓升压、切换火嘴、进行排污、放水等措施，以消除膨胀不均的现象，使锅炉安全运行。

13-5 投用底部蒸汽加热有哪些优点？

答：在锅炉冷态启动之前或点火初期，投用底部蒸汽加热有以下优点：

（1）促使水循环提前建立，减小汽包上下壁的温差。

（2）缩短启动过程，降低启动过程的燃油消耗量。

（3）由于水冷壁受热面的加热，提高了炉膛温度，因此有利于点火初期油的燃烧。

（4）较容易满足锅炉在水压试验时对汽包壁温度的要求。

13-6 投用底部蒸汽加热应注意些什么？

答：投用底部蒸汽加热前，应先将汽源管道内疏水放尽，然后投用。投用初期，应先稍开进汽门，以防止产生过大的振动，再根据加热情况逐渐开大并开足。投用过程中，应注意汽源压力与被加热炉的汽包压力的差值，特别是锅炉点火升压后，更应注意其差值不得低于 0.5MPa，若低于 0.5MPa，则要及时予以解列，防止锅水倒入备用汽源母管。

13-7 锅炉启动方式可分为哪几种？

答：（1）锅炉启动方式按设备启动前的状态可分为冷态启动和热态启动。热态启动是指锅炉尚有一定的压力、温度，汽轮机的高压内下缸壁温在 150℃以上状态下的启动；而冷态启动一般是指锅炉汽包压力为零，汽轮机高压内下缸壁温在 150℃以下状态时的启动。

（2）锅炉启动方式按汽轮机冲转参数可分为额定参数、中参数和滑参数启动三种方式。额定参数和中参数启动都是锅炉首先启动，待蒸汽参数达到额定或中参数，才开始对汽轮机冲转。目前高参数、大容量的锅炉很少采用这种方式（热态例外）。滑参数启动又可分为真空法和压力法两种，就是在锅炉启动的同时或蒸汽参数很低的情况下，汽轮机就开始启动。

13-8 什么是真空法滑参数启动？

答： 真空法滑参数启动方法是在锅炉点火前，锅炉主蒸汽系统至汽轮机沿途管道上所有通流阀门打开，疏水、排气等阀门关闭，汽轮机凝汽器抽真空一直到汽包，锅炉点火产生蒸汽就直通汽轮机，在较低的压力和温度下（0.1MPa）即可冲动汽轮机。随着锅炉燃料量增加，汽压、汽温、流量也随之增加，使汽轮机升速、并网、带负荷。

13-9 什么是压力法滑参数启动？

答： 压力法滑参数启动是在启动前将汽轮机电动主汽门关闭，锅炉点火产生一定压力和温度的蒸汽时，对汽轮机送汽冲转。冲转时参数一般是主蒸汽压力为 $0.8\sim1.5$MPa，新蒸汽温度在 $250℃$ 左右。目前这种方法被广泛采用。

13-10 滑参数启动有何特点？

答：（1）安全性好。对于汽轮机来说，因为开始进入汽轮机的是低温、低压蒸汽，容积流量较大，而且汽温是从低逐渐升高，所以汽轮机的各部件加热均匀，温升迅速，可避免产生过大的热应力和膨胀差。对锅炉来说，低温低压的蒸汽通流量增加，过热器可得到充分冷却，并能促进水循环，减少汽包壁的温差，使各部件均匀地膨胀。

（2）经济性好。锅炉产生的蒸汽能得到充分利用，减少了热量和工质损失，缩短启动时间，减少燃料消耗。

（3）对汽温、汽压要求比较严格，对机、炉的运行操作要求密切配合，操作比较复杂，而且低负荷运行时间较长，对锅炉的燃烧和水循环有不利的一面。

13-11 锅炉启动前炉膛通风的目的是什么？

答： 炉膛通风的目的是排出炉膛内及烟道内可能存在的可燃性气体及物质，排出受热面上的部分积灰。这是因为当炉内存在可燃物质，并从中析出可燃气体时，达到一定的浓度和温度就能产生爆燃，造成强大的冲击力而损坏设备；当受热面上存在积灰时，就会增加热阻，影响换热，降低锅炉效率，甚至增大烟气的流阻。因此，必须以30%左右的额定风量，对炉膛及烟道通风 $5\sim10$min。

13-12 锅炉汽包水位的监控为什么应以差压式水位计为准?

答:差压式水位计是利用比较水柱高差值原理测量水位。对应于汽包液面水柱单上压强与作为参比水柱的压强进行比较,根据其压差转换为汽包的水位。当汽压和环境温度不变时,差压只是水位的函数。

(1)当汽包压力升高时,同样的汽包水位变化值所对应的压差变化减小,但是这一误差仅源于压力的变化,可在测量回路中引入压力修正予以消除。

(2)参比水柱的温度,受环境温度波动产生误差,其可以通过引入温度补偿予以修正。因此过热器出口压力为 13.5MPa 及以上的锅炉,其汽包水位的监视应以差压式水位计(带压力修正回路)为准。

13-13 锅炉启动过程中何时投入和停用一、二级旁路系统?

答:锅炉冷态启动时,可在点火前投入一、二级旁路系统。若锅炉尚有压力或经蒸汽加热,锅炉已起压,则应锅炉先点火,开始升压后,开启一、二级旁路;当发电机并网后,可适当关小旁路调整门,在负荷为额定值的15%时,全关一、二级旁路。

13-14 为什么锅炉点火前就应投入水膜式除尘器的除尘水?

答:锅炉点火前就投入除尘水是为了防止除尘筒内和文丘里喷管内的内衬被烟气加热后突然投入除尘水造成急剧冷却而形成炸裂损坏。特别是对在进口烟道里设置栅栏的除尘器,对栅栏的破坏作用更大。另外,锅炉从启动风机开始就会有大量灰尘被带出,除尘水及早投入可提高除尘效率,并可及早发现除尘水系统的一些设备缺陷。

13-15 为什么锅炉点火初期要进行定期排污?

答:锅炉点火初期进行定期排污,排出的是循环回路底部的部分水,不但使杂质得以排出,保证锅水品质,而且使受热较弱部分的循环回路换热加强,防止了局部水循环停滞,使水循环系统各部件金属受热面膨胀均匀,减小了汽包上下壁的温差。

13-16 锅炉启动初期为什么要严格控制升压速度?

答:锅炉启动时,蒸汽是在点火后由于水冷壁管吸热而产生的。蒸汽压力是由于产汽量的不断增加而提高,汽包内工质的饱和温度随着压力的提高而增加。由于水蒸气的饱和温度在压力较低时对压力的变化率较大,因此在升压初期,压力升高很小的数值,将使蒸汽的饱和温度提高很多。锅炉启动初期,自然水循环尚不正常,汽包下部水的流速低或局部停滞,水对汽包壁的放热为接触放热,其放热系数很小,故汽包下部金属壁温升高不多;汽包上部因是蒸汽对汽包金属壁的凝结放热，故汽包上部金属温度较高，由此造成汽包壁温上高下低的现象。由于汽包壁厚较大，而形成汽包壁温内高外低的现象。因此蒸汽温度的过快提高将使汽包由于受热不均而产生较大的温差热应力，严重影响汽包寿命。所以在锅炉启动初期必须严格控制升压速度以控制温度的过快升高。

13-17 锅炉启动过程中如何控制汽包壁温差在规定范围内？

答： 启动过程中要控制汽包壁温差在规定的 40℃ 内可采取以下措施：

（1）点火前的进水温度不能过高，速度不宜过快，按规程规定执行。

（2）进水完毕，有条件时可投入底部蒸汽加热。

（3）严格控制升压速度，特别是 0～0.981MPa 阶段，升压速度应不大于 0.014MPa/min，升温速度不大于 1.5～2℃/min。

（4）应定期进行对角油枪切换，直至下排 4 个油枪全投时，尽量使各部均匀受热。

（5）经上述操作仍不能有效控制汽包上、下壁温差，在接近或达到 40℃ 时，应暂停升压，并进行定期排污，以使水循环增强，待温度差稳定且小于 40℃ 时再行升压。

13-18 为什么锅炉启动后期仍要控制升压速度？

答： 在锅炉启动后期，虽然汽包上下壁温差逐渐减小，但由于汽包壁较厚，因此，内外壁温差仍很大，甚至有增加的可能；另外，在锅炉启动后期，汽包内承受接近工作压力下的应力。因此，仍要控制锅炉启动后期的升压速度，以防止汽包壁的应力增加。

13-19 锅炉启动过程中如何调整燃烧？

答： 锅炉启动过程中应注意对火焰的监视，并做好如下燃烧调整工作：

（1）正确点火。点火前炉膛充分通风，点火时先投入点火装置（或火把），然后开启油枪。

（2）对角投用火嘴，注意及时切换，观察火嘴的着火点适宜，力求火焰在炉内分布均匀。

（3）注意调整引、送风量，炉膛负压不宜过大。

（4）燃烧不稳定时特别要监视排烟温度值，防止发生尾部烟道的二次燃烧。

（5）尽量提高一次风温，根据不同燃料合理送入二次风，调整两侧烟温差。

13-20 热态启动有哪些注意事项?

答:(1)若锅炉为冷态,则锅炉的启动操作程序应按冷态滑参数启动方式进行。

(2)汽轮机冲转参数要求主蒸汽温度大于高压内下缸内壁温度50℃,且可有50℃过热度,但因考虑到锅炉设备安全,主蒸汽温度应低于额定汽温50~60℃。

(3)机组启动时,若锅炉有压力,则应在点火后方可开启一、二级旁路或向空排汽门。

(4)再热汽进口汽温应不大于400℃,若一级旁路减温水不能投用,则主蒸汽温度不高于450℃。

(5)因为热态启动时参数高,所以应尽量增大蒸汽通流量,避免管壁超温,调整好燃烧。

13-21 为什么热态启动时锅炉主蒸汽温度应低于额定值?

答:热态启动对锅炉本身来说,实际上是把冷态启动的全过程的某一阶段作为起始点。当机组停止运行后,锅炉的冷却要比汽轮机快得多。如果汽轮机处于半热态或热态时,锅炉可能已属冷态,这样锅炉的启动操作基本上按冷态来进行升温、升压。为尽量满足热态下汽轮机冲转要求的参数,需入较多的燃料量,但此时仅靠旁路系统和向空排汽的蒸汽量是不够的(会使蒸汽温度上升较快,且壁温又高)。由于燃烧室和出口烟道宽度较大,炉内温度分布不均,过热器蛇形管圈内蒸汽流速也不均,温度差较大,造成过热器管局部超温。为避免过热器的超温,延长其使用寿命,规定在启动过程中主蒸汽温度应低于额定值50~60℃。一般应根据汽轮机的缸温情况决定冲车时的蒸汽温度,然后根据蒸汽温度并留有一定的过热度来确定压力值。为了冲车过程中的汽轮机暖缸充分,应尽量选取较低的压力值,但必须考虑锅炉受热面的冷却。

13-22 锅炉启动燃油时,为什么烟囱有时冒黑烟?如何防止?

答:锅炉燃油时有时烟囱冒黑烟的原因主要有:

(1)燃油雾化不良或油枪故障,油嘴结焦。

(2)炉膛温度低,燃油燃烧不完全。

(3)配风不佳,尤其是油枪根部配风不佳,造成风与油雾的混合不良,造成局部缺氧而产生高温裂解。

(4)烟道发生二次燃烧。

(5)启动初期风温过低。

防止措施主要有：

（1）点火前检查油枪，清除油嘴结焦。

（2）油枪确已进入燃烧器，且位置正确，提高雾化质量。

（3）保持运行中的供油、回油压力和燃油的黏度指标正常。

（4）及时送入适量的根部风，调整好一、二、三次风的比例及扩散角，使油雾与空气强烈混合，防止局部缺氧。

（5）尽可能提高风温和炉膛温度。

13-23　锅炉启动过程中应如何使用一、二级减温器？

答：在机组的压力法滑参数启动过程中，汽轮机冲转之前，锅炉侧一般不采用喷水减温来调节汽温，但在之后的过程需要投用减温水时，应根据减温器的布置特点和不同状态下的参数特点，合理使用一、二级减温器，做到既保证过热器的安全，又保证平稳上升的主蒸汽温度。

在锅炉热负荷较低的情况下，虽然蒸汽通流量较小，但汽轮机相应要求的蒸汽温度也较低，一般不至于造成屏式过热器的过高壁温。此时若采用一级减温器控制调节汽温，由于减温水喷入后的蒸汽流程长，流速又很低，锅炉出口汽温反应非常迟钝，易造成低汽温，而且可能在部分蛇形管内形成水塞。所以，此时应采用布置在靠近蒸汽出口处的二级减温器，以微量喷水、细调汽温。

当锅炉热负荷逐渐升高时（如30％额定负荷以上），屏式过热器蒸汽通流量的增加将不足以冷却其管壁，往往使管壁温度较高，甚至超温。此时的汽温调节应尽量采用一级减温器，既可降低屏式过热器的入口温度，又可增加它和它以后受热面的通流量，使屏式过热器的安全系数提高。但不论使用一级或二级减温器，都应避免喷水量大幅度变化的现象，同时应注意监视减温器出口温度的变化。

13-24　为什么在锅炉启动初期不宜投减温水？

答：在锅炉启动初期，蒸汽流量较小，汽温较低，若在此时投入减温水，则很可能会引起减温水与蒸汽混合不良，使得在某些蒸汽流速较低的蛇形管圈内积水，造成水塞，导致超温过热，因此在锅炉启动初期应不投或少投减温水。

13-25　为什么在热态启动一级旁路喷水减温不能投用时，主蒸汽温度不得超过450℃？

答：在热态启动或事故状态下，为对再热器进行保护，必须开启一级旁路，将主蒸汽降压降温后通过再热器。因为再热器冷段钢材为 20 号碳钢，所处烟温一般都在 500℃以上。受钢材允许温度的限制，进入再热器的汽温必须低于 450℃，否则再热器管将超温。所以，当一级旁路喷水减温不投时，规定主蒸汽温度不得高于 450℃。

13-26　锅炉冬季启动初投减温水时，汽温为什么会大幅度下降？如何防止？

答：由于冬季气温较低，在没有投用减温器前，减温水管内水不流动，水管随着气温降低而降低；而锅炉减温水管道布置往往又较长，储存了一定量的低温水，若在此时投用减温水，则低温水将首先喷入，又因启动初期蒸汽流量较小，而致使汽温大幅度下降，同时还使减温器喷嘴和端部温度急剧下降。若长期反复如此，还会发生金属疲劳，造成喷嘴脱落、集箱裂纹，威胁设备安全。所以，为防止以上情况发生，冬季启动锅炉初投减温水时，要先开启减温水管疏水门放去冷水，还要在投用时缓慢开启调节门，使减温水量逐渐增大。

13-27　锅炉启动过程中，汽温提不高怎么办？

答：在机组启动过程中，有时会遇到汽压已达到要求而汽温却还相差许多的问题，特别是在汽轮机冲转前往往会发生这类情况，这时可采用下列措施：

（1）部分火嘴改用上排火嘴。

（2）调整二次风配比，加大下层二次风量。

（3）提高风压、风量，增大烟气流量。

（4）开大一级旁路或向空排汽，稍降低汽压，然后增投火嘴，提高炉内热负荷。

13-28　母管制锅炉具备哪些条件可进行并汽？如何进行并汽操作？

答：（1）启动锅炉的汽压应略低于母管汽压（中压锅炉低 0.05～0.1MPa，高压锅炉一般低 0.2～0.3MPa）。

（2）启动锅炉的汽温比额定值略低一些（一般低 30～60℃），以免并汽后由于燃料量增加而使汽温超过额定值。

（3）汽包水位应略低一些（通常低于正常水位 30～0mm），以免并汽时发生蒸汽带水。

（4）保持燃烧稳定，所有未投入的燃烧器应处于准备投入状态。

（5）蒸汽品质应符合质量标准。

上述条件全部具备后，可逐渐开启并汽主汽门（最后一道隔离门）的旁路门，待锅炉汽压和母管汽压平衡时，再缓慢开启并汽主汽门（最后一道隔离门）；待完全开启后，关闭其旁路门。并汽时，应严密监视汽温、汽压和水位的变化，并保持其稳定，操作过程需缓慢进行。

13-29　锅炉水压试验合格的条件是什么？

答：水压试验合格的条件为：

（1）从上水门完全关闭开始计时，高压锅炉 5min 内压力下降不超过 0.2～0.3MPa 为合格；中压锅炉 5min 内压力下降不超过 0.1～0.2MPa 为合格；超高压锅炉压力下降不大于 98kPa/min 为合格。

（2）承压部件、金属壁和焊缝上没有任何水珠和水雾。

（3）承压部件无残余变形的迹象。

13-30　为什么锅炉启动前要对主蒸汽管进行暖管？

答：锅炉启动前，从锅炉主汽门到蒸汽母管之间的一段主蒸汽管道是冷的，管内可能存有积水，管道和附件的厚度较大；如果高温蒸汽突然通入，将会使其产生破坏性的热应力，严重时，还可能发生水击和振动。因此，在启动前，必须用少量蒸汽对主蒸汽管进行缓慢预热和充分疏水。

13-31　为什么要进行锅炉的吹管？

答：锅炉汽水系统中的部分设备如减温水、启动旁路、过热器、再热器管路系统等，由于结构、材质、布置方式等原因不适合化学清洗，所以新装锅炉在正式投运前需用物理方法清除内部残留的杂物，故利用本炉产生的蒸汽对汽水系统及设备进行吹管处理。

13-32　为什么点火期间，升压速度是不均匀的，而是开始较慢而后较快？

答：每台锅炉的运行规程中，都对各个阶段的升压速度作了具体的明确规定。一般规律是升压初期速度较慢，而后期较快。后期的升压速度往往是前期的 3～4 倍。原因除了是因为在升火初期为避免过热器烧坏而控制燃烧强度外，还因为锅炉升压过程实质上是一个升温过程。虽然压力和饱和温度是一一对应的关系，但饱和温度不是与压力成正比。而是随压力的增长，饱和温度开始增长很快，而后越来越慢。压力从 0MPa 升至 0.5MPa，饱和温度从 99.0℃增至 151℃，增加 52℃，而压力从 9.0MPa 增至 9.5MPa 饱和温度从 302℃增至 306℃，增加 4.0℃。虽然点火中、后期升压速度越来越快，但升温速度 1.0～1.5℃/min 基本保持不变。因此，掌握锅炉升压升温规律，对在保证锅炉安全的基础上，提高锅炉中、后期升压速度，缩短锅炉升火时间，节省燃料是很有意义的。

13-33 锅炉启动过程中如何防止水冷壁受损？

答：在锅炉点火升压过程中，对水冷壁的保护是很重要的。因为在升压的初期，水冷壁受热不均匀。如果同一集箱上各根水冷壁管金属温度存在着差别，就会产生一定热应力，严重时会使水冷壁损坏。其措施是沿炉膛四周均匀对称地投停燃烧器，加强水冷壁下集箱放水促进建立正常的水循环。

13-34 锅炉启动过程中如何保护省煤器？

答：为了保护省煤器，大多数锅炉都装有再循环管。当锅炉停止给水时，开启再循环管上的再循环门，使汽包与省煤器之间形成自然水循环回路，以冷却省煤器。

13-35 锅炉启动过程中如何保护过热器？

答：锅炉点火初期由于产生汽量小，过热器管内蒸汽流通量小，此时必须限制过热器入口的烟气温度。控制烟气温度的办法是限制燃料量和调整炉膛火焰中心的位置。随着压力升高，过热器内蒸汽流通量增大，管壁将逐渐得到良好的冷却。这时可用限制过热器出口汽温的办法来保护过热器，过热器出口汽温的高低主要与燃料量和排汽量以及火焰位置和过量空气系数有关。

13-36 在锅炉启动中防止汽包壁温差过大的措施是什么？

答：（1）严格控制升温升压速度，尤其是低压阶段的升压速度应力求缓慢，这是防止汽包壁温差过大的重要的和根本的措施。为此，升压过程要严格按照给定的升压曲线进行，在升压过程中，若发现汽包温差过大，应减慢升压速度或暂停升压，控制升压速度的主要手段是控制好燃料量。此外，还可以加大向空排汽量。对于中间再热的单元机组，可增加旁路的通汽量。

（2）升压初期汽压上升要稳定，尽量不使汽压波动太大，因为在低压阶段，汽压波动时饱和温度变化率很大，饱和温度的变化大必将引起汽包壁温差大。

（3）加强水冷壁下集箱的放水。水冷壁下集箱采用适当的放水方法，对促进水循环、使受热面受热均匀和减小汽包壁温差是很有效的。

（4）维持燃烧的稳定和均匀。采用对称投油枪、定期倒换或采用多油枪少油量等方法，使炉膛受热均匀。

（5）对装有用外来蒸汽自水冷壁下集箱进行加热装置的锅炉，可适当延长加热时间，在不点火的情况下尽量提高汽包压力。

（6）尽量提高给水温度。给水温度低，则进入汽包的水温也较低，会使汽包上、下壁温差大。

13-37 锅炉点火后应注意什么？

答：（1）锅炉点火后应立即调节配风，派人直接观察炉膛亮度及烟囱冒烟情况，逐步调节油、风比例适度。如油枪雾化不好、油量太多或油枪喷射火焰太短，应检查油枪是否堵塞或雾化片是否有问题，查明原因及时处理。

（2）为使锅炉受热均匀，应定期调换对角油枪。

（3）按升温升压曲线要求，适当调整油量或增投油枪个数，及时调节配风。

（4）点火后约 1h 可适当投入煤粉燃烧器，入粉仓无煤粉，一般过热器后烟温达 350℃，热风温度不低于 150℃ 以上时可投入一套制粉系统。

（5）如发生灭火，应以不低于 25％ 的风量通风 5min 后再重新点火。

（6）经常检查燃油系统，无漏油现象，防止火灾事故发生。

13-38 锅炉启动过程中对过热器如何保护？

答：在启动过程中，尽管烟气温度不高，管壁却有可能超温。这是因为在启动初期，过热器管中没有蒸汽流过或蒸汽流量很小，立式过热器管中有积水，在积水排出前，过热器处于干烧状态。另外，这时的热偏差也较明显。

为了保护过热器管壁不超温，在流量小于额定值的 10％ 时，必须控制炉膛出口烟气温度不超过管壁允许温度。所采取的手段是限制燃烧或调整炉内火焰中心位置。随着压力的升高，蒸汽流量增大，过热器冷却条件有所改善，这时可用限制锅炉过热器出口汽温的方法来保护过热器。要求锅炉过热器出口汽温比额定汽温低 50～100℃。采取的手段是控制燃烧率及排汽量，也可通过调整炉内火焰中心位置或改变过量空气系数来实现。但从经济性上考虑，不提倡用改变过量空气系数的方法来调节汽温。

13-39 什么是直流锅炉的启动压力？启动压力的高低对锅炉有何影响？

答：直流锅炉、低循环倍率锅炉和复合循环锅炉启动时，为保证蒸发受热面的水动力稳定性所必须建立的给水压力，称为启动压力。

直流锅炉给水是一次通过锅炉各受热面的，所以，锅炉一点火就要依靠一定压力的给水，流过蒸发受热面进行冷却。但直流锅炉启动时一般不是一开始就在工作压力下工作，而是选择某一较低的压力，然后再过渡到工作压力。启动压力的高低关系到启动过程的安全性和经济性。

启动压力高，汽水密度差小，对改善蒸发受热面水动力特性、防止蒸发受热面产生脉动、减小启动时的膨胀量都有好处。但启动压力高又会使给水泵电耗增大，加速给水阀门的磨损，并能引起较大的振动和噪声。目前，国内亚临监界参数直流锅炉，启动压力一般选为 6.8～7.8MPa。

13-40　直流锅炉启动前为何需进行循环清洗，如何进行循环清洗？

答：直流锅炉运行时没有排污，给水中的杂质除少部分随蒸汽带出外，其余将沉积在受热面上；另外，机组停用时，受热面内部还会因腐蚀而生成少量氧化铁。为清除这些污垢，直流锅炉在点火前要用温度约为 104℃的除氧水进行循环清洗。

首先清洗给水泵前的低压系统，清洗流程为凝汽器→凝结水泵→除盐装置→轴封加热器→凝结水升压泵→低压加热器→除氧器→凝汽器。当水质合格后，再清洗高压系统，其清洗流程为凝汽器→凝结水泵→除盐装置→凝结水升压泵→轴封加热器→低压加热器→除氧器→给水泵→高压加热器→锅炉→启动分离器→凝汽器。

13-41　什么是直流锅炉启动时的膨胀现象？造成膨胀现象的原因是什么？启动膨胀量的大小与哪些因素有关？

答：直流锅炉一点火，蒸发受热面内的水在给水泵推动下强迫流动。随着热负荷的逐渐增大，水温不断升高，一旦达到饱和温度，水就开始汽化，工质比体积明显增大。这时会将汽化点以后管内工质向锅炉出口排挤，使进入启动分离器的工质容积流量比锅炉入口的容积流量明显增大，这种现象即称为膨胀现象。

产生膨胀现象的基本原因是蒸汽与水的比体积差别太大。启动时，蒸发受热面内流过的全部是水，在加热过程中水温逐渐升高，中间点的工质首先达到饱和温度而开始汽化，体积突然增大，引起局部压力升高，猛烈地将其后面的工质推向出口，造成锅炉出口工质的瞬时排出量很大。

启动时，膨胀量过大将使锅内工质压力和启动分离器的水位难于控制。影响膨胀量大小的主要因素有：

（1）启动分离器的位置。启动分离器越靠近出口，汽化点到分离器之间的受热面中蓄水量越多，汽化膨胀量越大，膨胀现象持续的时间也越长。

（2）启动压力。启动压力越低，其饱和温度也越低，水的汽化点前移，使汽化点后面的受热面内蓄水量大，汽水比容差别也大，从而使膨胀量加大。

（3）给水温度。给水温度高低，影响工质开始汽化的时间。给水温度高，汽化点提前，汽化点后部的受热面内蓄水量大，使膨胀量增大。

（4）燃料投入速度。燃料投入速度即启动时的燃烧率，燃烧率高，炉内热负荷高，工质温升快，汽化点提前，膨胀量增大。

13-42　锅炉启动前的检查有哪些项目？

答：（1）转动机械的检查：

1）工作票终结并收回，安全措施拆除。现场干净无杂物，各种标志齐全准确。

2）表计齐全完好，处于投入状态。信号及仪表电源送电。

3）地脚螺栓齐全牢固，靠背轮防护罩完好，电动机外壳接地良好。

4）轴承润滑油质、油位正常，冷却水系统良好。

5）盘动转子灵活。

6）电动机测绝缘良好。

（2）烟风系统的检查：

1）炉膛及烟、风道内部应无明显焦渣、积灰和其他杂物，且内部无人工作。所有脚手架应全部拆除，炉墙及烟、风应完整无裂缝，受热面、管道应无明显的磨损和腐蚀现象。

2）全部的煤、油、气燃烧器的位置正确，设备完好，喷口无焦渣，操作及调整装置良好，火焰检测器探头应无积灰及焦渣现象。

3）渣井和冷灰斗水封槽内应充满水，冷灰斗内灰渣应清除干净，浇渣和冲渣喷嘴位置正确。

4）吹灰器设备完好，安装位置正确，进退自如。各风门、挡板设备完整，开关正常且内部实际位置与外部开度指示相符。

5）联系电除尘值班员，使电除尘器处于良好备用状态。

6）现场整齐、清洁、无杂物，所有栏杆完整。平台、通道、楼梯均完好且畅通无阻，现场照明良好，光线充足。

7）查看火孔、检查门。人孔应完整，开З关灵活；各防爆门完整，无影响其动作的杂物存在；各处保温完整、燃油管道保温层上无油迹；制粉系统管道外部无积粉。

8）所有的膨胀指示完整良好。

9）集控室及锅炉辅助设备就地控制操作盘上的仪表、键盘、按钮、操作把手等设备完整，通信及正常照明良好，并有可靠的事故照明和声光报警信号。

（3）汽水系统的检查：

1）汽水系统各阀门应当完整，开关方向正确，阀门的门杆不应有弯曲、锈涩现象；标牌齐全正确；远方控制机构应当完整、灵活好用，位置指示与实际位置相符；对电动阀门应当进行遥控试验，证实其电气和机械部分的动作协调；启闭严密、限位装置（或机构）可靠。

2）汽包锅炉的就地水位计应当显示清晰；照明充足，水位计处于正常投入状态，电视监视系统投入运行。

3）直流锅炉还应对启动旁路系统进行全面检查，确保其处于良好备用状态。

4）强制循环锅炉重点应检查锅水循环泵的冷却装置和密封装置是否处于正常状态。

5）安全门应当完整，无妨碍其动作的障碍物；且动作灵活；排汽管、疏水管应畅通。

6）膨胀指示器应完整，无卡涩、顶碰现象，并应将指针调至基准点上，针尖与板面的距离为 3～5mm。

7）汽水系统各阀门应调整至启动位置。此项检查十分重要，应按《锅炉运行规程》中给出的各阀门启动时的开关位置逐个进行检查。

13-43　如何进行锅炉的点火操作？

答：（1）热工保护、热工信号仪表及有关设备的投用。点火前，应当把辅机连锁、锅炉灭火、炉膛正压、再热器、水位等热工保护投入，并将炉膛亮度表、探测式烟气温度计、火焰监视器、工业电视等热工信号仪表投入。

（2）炉膛和烟道进行吹扫。如果是煤粉炉，应对一次风管进行吹扫，吹扫时间一般为 5～10min，吹扫风量一般为额定值的 25%～30%。吹扫完毕后，调节一、二次风压，使其达到点火所需的数值，炉膛负压调到 20～40Pa，准备点火。

（3）投入暖风器或热风再循环。

（4）油燃烧器投入后应在 10s 内建立火焰，若不能建立火焰应立即切断油源。燃烧器四角布置时，应当先点燃对角两个油枪。点火初期，要定期对换另外两个油枪，以保证锅炉受热面均匀受热。随着汽压、汽温、烟温、风温的提高，根据升温、升压速度可增投油枪。

（5）油枪点燃且着火稳定后，待过热器后的烟温和热风温度上升到一定数值后，可投入主燃烧器，投粉后，应及时注意煤粉的着火情况。如投粉不能点燃，在 5s 之内要立即切断煤粉；如发生灭火，则要通风 5min 后方可重新点火。

13-44 锅炉底部蒸汽加热的投入操作如何进行？

答：（1）检查各排污门在关闭位置，各疏水、空气门在开启位置，蒸汽加热系统各门均在关闭位置。

（2）开启加热器集箱疏水门进行疏水。

（3）微开加热总门进行暖管，暖管时间一般不少于 30min。

（4）待疏水门冒汽后，关闭集箱疏水门，缓慢开启加热总门。之后，逐渐开启加热分门，注意炉墙的振动情况，控制各分门开度，由小到大逐渐加热。

（5）加热时，应控制汽包壁温差及温升速度。

（6）汽包下壁温度在 100℃ 以上，在汽包起压后一般应停止加热。

13-45 自然循环锅炉的上水操作如何进行？

答：（1）检查锅炉各汽水阀门开关均应处于上水位置。

（2）水质：进水前水质必须经化学分析化验合格。

（3）联系有关人员启动给水泵，锅炉上水。夏季上水时间约为 2～3h，冬季上水时间约为 4～5h。

（4）如果环境温度低于 5℃，应当采取防寒、防冻措施。当上水温度与汽包金属壁温差小时，可以适当加快上水速度；反之，则应延长上水时间。

（5）上水至锅炉点火水位时，停止上水。

（6）上水方式一般有：①从省煤器放水门向锅炉上水；②通过水冷壁放水管和下集箱的定期排污门向锅炉上水；③利用过热器的反冲洗管及过热器出口集箱疏水门向锅炉上水；④利用除氧器的静压上水；⑤利用给水泵从给水旁路管上水。现在大型锅炉均设有除氧器加热装置，一般采用给水泵直接向锅炉上水。

第十四章 锅炉运行

14-1 锅炉运行调整的主要任务和目的是什么？

答：运行调整的主要任务是：

(1) 保持锅炉燃烧良好，提高锅炉效率；

(2) 保持正常的汽温、汽压和汽包水位；

(3) 保持饱和蒸汽和过热蒸汽的品质合格；

(4) 保持锅炉的蒸发量，满足汽轮机及热用户的需要；

(5) 保持锅炉机组的安全、经济运行。

锅炉运行调整的目的是通过调节燃料量、给水量、温水量、送风量和引风量来保持汽温、汽压、汽包水位、过量空气系数、炉膛负压等稳定在额定值或允许值范围内。

14-2 锅炉运行中汽压为什么会发生变化？

答：锅炉运行中汽压的变化实质上说明锅炉蒸发量与外界负荷间的平衡关系发生了变化。引起变化的原因主要有两个方面：

(1) 外扰。即外界负荷的变化而引起的汽压变化。当锅炉蒸发量低于外界负荷时，即外界负荷突然增加时，汽压就降低，当蒸发量正好满足外界负荷时，汽压保持正常和稳定。

(2) 内扰。即锅炉内工况变化引起的汽压变化。如：燃烧工况的变动，燃料性质的变动，火嘴的启、停，制粉系统的启、停或堵塞，炉内积灰、结焦，风煤配比改变以及受热面管子内结垢影响热交换或泄漏、爆管等都会使汽压发生变化。

14-3 如何调整锅炉汽压？

答：正常运行中主蒸汽压力应控制在正常参数限额范围内定压运行，在运行中应勤检查、勤分析、勤调整；在锅炉进行升降负荷及制粉系统、给粉机的启停等操作时，应做到心中有数，合理调整，使燃烧稳定，以保证蒸汽压力的稳定。当汽压高于或低于正常值时，必须根据蒸汽流量和电负荷判明原因是来自内扰还是来自外扰，并及时调整。

（1）当内扰引起汽压高于正常值时，应降低给粉机转速，或根据燃烧情况停用部分给粉机，并检查制粉系统运行是否正常。但必须注意防止燃料量减少过多或者操作不当造成锅炉灭火，必要时可用向空排汽降压。

（2）当内扰引起汽压低于正常值时，应增加给粉机转速或投入备用给粉机以加强燃烧，并检查各火嘴来粉和制粉系统工况。

（3）当外扰引起汽压高于正常值时，应及时与电气或汽轮机值班员联系恢复原负荷，并适当降低燃烧率或开启向空排汽，尽快降至正常汽压。

（4）当外扰引起汽压低于正常值时，应注意蒸汽流量是否超过额定值，并联系电气或汽轮机值班员恢复原负荷，提高汽压至正常，防止蒸汽流量超额定值运行。

14-4 机组运行中在一定负荷范围内为什么要定压运行？

答：机组采用定压运行，可以提高机组循环热效率。因为汽压降低会减少蒸汽在汽轮机中做功的焓降，使汽耗增大、煤耗增加，有资料表明，当汽压较额定值低 5%时，则汽轮机蒸汽消耗量将增加 1%。另外，定压运行在一定程度上增加了调度的灵活性，可适应系统调频需要。

14-5 运行中汽压变化对汽包水位有何影响？

答：运行中当汽压突然降低时，因为对应的饱和温度降低使部分锅水蒸发，引起锅水体积膨胀，所以水位要上升；反之，当汽压升高时，因为对应饱和温度的升高，锅水中的部分蒸汽凝结下来，使锅水体积收缩，所以水位要下降。如果变化是由于外扰而引起的，则上述的水位变化现象是暂时的，很快就要向反方向变化。

14-6 锅炉运行时为什么要保持水位在正常范围内？

答：运行中汽包水位如果过高，会影响汽水分离效果，使饱和蒸汽的湿分增加，含盐量增多，容易造成过热器管壁和汽轮机通流部分结垢，使过热器流通面积减小，阻力增大，热阻提高，管壁超温，甚至爆管；另外，蒸汽湿分增大还会导致汽轮机效率降低，轴向推力增大等。严重满水时过热器蒸汽温度急剧下降，使蒸汽管道和汽轮机产生水冲击，造成严重的破坏性事故。

汽包水位过低会破坏锅炉的水循环，严重缺水而又处理不当时，会造成炉管爆破，甚至酿成锅炉爆炸事故。对于高参数大容量锅炉，因其汽包容量相对较小，而蒸发量又大，其水位控制要求更严格，只要给水量与蒸发量不相适应，就会在短时间内出现缺水或满水事故，因此锅炉运行中一定要保持汽包水位在正常的范围内。

14-7　锅炉运行中汽包水位为什么会发生变化？

答：引起水位变化的原因是物质的平衡（给水量与蒸发量的平衡）遭到破坏、工质状态发生变化。如给水量大于蒸发量，水位上升；给水量小于蒸发量，则水位下降；给水量等于蒸发量时，水位保持不变。但是即使物质平衡，如果工质状态发生变化，水位仍会变化，如炉内放热量突变或外界负荷突变，蒸汽压力和饱和温度也随着变化，从而使水和蒸汽的比体积以及水容积中汽泡数量发生变化也要引起水位变化。

14-8　如何调整锅炉水位？

答：锅炉正常运行中调整锅炉水位，保持汽包水位稳定，应做到以下几点：

（1）要控制好水位，必须对水位认真监视，原则上以一次水位计为准，以差压式水位计为主要监视表计。要保持就地水位计清晰、准确，若水位计无轻微晃动或云母片不清晰时，应立即冲洗水位计，定期对照各水位计，准确判断锅炉水位的变化。

（2）随时监视蒸汽流量、给水流量、汽包压力和给水压力等主要数据，发现不正常时，立即查明原因，及时处理。

（3）若水位超过+50mm时，应关小给水调节汽门，减少进水量，若继续上升至+100mm时，应开事故放水门，放水至正常水位，并查明原因。

（4）正常运行中水位低于-50mm时，应及时开大给水调整门增大进水量，使水位尽快恢复正常，并查明原因、及时处理。

（5）在机组升降负荷、启停给水泵、高压加热器投入或解列、锅炉定期排污、向空排汽或安全门动作以及事故状态下，应对汽包水位所发生的变化超前进行调整。

14-9　为什么要定期冲洗水位计？如何冲洗？

答：冲洗水位计是为了清洁水位计的云母片或玻璃管，防止汽或水连通管堵塞，以免运行人员误判断而造成水位事故。冲洗水位计的步骤如下：

（1）先将汽水侧二次门关闭后，再开启1/4～1/3圈，然后开启放水门，进行汽水管路及云母片的清洗。

（2）关闭汽侧二次门进行水侧管路及云母片冲洗。关水侧二次门，微开汽侧二次门，进行汽侧及云母片的清洗。

（3）微开水侧二次门，关放水门，水位应很快上升，轻微波动，指示清晰，否则应重新冲洗一次。

（4）将汽水侧二次门全开，与另一个水位计对照，指示应相符。

（5）冲洗水位计时间不应过长，并要防止水位计中保护钢珠堵塞。

14-10 什么是虚假水位？

答：虚假水位就是暂时的不真实水位。当汽包压力突降时，由于锅水饱和温度下降到相对应压力下的饱和温度而放出大量热量来自行蒸发，于是锅水内汽泡增加，体积膨胀，使水位上升，形成虚假水位。汽包压力突升，则相应的饱和温度提高，一部分热量被用于锅水加热，使蒸发量减少，锅水中汽泡量减少，体积收缩，促使水位降低，同样形成虚假水位。

14-11 当出现虚假水位时应如何处理？

答：锅炉负荷突变、灭火、安全门动作、燃烧不稳等运行情况不正常时，都会产生虚假水位。

当锅炉出现虚假水位时，首先应正确判断，要求运行人员经常监视锅炉负荷的变化，并对具体情况具体分析，才能采取正确的处理措施。如当负荷急剧增加而水位突然上升时，应立即减少给水量，控制汽包水位上升速度；当水位停止上升时并有下降趋势时，应立即加大给水量补水，使其与蒸汽量相适应，同时应强化燃烧，恢复汽压，恢复正常水位。如负荷上升的幅度较大，引起的水位变化幅度也很大，此时若不控制就会引起满水时，就应先适当减少给水量，以免满水，同时强化燃烧，恢复汽压；当水位刚有下降趋势时，立即加大给水量，否则又会造成水位过低。也就是说，应做到判断准确，处理及时。

14-12 锅炉启动时省煤器发生汽化的原因与危害有哪些？如何处理？

答：锅炉点火初期，省煤器只是间断进水时，其内的水温将发生波动。在停止进水时，省煤器内不流动的水温度升高，特别是靠近出口端，则可能发生汽化。进水时，水温又降低，这样使其管壁金属产生交变热应力，影响金属及焊口的强度，日久产生裂纹损坏。当省煤器出口处汽化时，会引起汽包水位大幅度波动和进水发生困难，此时应加大给水量将汽塞冲入汽包，待汽包水位正常后，尽量保持连续进水或在停止进水的情况下开启省煤器再循环门。

14-13 水位计的平衡容器及汽、水连通管为什么要保温？

答：保温的目的主要是为了防止平衡器及连通管受大气的冷却散热，使其间的水温下降，与汽包内的水相比产生较大的重度差，而这种重度差越大，水位计的指示与汽包内的真实水位误差越大，所以要在这些部位保温，以减小指示误差。

14-14 锅炉运行中为什么要控制一、二次汽温稳定？

答：锅炉运行中控制稳定的一、二次汽温对机组的安全经济运行有着极其重要的意义。

当汽温过高时，将引起过热器、再热器、蒸汽管道及汽轮机汽缸、转子等部分金属强度降低，导致设备的使用寿命缩短。严重超温时，还将使受热面管爆破。若汽温过低，则影响热力循环效率，并使汽轮机末级叶片处蒸汽湿度过大，严重时可能产生水击，造成叶片断裂损坏事故。若汽温大幅度突升突降，除对锅炉各受热面焊口及连接部分产生较大的热应力外，还将造成汽轮机的汽缸与转子间的相对位移增加，即膨胀差增加，严重时甚至会导致叶轮与隔板的动静摩擦，造成剧烈振动。此外，汽轮机两侧的汽温偏差过大，将使汽轮机两侧受热不均匀，热膨胀不均匀。因此，锅炉运行中对汽温要严密监视、分析、调整，用最合理的方法控制汽温稳定。

14-15 锅炉运行中引起汽温变化的主要原因是什么？

答：（1）燃烧对汽温的影响。炉内燃烧工况的变化，直接响到各受热面吸热份额的变化。如上排燃烧器的投、停，燃料品质和性质的变化，过量空气系数的大小，配风方式及火焰中心的变化等，都对汽温的升高或降低有很大影响。

（2）负荷变化对汽温的影响。过热器、再热器的热力特性决定了负荷变化对汽温影响的大小，目前广泛采用的联合式过热器中，采用了对流式和辐射式两种不同热力特性的过热器，使汽温受锅炉负荷变化的影响较小，但是一般仍是接近对流的特性，蒸汽温度随着锅炉负荷的升高、降低而相应的升高、降低。

（3）汽压变化对汽温的影响。蒸汽压力越高，其对应的饱和温度就越高；反之，就越低。因此，如因某个扰动使蒸汽压力有一个较大幅度的升高或降低，则汽温就会相应地升高或降低。

（4）给水温度和减温水量对汽温的影响。在汽包锅炉中，给水温度降低或升高，汽温反而会升高或降低。减温水量的大小更直接影响汽温的降、升。

（5）高压缸排汽温度对再热汽温的影响。再热器的进、出口蒸汽温度都是随着高压缸排汽的温度升降而相应升高、降低的。

14-16 什么叫热偏差？产生热偏差的原因有哪些？

答：在并列工作的受热面管子中，某根管内工质吸热不均的现象叫热偏差。管组中，工质焓值大于平均值的管子叫做偏差管。过热器产生热偏差主要是由热力不均和水力不均两方面的原因造成的。

14-17 什么叫热力不均？它是怎样产生的？

答：热力不均就是同一受热面管组中，热负荷不均的现象。热力不均既能由结构特点引起，也能由运行工况引起。如沿烟道宽度烟温分布不均和烟速不均的现象；受热面的蛇形管平面不平或间距不均造成烟气走廊；受热面的积灰、结渣，炉膛火焰中心偏斜；运行操作调整不良使火焰偏斜、下移、抬高等，都将造成热力不均。

14-18 什么叫水力不均？影响因素有哪些？

答：水力不均即蒸汽流过由许多并列管圈组成的过热器管组时，管内流量不均的现象。

并列管圈中的工质流量与管圈进出口压差、阻力特性及工质密度有关。在过热器进出口集箱中，蒸汽引入、引出的方式不同，各并列管圈的进出口压差就不一样。压差大的管圈蒸汽流量大，压差小的管圈蒸汽流量小。由于管子的结构特性、粗糙度不同，使得管组的阻力特性不同，阻力大的管组流量小，阻力小的管组流量大。当并列管受热不均匀时，受热强的管子吸热多，工质温度高，密度减少，由于蒸汽容积增大，阻力增加，因而蒸汽流量减少。

14-19 调整过热汽温有哪些方法？

答：调整过热汽温一般以喷水减温为主，作为细调手段。减温器为两级或以上布置，以改变喷水量的大小来调整汽温的高低；另外，可以改变燃烧器的倾角和上、下火嘴的投停及改变配风工况等来改变火焰中心位置作为粗调手段，以达到汽温调节的目的。

14-20 调整再热汽温的方法有哪些？

答：再热汽温的调整大致有烟气再循环、分隔烟道挡板、汽—汽热交换器和改变火焰中心高度4种方法。利用再循环风机，将省煤器后部分低温烟气抽出，再从冷灰斗附近送入炉膛，以改变辐射受热面和对流受热面的吸热比例。对于布置在对流烟道内的再热器，当负荷降低时，再热汽温降低，可增加再循环烟气量，使再热器吸热量增加，保持再热汽温不变。用隔墙将尾部烟道分成两个并列烟道，在两烟道中分别布置过热器与再热器，并列烟道省煤器后装有烟道挡板，调节挡板开度可以改变流经两个烟道的烟气流量，从而调节再热汽温。汽—汽热交换器是利用过热蒸汽加热再热蒸汽以调节再热汽温的设备。对于设置壁式再热器和半辐射式再热器的锅炉，可以通过改变炉膛火焰中心的高度来调节再热汽温。另外，再热器还设置了微量喷水作为辅助细调手段。

14-21 再热器事故喷水在什么情况下使用？

答：事故喷水的主要作用是保护再热器的安全。如锅炉发生二次燃烧，或减温减压装置故障，高温、高压的过热蒸汽直接进入再热器，或其他一些造成再热器超温的情况下，都应使用事故喷水减温。既可使再热器管壁不致超温，又降低了再热汽温，正常运行中还能起到调整再热器出口汽温在额定值以及减小两侧温度偏差的作用。

14-22 燃烧调整的主要任务是什么？

答：燃烧调整的主要任务是在满足外界负荷需要的蒸汽量和合格的蒸汽质量的同时，保证锅炉运行的安全和经济性。

（1）保证蒸汽参数达到额定并且稳定运行。

（2）保证着火稳定，燃烧中心适当，火焰分布均匀，烧坏设备，避免积灰结焦。

（3）使锅炉和机组在最经济条件下安全运行。

14-23 什么叫锅炉的储热能力？储热能力的大小与什么有关？

答：当外界负荷变动而锅炉燃烧工况不变时，锅炉工质、受热面及炉墙能够放出或吸入热量的能力叫做锅炉的储热能力。

储热能力的大小主要取决于锅炉的工作水容积及受热面金属量的大小，并且与锅炉的蒸汽压力有关。即工作水容积越大，受热面金属量越多，蒸汽压力越低，锅炉的储热能力越大。对于采用重型炉墙的锅炉，储热量还与炉墙有关。

14-24 锅炉的储热能力对运行调节的影响怎样？

答：当外界负荷变动时，锅炉内工质和金属的温度、热量等都要发生变化。如负荷增加而燃烧未及时调整时使汽压下降，则对应的饱和温度降低，锅水液体热相应减少，此时锅水以及金属内蓄热放出将使一部分锅水自身汽化变为蒸汽。这些附加蒸发量的产生起到减缓汽压下降的作用。所以储热能力越大则汽压下降的速度就越慢。与此相反，当燃烧工况不变，负荷减少使汽压升高时，由于饱和温度升高，工质和金属就将一部分热量储存起来，使汽压上升的速度减缓。因此，锅炉的储热能力对运行参数的稳定是有利的。但是当锅炉调节需要主动变更工况而改变燃烧率时，锅炉的负荷、压力、温度则因有储热能力而变化迟钝，不能迅速适应工况变动的要求。

14-25 什么叫燃烧设备的惯性？与哪些因素有关？

答：燃烧设备的惯性是指从燃料量开始变化到建立新的热负荷所需要的时间。此惯性与燃料种类和制粉系统的型式等有关。如油的着火燃烧比煤粉迅速，燃油时惯性就小，储仓式系统的惯性小，直吹式系统的惯性大。所以燃烧设备的惯性越小，运行燃烧调节就越灵敏；反之就迟钝。

14-26 一、二、三次风的作用是什么？

答：对于煤粉炉来说，一次风的作用主要是输送煤粉通过燃烧器送入炉膛，并能供给煤粉中的挥发分着火燃烧所需的氧气，采用热风送粉的一次风，同时还具有对煤粉预热的作用。

二次风的作用是供给燃料完全燃烧所需的氧量，并能使空气和燃料充分混合，通过二次风的扰动，使燃烧迅速、强烈、完全。

三次风是制粉系统排出的干燥风，俗称乏气，它作为输送煤粉的介质，送粉时叫做一次风，只有在以单独喷口送入炉膛时叫做三次风。三次风含有少量的细煤粉，风速高，对煤粉燃烧过程有强烈的混合作用，并补充燃尽阶段所需要的氧气，由于其风温低、含水蒸气多，有降低炉膛温度的影响。

14-27 何谓热风送粉？有何特点？

答：以空气预热器出口的热风作为输送煤粉进入炉膛燃烧的方式称为热风送粉。

热风送粉能使煤粉在风管内先行预热，有利于挥发分的析出及在炉膛内及时着火和稳定燃烧。但是对于高挥发分的煤种，不宜采用热风送粉，以防止煤粉在燃烧器内过早着火而烧坏火嘴。

14-28 热风再循环的作用是什么？

答：热风再循环的作用就是从空气预热器出口引出部分热空气，再送回到入口风道内，以提高空气预热器入口风温。这样可以提高空气预热器受热面壁温，防止预热器受热面的低温腐蚀，同时还可提高预热器出口风温。但使排烟温度提高，降低了锅炉热效率。

14-29 运行中如何保持和调整一次风压（指动压）？

答：运行中对一次风压应根据不同煤种和不同的一次风管进行调整。因为不同的煤种适应不同的一次风速和着火点，一次风管长度、弯头不同也需要不同的风压，风管长、弯头多的风口需稍高的风压，以保持各个风口相同的合理风速，反之亦然。根据上述所进行的一次风的调整，应能满足输送煤粉这个基本要求，即保证风管畅通，同时根据具体的情况保证合理的一次风量和风压来组织燃烧，防止一次风量过大、风压过高造成火嘴脱火，或风压过低、风量过小造成堵管、烧坏火嘴等不良现象。

14-30 运行中如何防止一次风管堵塞？

答：(1) 监视并保持一定的一次风速（风压）值；

(2) 经常检查火嘴来粉情况，清除喷口处结焦；

(3) 保持给粉量的相对稳定，防止给粉量大幅度增加；

(4) 发现风速（风压）表不正常时，及时进行吹扫，并防止因测压管堵塞而造成误判断。

14-31 锅炉运行中怎样进行送风调节？

答：锅炉总风量的控制是通过调节送风机进口的导向挡板实现的。组织锅炉燃烧，就是要使一、二次风的风压、风量配合好。

一次风量的调节应满足其所携带进入炉膛的煤粉挥发分着火所需的氧量，并保持一定的风速，不使煤粉管堵塞和喷出的射流具有一定的刚性。一次风量的过大和过小，风速的过高和过低，都应避免。

二次风的调节除应保证焦炭的燃烧所需氧量外，还必须保持一定的风速并掌握好与一次风混入的时间，应具有较强的搅拌混合作用和穿透焦炭"灰衣"的动能，这就需要根据具体情况，调整各层二次风的风量，以实现燃烧稳定和烟气中过量氧量适当的目的。

14-32 二次风怎样配合为好？

答：一次风量占总风量的份额叫做一次风率。一次风率小，煤粉气流加热到着火点所需的热量少，着火较快，但一次风量以能满足输送煤粉及挥发分的燃烧为原则。

二次风混入一次风的时间要合适。如果在着火前就混入二次风，等于增加了一次风量，使着火延迟；如果二次风混入过迟，又会使着火后的燃烧缺氧；如果二次风在一个部位同时全部混入，因为二次风温大大低于火焰温度，会降低火焰温度，使燃烧速度减慢，甚至造成灭火。所以二次风的混入应依据燃料性质按燃烧区域的需要适时送入，做到使燃烧不缺氧，又不会降低火焰温度，保证着火稳定和燃烧完全。

14-33 二次风速怎样配合为好?

答:一次风速高,将使煤粉气流在离开燃烧器较远的地方着火,使着火点推迟;一次风速过低,会造成一次风管堵塞,而且着火点过于靠前,将使燃烧器烧坏,还容易在燃烧器附近结焦。所以运行中要保持一定的一次风速,使煤粉气流离开燃烧器25~30mm即开始着火,既对燃烧有利,又可防止烧坏燃烧器。

二次风速一般应大于一次风速。较高的二次风速才能使空气与煤粉充分混合,但是二次风速又不能比一次风速大得太多,否则会吸引一次风,使混合提前,以致影响着火。所以一、二次风速应合理配比。

14-34 如何判断燃烧过程的风量调节是否为最佳状态?

答:一般通过如下几方面进行判断:

(1) 烟气的含氧量在规定的范围内。

(2) 炉膛燃烧正常稳定,具有金黄色的光亮火焰,并均匀地充满炉膛。

(3) 烟囱烟色呈淡灰色。

(4) 蒸汽参数稳定,两侧烟温差小。

(5) 有较高的燃烧效率。

14-35 运行中保持炉膛负压的意义是什么(设计为微正压炉除外)?

答:运行中炉膛内压力变正时,炉膛高温烟气和火苗将从一些孔门和不严密处外喷,不仅影响环境卫生,危及人身安全,还可能造成炉膛和燃烧器结焦,燃烧器、钢性梁和炉墙等过热而变形损坏,还会造成燃烧不稳定及燃烧不完全,降低热效率。所以应保持炉膛负压运行,但负压过大时,将增加炉膛和烟道的漏风,不但降低炉膛温度,造成燃烧不稳,而且使烟气量增加,加剧尾部受热面磨损和增加风机电耗,降低锅炉效率。因此,炉膛负压值一般应维持在30~50Pa为宜。

14-36 炉膛负压为何会变化?

答:锅炉运行时,炉膛负压表上的指针经常在控制值左右轻微晃动,有时甚至出现大幅度的剧烈晃动,可见炉膛负压总是波动的。主要原因是:

(1) 燃料燃烧产生的烟气量与排出的烟气量不平衡。

(2) 虽然有时送风机、引风机出力都不变,但由于燃烧工况的变化,因此炉膛负压总是波动的。

(3) 燃烧不稳时,炉膛负压产生强烈的波动,往往是灭火的前兆或现象之一。

（4）烟道内的受热面堵灰或烟道漏风增加，在送引风机工况不变时，也使炉膛负压变化。

14-37 如何预防结渣？

答：（1）堵漏风，凡是漏风处都要设法堵严。

（2）预防火焰中心偏移，炉膛上部结渣时，尽量投用下排燃烧器或燃烧器下倾，以降低火焰中心；若炉膛下部结渣，则采取相反措施。

（3）防止风粉气流冲刷水冷壁。

（4）保持合格的煤粉细度。

（5）及时吹灰和除渣。

14-38 为什么有些锅炉改燃用高挥发分煤易造成一次风管烧红？如何处理？

答：有些锅炉设计煤种为贫煤或劣质烟煤，这些煤的特点是挥发分低、灰分大、低位发热量低，不易点燃、火焰短、一般不结焦。针对上述情况，锅炉大都采用单炉膛四角切圆燃烧、一次风集中布置，并采用热风送粉，以利于煤粉着火，稳定燃烧。当改用高挥发分煤种时，由于采用较高温度的热风送粉，往往使煤粉气流着火提前，在靠近燃烧器出口，甚至在一次风管内就着火，烧坏燃烧器和一次风管。

如遇到燃用高挥发分煤种时，应作如下处理：

（1）提高一次风速，使着火点推迟，不致于靠燃烧器太近。

（2）增大一次风量，开大中间夹心风，使煤粉气流不致于过于集中，适当降低炉膛温度。

（3）经常检查火嘴，发现结焦及时消除。防止受热面结焦、燃烧器烧坏、一次风管堵塞。

14-39 为什么要定期除焦和放灰？

答：所有固体燃料都含有一定量的灰分，燃煤锅炉燃烧过程中就会有焦渣和飞灰产生，焦渣落入冷灰斗，大颗粒的飞灰流经尾部时会落入省煤器、空气预热器下的放灰斗，此时就需要定期除渣和放灰，以免引起堵渣和堵灰。除焦和放灰不及时，会造成受热面壁温升高，从而使受热面严重结焦，引起汽温升高，破坏水循环，增加排烟损失。结焦严重时，还会造成锅炉出力下降。积灰严重时，还会堵塞尾部通道，甚至被迫停炉检修。

14-40 冷灰斗挡板开度过大会造成什么危害？

答：固态排渣煤粉炉的出灰方式有定期出灰和连续出灰。不管何种形式，在出灰过程中，如果冷灰斗灰挡板开度过大，都会有大量冷风由此进入炉膛，造成炉膛平均温度降低、火焰中心上移，导致燃烧不稳定、锅炉热效率降低。所以，除灰时，挡板开度不能过大，特别是采用连续出灰时，更应注意。

14-41　炉膛结焦的原因是什么？

答：炉膛内结焦的原因很多，大致有如下几点：

（1）灰的性质。灰的熔点越高，越不容易结焦；反之，熔点越低，就越容易结焦。

（2）周围介质成分对结焦的影响也很大。燃烧过程中，由于供风不足或燃料与空气混合不良，使燃料未达到完全燃烧，未完全燃烧将产生还原性气体，灰的熔点就会大大降低。

（3）运行操作不当，使火焰发生偏斜或一、二次风配合不合理，一次风速过高，颗粒没有完全燃烧，而在高温软化状态下黏附到受热面上继续燃烧，形成结焦。

（4）炉膛容积热负荷过大。锅炉超出力运行，炉膛温度过高，灰粒到达水冷壁面和炉膛出口时，还不能够得到足够的冷却，从而造成结焦。

（5）吹灰、除焦不及时。造成受热面壁温升高，从而使受热面产生严重结焦。

14-42　炉膛结焦有何危害？

答：炉膛结焦会产生如下危害：

（1）引起汽温偏高。炉膛大面积结焦时，使水冷壁吸热量大大减小，炉膛出口烟气温度偏高，过热器传热强化，造成过热汽温偏高、管壁超温。

（2）破坏水循环。炉膛局部结焦后，结焦部位水冷壁吸热量减少，循环水速下降，结焦严重会使循环停滞而造成水冷壁爆管。

（3）增加排烟热损失。结焦使炉膛出口温度升高，造成排烟温度升高，从而增加了排烟热损失，降低锅炉效率。

（4）严重结焦时，还会造成锅炉出力下降，甚至被迫停炉进行除焦。

14-43　如何防止炉膛结焦？

答：为了防止结焦，在运行方面可采取以下措施：

（1）合理调整燃烧，使炉内火焰分布均匀，火焰中心不偏斜。

（2）保证适当的过剩空气量，防止缺氧燃烧。

（3）避免锅炉负荷超出力运行。

（4）勤检查，发现积灰和结焦应及时清除。

在检修方面应做到：

（1）提高检修质量，保证燃烧器安装精确。

（2）检修后的锅炉严密性要好，防止漏风。

（3）针对运行中发现的设备不合理的地方及时进行改进，防止结焦。

14-44　为什么要定期切换备用设备？

答：定期切换备用设备是使设备经常处于良好状态下运行或备用必不可少的重要条件之一。运转设备若停运时间过长，会发生电动机受潮、绝缘不良、润滑油变质、机械卡涩、阀门锈死等现象，而定期切换备用设备正是为了避免以上情况的发生，对备用设备存在的问题及时消除、维护、保养，保证设备的运转性能。

14-45　运行中为什么要定期校对水位计？

答：因为锅炉运行中汽包水位是以就地布置的一次水位计为准的，而运行人员在控制盘上是根据低地位水位计来控制水位、调整给水量的；由于低地位水位计需要较多的传递环节、转换过程和设备，有时难免在某个环节出现一些异常、故障，影响水位指示的正确性，从而造成各个低地位水位计之间的误差。因此，必须定期根据汽包就地水位计的指示，校对低地位水位计的正确性，防止因水位监视不准确而引起水位事故发生。

14-46　锅炉出灰、除焦时为什么要事先联系？应注意哪些事项？

答：因为煤粉炉一般都采用微负压燃烧方式运行，进行出灰或除焦时又必须打开孔门，所以大量冷风进入炉内，使炉膛温度降低，导致燃烧不良。炉膛负压因燃烧的变化和风量的送入与烟气的排出不平衡，将出现摆动幅度大甚至正压现象，高温烟气喷出既污染环境，又容易伤人。因此，必须事先联系经同意后，方可除焦、出灰。监盘人员应采取稳定燃烧的措施，并保持一定的炉膛负压。出灰、除焦人员应戴手套，使用专用工具，并做好闪避的准备，谨慎进行操作，当操作完毕，应及时通知监盘人员。

14-47　定期排污有哪些规定？

答：（1）锅炉的定期排污，应根据化学值班员的通知，并在实施监护的情况下进行操作。

（2）排污必须在征得主值班员同意后进行。

（3）排污操作人员的穿戴应符合安规要求。操作场所应有照明，通道无杂物堆积，在排污装置有缺陷时，禁止排污操作。

（4）使用专门的扳手操作，并不准加套管。

（5）操作应逐一回路进行，并按规定的时间执行。

14-48 燃烧自动调节或压力自动调节投运注意事项什么？

答：燃烧自动调节或压力自动调节投入运行时，必须注意监视其工作情况，遇有工况变化及重大操作，必须将其解列。压力自动调节投入时，必须保持下两层给粉机在稳定转速运行，以保证稳定的火焰。

14-49 为什么燃烧器四角布置的锅炉应对角投用给粉机？

答：对于四角布置燃烧器的锅炉，对角投用火嘴，可维持稳定的炉内空气动力特性及较好的火焰充满程度，使燃烧稳定，避免火焰偏斜，可有效地提高锅炉的燃烧效率。

14-50 中间储仓式制粉系统启停对汽温有何影响？

答：启动制粉系统后，一次风要适当减少；为了使燃料达到完全燃烧，总风量要增加，这样使烟气容积增大，流经过热器的烟速增大。由于炉膛出口烟温升高，因此汽温上升。另外，对于热风送粉的制粉系统，由于三次风的风温较低，因此它的投入也相对降低了炉膛温度，使得炉内辐射传热减弱。因烟气流量大、流速加快，对流过热器、再热器区域换热量增加，导致蒸汽温度上升。停运制粉系统时正好相反，使蒸汽温度下降。

14-51 空气预热器漏风有何危害？

答：空气预热器漏风使送、引风机电耗增加，严重时因风机出力受限，锅炉被迫降负荷运行。漏风造成排烟热损失增加，降低了锅炉的热效率。漏风还使热风温度降低，导致受热面低温段腐蚀、堵灰。空气预热器和省煤器二级交叉布置的管式空气预热器高温段漏风，还会造成烟气量增大，加剧对低温省煤器磨损。

14-52 回转式空气预热器漏风的原因是什么？

答：由于烟气侧与空气侧存在压差，因此预热器动、静部分之间的间隙不可避免要引起漏风。

引起漏风的原因有以下几点：

（1）结构设计不良。密封装置在热态运行中补偿不足。

（2）制造工艺欠佳。加工精度不够，焊接质量差。

（3）安装与检修质量差。未能按设计要求安装和检修。

（4）运行与维护不当，造成预热器积灰和腐蚀及二次燃烧。

14-53　为什么要对锅炉受热面进行吹灰？

答：吹灰是为了保持受热面清洁。灰的导热系数很小，锅炉受热面上积灰影响受热面的传热，吸热工质温度下降，排烟温度升高，从而使锅炉热效率降低；积灰严重使烟气通流截面积缩小，增加流通阻力，增大引风机电耗，降低锅炉运行负荷，甚至被迫停炉；由于积灰使后部烟温升高，影响尾部受热面安全运行。局部积灰严重，有可能形成"烟气走廊"，使局部受热面因烟速提高，磨损加剧，故应定期对锅炉受热面进行吹灰。

14-54　燃煤水分对煤粉气流着火有何影响？

答：燃煤水分较高，不利于煤粉气流的着火。一方面，水分提高将使燃料在炉膛内吸热、蒸发所需热量增加，煤粉气流着火热升高，着火困难；另一方面，由于水分在炉膛内的蒸发吸热，使炉膛温度降低。故燃煤水分过大将使煤粉着火推迟。

14-55　燃煤灰分对煤粉气流着火有何影响？

答：由于煤粉中的灰分阻碍挥发分的析出和氧气向炭粒表面的扩散，因而灰分含量越大，煤粉的燃烧速度越低。导致燃烧器出口区域的烟气温度降低，煤粉着火推迟，燃烧的稳定性变差。

14-56　燃煤挥发分对煤粉气流着火有何影响？

答：煤粉燃烧首先是挥发分着火燃烧，放出热量，并加热焦炭，使焦炭温度迅速升高，并燃烧起来。如果燃煤挥发分低，则着火温度越高，越不容易着火，使煤粉着火推迟。另外，挥发分对煤粉气流的着火速度也有很大影响，挥发分较低的燃煤着火速度低，燃烧不易稳定，甚至发生灭火。

14-57　煤粉细度对煤粉气流的燃烧有什么影响？

答：煤粉越细，总表面积越大，挥发分析出就越快，这对于着火的提前和稳定燃烧是不利的，而且煤粉燃烧越不完全。一般来讲，对于无烟煤或贫煤，煤粉细度要求较细且较均匀，对于烟煤和褐煤，因其着火并不困难，煤粉可适当粗些。

14-58　为什么正常运行时，水位计的水位是不断上下波动的？

答：锅炉在正常运行时，蒸汽压力反映了外界用汽量与锅炉产汽量之间的动态平衡关系，当锅炉产汽量与外界用汽量完全相等时，汽压不变，否则汽压就要变化。平衡是相对的，变化是绝对的，用汽量和锅炉产汽量实际上是在不断变化的。当压力升高时，说明锅炉产汽量大于外界用汽量，炉水的饱和温度提高，送入炉膛的燃料有一部分用来提高炉水和蒸发受热面金属的温度，剩余的部分用来产生蒸汽，由于水冷壁中产汽量减少，汽水混合物中蒸汽所占的体积减少，汽包里的炉水补充这一减少的体积，因而水位下降，反之，当压力降低时，水位升高。所以，造成了水位在水位计内上下不断波动。燃料量和给水量的波动使得水冷壁管内含汽量发生变化，也会造成水位波动。

在运行中发现水位计水位静止不动，则可能是水位计水连通管堵塞，应立即冲洗水位计，使之恢复正常。

14-59 为什么规定锅炉的汽包中心线以下 150mm 或 200mm 作为水位计的零水位？

答：从安全角度看，汽包水位高些，多储存些水，对安全生产及防止炉水进入下降管时汽化是有利的。但是为了获得品质合格的蒸汽，进入汽包的汽水混合物必须得到良好的汽水分离。只有当汽包内有足够的蒸汽空间时，才能使汽包内的汽水分离装置工作正常，分离效果才能比较理想。

由于水位计的散热，水位计内水的温度较低，密度较大，而汽包内的炉水温度较高，密度较小。有些锅炉的汽水混合物从水位以下进入汽包，使得汽包内的炉水密度更小，这使得汽包的实际水位更加明显高于水位计指示的水位。因此，为了确保足够的蒸汽空间，大多数中压炉和高压炉规定汽包中心线以下 150mm 作为水位计的零水位。

由于超高压和亚临界压力锅炉的汽水密度更加接近，汽水分离比较困难，而且超高压和亚临界压力锅炉汽包内的炉水温度与水位计内的水温之差更大，为了确保良好的汽水分离效果，需要更大的蒸汽空间。所以，超高压和亚临界压力锅炉规定汽包中心线以下 200mm 为水位计零水位。

14-60 为什么汽包内的实际水位比水位计指示的水位高？

答：由于水位计本身散热，水位计内的水温较汽包里的炉水温度低，水位计内水的密度较大，使汽包内的实际水位比水位计指示的水位要高 10%～50%。随着锅炉压力的升高，汽包内的炉水温度升高，水位计散热增加，水温的差值增加，水位差值增大。

对于汽水混合物从汽包水位以下进入的锅炉，由于汽包水容积内含有汽泡，炉水的密度减小。当炉水含盐量增加时，汽包水容积内的汽泡上升缓慢，也使汽包内水的密度减小，汽包的实际水位比水位计水位更高。汽水混合物从汽包蒸汽空间进入，有利于减小汽包实际水位与水位计水位的差值。对于压力较高的锅炉，为了减小水位差值，可采取将水位计保温或加蒸汽夹套以减少水位计散热的措施。

14-61　什么是干锅时间？为什么随着锅炉容量的增加，干锅时间减少？

答：锅炉在额定蒸发量下，全部中断给水，汽包水位从正常水位（0 水位）降低到最低允许水位（－200mm）所需的时间，称为干锅时间。

因为汽包的相对水容积（每吨蒸发量所占有的汽包容积）随着锅炉容量的增大而减小，所以锅炉容量越大，干锅时间越短，因而对汽包水位调整的要求也越高。

14-62　为什么增加负荷时应先增加引风量，然后增加送风量，最后增加燃料量；减负荷时则应先减燃料量，后减送风量，最后减引风量？

答：负荷增加时，应先增引风量，后增加送风量，最后增加燃料量；减负荷时应先减燃料量，后减进风量，最后减引风量。这是因为负压锅炉运行时，必须保证不冒黑烟，必须随时保持炉膛负压，确保炉膛不向外冒烟。如果按照上述步骤操作，即可保证做到这一点，否则，就会造成冒黑烟或炉膛变正压向外喷烟喷火。例如，增加负荷时，光增燃料量，后增送风量，最后增加引风量，则当燃料增加而送风量没增加时，炉子因风量不足必然冒黑烟，当燃料量和送风量增加而引风量还未增加时，炉膛可能变为正压，而向外喷火喷烟，不但影响人身安全，而且也污染了环境。

根据同样的道理，减负荷时应遵循同样的原则进行操作。但在低负荷时由于相对过量空气系数较大，为防止灭火可逆向操作。

14-63　为什么水冷壁管外壁结渣后会造成管子过热烧坏？

答：从表面上看，水冷壁管外壁结垢后，好像水冷壁管被灰渣包围，炉膛火焰对其辐射传热减少，壁温降低，应该更安全些。其实正好相反，水冷壁管结渣后反而会因灰渣大大减少了火焰和高温烟气对水冷壁的辐射传热，灰渣的导热系数又很低，使其吸热量减少导致水循环不良，冷却不足而过热损坏。

因为水冷壁管结渣后，水冷壁管从炉膛吸收的辐射热量显著减少，水冷壁管内汽水混合物中的蒸汽含量减少，循环回路的循环压头减少，使水冷壁管内的循环流速降低，严重时发生循环停滞或出现自由水位。由于结渣是局部的，同一根水冷壁管未结渣的部位所受到的火焰辐射热量并未减少，却因循环流速降低或出现循环停滞和自由水位，得不到良好的冷却而过热，导致金属强度降低最后发生损坏。

14-64　为什么锅炉负荷越大，汽包压力越高？

答：作为锅炉产品主要质量指标之一的过热蒸汽压力，无论锅炉负荷大小都要保证在规定的范围内。而汽包压力在不超过允许的最高压力的前提下是不作规定的。

汽包的压力只决定于过热蒸汽压力和负荷。汽包压力等于过热器出口压力加上过热器进出口压差。而过热器进入口压差与锅炉负荷的平方成正比。负荷越大，压差越大。因为要求过热蒸汽压力不变，所以，负荷越大，汽包压力越高。

14-65 为什么汽轮机的进汽温度和进汽压力降低时要降低负荷？

答：对于一定工作压力的汽轮机，只要进汽温度在允许的范围内，汽轮机的排汽湿度也会在允许的范围之内。如果锅炉由于各种原因使得蒸汽温度低于允许温度的下限时，汽轮机仍在额定负荷下运行，则由于汽轮机的排汽湿度增加，汽轮机的相对内效率下降。

进汽温度降低，使蒸汽在汽轮机内的焓降减少，造成汽轮机功率下降，效率降低；进汽温度降低，蒸汽比体积减小，在调速汽门开度不变的情况下，蒸汽流量增加，引起各级过负荷，特别是造成汽轮机末级叶片和隔板应力增大；进汽温度降低还会引起轴向推力增加。

为了使汽温低于下限时确保汽轮机的安全和减少效率降低的影响，又避免停机，给司炉一个调整汽温的时间，当汽温低于下限时，汽轮机司机可以根据汽温降低的程度，相应降低汽轮机的负荷，同时要求司炉尽快提高汽温。

当过热蒸汽压力降低时，因为蒸汽在汽轮机内的焓降减少，机组的热效率下降。若仍保持机组功率不变，必然要开大调速汽门增加进汽量，使本级叶片的应力和转子的轴向推力增加，所以，进汽压力低于下限时，要根据汽压降低的程度降低负荷。

14-66 为什么锅炉负荷增加，炉膛出口烟温上升？

答：增加锅炉负荷是靠增加进入炉膛的燃料量和风量来实现的，而且锅炉的负荷基本上正比于进入炉膛的燃料量。进入炉膛的燃料量增加时，虽然水冷壁的辐射受热面未变化，但由于炉膛温度升高，火焰向水冷壁的辐射传热增加，水冷壁因吸热量增多，管内产生的蒸汽量增加而使锅炉产汽量提高。

炉膛内火焰的温度不是与燃料量的增加成正比。大量试验和生产实践证明，锅炉从50％额定负荷到满负荷，炉膛内火焰的温度升高不超过200℃，炉膛内辐射传热量的增加最大不超过80％。因为进入炉膛的燃料增加一倍，而炉膛内水冷壁的辐射吸热量增加不到一倍，虽然负荷增加对流受热面的吸热量增加，但因为水冷壁的辐射吸热量占全部吸热量的95％，对流吸热量仅占5％，所以负荷增加，水冷壁的吸热量所占的比例下降。

由于随着锅炉负荷的增加进入炉膛的燃料量成比例地增加，而炉膛水冷壁的吸热量增加的幅度小于燃料量增加的幅度，必然导致炉膛出口烟温上升。

14-67　为什么过量空气系数增加，汽温升高？

答：过量空气系数增加（假定原先是最佳过量空气系数），炉膛内的温度下降，使水冷壁吸收的辐射热量减少，炉膛出口的烟气温度略有下降。由于烟气量增加，烟速提高，使传热系数增加的幅度大于传热温差减少的幅度，因此，使过热器的吸热量增加。由于排烟温度和烟气量增加，q_2 增加，锅炉效率降低，在燃料量不变的情况下，蒸发量减少，因此，汽温升高。一般说来，过量空气系数每增加 0.1，汽温升高 8～10℃。

如果炉膛的过量空气系数已经较高时，则过量空气系数进一步增加，汽温升高的幅度下降。如果过量空气系数太大，可能会因为炉膛温度和炉膛出口烟气温度大大降低，过热器因传热温差下降太多而使汽温下降，这种情况只有在很恶劣的燃烧工况下才会出现。

14-68　为什么给水温度降低，汽温反而升高？

答：为了提高整个电厂的热效率，发电厂的锅炉都装有给水加热器，在给水泵以前的加热器称为低压加热器，在给水泵以后的称为高压加热器。给水经高压加热器后，给水温度大大提高。例如，中压锅炉给水温度大都加热到172℃，高压炉一般加热到215℃，超高压锅炉给水加热到240℃，亚临界压力锅炉给水加热到260℃。

在运行中由于高压加热器泄漏等原因，高压加热器解列时给水经旁路向锅炉供水。锅炉的给水温度降低后，燃料中的一部分热量要用来提高给水温度。假如蒸发量维持不变，则燃料量必然增加，炉膛出口烟气温度和烟气流速都要提高，过热器的吸热量增加，蒸汽温度必然要升高。给水温度降低后，假定燃料量不变，则由于燃料中的一部分热量用来提高给水温度，用于蒸发产生蒸汽的热量减少，而此时由于燃烧工况不变，炉膛出口的烟气温度和烟气速度不变，过热器的吸热量没有减少。但因为蒸发量减少，蒸汽温度必然升高。所以给水温度降低，蒸汽温度必然升高。

14-69 为什么汽压升高，汽温也升高？

答： 锅炉在运行时，汽压反映了锅炉产汽量与外界用汽量之间的平衡关系。当两者相平衡时，汽压不变。

当汽压升高时，则说明锅炉产汽量大于外界用汽量。锅炉汽压升高，炉水的饱和温度也随之升高。在锅炉燃料量不变的情况下，外界负荷减少，多余的热量就储存在炉水和金属受热面中，一部分蒸汽因压力升高被压缩储存在汽包的蒸汽空间和水冷壁管内。由于此时燃烧工况未变，过热器入口的烟气温度和烟气流速均未变，即过热器的吸热量未变，而过热器入口的饱和蒸汽温度因汽压升高而增加，蒸汽流量因外界负荷减少而降低。所以，汽压升高，汽温升高。

14-70 为什么煤粉炉出渣时，汽温升高？

答： 煤粉喷入炉膛燃烧后，煤粉中约 90% 的灰分进入烟气成为飞灰，约 10% 的灰分经水冷壁管的下部冷灰斗冷却后结成大块的灰渣。烟气中的飞灰通常由除尘器除去，而大块的灰渣则通过定期放渣的方式排出炉外的，经碎渣机粉碎后由灰渣泵送至储灰场。

由于炉膛的烟囱效应，炉膛下部的烟气负压比炉膛上部大。当需要放渣时，将炉膛下部灰斗的放渣门开启，因为灰渣的体积较大，为了使灰渣顺利排出，放渣门开得较大，为了操作人员的安全，出渣时炉膛要维持一定的负压。所以，放渣时大量冷空气从放渣门进入炉膛是不可避免的。大量冷空气从炉膛下部进入炉膛，不但使火焰中心上移，炉膛吸热量减少，而且还使炉膛出口的过量空气系数增加。过热器吸热量的增加必然导致过热汽温上升。

为了减少放渣时对汽温上升的影响，可在放渣过程中略减少送风量。因为从放渣门漏入空气中的一部分也可参与燃烧，这样可以减少炉膛出口过量空气系数增加的幅度，从而降低汽温上升的幅度。

14-71 为什么煤粉变粗过热，汽温升高？

答： 煤粉喷入炉膛后燃尽所需的时间与煤粉粒径的平方成正比。设计和运行正常的锅炉，靠近炉膛出口的上部炉膛不应该有火焰而应是透明的烟气。在其他条件相同的情况下，火焰的长度取决于煤粉的粗细。煤粉变粗，煤粉燃尽所需时间增加，火焰必然拉长。由于炉膛容积热负荷的限制，炉膛的容积和高度有限，煤粉在炉膛内停留的时间很短，煤粉变粗将会导致火焰延长到炉膛出口甚至过热器。

火焰延长到炉膛出口，因炉膛出口烟温提高，不但过热器辐射吸热量增加，而且因为过热器的传热温差增加，使得过热器的对流吸热量也随之增加。而进入过热器的蒸汽流量因燃料量没有变化而没有改变，因此，煤粉变粗必然导致过热汽温升高。

14-72 为什么炉膛负压增加，汽温升高？

答：炉膛负压增加是指炉膛负压的绝对值增加，这使得从人孔、检查孔、炉管穿墙等处炉膛不严密的地方漏入的冷空气增多，与过量空气系数增加对汽温的影响相类似。所不同的是前者送入炉膛的是通过预热器的有组织的热风，后者是未流经预热器的冷风。

炉膛负压增加，尾部受热面负压也同时增大，漏入尾部的冷风使排烟温度和排烟量进一步增加，锅炉热效率降低蒸发量减少。因此，漏入炉膛同样多的空气量，即假若同样使炉膛出口过量空气系数增加 0.1，则炉膛负压增大使汽温升高的幅度大于送风量增加使汽温升高的幅度。

14-73 为什么定期排污时，汽温升高？

答：定期排污时，排出的是汽包压力下的饱和温度的炉水，如中压炉饱和水温为 256℃，高压炉为 317℃。为了维持正常水位，必然要加大给水量。由于给水温度较炉水温度低，如中压炉高压加热器投入运行时为 172℃，不投时为 104℃，高压炉高压加热器投入时为 215℃，不投时为 168℃。

定期排污过程中，排出的是达到饱和温度的炉水，而补充的是温度较低的给水。为了维持蒸发量不变，就必须增加燃料量，炉膛出口的烟气温度和烟气流速增加，汽温升高。如果燃料量不变，则由于一部分燃料用来提高给水温度，用于蒸发产生蒸汽的热量减少，因蒸汽量减少，而炉膛出口的烟温和烟气流速都未变，所以汽温升高。

给水温度越低，则由于定期排污引起的汽温升高的幅度越大，如果注意观察汽温记录表，当定期排污时，可以明显看到汽温升高，定期排污结束后，汽温恢复到原来的水平。

14-74 为什么过热器管过热损坏，大多发生在靠中部的管排？

答：由于炉膛两侧水冷壁强烈的冷却作用，烟气离开炉膛进入过热器时，在水平方向上温度的差别是较大的，中部与两侧的烟气温差最高可达150℃。烟气温度高，不但使过热器管的传热温差增加，而且使烟气向过热器的辐射传热增加，使中部过热器管内的蒸汽温度升高。热负荷增加，使管壁和蒸汽的温差升高。

在过热器管内清洁和蒸汽流速相同的情况下，管壁温度决定于管内的蒸汽温度和热负荷的大小。因此过热器管发生超温过热损坏大多发生在靠中部的管排。

14-75 为什么过热器管泄漏割除后，附近的过热器管易超温?

答：过热器管焊口泄漏或过热器管因过热损坏泄漏，除特殊情况外，由于无法补焊或整根更换工作量很大，通常都采取将损坏的过热器管两头割断封死的处理方法。损坏的过热器管由于没有蒸汽冷却，很快就会因严重过热而断裂脱落，这样在相邻的两根过热器管排之间形成了一个流通截面较大的所谓"烟气走廊"。烟气走廊的流动阻力较小，烟气流速较高，使烟气侧的对流放热系数提高；烟气走廊的存在使烟气辐射层厚度增加，辐射放热系数提高。因为过热器管传热的主要热阻在烟气侧，所以烟气侧放热系数的提高必然使烟气走廊两侧的过热器管吸热量增加。过热器管吸热量的增加，不但使汽温升高，而且管壁与蒸汽的温差增大，使得烟气走廊两侧的过热器管壁温度明显升高。

由于两侧水冷壁的吸热，使得进入过热器的烟气温度在水平方向上是两侧低中间高。过热器管的过热损坏大都发生在烟气温度较高的靠近中间的管排，两侧过热器的损坏较少发生（焊口泄漏的情况除外）。由于烟气走廊处的烟气温度较高，使烟气走廊两侧的过热器管壁温度更易升高。在生产中，时常遇到烟气走廊两侧的过热器管因超温而发红的情况。

14-76 为什么蒸汽侧流量偏差容易造成过热器管超温?

答：虽然过热器管并列在汽包与集箱或两个集箱之间，但由于过热器进出口集箱的连接方式不同，各根过热器管的长度不等，形状不完全相同，这些都会引起每根过热器管的流量不均匀。在过热器的传热过程中，主要热阻在烟气侧，约占全部热阻的 60%，而蒸汽侧的热阻很小，仅占全部热阻的 3%。由于过热器的传热温差较大，可达 350~650℃，各根过热器管温度的差别对传热温差的影响很小，因此可以认为流量较小的过热器管的吸热量并不减少，这些过热器管内的蒸汽温度必然要上升。

蒸汽流量小的过热器管，因蒸汽流速降低，蒸汽侧的放热系数下降，过热器管与蒸汽的温差增大。在过热器管内清洁的情况下，过热器管的壁温决定于蒸汽温度和蒸汽与过热器管的温差。因此蒸汽流量偏差最易使流量偏少的过热器管超温。

低温段过热器，由于蒸汽入口温度为饱和温度，最高不会超过临界温度 374.15℃，出口温度通常在 400℃以下，过热器管的材质为 20 钢，允许使用温度不超过 480℃，过热器管的安全裕量较大，蒸汽流量偏差造成的超温危险较小。高温段过热器由于出口汽温较高，为了节省投资，过热器管材质的安全裕量较小，因此蒸汽流量偏差造成的过热器管超温的危险相对来讲较大。

14-77　为什么低负荷时汽温波动较大？

答：低负荷时，送入炉膛的燃料量少，炉膛容积热负荷下降，炉膛温度较低，燃烧不稳定，炉膛出口的烟气温度容易波动，而汽温不论负荷大小，要求基本上不变。因此，低负荷时烟气温度与蒸汽温度之差较小，即过热器的传热温差减小。

当各种扰动引起炉膛出口烟气温度同样幅度的变化时，低负荷下过热器的传热温差变化幅度比高负荷下过热器的传热温差变化幅度大。由于以上两个原因，使得低负荷时的汽温波动较大。

14-78　怎样从火焰变化看燃烧？

答：煤粉锅炉燃烧的好坏，首先表现于炉膛温度，炉膛中心的正常温度一般达1500℃以上。若火焰充满度高，呈明亮的金黄色火焰，为燃烧正常；当火焰明亮刺眼且呈微白色时，往往是风量过大的现象。风量不足的表现为炉膛温度较低，火焰发红、发暗，烟囱冒黑烟。

14-79　煤粉气流着火点的远近与哪些因素有关？

答：（1）原煤的挥发分含量。挥发分含量大着火点近，着火迅速，否则着火点就远。

（2）煤粉细度的大小。煤粉越细，着火点越近，燃尽时间也短，否则着火点远。

（3）一次风的温度高低。风温高，着火热降低，煤粉易着火，着火点较近；否则，着火点远。

（4）煤粉浓度。一般风粉混合物浓度在 $0.3 \sim 0.6 kg/m^3$ 时最易着火。

（5）一次风速。一次风速值低，着火点近，否则着火点远。

（6）炉膛温度。炉膛温度高，着火点近；否则，着火点远。

14-80　煤粉气流着火的热源来自哪里？

答：一方面是气流卷吸炉膛高温烟气而产生的混合与传质换热；另一方面是炉内高温火焰辐射换热。其中煤粉气流的卷吸是主要的。

14-81　煤粉气流着火点过早或过迟有何影响？

答：着火点过早时有可能烧坏喷口或引起喷口附近的结焦。着火点过迟会使火焰中心上移，可能引起炉膛上部结焦，汽温升高，甚至可能使火焰中断。

14-82 什么是火焰中心？

答：燃料进入炉膛后，一方面由于燃料的燃烧而产生热量使火焰温度不断升高；另一方面由于水冷壁的吸热，使火焰温度降低。当燃料燃烧产生的热量大于水冷壁的吸热量时，火焰温度升高；当燃料燃烧产生的热量等于水冷壁的吸热量时，火焰温度达到最高。炉膛中温度最高的地方称为火焰中心。

火焰中心的高度不是固定不变的，而是随着锅炉运行工况的变化而改变。例如，当燃烧器分成两排，上排投得多时，则火焰中心上移；反之，则下移。

14-83 火焰中心高低对炉内换热影响怎样？

答：在一定的过量空气系数下，若火焰中心上移，使炉膛内总换热量减少，炉膛出口烟气温度升高；若火焰中心位置下移，则炉膛内换热量增加，炉膛出口烟气温度下降。

14-84 为什么要调整火焰中心？

答：锅炉运行中，如果炉内火焰中心偏斜，将使整个炉膛的火焰充满度恶化。一方面造成炉前、后、左、右存在较大的烟温差，使水冷壁受热不均，有可能破坏正常的水循环；另一方面造成炉膛出口左右两侧的烟温差，使炉膛出口一侧的温度偏高，导致该侧过热器等受热面超温爆管，因此运行中要注意调整好火焰中心位置，使其位于炉膛中央。

14-85 运行中如何调整好火焰中心？

答：对于四角布置的燃烧器要同排对称运行，不缺角，出力均匀，并尽量保持各燃烧器出口气流速度及负荷均匀一致；或通过改变摆动燃烧器倾角或上、下二次风的配比来改变火焰中心位置。

14-86 为什么要监视炉膛出口烟气温度？

答：容量稍大的锅炉均装有监视炉膛出口烟气温度的热电偶，容量在120t/h及以上的锅炉，因为炉膛较宽，可能会引起炉膛出口两侧烟气温度发现较大的偏差，通常装有左、右两个测温热电偶。

炉膛出口烟气温度通常随着负荷的增加而提高。正常情况下，某个负荷大体上对应一定的炉膛出口温度。如果燃油锅炉的油枪雾化不良，配风不合理，通常会使燃烧后延，造成炉膛出口烟气温度升高。如果煤粉锅炉的煤粉较粗或配风不合理，同样也会使燃烧后延，造成炉膛出口烟气温度升高。无论是燃油炉还是煤粉炉，当燃烧器燃烧良好时，由于火焰较短，炉膛火焰中心较低，炉膛吸收火焰的辐射热量较多，使得炉膛出口烟气温度较低。换言之，如果在负荷相同的情况下，炉膛出口烟气温度明显升高，则有可能是油枪雾化不良、煤粉较粗或配风不合理导致燃烧不良造成的，运行人员应对燃烧情况进行检查和调整，直至炉膛出口烟温恢复正常。

如果炉膛出口烟气温度升高，而燃烧良好，则可能是由于炉膛积灰或结渣，使水冷壁管的传热热阻增大，水冷壁管吸热量减少引起的。只有采取吹灰或清渣措施，才能使炉膛出口烟气温度恢复正常。

当锅炉容量较大、炉膛较宽时，如果燃烧器投入的数量不对称，或配风不合理，则可能是因为燃烧中心偏斜，引起炉膛出口两侧烟温偏差较大，应采取相应的调整措施，使两侧烟温偏差降至允许的范围内。

由此可以看出，通过监视炉膛出口烟温，就能掌握锅炉的燃烧工况、水冷壁管的清洁状况以及火焰中心是否偏斜，为运行人员及时进行调整提供帮助。

14-87 运行中发现排烟过量空气系数过高，可能是什么原因？

答：即使排烟温度不变，排烟过量空气系数增加，排烟热损失也增加。排烟过量空气系数过高，还使风机耗电量增加，所以运行中发现排烟过量空气系数过高，一定要找出原因，设法消除。

排烟过量空气系数 α 过高的原因有下列几种：

（1）送风量太大。表现为炉膛出口过量空气系数和送风机、引风机电流较大。

（2）炉膛漏风较大。负压锅炉的炉膛内是负压，而且炉膛下部的负压比操作盘上的炉膛负压表指示值要大得多。所以，空气从炉膛的人孔、检查孔、炉管穿墙处漏入炉膛，都会使炉膛出口过量空气系数增大。

（3）尾部受热面漏风较大。由于锅炉尾部的负压较大，空气容易从尾部竖井的人孔、检查孔及省煤器管穿墙处漏入。在这种情况下，送风机电流不大，排烟的过量空气系数与炉膛出口的过量空气系数之差超过允许值较多，引风机的电流较大。

（4）空气预热器管泄漏。空气预热器由于低温腐蚀和磨损，易发生穿孔和泄漏。在这种情况下，引风机和送风机电流显著增加，预热器出口风压降低，严重时会限制锅炉负荷，预热器前后的过量空气系数差值显著增大。

（5）炉膛负压过大。当不严密处的泄漏面积一定时，炉膛负压增加，由于空气侧与烟气侧的压差增大，必然使漏风量增加，造成排烟的过量空气系数增大。

对正压锅炉来讲，因为炉膛和尾部烟道的大部分均是正压，冷空气通常不会漏入炉膛和烟道，所以排烟的过量空气系数过大，主要是由于送风量太大或空气预热器管腐蚀、磨损后泄漏造成的。

14-88 怎样判断空气预热器是否漏风?

答：由于低温腐蚀和磨损，空气预热器管容易穿孔，使空气漏入烟气。除停炉后对空气预热器进行外观检查外，锅炉在运行时也可发现空气预热器漏风。空气预热器漏风的现象为：

（1）空气预热器后的过量空气系数超过正常标准。

（2）送风机电流增加，空气预热器出入口风压降低。

（3）引风机电流增加，因为引风机负荷增加。

（4）漏风严重时，送风机入口挡板全开，风量仍不足，锅炉达不到额定负荷。

（5）大量冷空气漏入烟气，使排烟温度下降。

14-89 锅炉漏风有什么危害?

答：炉膛漏风，会降低炉膛温度，使燃烧恶化。漏风还使排烟温度升高，排烟量增加，排烟热损失增加，锅炉热效率降低。

漏风分两种情况，一种情况是从锅炉的人孔、检查孔、防爆门、炉膛及水冷壁、过热器、省煤器穿过炉墙处漏入的冷空气；另一种情况是由于空气预热器的腐蚀穿孔，空气从正压侧漏入负压烟气侧。前一种漏风只使引风机的耗电量增加；而后一种漏风同时还会使送风机的耗电量增加，严重时，还会因为空气量不足，限制锅炉出力。锅炉漏风使对流烟道里的烟速提高，造成燃煤锅炉特别是煤粉炉的对流受热面磨损加剧。由此可以看出，锅炉漏风只有害而没有利，所以应尽量减少。

对于负压锅炉来说，漏风是不可避免的，我们应该做的是使漏风系数降低到允许的范围以内。

14-90 运行中发现锅炉排烟温度升高，可能有哪些原因?

答：因为排烟热损失是锅炉各项热损失中最大的一项，一般为送入炉膛热量的 6% 左右，排烟温度每增加 12~15℃，排烟热损失增加 0.5%。所以排烟温度是锅炉运行最重要的指标之一，必须重点监视。下列几个因素有可能使锅炉的排烟温度升高：

（1）受热面结渣、积灰。无论是炉膛的水冷壁结渣积灰，还是过热器、对流管束、省煤器和预热器积灰，都会因烟气侧的放热热阻增大，传热恶化使烟气的冷却效果变差，导致排烟温度升高。

（2）过量空气系数过大。正常情况下，随着炉膛出口过量空气系数的增加，排烟温度升高。过量空气系数增加后，虽然烟气量增加，烟速提高，对流放热加强，但传热量增加的程度不及烟气量增加的多。可以理解为烟速提高后，烟气来不及把热量传给工质就离开了受热面。

（3）漏风系数过大。负压锅炉的炉膛和尾部竖井烟道漏风是不可避免的，并规定了某一受热面所允许的漏风系数。当漏风系数增加时，对排烟温度的影响与过量空气系数增加相类似。而且漏风处离炉膛越近，对排烟温度升高的影响就越大。

（4）给水温度。当汽轮机负荷太低或高压加热器解列时都会使锅炉给水温度降低。一般来说，当给水温度升高时，如果维持燃料量不变，省煤器的传热温差降低，省煤器的吸热量降低，使排烟温度升高。

（5）燃料中的水分。燃料中水分的增加使烟气量增加，因此排烟温度升高。

（6）锅炉负荷。虽然锅炉负荷增加，烟气量、蒸汽量、给水量、空气量成比例地增加，但是因为炉膛出口烟气温度增加，所以使排烟温度升高。负荷增加后炉膛出口温度增加，其后的对流受热面传热温差增大，吸热量增多，所以对流受热面越多，锅炉负荷变化对排烟温度的影响越小。

（7）制粉系统运行方式。对闭式的有储粉仓的制粉系统来讲，当制粉系统运行时，由于燃料中的一部分水分进入炉膛，炉膛温度降低和烟气量增加，制粉系统运行时漏入的冷空气作为一次风进入炉膛，流经空气预热器的空气量减少，使排烟温度升高；反之，当制粉系统停运时，排烟温度降低。

14-91　烟气的露点与哪些因素有关？

答： 烟气中水蒸气开始凝结的温度称为露点，露点的高低与很多因素有关。烟气中的水蒸气含量多即水蒸气分压高，则露点高。但由于水蒸气分压决定的热力学露点是较低的，例如，燃油锅炉在一般情况下，烟气中的水蒸气分压约为 0.08～0.14 绝对大气压，相应的热力学露点为 41～52℃。

燃料中的含硫量高，则露点也高。燃料中硫燃烧时生成二氧化硫，二氧化硫进一步氧化成三氧化硫。三氧化硫与烟气中的水蒸气生成硫酸蒸气，硫酸蒸气的存在，使露点大为提高。例如，硫酸蒸气的浓度为 10% 时，露点高达 190℃。燃料中的含硫量高，则燃烧后生成的 SO_2 多，过量空气系数越大，则 SO_2 转化成 SO_3 的数量越多。不同的燃烧方式、不同的燃料，即使燃料含硫量相同，露点也不同。煤粉炉在正常情况下，煤中灰分的 90% 以飞灰的形式存在于烟气中。烟气中的飞灰具有吸附硫酸蒸气的作用，因煤粉炉烟气中的硫酸蒸气浓度减小，所以，烟气露点显著降低。

14-92 为什么烟气的露点越低越好？

答：为了防止锅炉尾部受热面的腐蚀和积灰，在设计锅炉时，要使低温空气预热器管壁温度高于烟气露点，并留有一定的裕量。如果烟气的露点高，则锅炉的排烟温度一定要设计得高些，这样排烟损失必然增大，锅炉的热效率降低。如果烟气的露点低，则排烟温度可设计得低些，可使锅炉热效率提高。

当然设计锅炉时，排烟温度的选择除了考虑防止尾部受热面的低温腐蚀外，还要考虑燃料与钢材的价格等因素。

14-93 什么是主燃料跳闸保护（MFT）？

答：当锅炉设备发生重大故障，以及汽轮机由于某种原因跳闸或厂用电母线发生故障时，保护系统立即使整个机组停止运行，即切断供给锅炉的全部燃料，并使汽轮机跳闸。这种处理故障的方法称为主燃料跳闸 MFT 保护。

14-94 什么是 RB 保护？

答：当锅炉的主要辅机（如给水泵、送风机、引风机、一次风机、磨煤机）有一部分发生故障时，为了使机组能够继续安全运行，必须迅速降低锅炉及汽轮机的负荷。这种处理故障的方法，称为锅炉快速切回负荷 RB 保护。

14-95 什么是 FCB 保护？

答：当锅炉方面一切正常，而电力系统或汽轮机、发电机方面发生故障引起甩负荷时，为了能在故障排除后迅速恢复发送电，避免因机组启停而造成经济损失，采用锅炉继续运行，但迅速自动降低出力，维持在尽可能低的负荷下运行，以便故障排除后能迅速重新并网带负荷。这种处理故障的方法，称为机组快速切断 FCB 保护。

14-96 FSSS 的基本功能有哪些？

答：（1）主燃料跳闸（MFT）。

（2）点火前及熄火后炉膛吹扫。

（3）燃油系统泄漏试验。

（4）具有自动点火、远方点火和就地点火功能。

(5) 油、粉燃烧器及风门控制管理。

(6) 火焰监视和熄火自动保护。

(7) 机组快速甩负荷。

(8) 辅机故障减负荷。

(9) 火焰检测器冷却风管理。

(10) 报警及 CRT 显示。

14-97　FSSS 系统由哪几部分组成？各部分的作用是什么？

答：(1) 主控屏。包括运行人员控制屏和就地控制屏，屏上设置所有的指令及反馈器件，指令器件用来操作燃料燃烧设备，反馈器件可监视燃烧的状态。运行人员控制屏通常安置在主控制室的控制台上，通过预制电缆与逻辑控制柜相连。

(2) 现场设备。包括驱动器和敏感元件。驱动器中典型的有阀门（燃油）驱动器、电动机（风门、给煤机、给粉机、磨煤机）等驱动器，它们可分别控制各辅机、设备的状态。敏感元件包括反映驱动器位置信息的元件（如限位开关等）及反应各种参数和状态的器件（如压力开关、温度开关、火焰检测信号等）。

(3) 逻辑系统。它是整个炉膛安全监控系统的核心，该系统根据操作盘发出的操作指令和控制对象传出的检测信号进行综合判断和逻辑运算，得出结果后发出控制信号用以操作相应的控制对象。逻辑控制对象完成操作动作后，经检测由逻辑控制系统发出返回信号送至操作盘，告诉运行人员执行情况。

14-98　锅炉 MFT 是什么意思？动作条件有哪些？

答：MFT 的意思是锅炉主燃料跳闸，即在保护信号动作时控制系统自动将锅炉燃料系统切断，并且联动相应的系统及设备，使整个热力系统安全地停运，以防止故障的进一步扩大。

满足以下任一条件，MFT 保护动作：①两台送风机全停；②两台引风机全停；③两台预热器全停；④两台一次风机全停；⑤炉膛压力极高；⑥炉膛压力极低；⑦汽包水位极高；⑧汽包水位极低；⑨三台炉水泵全停；⑩锅炉总风量低于 30% 燃料失去；⑪全炉膛灭火；⑫失去火检冷却风；⑬手按"MFT"按钮；⑭汽轮机主汽门关闭。

14-99　锅炉 MFT 动作现象如何？MFT 动作时联动哪些设备？

答：(1) 锅炉 MFT 动作现象：

1）MFT 动作报警，光字牌亮；

2）MFT 首出跳闸指示灯亮；

3）锅炉所有燃料切断，炉膛灭火，炉膛负压增大，各段烟温下降；

4）相应的跳闸辅机报警；

5）蒸汽流量、汽压、汽温急剧下降；

6）机组负荷到零，汽轮机跳闸主汽门、调速汽门关闭（大机组），旁路快速打开；

7）电气逆功率保护动作，发电机变压器组解列，厂用电工作电源断路器跳闸，备用电源自投成功。

（2）MFT 动作自动联跳下列设备：

1）一次风机停；

2）燃油快关阀关闭，燃油回油阀关闭，油枪电磁阀关闭；

3）磨煤机、给煤机全停；

4）汽轮机跳闸，发电机解列，旁路自投；

5）厂用电自动切换备用电源运行；

6）电除尘停运；

7）吹灰器停运；

8）汽动给水泵跳闸，电动给水泵应自启；

9）过热器、再热器减温水系统自动隔离；

10）各层助燃风挡板开启，控制切为手动。

14-100　对汽包水位保护的功能有哪些要求？

答：在汽包锅炉运行中，汽包水位或高或低至超限值都可能造成严重后果，因此必须装设汽包水位保护，并要求有如下功能：

（1）锅炉缺水时能及时地保护，该保护的作用是避免"干锅"和烧坏水冷壁，具体要求是：

1）水位低保护按Ⅰ、Ⅱ、Ⅲ三个定值设置，低于Ⅰ、Ⅱ值报警，低于Ⅲ值停炉。

2）当水位由低Ⅰ值到低Ⅱ值时，保护系统应自动采取补救措施，如停止排污、启动备用给水泵、自动开启给水旁路等。

3）对于单元机组，因为汽轮机甩负荷后，所需蒸汽量减少，使汽包压力升高，引起汽包水位下降，但这是虚假水位，此时保护不应该动作，而是应立即将"水位低"保护闭锁，经过一定延时后，虚假水位已消失，自动解除闭锁作用。

(2) 锅炉出现水位过高时应能及时保护，及时打开汽包事故放水阀，汽包水位达到高Ⅲ值时紧急停炉，实际设置时应达到：

1) 当锅炉汽压过高导致安全门开启时，因为蒸汽压力急剧下降，汽包水位出现瞬时增高（虚假水位），这时不应送出水位高的信号，所以要加入延时闭锁。

2) 与汽包水位低保护相同，应按Ⅰ、Ⅱ、Ⅲ三个定值设置。水位高于Ⅰ值报警，当安全门未动作或动作并闭锁在规定时间之后，水位高至Ⅱ值时应报警并打开事故放水门，而在水位恢复到Ⅰ值以下时应关闭事故放水门，若水位上升至Ⅲ值时，实施紧急停炉。

汽包水位测量应高度可靠，一般采取"三取二"的逻辑判断方式。

第十五章　锅炉停运及停运后保护

15-1　锅炉停炉分为哪几种？

答：锅炉停炉一般分为正常停炉和事故停炉两类。

锅炉的正常停炉方法有两种：一种是定参数停炉；一种是滑参数停炉。事故停炉又可根据事故的严重程度，分为两种：需要立即停炉的称为紧急停炉；若事故不甚严重，允许在一定的时间内停止运行，则称为故障停炉。

15-2　定参数停炉的步骤是什么？有哪些注意事项？

答：（1）根据预计停炉时间、煤粉仓的粉位情况、锅炉负荷大小和燃用煤量的情况，适时停运制粉系统，并根据煤粉仓两仓粉位的偏差轮流切换给粉机运行，使粉位保持比较均匀地下降。

（2）当接到值长停炉命令后，首先以 1～3MW/min 的速度降负荷，减少粉量和风量。

（3）对于直吹式制粉系统，则应先减少各组制粉系统的给煤量，各组制粉系统的给煤量减少到一定值时，则应停止一组制粉系统。

（4）当负荷降到 50% 时，要视给水量和蒸汽量的情况可停一台给水泵（两台泵同时运行时）。同时应根据各自动装置运行调节性能的具体情况，对不适应的自动装置要及时切换成手动调节。

（5）随着负荷的下降，主蒸汽压力也逐渐下降，但超高压锅炉主蒸汽压力最低不得低于 10MPa，降压速度应为 0.05MPa/min，降温速度是 1～1.5℃/min。

当负荷降至额定负荷的 5%～10% 时，停止所有燃料，并通知司机停机。锅炉熄火后，通风 5～10min 以后停止送风机、引风机。

定参数停炉的注意事项：

（1）降负荷过程中相应减少给粉机台数，此时燃烧器要尽量集中，并对称运行。运行的给粉机台数减少，应保持较高的转速，并调整二次风门挡板，这种运行方式是在低负荷情况下使燃烧稳定的一个具体措施。

（2）对于直吹式制粉系统，在停止一组制粉系统的操作时，要停止减负荷，待其停完后仍以原来的速度继续降负荷，主要是为了防止汽压波动过大。

（3）停炉三天以上应将煤粉仓煤粉烧尽。

（4）熄火前投入空气预热器吹灰，防止预热器、受热面积灰，吹灰前应充分疏水。

（5）熄火前为防止汽包壁温差过大，可将锅炉上水至最高水位，停止给水后开启省煤器再循环门。

（6）回转式空气预热器在送、引风机停运后，仍继续转动，待进口烟温低于150℃时停止。

15-3　滑参数停炉的步骤是什么？有哪些注意事项？

答：滑参数停炉的步骤是：

（1）按汽轮机要求逐渐进行降温、降压、减负荷。首先以 0.5～3MW/min 的速度降低机组负荷，使机组负荷降至额定负荷的 70%～80% 左右。

（2）逐渐降低主蒸汽压力和温度，调速汽门全开。

（3）继续降温、降压，负荷随着汽温、汽压的下降而下降。

（4）在锅炉降至滑停最终参数（一般为冷态启动的冲转参数）时，汽轮机打闸、锅炉熄火。

滑停过程的注意事项：

（1）注意控制汽温、汽压下降的速度要均匀。一般主蒸汽压力下降不大于 0.05MPa/min，主蒸汽温度下降不大于 1～1.5℃/min。再热汽温下降不大于 2～2.5℃/min。

（2）汽温不论任何情况都要保持 50℃以上的过热度。防止汽温大幅度变化，尤其使用减温水降低汽温时更要特别注意。

（3）在滑停过程中，始终要监视和确保汽包上下壁温差不大于 40℃。

（4）为防止汽轮机解列后的汽压回升，应使锅炉熄火时的负荷尽量低些。

（5）随着机组负荷的降低，加强燃烧调整，减小风量，防止停炉过程中发生灭火现象。

（6）当燃烧不稳时应及时投油助燃，投运助燃用油后应及时就地检查油枪着火良好，同时防止燃油外漏造成火灾事故。

15-4　滑参数停炉有何优点？

答：滑参数停炉是和汽轮机滑参数停机同时进行的，采用滑参数停炉有以下优点：

（1）可以充分利用锅炉的部分余热多发电，节约能源。

（2）可利用温度逐渐降低的蒸汽使汽轮机部件得到比较均匀和较快的冷却。

（3）对于待检修的汽轮机，采用滑参数法停机可缩短停机到开缸的时间，使检修时间提前。

15-5　停炉时何时投入旁路系统？为什么？

答： 当负荷降至额定负荷的 25％ 时投入旁路系统，先开二级旁路再开一级旁路，防止再热器超压。投入旁路系统主要是低负荷时存在着热偏差，为防止受热面金属壁超温，投入一、二级旁路后将增加蒸汽通流量，起到保护再热器和过热器的作用。

15-6　在停炉过程中怎样控制汽包壁温差？

答： 在停炉过程中，因为汽包绝热保温层较厚，向周围的散热较弱，冷却速度较慢。汽包的冷却主要靠水循环进行，汽包上壁是饱和汽，下壁是饱和水，水的导热系数比汽大，汽包下壁的蓄热量很快传给水，使汽包下壁温度接近于压力下降后的饱和水温度。而与蒸汽接触的上壁由于管壁对蒸汽的放热系数较小，传热效果较差而使温度下降较慢，因而造成了上、下壁温差扩大。因此停炉过程中应做到：

（1）降压速度不要过快，控制汽包壁温差在 40℃ 以内。

（2）停炉过程中，给水温度不得低于 140℃。

（3）停炉时为防止汽包壁温差过大，锅炉熄火前将水进至略高于汽包正常水位，熄火后不必进水。

（4）为防止锅炉急剧冷却，熄火后 6～8h 内应关闭各孔门，保持密闭，此后可根据汽包壁温差不大于 40℃ 的条件，开启烟道挡板、引风挡板，进行自然通风冷却。18h 后方可启动引风机进行通风。

15-7　锅炉熄火后应做哪些安全措施？

答：（1）继续通风 5min。排除燃烧室和烟道可能残存的可燃物，然后关闭各风门并停止送、引风机运行，以防由于冷却，造成汽压下降过快。

（2）熄火后保留一、二级旁路或开启一级旁路和再热器向主排汽，10min 后关闭，以保持过热器和再热器不致超温。

（3）停炉后应严格控制锅炉的降压速度，采取自然卸压方式（即随停炉后的冷却自行降压），严禁采取开启向空排汽等方式强行卸压，以免损坏设备。

(4) 停炉后当锅炉尚有压力和辅机留有电源时，不允许对锅炉机组不加监视。

(5) 为防止锅炉受热面内部腐蚀，停炉后应根据要求做好停炉保护工作。

(6) 冬季停炉还应做好设备的防冻工作。

15-8 停炉时对原煤仓煤位和粉仓粉位有何规定？为什么要这样规定？

答：(1) 凡停炉备用或停炉检修时间超过 7 天，需将原煤仓的煤用尽。

(2) 凡停炉备用或检修时间超过 3 天时，需将煤粉仓中的煤粉用尽。停炉时间在 3 天以内时煤粉仓粉位也应尽量降低，并做好煤粉仓的密封工作，严格监视煤粉仓的温度。

以上规定主要是为了防止原煤结块和煤粉的结块或长时间沉积引起自燃和爆炸。

15-9 停炉后为什么煤粉仓温度有时会上升？

答：煤粉在积存的过程中，因为粉仓不严密或粉仓吸潮阀关不严及煤粉管漏入空气的氧化作用会缓慢地放出热量，粉仓内散热条件又差，燃料温度也会逐渐上升，温度的上升又促使氧化的加剧，氧化作用的加剧又使温度上升，直至上升到其燃点。所以停炉后必须监视粉仓温度，一旦发现粉仓温度有上升趋势，应及时采取措施。

15-10 停用锅炉保护方法的选择原则是什么？

答：停用锅炉应根据其参数和机组类型、停炉时间的长短、环境温度和现场设备等条件选择保护的方法。

(1) 对于大容量锅炉，直流炉因其对水质要求高，故只能选择联氨、液氨和充氨法等；汽包炉则可使用非挥发性药品；中、低压锅炉一般使用磷酸钠。

(2) 对停炉时间短的锅炉，一般采用蒸汽压力法；对停炉时间较长的锅炉，可采用干式保护或加联氨、充氨保护。

(3) 在采用湿式保护时，应考虑冬季防冻的问题。其余各类方法若现场不具备条件，也不宜采用。

15-11 停炉保护的基本原则是什么？

答：(1) 阻止空气进入汽水系统。

(2) 保持停用锅炉汽水系统内表面相对湿度小于 20%。

（3）受热面及相应管道内壁形成钝化膜。

（4）金属内壁浸泡在保护剂溶液中。

15-12 停炉备用锅炉防锈蚀有哪几种方法？

答：一般停炉备用锅炉防锈蚀有湿保护和干保护两种方法。①湿保护，有联氨法、氨液法、保持给水压力法、蒸汽加热法、碱液化法、磷酸三钠和亚硝酸混合溶液保护法；②干保护，有烘干法（热炉放水）、干燥剂法。

15-13 热炉放水如何操作？

答：以 DG1065/17.4－Ⅱ2 型锅炉为例：

（1）锅炉熄火后各风门、挡板、人孔门严密关闭。

（2）锅炉熄火前开始抄录汽包各点壁温，每小时抄录一次，直至放水后汽包上下壁温差小于 50.0℃，内外壁温差小于 28.0℃为止。

（3）锅炉熄火后，开启再热器对空排汽门，排出再热器中余汽。

（4）停炉后注意各处烟温及汽温、汽压、水位的变化，发现异常及时处理。

（5）停炉 2h 后关闭捞渣机进水门并停止捞渣机运行。停炉 8h 后打开引、送风机的进、出口挡板，进行自然通风冷却。停炉 18h 后可启动引风机进行冷却（应在锅炉放水后执行）。

（6）当汽包压力降至 0.5～0.8MPa，且汽包壁温差小于 50.0℃，汽包壁下壁温度小于 180.0℃，依次开启定期排污放水门、省煤器放水门、高低压疏水门。

（7）当汽包压力降至 0.172MPa，打开汽包空气门、给水及减温水管路放水门、空气门，将管内积水放尽。

（8）当炉膛内有大块焦渣包住炉管或炉膛敷设的卫燃带时，应根据具体情况，适当推迟放水时间，减缓放水速度，以防止该处炉管过热。

（9）炉内结焦严重应暂缓放水。

（10）在锅炉放水过程中，应检查各处膨胀正常。

15-14 停炉过程中加入十八胺的作用是什么？如何操作？

答：停炉过程中加入十八胺，能够使其吸附在金属表面形成保护作用的膜，把水和金属完全隔开，因而可以防止水中的 O_2 和 CO_2 对金属的腐蚀。

（1）停炉前 2～3h 开始加十八胺，直到锅炉熄火。

（2）化学人员接到停机通知，先用除氧器水（80℃）通过加药管道 20min，以维持加药管道有一定温度，避免十八胺析出，加十八胺结束后，仍用除氧水冲洗加药管道 0.5h。

（3）加药过程应维持十八胺乳化液温度在 70℃ 左右。

（4）自加药开始到锅炉放水前，锅炉不得向空排汽，以免排放掉保护物质。

（5）锅炉汽压在 0.8MPa 热炉放水时，应先放掉省煤器内水，使十八胺气体进入省煤器，然后放掉锅水（其他按热炉放水具体操作执行）。向空排气门不得提前开启。

（6）锅炉重新进水时，化学人员要在给水中加氨水。

15-15　锅炉停运时的 SW－ODM 药剂保护如何操作？

答：药品有 SW-ODM、冰醋酸、氨水等。

加药操作如下：

（1）机组停运时应严格按照滑参数曲线滑停。

（2）机组开始滑参数停运开始，负荷在 75%～100% 时，则启动凝结水泵加药泵开始加入 SW-ODM。

（3）当主蒸汽温度降至约 480℃ 时，再启动给水加药泵加入 SW-ODM。

（4）当主蒸汽温度降至约 420℃ 时，再启动炉水加药泵加入 SW-ODM。

（5）如果机组开始滑参数停运时，负荷小于 75% 时，则同时启动凝结水加药泵、给水加药泵、炉水加药泵加入 SW-ODM。

（6）当主蒸汽温度降至约 380℃ 时，应尽量稳定温度、压力、负荷 2h。

（7）锅炉压力降至 0.5～0.8MPa 时热炉放水，运行人员认真按热炉放水、余热烘干操作步骤。

15-16　汽轮机关闭一、二级旁路后，为什么要开启再热器冷段疏水和向空排汽？

答：汽轮机关闭一、二级旁路后，因这时再热器压力已相当低，如果再热器疏水和再热器向空排汽等到热炉放水时再开，再热器利用自身压力排放余汽和水就相当困难，有可能放不掉，滞留在管内，对管子造成腐蚀。积水在管内，造成水塞，给下一次启动带来困难，容易造成管壁超温，所以锅炉熄火后，应立即开启再热器冷端疏水和向空排汽。

15-17　锅炉熄火后，为什么风机需继续通风 5min 后才能停止运行？

答：因为在停炉熄火过程中，由于炉膛温度下降，燃烧不稳，使未完全燃烧的可燃物增多，这些可燃物滞留在炉膛和烟道后，在炉内余热的加热下，将会产生再燃烧，直接威胁锅炉设备的安全。所以锅炉熄火后，风机继续通风一段时间将炉内可燃物抽走，但通风时间不宜过长，否则由于大量冷空气直接进入炉内，会使炉膛、烟道及各受热面急剧冷却收缩，造成损坏。所以锅炉熄火后，风机继续通风 5min 停止运行，然后关闭烟风挡板，使炉膛及烟道处于密闭状态，并且还要继续监视烟气温度，以防未抽尽的可燃物重新燃烧。

15-18　锅炉正常停运后，为什么要采用自然降压？

答：由于水蒸气在一定压力下具有一定的饱和温度，当压力变化时，饱和水、饱和汽的温度也相应发生变化。如果锅炉停炉后压力下降过快，则饱和水、饱和汽的温度也大幅度下降。由于在较低压力时饱和温度对压力的变化率较高，又因汽包上壁与饱和汽接触、下壁与饱和水接触，水的导热系数比汽大，则汽包下壁的蓄热量很快传给水，使汽包下壁温度接近于压力下降后新的压力下的饱和温度，而汽包上壁传热效果差，始终维持较高的温度，汽包上壁温高于下壁温，汽压下降越快，汽包上、下壁温差越大。同时汽压下降速度过快，其对应的饱和温度也下降加快，水冷壁、省煤器及集箱的壁温下降也越快，由于急剧冷却、收缩将会产生很大温度应力，局部接头、焊口处易产生裂纹，所以锅炉正常停运后要采取自然降压。当锅炉正常熄火停运后，应关闭所有汽水门，关闭烟道挡板、人孔门，使锅炉处于密闭状态，自然冷却降压。

15-19　锅炉停运后回转式空气预热器什么时候停运？

答：因为锅炉停运后，炉内烟气温度仍很高，如果回转式空气预热器停止，则回转式预热器在烟气侧温度较高，在空气侧温度较低，造成转子受热面或风罩变形，从而使预热器卡死，难以重新启动，甚至过负荷而损坏。所以锅炉停运后，回转式预热器继续运行，经自然冷却至预热器入口烟温降至150℃时停运。

15-20　冬季停炉后防冻应采取哪些措施？

答：(1) 可采取热炉放水，将本体各疏水门、省煤器放水门、给水、减温水各疏水门、各集箱疏水门和给水、减温水调整门、隔离门、反冲洗门都打开。

(2) 锅炉维持正常水位，投用底部蒸汽加热。

(3) 除尘水、冲灰水、辅机冷却水系统可采用节流运行，维持管道与喷嘴畅通。

(4) 备用泵可开启进口门，稍开空气门。

15-21　紧急停炉的步骤是什么？

答：（1）立即停止制粉系统和停止向锅炉输送燃料（停止全部给粉机、燃油泵，并关闭燃油速断阀）。

（2）保持 25％的风量、通风 5min 后停止引风机、送风机。当发生炉膛汽、水管爆破时，为保持炉膛负压可进行通风，并可保留一台引风机继续运行。如尾部受热面和烟道产生二次燃烧时则应立即停止引风机、送风机，并严密关闭各风门及烟道挡板。

（3）停炉后，因紧急停机，负荷下降幅度较大，使汽压升高和造成水位变化较大，如超过范围，应采取措施（开事故放水门和向空排汽门）使之维持在规定范围之内。

（4）如水冷壁和省煤器爆破，停炉后禁止开启省煤器再循环门。

（5）停炉后的其他操作和正常停炉的操作相似。

15-22　什么是锅炉的停用腐蚀？是怎样产生的？

答：锅炉在冷备用、热备用或检修期间所发生的腐蚀损坏称为停用腐蚀。锅炉产生停用腐蚀，主要是因为停炉期间金属内表面没有完全干燥以及大气中的氧气不断漏入造成的。虽然停炉期间锅炉受热面的内部和外部同时发生腐蚀，但内部腐蚀比外部腐蚀要严重，所以停用腐蚀主要指受热面的内部腐蚀。

停炉以后，随着压力、温度的降低，锅炉中的水蒸气凝结成水，锅炉内部会出现真空，外部空气漏入炉内，氧气在有水分和水蒸气的情况下，很容易对金属产生腐蚀。因为锅炉结构上的原因，例如采用立式过热器，是无法把过热器内的存水排尽的，所以不采取一定的措施，停用腐蚀是不可避免的。当金属受热面内部结有水溶性盐垢，它吸收水分时会形成浓度很高的盐溶液，使停用腐蚀加剧，并会形成溃疡内腐蚀。这种情况在过热器入口处是经常存在的，因为分离后的饱和蒸汽在进入过热器时总是带有少量炉水，饱和蒸汽进入过热器后吸收热量，炉水蒸发变成蒸汽，而炉水中含的盐分沉积在过热器入口管内壁上。

15-23　怎样防止或减轻停用腐蚀？

答：为了防止或减轻停用腐蚀，应采用停炉保护措施。停炉保护的方法很多，主要分湿法保护和干法保护两类。湿法保护常用于停用时间较短的情况，如一个月以内。湿法保护常用的方法是将炉内充满除过氧的水或含碱的水溶液，保持 0.3～0.5MPa 的压力，以防止空气漏入。

如果停炉时间较长，或天气较冷，为防止冻坏设备，应采用干法保护。

方法是停炉后，水温降到 70～80℃时，将炉水全部放掉，利用锅炉的余热将受热面内的水全部蒸发干，并用压缩空气将炉内没有烘干的水汽全部吹掉，然后在汽包内放置盛放无水氯化钙的容器。按每立方米水容积 0.5～1.0L 的比例放入氯化钙（如用生石灰可按 2kg/m³ 计算），然后将人孔封闭，定期检查，发现干燥剂成粉状时要更换。

也可充氨气或充氮气进行保护，其准备工作与用干燥剂一样。因为氨气比空气轻，所以充氨保护时，应从上部进氨气，从下部排空气。氮气比空气略轻，也可以从上部进氮气，从下部排空气。为防止空气漏入，应保持 0.3～0.5MPa 压力，压力降低时应及时补充氨气或氮气。

15-24　正常冷却与紧急冷却有什么区别？

答：锅炉进行计划检修，如大修或中、小修，停炉以后一般采用正常冷却。如果锅炉出现重大缺陷，不能维持正常运行，被迫事故停炉，而且又没有备用锅炉可以投入使用，为了抢修锅炉使之尽快投入运行，尽量减少停炉造成的损失，停炉后可采用紧急冷却。

正常冷却与紧急冷却在停炉后的最初 6h 内是没有区别的，都应该紧闭炉门和烟道挡板，以免锅炉急剧冷却。如果是正常冷却，在 6h 后，打开烟道挡板进行自然通风冷却，并进行锅炉必要的换水，8～10h 后，可再换水一次。有加速冷却必要时，可开动引风机并再换水一次。

对于中低压锅炉，若是紧急冷却，则允许停炉 6h 后启动引风机加强冷却，并加强锅炉的放水与进水。

对于高压炉，由于汽包壁较厚，为了防止停炉冷却过程中汽包产生过大的热应力，应控制汽包上下壁温差不超过 50℃。因此高压炉的冷却速度要以此为限。

虽然紧急冷却对锅炉来说是允许的，但对延长锅炉寿命不利，因此正常情况下不宜经常采用。

15-25　为什么停炉以后，已停电的引、送风机有时仍会旋转？

答：停炉以后，引、送风机的开关置于停电位置，但有时引、送风机仍然会继续旋转一段时间。

停炉后的短时间内，炉膛和烟囱的温度都比较高，能产生较大的抽力。若引、送风机的入口导向挡板和锅炉不严密时，冷空气漏入经炉膛和引风机入口导向挡板不严密处进入烟囱，排入大气。如从送风机和锅炉各处漏入的空气较多，有可能维持引、送风机缓慢旋转。

随着停炉时间的延长，炉膛和烟囱的温度逐渐降低，抽力逐渐减小，漏入的冷风随之减少，当不足以克服风机叶轮旋转产生的阻力时，风机停止转动。

15-26 冷备用与热备用有什么区别？

答：由于负荷降低，锅炉停炉或锅炉检修后较长时间不需要投入运行，在这种情况下，锅炉可转入冷备用。如果备用的时间较短，可以不采取防腐措施，只需将炉水全部放掉即可。如果停炉时间较长，则应根据停炉时间的长短，采取相应的防腐措施。

对于担任电网调峰任务的机组，由于机组启停频繁，每昼夜至少启停一次。为了缩短升压时间，减少燃料消耗，停炉后，所有炉门检查孔和烟道挡板都要严密关闭，尽量减少热量损失，保持锅炉水位。在接到点火的通知后，能在很短的时间内接带负荷，这种备用方式称为热备用。

无论处于冷备用还是热备用的锅炉，未经有关电网调度人员的同意，不得随意退出备用状态。备用机组一般不允许进行工期长的检修工作，但经批准可以检修工作量不大且当天可以完成的项目。

15-27 锅炉防冻应重点考虑哪些部位？

答：为了防止冻坏管线和阀门，在冬季要考虑锅炉的防冻问题。对于室内布置的锅炉来说，只要不是锅炉全部停用，一般不会发生冻坏管线和阀门的问题。对于露天或半露天布置的锅炉，如果当地最低气温低于0℃，要考虑冬季防冻问题。

由于停用的锅炉本身不再产生热量，而且管线内的水处于静止状态，当气温低于0℃时，管线和阀门容易冻坏。最易冻坏的部位是水冷壁下集箱定期排污管至一次阀前的一段管线以及各集箱至疏水一次阀前的管线和压力表管。因为这些管线细，管内的水较少，热容量小，气温低于0℃时，首先结冰。

为了防止冬季冻坏上述管线和阀门，应将所有疏放水阀门开启，把炉水和仪表管路内的存水全部放掉，并防止有死角积水的存在。因为立式过热器管内的凝结水无法排掉，冬季长时间停用的锅炉，要采取特殊的防冻措施，防止过热器管冻裂。对于运行锅炉的上述易冻管线，要采取伴热措施。

15-28 简述循环流化床锅炉停炉的几种方式。

答：停炉分热备用停炉、正常停炉和事故停炉三种。

一般在计划焖炉时采取热备用停炉，锅炉能保持较高的床温，以利于快速地重新启动。热备用停炉前，应核实外置床的床温，有效避免外置床受热面超温。

正常停炉时，各受热面应得到充分冷却，同时，床料和灰渣也应在停炉前后得到冷却，并通过底灰系统和飞灰系统排尽。首先逐渐降低锅炉出力，降低汽温、汽压，同时使床温缓慢下降，并通过灰循环降低炉膛整体温度。

事故停炉，一般是在锅炉或其他系统出现问题需要紧急处理时进行。紧急停止一、二次风机和流化风机运行，使循环灰在炉膛和外置床尽快沉降下来。但沉积的灰和耐火耐磨材料仍然含大量的蓄热，与受热面间的热交换并未停止，大量的蒸汽不断产生，并存在受热面超温的危险。因此，紧急停炉过程必须保证以下三条：

（1）排放沉积的灰和耐火耐磨材料蓄热产生的蒸汽，汽轮机高压旁路可以起到这一作用。

（2）避免承压部件超温，对于蒸发受热面（炉膛），避免受热面管子超温的主要措施是通过给水泵补水来保持汽包水位。

（3）对于布置在外置床中的受热面，主要的保护措施是保证在锅炉MFT时有足够的蒸汽流量。而后，沉积在外置床中的灰被浸入其中的受热面冷却，形成了温度较低的隔离层，可以有效保护其中的受热面。事故停炉的其他程序基本接近锅炉的热备用。

15-29　简述循环流化床锅炉正常停炉至冷态的操作要点。

答：（1）滑停过程中，注意保持主再热汽温、压力及负荷的下降率在规定范围内。

（2）50%负荷以上时，应采用先降温后降压的滑停方式，汽温降到465℃，但要保持100℃过热度。

（3）根据锅炉床温情况，及时投运床上油枪、风道燃烧器，防止给煤、床上油枪跳闸。

（4）停炉过程中，控制床温下降速度，最大下降速率不得大于100℃/h，防止耐火材料损坏。

（5）降负荷过程中，注意汽包上、下壁温差不应超过50℃，保证汽包的水位正常。

（6）注意保证炉膛一次风量大于临界流化风量，防止因流化不良而使床料结焦。

（7）停炉过程中，尽量将石灰石系统放空，防止石灰石板结。

（8）对于具有外置床系统的CFB锅炉，只要外置床灰温高于受热面最高允许壁温，就应保持通过外置床受热面的蒸汽流量。汽轮机破坏真空后，要及时关闭低压旁路,开启再热器点火排汽,保证受热面金属不超温。

(9) 对于具有外置床系统的 CFB 锅炉,降低汽温与降低外置床温度在滑停时可能不可同时兼顾,可采取初期以降低汽温为主,待炉膛床温低于外置床温度时,再开启回料器锥型阀冷却外置床的方法。

(10) 锅炉停火后,一次风机、二次风机、引风机、高压流化风机依旧保持运行,以吹扫炉内可燃物,同时继续冷却炉膛,利用风量控制温降速率。

(11) 在床温降到200℃时,可开启锅炉负压区人孔门和一次风快冷风阀,继续冷却炉膛。

15-30 简述循环流化床锅炉停炉至热备用的操作要点。

答:适用于停机时间为几小时的机组调峰或其他较短时间的临时性停机,停机时不需要降低汽轮机缸温,以便再次启动时缩短启动时间。此时,锅炉可采用压火方式进行操作。

锅炉压火操作要点如下:

(1) 在压火时,锅炉应保持较高的床温,以便重新快速启动。

(2) 逐渐降低锅炉负荷到50%BMCR,压火前的参数选择依据热备用停炉时间确定。时间长,选择高参数;时间短,选择低参数。

(3) 将机组负荷稳定在50%BMCR,时间不少于15min,并检查炉膛和外置床温度趋于稳定。

(4) 完成汽动给水泵和电动给水泵的切换。

(5) 根据情况投入旁路系统。

(6) 当外置床灰温稳定后,走空给煤机及石灰石粉管,或直接按下MFT 按钮。

(7) 当炉膛床温略有降低,氧量明显上升并大于15%时,按下锅炉BT按钮,检查以下设备联动正常:①一次风机停运;②主、再热减温水门关闭,连续排污门关闭;③所有外置床锥形阀关闭;④10s 后,二次风机停运;⑤30s 后,所有流化风挡板关闭,高压流化风机停运。

(8) 锅炉手动BT 后,根据压力对汽轮机减负荷,保证主蒸汽流量,确保对受热面冷却,必要时开启高压旁路。

(9) 保持空气预热器和锅炉给水泵的运行,停运引风机,维持汽包水位正常。

(10) 在二次风机、引风机停运后,应注意保证炉空气预热器运行及炉膛空气通路畅通,维持炉膛自然通风。

15-31 热备用锅炉为何要求维持高水位?

答:担任调峰任务的锅炉,在负荷低谷时停止运行,负荷高峰时启动,在峰谷负荷之间锅炉处于热备用状态。热备用锅炉停炉时要求维持汽包高水位,这是因为,锅炉燃烧的减弱或停止,锅水中汽泡量减少,汽包水位会明显下降。所以,停炉时维持汽包高水位,可防止停炉后汽包水位降得太快。在热备用期间,锅炉汽压是逐渐降低的。如能维持高水位,使汽包内存水量大,可利用水所具有的较大热容量,减缓汽压的下降速度。同时,维持汽包高水位,还可减少锅炉汽压下降过程中汽包上、下壁温差的数值。

15-32 汽包锅炉的滑参数停炉操作步骤是什么?

答:(1)接到停炉命令后,按滑参数停炉曲线开始平稳地降低蒸汽压力、温度以及锅炉负荷,严格控制降温、降压速率,保证蒸汽温度有 50℃ 以上的过热度。中间再热机组进行滑参数停运时,应当控制再热蒸汽温度与过热蒸汽温度变化一致,不允许两者温差过大。

(2)正常停炉减负荷时,应减少燃料消耗量。对于中储式制粉系统,可以通过减少投用的燃烧器支数和减少各个燃烧器的出力来实现;对于直吹式制粉系统,则可通过减少给煤量和停止磨煤机来实现。在减少燃料量的同时,还应相应减少送、引风量。

(3)根据燃烧及负荷情况,将有关自动控制系统退出运行或进行重新校验,适时投油,稳定燃烧。

(4)随着锅炉负荷的逐渐降低,应当相应地减少给水量,以保持锅炉正常的水位。此时应注意给水启动调节系统的工作情况。在负荷低到一定程度时,应由主给水管路切到低负荷给水管路供水,同时将水位自动调节三冲量倒为单冲量调节,或改为手动调节。

(5)当锅炉负荷降至某一很低的负荷时,启动Ⅰ、Ⅱ级旁路系统,并根据汽温情况关闭减温水。随着旁路门的开大、汽轮机调节汽门的关小,汽轮机逐渐降低负荷。这时,汽轮机前的蒸汽温度和主蒸汽压力应保持不变,主蒸汽和再热蒸汽要保持 50℃ 以上的过热度,以确保汽轮机的安全。

(6)在汽轮机负荷降为零,关闭汽轮机调节汽门以后,锅炉切除所有燃料熄火,停炉后的油枪应从炉膛内拔出,吹扫干净,不得向灭火的燃烧室内吹扫油。维持正常的炉膛压力及 30% 以上额定负荷的风量进行炉膛通风,吹扫 5min 后,停止送风机、引风机,关闭所有的风门、挡板、人孔、检查孔,密闭炉膛和烟道,防止冷却过快损坏设备。

(7)保持回转式空气预热器和点火火焰检测装置的冷却风机继续运行,

待烟温低于相应规定值时方可将其停止。

(8) 在整个滑参数停炉过程中，严格监视汽包壁温度，温差不得超过规定值，严格监视汽包水位，保持水位正常。

(9) 自然循环锅炉在停炉后，应解除高、低值水位保护，缓慢上水至最高可见水位，关闭进水门，停止给水泵，开启省煤器再循环门。强制循环锅炉，在停炉后要至少保留一台强制循环泵连续运行，并维持汽包水位在正常值。

(10) 停炉过程中，按规定记录各部膨胀值，冬季停炉应做好防冻措施。

15-33 汽包锅炉的定参数停炉操作步骤是什么？

答：(1) 采用定参数停炉时应尽量维持较高的锅炉主蒸汽压力和温度，减少各种热损失。减负荷过程中应维持主蒸汽压力不变，逐渐关小汽轮机的调节汽门，随着锅炉燃烧率的逐渐降低，汽温将逐渐下降，但应保持汽温过热度在规定值以上，否则应适当降低主蒸汽压力。

(2) 停炉后适当开启高低压旁路或过热器、再热器出口疏水阀约30min，以保证过热器、再热器有适当的冷却。

(3) 保持空气预热器、火焰检测器冷却风机连续运行，为减少热损失，可在熄火炉膛吹扫完毕后停止送、引风机运行。对于强制循环锅炉，停炉后至少应保留一台强制循环泵运行。

(4) 停炉过程中，按规定记录各部膨胀值，冬季停炉应做好防冻措施。

15-34 直流锅炉的正常停炉操作步骤是什么？

答：(1) 直流锅炉的正常停炉应根据制造厂提供的正常停炉曲线，进行参数控制和相应操作。

(2) 正常停炉投入启动分离器，按下列程序进行：

1) 定压降负荷；

2) 过热器降压；

3) 投入启动分离器；

4) 发电机解列和汽轮机停机；

5) 锅炉灭火。

(3) 随着锅炉负荷的降低，及时调整引、送风机风量，保证一、二、三次风的协调配合，适时投油，保持燃烧稳定。

(4) 根据燃烧和负荷情况，将有关自动控制系统退出运行或进行重新设定。

(5) 在停炉过程中，煤油混烧时，当排烟温度降至100℃时，逐个停止各电场，锅炉全部烧油时，所有电场必须全部停止，停运的电场改投连续振打方式。

引风机停止后，振打装置；连续运行 2～3h 左右停止，并将灰斗积灰放净，停止各加热装置。

（6）配有中间储仓式制粉系统的锅炉，应根据煤仓煤位和粉仓粉位适时停止部分磨煤机，根据负荷情况，停用部分给粉机。停用磨煤机前，应将该制粉系统余粉抽净，停用给粉机后，将一次风系统吹扫干净，然后停运排粉机或一次风机。

（7）配有直吹式制粉系统的锅炉，根据负荷需要，适时停用部分制粉系统，且吹扫干净。停用后的煤粉燃烧器应将相应的二次风关小，停炉后关闭。

（8）定压降负荷过程中，维持过热器压力不变，锅炉本体压力随着负荷的降低而逐步降低。锅炉通过逐步减少燃料和给水量以及关小汽轮机调节汽门进行降负荷，根据包墙管出口及低温过热器出口温度调整燃料与给水比例，并通过减温水量调节，维持主蒸汽温度正常，调整烟气调温挡板和再热器减温水量，维持再热蒸汽温度在正常范围内。

（9）降负荷过程中，给水流量必须保证大于或等于启动流量的最低限度，直至锅炉灭火，以确保水动力工况稳定，要特别注意保持燃料量与给水量成一定比例，否则将可能导致前屏过热器进水。在该阶段还应微开有关疏水，对启动分离器所属管道进行暖管，为投入启动分离器做准备。

（10）过热器降压是为投入分离器作准备，此阶段仍为直流运行方式。要控制降压速率不大于 0.2～0.3MPa，同时保持包覆过热器压力的稳定，保持合理的燃料与给水之比，各项操作要注意协调配合，力求缓慢平稳，以免造成汽温、汽压、给水流量及减温水流量的较大波动。当启动分离器达到投入条件，且低温过热器出口蒸汽温度、过热器压力符合要求时，投入启动分离器。

（11）启动分离器投入后，保持其压力、水位正常，包覆过热器出口压力在规定范围内。继续减弱燃烧，机组符合降至最低负荷时，发电机解列、汽轮机停机、锅炉灭火。

（12）锅炉灭火后，维持正常的炉膛压力及30%以上额定风量进行炉膛通风，吹扫5～10min后停止送风机、引风机、暖风机，关闭风烟系统有关挡板，保持回转式空气预热器、点火器、火焰检测装置冷却风机运行，待温度符合制造厂要求后，停止其运行关闭各减温水阀，解除启动旁路，停止锅炉进水。

15-35 直流锅炉不投启动分离器的停炉操作是什么?

答:(1) 在锅炉不具备投运启动分离器条件时,可采用不投分离器的停运方式。采用该方式停运时,首先按正常减负荷操作减少燃料、风量、给水量,定压将机组负荷减至 100MW,并将锅炉各自动装置切至手操位置。根据运行工况的需要,保留一台制粉系统或停用所有制粉设备改为全烧油运行。制粉系统全部停用后应立即切断电除尘器的高压电源,根据规定调整电除尘器振打装置的振打方式。

(2) 开启高压旁路及低压旁路,使机组负荷降至 10~15MW,按"紧急停炉"或"MFT"按钮,切断进入锅炉的所有燃料,使锅炉熄火。

(3) 锅炉熄火后,如电除尘器仍投运时应立即切断电除尘器的高压电源,根据规定调整电除尘器振打装置的振打方式,退出锅炉的有关保护。关闭过热蒸汽、再热蒸汽各减温水隔绝门。根据需要建立或停止轻油及重油循环。如停止重油循环,则应立即对重油系统进行冲洗。为防止超压,锅炉熄火后应立即调整开启高、低压旁路,以不大于 0.3MPa/min 的速率降低主蒸汽压力至 12MPa,然后关闭"低出"及"低调"阀。而后继续通过高、低压旁路,按上述速率将过热器和再热器的压力泄除。当汽轮机凝汽器不允许排入汽、水时,应立即关闭高、低压旁路及其减温水门,通过开启过热器、再热器有关对空排汽门或疏水阀来进行泄压。

(4) 锅炉熄火后重油枪的冲洗,应在炉膛和烟道吹扫后并继续维持吹扫状态的过程中进行。重油枪冲洗结束后,锅炉炉膛和烟道的通风吹扫、附属设备的停用、各受热面的去压及锅炉的冷却等操作均按投启动分离器停炉的程序和要求进行。

第十六章　辅助设备的运行

16-1　为什么有的泵入口管上装设阀门，有的则不装？

答：一般情况下吸入管道上不装设阀门。但如果该泵与其他泵的吸水管相连接，或水泵处于自流充水的位置（如水源有压力或吸水面高于入水管）都应安装入口阀门，以便设备检修时的隔离。

16-2　为什么有的离心式水泵在启动前要加引水？

答：当离心泵进水口水面低于其轴线时，泵内就充满空气，而不会自动充满水。因此，泵内不能形成足够高的真空，液体便不能在外界大气压力作用下吸入叶轮中心，水泵就无法工作，所以必须先向泵内和入口管内充满水，赶尽空气后才能启动。为防止引入水的漏出，一般应在吸入管口装设底阀。

16-3　离心式水泵打不出水的原因和现象分别有哪些？

答：打不出水的原因主要有：

（1）入口无水源或水位过低。

（2）启动前泵壳及进水管未灌满水。

（3）泵内有空气或吸水高度超过泵的允许真空吸上高度。

（4）进口滤网或底阀堵塞，或进口阀门阀芯脱落、堵塞。

（5）电动机反转，叶轮装反或靠背轮脱开。

（6）出口阀未开，阀门芯脱落或出水无去向。

当离心泵打不出水时，会发生电动机电流或出口压力不正常或大幅度摆动、泵壳内汽化、泵壳发热等现象。

16-4　轴承按转动方式可分几类？各有何特点？

答：轴承一般可分为滚动轴承和滑动轴承两类。滚动轴承采用铬轴承钢制成，耐磨又耐温，轴承的滚动部分与接触面的摩擦阻力小，但一般不能承受冲击负荷。滑动轴承主要部位为轴瓦。发电厂大型转动设备使用的滑动轴承，一般轴瓦采用巴氏合金制成，其软化点、熔化点都较低，与轴的接触面积大，可承重载荷、减振性好、能承受冲击负荷。若润滑油储在其下部时需由油环带动，以保证瓦面油膜的形成。一般规定滚动轴承温度不超过80℃，滑动轴承则不应超过70℃，对于钢球磨煤机大瓦的温度限制应根据制造厂家的要求，一般不超过50℃。

16-5 润滑油对轴承起什么作用？

答：无论是滚动轴承还是滑动轴承，在轴转动时，其转动部分和静止部分都不能直接接触，否则会因摩擦生热而损坏。为了防止动静部分摩擦，必须添加润滑剂。润滑剂对轴承的作用有润滑作用、冷却作用和清洗作用三个方面。

16-6 辅机轴承箱的合理油位是怎样确定的？

答：（1）确定合理油位的依据。

1）轴承的类型：带油环的乌金瓦轴承，是利用油环对油的吸附作用把油带到轴和瓦之间的间隙而起润滑作用的。润滑的好坏取决于油环浸入油中的面积，对于同一油位，油环浸入油中的面积会随油环的直径的增大而增加。因此油位的高低与油环的直径要成一定比例。滚珠轴承是直接浸入油中的，润滑的好坏是由弹子带油情况而定，因为弹子可以滚动着轮换进入油中，所以油位的高低以最下部的弹子能浸入池中为标准。

2）油位过高，会使油环运动阻力增加而打滑或打脱，油分子的相互摩擦会使轴承温度升高；还会增大间隙处的漏油量和油的摩擦功率损失。

3）油位过低，会使轴承的弹子或油环带不起油来，造成轴承得不到润滑而使温度升高，把轴承烧坏。

（2）确定油位的方法。

1）带油环的乌金瓦应根据油环的直径而定，油环直径内径（D）为$25\sim40$mm的，油位为$\dfrac{D}{4}$；$40\sim60$mm的为$\dfrac{D}{5}$；$65\sim300$mm的为$\dfrac{D}{6}$；轴的最低点离油面为$5\sim15$mm。

2）滚动轴承要根据转速而定。1500r/min以下的，油位保持在最低一个弹子的中心线处；1500r/min以上的，油位以最低弹子能带起油为宜（但不得低于最低弹子的$\dfrac{1}{3}$处）。

16-7 如何识别真假油位？如何处理假油位？

答：（1）对于油中带水的假油位，由于油比水轻，浮于水的上面，可以从油位计或油面镜上见到油水分层现象，如果油已乳化，则油位变高，油色变黄，严重时呈白色。

（2）对于无负压管的油位计，如它的上部堵塞形成真空产生假油位时，只要拧开油位计上部的螺帽或拨通空气孔，油位就会下降，下降后的油位是真实数。

（3）对于油位计下部孔道堵塞产生的假油位，可以进行如下鉴别及处理：

1）如有负压管时，可以拉脱油位计上部的负压管（如是钢管可拧松连接螺帽），或用手卡住负压管，这时如油位下降，在下降以前的油位是真实数。

2）如无负压管或负压管已堵时，可以拧开油位计上部的螺栓或拉开负压管向油位计中吹一口气，油位下降后又复原，复原后的油位是真实数。

3）对油位计上部与轴承端盖间有连通管而无负压管的油位计，如将连通管卡住或拔掉时，油位上升，上升以前的油位是真实数。

4）对于带油环的电动机滑动轴承，可先拧开小油位计螺帽，然后打开加油盖，如果油位上升，则上升以前的油位是真实的。

（4）因油面镜或油位计表面模糊，有结垢痕迹而不能正确判断油位时，首先可以采用加油、放油的方法，看油位有无变化及油质的优劣。若油位无变化，再把油面镜拆开清洗，疏通上、下油孔。

16-8 风机启动时应注意哪些事项？

答：（1）风机启动前应将风机进口调节风门严密关闭，以防误操作、带负载启动。

（2）检查轴承润滑油位是否正常、冷却水管供水情况、联轴器是否完好、检修孔门是否封闭。

（3）注意启动时间及空载电流是否正常。

（4）电流表指示恢复到空载电流后，可调节风门开度在适当位置。

（5）检查风机运行应无异常。

16-9 风机调节挡板的作用是什么？一般装在何处？

答：风机调节挡板即导流器，其作用是：

（1）用以调节风机流量大小；

（2）风机启动时关闭，可避免电动机带负荷启动，烧坏电动机。

风机调节挡板一般安装在风机进口集流器之前。

16-10 风机振动的原因一般有哪些？

答：（1）基础或基座刚性不够或不牢固（如地脚螺栓松等）；

（2）转轴窜动过大或联轴器连接松动；

（3）风机流量过小或吸入口流量不均匀；

（4）除尘器效率低，造成风机叶轮磨损或积灰，出现不平衡；

（5）轴承磨损或损坏。

16-11　风机喘振后会有什么问题？如何防止风机喘振？

答：当风机发生喘振时，风机的流量周期性地反复，并在很大范围内变化，表现为零甚至出现负值。风机流量的这种正负剧烈的波动就像哮喘病人呼吸一样。由于流量波动很大而发生气流的猛烈撞击，使风机本身产生剧烈振动，同时风机工作的噪声加剧。大容量的高压头风机产生喘振时的危害很大，可能导致设备和轴承的损坏，造成事故，直接影响了锅炉的安全运行。

为了防止风机的不稳定性，可采取如下措施：

（1）保持风机在稳定区域工作。因此，管路中应选择 P-Q 特性曲线没有驼峰的风机；如果风机的性能曲线有驼峰，应使风机一直保持在稳定区（即 P-Q 曲线下降段）工作。

（2）采用再循环。使一部分排出的气体再引回风机入口，不使风机流量过小而处于不稳定区工作。

（3）加装放气阀。当输送流量小于或接近喘振的临界流量时，开启放气阀，放掉部分气体，降低管系压力，避免喘振。

（4）采用适当调节方法，改变风机本身的流量。如采用改变转速、叶片的安装角等办法，避免风机的工作点落入喘振区。

16-12　如何选择并联运行的离心风机？

答：并联运行的离心风机选择时应注意以下几点：

（1）最好选择两台特性曲线完全相同的风机并联；

（2）每台风机流量的选择应以并联工作后工作点的总流量为依据；

（3）每台风机配套电动机容量应以每台风机单独运行时的工作点所需的功率来选择，以便发挥单台风机工作时最大流量的可能性。

16-13　什么是离心式风机的特性曲线？风机实际性能曲线在转速不变时的变化情况是怎样的？

答：当风机转速不变时，可以表示出风量 Q－风压 P，风量 Q－功率 P，风量 Q－效率 η 等关系曲线叫做离心式风机的特性曲线。

因为实际运行的风机，存在着各种能量损失，所以 Q-P 曲线变化不是线性关系。由 Q-P 曲线可以看出风机的风量减小时全风压增高，风量增大时全风压降低。这是一条很重要的特性曲线。

16-14 风机的启动主要有哪几个步骤？

答：风机启动的主要步骤是：

（1）具有润滑油系统的风机应首先启动润滑油泵，并调整油压、油量正常；

（2）采用液压联轴器调整风量的风机，应启动辅助油泵对各级齿轮和轴承进行供油；

（3）启动轴承冷却风机；

（4）关闭出、入口挡板或将动叶调零，变频转速调至零位，保持风机空载启动；

（5）启动风机，注意电流回摆时间；

（6）电流正常后，调整出力至所需。

16-15 离心式水泵为什么要定期切换运行？

答：离心式水泵定期切换的主要原因是：

（1）水泵长期不运行，会由于介质（如灰渣，泥浆）的沉淀、侵蚀等使泵件及管路、阀门生锈、腐蚀或被沉淀物及杂物所堵塞、卡住（特别是进口滤网）。

（2）除灰系统的灰浆泵长期不运行时，最易发生灰浆沉淀堵塞的故障。

（3）电动机长期不运行也易受潮，使绝缘性能降低。水泵经常切换运行可以使电动机线圈保持干燥，使设备保持良好的备用状态。

16-16 风机运行中发生哪些异常情况应加强监视？

答：风机发生下列异常时应加强监视：

（1）风机突然发生振动、窜轴或有摩擦声音，并有所增大时；

（2）轴承温度升高，没有查明原因时；

（3）轴瓦冷却水中断或水量过小时；

（4）风机室内有异常声音，原因不明时；

（5）电动机温度升高或有异声时；

（6）并联或串联风机运行其中一台停运，对运行风机应加强监视。

16-17 停运风机时怎样操作？

答：停运风机按下列步骤操作：

（1）关闭出入口挡板或将动叶调零、勺管关到零位，将风机出力减至最小；

(2) 停止风机运行；

(3) 辅助油泵为了冷却液压联轴器设备，应继续运行一段时间后停运。

16-18　锅炉运行中单送风机运行，另一台送风机检修结束后并列过程中有哪些注意事项？

答：①应注意保持炉膛负压稳定，机组负荷稳定；②保持总风量基本稳定；③风机加减负荷时要缓慢；④防止送风机发生喘振；⑤风机启动前入口风门要关闭。

16-19　离心式风机启动前应注意什么？

答：风机在启动前，应做好以下主要工作：

(1) 关闭进风调节挡板；

(2) 检查轴承润滑油是否完好；

(3) 检查冷却水管的供水情况；

(4) 检查联轴器是否完好；

(5) 检查电气线路及仪表是否正确。

16-20　离心式风机投入运行后应注意哪些问题？

答：离心式风机投入运行后应注意：

(1) 风机安装后试运转时，先将风机启动 $1\sim2h$，停机检查轴承及其他设备有无松动情况，待处理后再运转 $6\sim8h$，风机大修后分部试运不少于 $30min$，如情况正常可交付使用。

(2) 风机启动后，应检查电动机运转情况，发现有强烈噪声及剧烈振动时，应停车检查原因予以消除。启动正常后，风机逐渐开大进风调节挡板。

(3) 运行中应注意轴承润滑、冷却情况及温度的高低。

(4) 不允许长时间超电流运行。

(5) 注意运行中的振动、噪声及敲击声音。

(6) 发生强烈振动和噪声，振幅超过允许值时，应立即停机检查。

16-21　强制循环泵启动前的检查项目有哪些？

答：强制循环泵启动前的检查项目有：

(1) 检查水泵电动机符合启动条件，绕组绝缘合格、接线盒封闭严密，事故按钮已释放且动作良好；

(2) 关闭出入口门，打开备用强循泵旁路门；

(3) 关闭电动机下部注水门并做好防误开措施，关闭泵出口管路放水门；

(4) 打开低压冷却水门，检查水量充足；

(5) 检查汽水分离器水位是否符合启动泵的条件，打开入口门给泵体灌水。

16-22　为什么闸阀不宜节流运行？

答：在主蒸汽和主给水管道上，要求流动阻力尽量减少，故往往采用闸阀。闸阀结构简单，流动阻力小，启闭灵活。因其密封面易于磨损，一般应处于全开或全闭位置。用来调节流量或压力时，被节流流体将加剧对其密封结合面的冲刷磨损，致使阀门泄漏，关闭不严。

16-23　膨胀指示器的作用是什么？一般装在何处？

答：膨胀指示器是用来监视汽包、集箱等厚壁压力容器在点火升压过程中的膨胀情况的，通过它可以及时发现因点火升压不当或膨胀受阻引起的蒸发设备变形，防止膨胀不均发生裂纹和泄漏等。膨胀指示器一般装在集箱、汽包上。

16-24　简述联合阀的结构及操作方法。

答：联合式阀门由阀芯和阀座组成，阀座上部接有 4～5 根进水管，下部接有一个出水管。阀芯是一个柱体，在柱体底部和中部钻有互相垂直相通的孔道，阀芯与阀座采用动配合连接。当锅炉进行排污时，通过手轮转动阀芯，当阀芯中部的孔与阀座上的某一根进水管口相对时，则进水管所连接的循环回路的水经阀座、阀芯后从阀座下部出水管排出，停止排污时，只须转动手轮，使阀芯中部的孔与阀座上的孔错开就行了。当停炉放水时，将联合阀门上的销钉退出，抬起阀芯，五点所连接的 5 个循环回路就能同时经阀座下部出水管排水，缩短了锅炉放水时间。

16-25　水封或砂封的作用是什么？一般装在何处？

答：水封和砂封的作用是使锅炉某些结合处保持密封状态，防止空气漏入炉内而影响燃烧，同时能使锅炉各受热部件能自由膨胀或收缩。

冷灰斗处温度和负压均较低，一般采用水封。高温空气预热器处负压大，若用水封，水易被抽光，而应用砂封。炉顶过热器转折烟道处负压不大，但温度高，且周围是水冷壁。若采用水封，水封的冷水会溢流到水冷壁上，威胁水冷壁的安全，故一般采用砂封。

16-26　锅炉排污扩容器的作用是什么？

答：锅炉排污扩容器有连续排污扩容器和定期排污扩容器两种。它们的作用是：当锅炉排污水排进扩容器后，容积扩大、压力降低，同时饱和温度也相应降低，这样，原来压力下的排污水，在降低压力后，就有一部分热量释放出来，这部分热量作为汽化热被水吸收而使部分排污水发生汽化，将汽化的这部分蒸汽引入除氧器，从而可以回收这部分蒸汽和热量。而定排扩容器的主要作用是降低压力，使汽水安全排放。

16-27　炉膛及烟道防爆门的作用是什么？

答：当炉膛发生爆燃或烟道发生二次燃烧时，烟气压力突然升高，在压力作用下防爆门首先开启，让部分烟气泄出，使炉膛或烟道内压力降低（这时防爆门自动关闭），以防止锅炉受热面、炉墙或烟道在压力作用下损坏。

16-28　过热器疏水阀有什么作用？

答：过热器疏水阀有两个作用：一是作为过热器集箱疏水用；二是在启、停炉时保护过热器管，防止超温烧坏。因为启、停炉时，主汽门处于关闭状态，过热器管内如果没有蒸汽流动冷却，管壁温度就要升高，严重时导致过热器管烧坏。为了防止过热器管在升火、停炉时超温，可将疏水阀打开排汽，以保护过热器。

16-29　制粉系统的任务是什么？

答：（1）磨制出一定数量的合格煤粉；

（2）对煤粉进行干燥；

（3）用一定的风量将合格的煤粉带走；

（4）储存有一定数量的合格煤粉满足锅炉负荷变动需要（储仓式）。

16-30　制粉设备运行有哪些基本要求？

答：（1）磨制锅炉燃烧所需要的煤粉，保证制粉系统运行的稳定。

（2）保证煤粉的经济细度和均匀性。

（3）根据运行工况，保持磨煤机在最大出力下运行，满足锅炉负荷需要和系统运行的经济性。

（4）防止发生煤粉自燃、爆炸和系统堵塞。

16-31　钢球磨煤机内的细小钢球及杂物有哪些害处？

答：当磨煤机长期运行时，由于随原煤一起带入的杂物以及金属的磨损，使磨煤机内积累了细小钢球和杂物，这些细小钢球和杂物便成为吸收钢球撞击能力的缓冲物，降低了钢球的做功能力。另外，细小钢球和杂物积累多了，就会占去一定的容积，使钢球磨煤机内的载球量减少，使磨煤机出力下降，增加了制粉电耗。因此，磨煤机运行一段时间后，应剔除细小杂物和细小钢球。

16-32　钢球磨煤机大牙轮应选用什么样的润滑剂？

答：因为钢球磨煤机转速低，传动齿轮扭矩大，应选用较大黏度的、干净的润滑剂，以保证传动齿轮在喷合齿面上有良好的润滑油膜。大都采用 7 份石油沥青和 3 份 40 号机油加热搅拌均匀，用喷枪均匀地喷到清洗干净的大牙轮上，使齿轮面在传动过程中形成一层半固体油膜，以达到润滑的目的。

16-33　钢球磨煤机的减速箱是怎样减速的？

答：磨煤机的减速箱实际上是一对齿数不同的齿轮，与电动机转子连接的称为主动轮，与被传动的机械连接的称为从动轮，由于主动齿轮的齿数比从动齿轮齿数少，从而达到减速的目的。从动齿轮与主动齿轮转速之比称为减速箱的减速比。

16-34　制粉系统为什么要装防爆门？

答：制粉系统的防爆门通常是用金属薄膜按一定要求制成的，其承压强度很小。当制粉系统发生爆炸时，它首先破裂从而使气体排出降压，防止管道、设备爆破损坏。

16-35　制粉系统再循环门的作用是什么？

答：再循环门的作用是将一部分排粉机出口的气流返回磨煤机进口，增加制粉系统的通风量和气体流速，从而调整磨煤出力与干燥出力平衡。但由于排粉机出口空气温度降低、水分较大，故而在原煤水分较高时，再循环门不宜使用；若煤的水分小、挥发分高时，并且要求加强磨煤机通风，则再循环门可以适当开大，但要注意煤粉细度合格。

16-36　制粉系统的吸潮管起什么作用？

答：吸潮管主要利用排粉机的负压，把煤粉仓和输粉机内的潮气吸走，避免潮气冷凝导致堵粉；另外还可以保证煤粉仓和输粉机有一定的负压，而不致于向外喷粉。

16-37　制粉系统中的锁气器起什么作用？

答：在制粉系统的煤粉输送过程中，锁气器只允许煤粉通过，而不允许空气流过，以免影响制粉系统的正常工作。

16-38　锁气器是怎样工作的？

答：常用的锁气器有翻板式和草帽式两种。它们都是利用杠杆原理工作的，当翻板或活门上的煤粉超过一定质量时，翻板或活门自动打开，煤粉落下，当煤粉通过后，翻板或活门重又因重锤的作用而关闭。

16-39　锁气器为什么要串联使用？

答：在制粉系统的同一管路中，锁气器必须两个串联组装，这样当第一个打开时，第二个关闭，当第二个打开时，第一个关闭，它们不应同时开启，以防空气通过。

16-40　排粉机的作用是什么？

答：排粉机一般就是一种离心式风机，它的作用就是使制粉系统中输送煤粉用的热空气或气粉混合物能克服各种阻力而流动。

16-41　叶轮式给粉机有哪些优缺点？

答：叶轮式给粉机的优点有：①供粉较均匀；②不易发生煤粉自流；③不使一次风冲入煤粉仓。缺点是：①结构比较复杂；②易被煤粉中的木屑等杂物堵塞；③因为它靠调节叶轮转速来调节粉量，所以耗电量比较大。

16-42　启停制粉系统时应注意什么？

答：（1）启动时严格控制磨煤机出口气粉混合物的温度不超过规定值。因为磨煤机在启动过程中，属于变工况运行，此时出口温度若控制不当，很容易使温度超过极限，从而导致煤粉爆炸。

（2）磨煤机在启动时进行必要的暖管。因中间储仓式制粉系统设备较多，管道较长，启动时煤粉空气混合物中的水蒸气很容易在旋风分离器等管壁上结露，使之增加流动阻力，造成煤粉结块，甚至引起分离器堵塞。

（3）磨煤机停运时，必须抽尽余粉，防止自燃和爆炸。为下次启动创造良好的条件。

16-43　钢球磨煤机空转有哪些危害？

答：按规程规定，钢球磨煤机空转时间不得大于 10min，因为空转时间长了，一方面，钢球与钢球之间、钢球与波浪瓦之间的金属磨损增加，磨煤机正常运行和空转时所产生的磨损比是 1∶50；另一方面，磨煤机空转时，钢球与钢球之间、钢球与波浪瓦之间的撞击容易产生火花，产生火花又是制粉系统爆炸的原因之一。

16-44 影响钢球磨煤机出力有哪些原因？怎样提高磨煤机出力？

答：钢球磨煤机出力低的原因有：

(1) 给煤机出力不足，煤质坚硬，可磨性差。

(2) 磨煤机内钢球装载量不足或过多，钢球质量差，小钢球未及时清理，波浪瓦磨损严重未及时更换。

(3) 磨煤机内通风量不足，干燥出力低，或原煤水分增高，排粉机出力不足，系统风门故障，磨煤机入口积煤或漏风等。

(4) 回粉量过大，煤粉过细。

提高制粉系统出力的措施有：

(1) 保持给煤量均匀，防止断煤。在保持磨煤机出口温度不变的情况下，尽量提高磨煤机入口风温。

(2) 定期添加钢球，保持磨煤机内一定的钢球装载量，并定期清理不合格的钢球及铁件杂物。

(3) 保持磨煤机内适当的通风量，磨煤机入口负压越小越好，以不漏粉为准。

(4) 消除制粉系统的漏风，加强粗细粉分离器的维护，保持各锁气器动作灵活。

(5) 保持合格的煤粉细度，适当调整粗粉分离器折向门，煤粉不应过细。

16-45 煤粉仓温度高怎样预防和处理？

答：预防煤粉仓温度高的措施有：

(1) 保持磨煤机出口温度不超过规定值。

(2) 按规定进行降粉。

(3) 经常检查和消除制粉系统及粉仓漏风。

(4) 建造和检修粉仓时要保证合理角度。四壁光滑，不应有积粉。

煤粉仓温度高应作如下处理：

(1) 停止制粉系统，进行彻底降粉。

(2) 关闭吸潮管阀门及输粉机下粉插板。

(3) 温度超过规定值时可用二氧化碳灭火。

(4) 待温度正常后，启动制粉系统。

(5) 消除各处漏风。

16-46 影响煤粉过粗的原因有哪些？

答：(1) 制粉系统通风量过大。

（2）磨煤机内不合格的钢球太多，使磨碎效率降低。

（3）粗粉分离器内锥体磨透，致使煤粉短路或粗粉分离器折向门开得过大。

（4）回粉管堵塞或停止回粉，而失去粗粉分离作用。

（5）原煤优劣混合不均匀，变化太大。

（6）煤质过硬或原煤粒度过大等。

16-47　筒式钢球磨煤机大瓦润滑有哪几种方式？

答：钢球磨煤机大瓦润滑方式一般采用高位油箱静压润滑、强制润滑和毛线润滑等几种方式。

16-48　钢球磨煤机内煤量过多时为什么出力反而会降低？

答：磨煤机内的煤量过多时，使磨煤机内的煤位过高，钢球落差减小，冲击能力也相应减小（从磨煤机电流减小可以看出）。另外，煤位过高，使钢球之间的煤层加厚，钢球的一部分动能消耗在使煤层的变形上，另一部分动能消耗在磨煤上，则磨煤机内的煤位高时，使通风阻力增加，因此，使系统内通风量减少和磨煤机内的温度下降，干燥出力降低，所以磨煤机内的煤量过多时，其出力反而会降低，还容易造成磨煤机堵塞。

16-49　清理木块分离器时，对锅炉运行有何影响？

答：清理木块分离器时，当设备有缺陷或清理不当时，将造成大量冷风直接进入系统。冷风进入后，一方面，使木块分离器以后的设备通风量增加，通过排粉机的乏气量也增加，乏气中携带的煤粉量随之增加，所以就要造成锅炉汽温、汽压升高；另一方面，磨煤机内抽吸力降低，即通风量降低，磨煤机内的负压减小，此时如不减小给煤量，磨煤机进、出口易漏粉或满粉。

16-50　磨煤机出入口为什么容易着火？

答：主要原因是原煤的挥发分高，当原煤较潮湿，煤黏附或堆积在磨煤机入口下煤管或出口的死角处。由于磨煤机入口要通过 $280\sim320℃$ 的高温风，黏附和堆积在管壁上的煤长时间与高温介质接触，逐渐氧化，达到一定温度后就会自燃。为了防止磨煤机入口着火，应消除入口角处的积煤，特别是雨季煤湿时，发现入口积煤，应及时清除，一旦着火应停止磨煤机，消除火源。

16-51　如何防止制粉系统爆炸？

答：（1）制粉系统内无死角，不使用水平管道，以免煤粉积存自燃而引起爆炸。

（2）限制气粉混合物流速，既防止流速过低引起煤粉存积，又要防止流速过高引起摩擦静电火花。

（3）加强原煤管理，防止易燃易爆物混入原煤。

（4）严格控制磨煤机出口气粉混合物温度不超过规定值。

（5）粉仓定期降粉。锅炉停用三天以上时，应将粉仓中煤粉烧尽，并清除粉仓漏风。

16-52　中间储仓式制粉系统运行中，当给煤量增加时风压和磨后温度怎样变化？为什么？

答：这种制粉系统在正常运行时，主要靠维持磨煤机入口负压、进出口压差和出口温度来保证运行工况的。当给煤量增加时，入口负压变小，进出口压差增大，出口温度下降。因为给煤量的增加，磨煤机内载煤量增多，使通风截面减小，通风阻力增加，所以出口负压增大，入口负压减小，进出口压差增大。再者由于给煤量增多，需要的干燥热量增加，而热风温度不变，当通风量一定时，磨煤机出口温度就会因干燥能力不足而下降。

16-53　钢球磨煤机在运行中，为什么要定期添加钢球？

答：磨煤机在磨煤过程中，钢球不断地被磨损，钢球量不断减少，而且筒体内小钢球不断增多，使磨煤机出力降低。所以，运行中必须定期添加钢球。

在日常运行中，每天应补充一定数量的 φ50 或 φ60 的钢球，以保证钢球磨煤机最佳钢球充满系数时的电流。根据规定，钢球磨煤机运行 2500～3000h 后，应筛选钢球一次，把直径小于 20～25mm 的小钢球及金属废物清理掉。

16-54　运行中钢球磨煤机哪些部位容易漏粉？其原因是什么？

答：（1）筒体大罐压紧条螺栓断裂漏粉。主要原因是空负荷运行时，钢球将压条螺栓砸断，煤粉从螺栓孔处流出；启、停磨煤机时，温度变化，螺栓受热不均匀引起松动，而造成漏粉。

（2）筒体进出口连接管密封圈处漏粉。主要原因是密封自安装质量欠佳，间隙过大，一旦筒体内煤量过多，煤粉就从密封间隙处流出来。

16-55　处理钢球磨煤机满煤时，为什么要间断启停磨煤机？

答：因为磨煤机满煤后，钢球与原煤的混合物随筒体一起旋转，没有钢球下落的高度，所以原煤很难磨碎，煤粉也难以抽走。当磨煤机启动、停止瞬间，将钢球和煤粉翻起来。在此瞬间能将部分煤粉从钢球间隙中抽走，反复启停数次（但应遵守电动机运行规程规定的启停间隔时间），将磨煤机内的煤粉抽走，直至磨煤机正常为止。所以磨煤机满煤后处理时应间断启停磨煤机。

16-56 简述润滑油（脂）的作用。

答：润滑油（脂）可以减少转动机械与轴瓦（轴承）动静之间的摩擦，降低摩擦阻力，保护轴和轴承不发生擦伤及破裂，同时，润滑油对轴承还起到清洗冷却作用，以达到延长轴和轴承的使用寿命。

16-57 强制循环泵的运行检查及维护项目有哪些？

答：（1）检查水泵运行稳定无异常，各结合面无渗漏；

（2）高压冷却水温不大于 $45℃$，低压冷却水量充足；

（3）泵出入口差压正常；

（4）电动机接线盒密封良好，无汽水侵蚀现象；

（5）泵自由膨胀空间充足且已完全膨胀；

（6）备用泵处于良好备用状态。

16-58 在细粉分离器下粉管上装设筛网的目的是什么？为什么筛网要串联两个？

答：叶轮式给粉机易被煤粉中的木片、棉丝等杂物卡住，为预防这种情况发生，在细粉分离器下粉管上装有两个筛网，煤粉可通过筛网，杂物不能通过。筛网需定期拉出来清理所收集的杂物，当拉出上层筛网时，下层筛网（备用筛网）还处在工作状态，保证在清理杂物过程中，其他杂物不会被带到粉仓中去。

16-59 磨煤机启动条件有哪些？

答：（1）无检修工作票；

（2）磨煤机及各附属部件齐全完整，连接牢固，其周围无杂物；

（3）润滑油系统投入，油温、油压、油位、油质正常；

（4）轴承冷却水投入，冷却水量适当；

（5）电动机绝缘良好，接地线已连好；

（6）与之有关的风门和挡板位置正确，开关灵活；

（7）各表计投入，保护完好；

（8）各设备电源正常。

16-60 简述直吹式制粉系统的启动程序。

答：以具有热一次风机正压直吹式制粉系统为例，其原则性启动程序如下：

（1）启动密封风机，调整风压至规定值，开启待启动的磨煤机入口密封风门，保持正常密封风压；

（2）启动润滑油泵，调整好各轴承油量及油压；

（3）启动一次风机（排粉机），开启磨煤机进口热风挡板及出口挡板进行暖磨，使磨后温度上升至规定值；

（4）启动磨煤机和给煤机；

（5）制粉系统运行稳定后投入自动。

16-61 简述直吹式制粉系统的停止顺序。

答：（1）停止给煤机，吹扫磨煤机及输粉管内余粉，并维持磨煤机温度不超过规定值；

（2）磨煤机内煤粉吹扫干净后，停止磨煤机；

（3）再次吹扫一定时间后，停止一次风机；

（4）磨煤机出口的隔绝挡板，应随一次风机的停止而自动关闭或手工关闭；

（5）关闭磨煤机密封风门，如该磨煤机是专用密封风机，则停用密封风机；

（6）停止润滑油泵。

16-62 简述中间储仓式制粉系统的启动过程。

答：（1）启动排粉机，确信正常运转后，先开启出口挡板，然后开大入口挡板及磨煤机入口热风门，关小入口冷风门，使磨煤机出口风温达到规定要求。调节磨煤机入口负压及排粉机出口风压达规定值。

（2）启动磨煤机的润滑油系统，调整好各轴承的油量，保持正常油压、油温。

（3）启动磨煤机。

（4）启动给煤机。

（5）给煤正常后，开大排粉机入口挡板及磨煤机入口热风门或烟气、热风混合门，调整好磨煤机入口负压及出入口压差，监视磨煤机出口气粉混合物温度符合要求。

（6）制粉系统运行后，检查各锁气器动作是否正常，筛网上有无积粉或杂物。下粉管挡板位置应正确。煤粉进入煤粉仓之后，应开启吸潮管。

16-63　简述中间储仓式制粉系统的停止顺序。

答：（1）逐渐减小给煤量，然后停止给煤机，控制磨煤机出口温度。

（2）给煤机停止运行后，磨煤机继续运行 10min 左右，将系统煤粉抽净后，停止磨煤机。

（3）停止排粉机。对于乏气送粉系统，排粉机要供一次风，磨煤机停止后，排粉机应倒换热风或冷、热混合风继续运行。对于热风送粉系统，在磨煤机停止后，即可停止排粉机。

（4）磨煤机停止后，停止油泵，关闭上油箱的下油门，并关闭冷却水。

16-64　为什么在启动制粉系统时要减小锅炉送风，而停止时要增大锅炉送风？

答：运行时要维持炉膛出口过量空气系数为定值。制粉系统投入时，有漏风存在，制粉系统漏风系数为正值，则空气预热器出口空气侧过量空气系数值应减小，即送入炉膛的空气量应减小。当制粉系统停运时，制粉系统漏风系数为零，则空气预热器出口空气侧过量空气系数值应增大，即送入炉膛的空气量应增大。

16-65　中间储仓式制粉系统启、停时对锅炉工况有何影响？

答：中间储仓式制粉系统启动时，漏风量增大，排入锅炉的乏气增多，即进入炉膛的冷风及低温风增多，使炉膛温度水平下降，除影响稳定燃烧外，炉内辐射传热量将下降。由于低温空气进入量增加，除使烟气量增大外，火焰中心位置有可能上移，这将使对流传热量增加，对蒸汽温度的影响，视过热器汽温特性而异。如为辐射特性，汽温下降；如为对流特性，汽温将升高。同时，由于相应提高了后部烟道的烟气温度，通过空气预热器的空气量也相应减小，一般排烟温度将有所升高。

制粉系统停止运行时，对锅炉运行工况的影响与上述情况相反。因此，在制粉系统启动或停止时，对蒸汽温度应加强监视与调整，并注意维持燃烧的稳定性。

16-66　磨煤机停止运行时，为什么必须抽净余粉？

答：停止制粉系统时，当给煤机停止给煤后，要求磨煤机、排粉机再运行一段时间方可相继停运，以便抽净磨煤机内余粉。这是因为磨煤机停止后，如果还残余有煤粉，就会慢慢氧化升温，最后会引起自燃爆炸。另外磨煤机停止后还有煤粉存在，下次启动磨煤机，必须是带负荷启动，本来电动机启动电流就较大，这样会使启动电流更大，特别对于中速磨煤机会更明

显些。

16-67 什么是磨煤出力与干燥出力？

答：（1）磨煤出力是指单位时间内，在保证一定煤粉细度条件下，磨煤机所能磨制的原煤量。

（2）干燥出力是指单位时间内，磨煤系统能将多少原煤由最初的水分 M_{ar}（收到基水分）干燥到煤粉水分 M_{mf} 的原煤量。

16-68 简述磨煤通风量与干燥通风量的作用，两者如何协调？

答：（1）送入磨煤机的风量，同时有两个作用，一是以一定的流速将磨出的煤粉输送出去，二是以其具有的热量将原煤干燥。考虑这两个方面，所需的风量分别称为磨煤通风量与干燥通风量。

（2）协调这两个风量的基本原则是：首先满足磨煤通风量的需要，以保证煤粉细度及磨煤机出力；其次保证干燥任务的完成是用调节干燥剂温度实现的。

16-69 影响钢球筒式磨煤机出力的因素有哪些？

答：（1）护甲形状及磨损速度；

（2）钢球装载量及钢球尺寸；

（3）载煤量；

（4）通风量；

（5）煤质变化；

（6）制粉系统漏风。

16-70 煤粉细度是如何调节的？

答：（1）煤粉细度可通过改变通风量、粗粉分离器挡板开度或转速来调节。

（2）减小通风量，可使煤粉变细，反之，煤粉将变粗。当增大通风量时，应适当关小粗粉分离器折向挡板，以防煤粉过粗。同时，在调节风量时，要注意监视磨煤机出口温度。

（3）开大粗粉分离器折向挡板开度或转速，或提高粗粉分离器出口套筒高度，使煤粉变粗，反之则变细。但在进行上述调节的同时，必须注意对给煤量的调节。

16-71 运行中煤粉仓为什么需要定期降粉？

答：运行中为保证给粉机正常工作，煤粉仓应保持一定的粉位，规程规定最低粉位不得低于粉仓高度的 1/3。因为粉位太低时，给粉机有可能出现煤粉自流，或一次风经给粉机冲入煤粉仓中，影响给粉机的正常工作。

但煤粉仓长期处于高粉位情况下，有些部位的煤粉不流动，特别是贴壁或角隅处的煤粉，可能出现煤粉"搭桥"和结块，易引起煤粉自燃，影响正常下粉和安全。为防止上述现象的发生，要求定期将煤粉仓粉位降低，以促使各部位的煤粉都能流动，将已"搭桥"结块的煤粉塌下。一般要求至少每半月降低粉位一次，粉位降至能保持给粉机正常工作所允许的最低粉位（3m 左右）。

16-72 对于负压锅炉制粉系统哪些部分易出现漏风？

答：制粉系统易于出现漏风的部位有磨煤机入口和出口、旋风分离器至煤粉仓和螺旋输粉机的管段、给煤机、防爆门、检查孔等处，均应加强监视检查。

16-73 制粉系统启动前应进行哪些方面的检查与准备工作？

答：（1）设备检查。设备周围应无积存的粉尘、杂物；各处无积粉自燃现象；所有挡板、锁气器、检查门、人孔等应动作灵活，均能全开且关闭严密；防爆门严密并符合有关要求，粉位测量装置已提升到适当高度；灭火装置处于备用状态。

（2）转动机械检查。所有转动机械处于随时可以启动状态；润滑油系统油质良好，温度符合要求，油量合适，冷却水畅通；转动机械在检修后均进行过分部试运转。

（3）原煤仓中备用足够的原煤。

（4）电气设备、热工仪表及自动装置均具备启动条件。如果检修后启动，还需做拉合闸、事故按钮、连锁装置等试验。

16-74 运行过程中怎样判断磨煤机内煤量的多少？

答：在运行中，如果磨煤机出入口压差增大，说明存煤量大，反之是煤量少。磨煤机出口气粉混合物温度下降，说明煤量多；温度上升，说明煤量减少。电动机电流升高，说明煤量多（但满煤时除外）；电流减小，说明煤量少。有经验的运行人员还可根据磨煤机发生的音响，判断煤量的多少：声音小、沉闷，说明磨煤机内煤多；如果声音大，并有明显的金属撞击声，则说明煤量少。

16-75 钢球磨煤机大瓦烧损的主要原因是什么？如何处理？

答：（1）主要原因：

1）大瓦润滑油中断。

2）油质不好使润滑油压降低或油中进入煤粉。

3）润滑油温过高，失去润滑作用。

4）大瓦冷却水少或中断时间较长。

5）机械振动严重。

6）空心轴颈故障，如裂纹、变形造成间隙改变，产生摩擦而引起大瓦烧损。

（2）处理：

1）发现大瓦温度高时，必须立即加大润滑油量，重点监视，查明原因。

2）如大瓦温度超过停磨值，应立即停止磨煤机运行，保持润滑油系统正常运行，开大油门，增加油量，查明原因处理。

3）如油系统故障，应立即恢复油系统运行，有备用设备应投入备用设备运行。

4）如油质不良，油杂质过多，要彻底换油。如冷却水中断应立即恢复冷却水。

5）如机械振动或设备问题造成摩擦，通知检修处理，各缺陷消除后方可启动。

16-76　简述电动机过电流的原因及处理方法。

答：（1）原因：

1）电动机两相运行。

2）电动机过载或传动装置故障。

3）密封过紧或转子弯曲卡涩。

4）异物进入卡住空气预热器。

5）导向轴承或支持轴承损坏。

（2）处理：

1）检查空气预热器各部件，查明原因及时消除。

2）电动机两相运行时应立即切换备用电动机。

3）若主电动机跳闸，应检查辅助电动机是否自动启动，若自投不成功可手动强送一次，若不能启动；或电流过大，电动机过热，则应立即停止空气预热器运行，应人工盘动空气预热器，关闭空气预热器烟气进出口挡板，降低机组负荷至允许值，并注意另一侧排烟温度不应过高，否则继续减负荷并联系检修处理。

16-77　启动电动机时应注意什么？

答：（1）如果接通电源开关，电动机转子不动，应立即拉闸，查明原因并消除故障后，才可允许重新启动。

（2）接通电源开关后，电动机发出异常响声，应立即拉闸，检查电动机的传动装置及熔断器等。

（3）接通电源开关后，应监视电动机的启动时间和电流表的变化。如启动时间过长或电流表电流迟迟不返回，应立即拉闸，进行检查。

（4）在正常情况下，厂用电动机允许在冷态下启动两次，每次间隔时间不得少于5min；在热态下启动一次。只有在处理事故时，才可以多启动一次。

（5）启动时发现电动机冒火或启动后振动过大，应立即拉闸，停机检查。

（6）如果启动后发现转向错误，应立即拉闸，停电，调换三相电源任意两相后再重新启动。

16-78 锅炉哪些辅机装有事故按钮？事故按钮在什么情况下使用？应注意什么？

答：送风机、引风机、一次风机、磨煤机、排粉机、密封风机、捞渣机、灰浆泵、预热器、电动给水泵等辅机均配有事故按钮。

在下述情况下，应立即按下事故按钮：

（1）强烈振动、窜轴超过规定值或内部发生撞击声。

（2）轴承冒烟、着火，轴承温度急剧上升并超过额定值。

（3）电动机及其附属设备冒烟、着火或水淹。

（4）电动机转子与定子摩擦冒火。

（5）危及人身安全（如触电或机械伤人）。

按下事故按钮后应保持一段时间后再放手复位。

第十七章　锅　炉　试　验

17-1　新装锅炉的调试工作有哪些?

答: 新装锅炉的调试分为冷态调试和热态调试两个阶段。

(1) 冷态调试的主要工作有转机的分部试运行、阀门挡板的调试、炉膛及烟道的漏风试验、受热面的水压试验、锅炉酸洗等。

(2) 热态调试的主要工作有吹管、蒸汽严密性试验、安全阀压力整定(定砣)、整机试运行等。

17-2　锅炉机组整体试运行的目的是什么?

答: 锅炉机组在安装完毕并完成分部试运后,必须通过整体试运行,达到对机组的设计、安装以及设备制造质量的考验和考核,尽早发现设备不合格的问题。检验设备能否达到设计出力,是否合乎设计规定的要求。

17-3　锅炉机组整体试运行应满足什么样的要求才算合格?

答: 锅炉机组整体试运行应满足以下要求:

(1) 需满足启动升温升压、汽轮机冲车升速、汽轮机及电气回路试验、发电机并网带负荷。

(2) 投入制粉系统,完成制粉系统的初步调试和燃烧初调整。

(3) 完成各类保护投入试验和自动调节试验,以及控制回路的投入及切换试验。

(4) 完成机组启动试验、负荷波动试验、甩负荷试验、汽轮机真空严密性试验。

(5) 要达到额定出力并撤出助燃用油、高压加热器投入、电除尘器投入的要求。

(6) 维持满负荷运行 168h (300MW 以下机组要达到 72h),且汽水品质合格,自动调节跟踪合格。

(7) 对于 300MW 以上机组还应做自动事故处理能力、MFT 动作试验、不同负荷点的制粉系统试验、不同负荷的燃烧调整试验,并确认合格。

17-4 锅炉机组整体试运行中的制粉系统及燃烧初调工作包含哪些内容?

答:(1)各运行表计指示正确。

(2)调整煤粉细度符合设计值。

(3)煤粉管风量分配均匀、粉量分配适当,合乎设计值。

(4)一、二次风配合恰当,过量空气系数在规定的范围内。

(5)撤油枪试验正常。

(6)灭火保护试验合格。

(7)吹灰器试验完成。

17-5 新机组在试生产阶段的主要任务是什么?

答:(1)在各种工况下的试运行,进一步暴露缺陷和消除缺陷;

(2)完成前期未完成的调试项目;

(3)考核设备的性能是不是符合设计值;

(4)使自动调节和程控装置投运后达到设计要求的质量指标;

(5)确定机组的各项技术经济指标;

(6)完成遗留项目等主要任务。

17-6 锅炉冲管的目的是什么?怎样进行冲管?

答:锅炉冲管的目的就是利用锅炉自生蒸汽冲除过热器、再热器受热面管及蒸汽管道内的铁锈、焊渣、铁屑、灰垢和油垢等杂物,否则向汽轮机供汽时将会产生如下危害:

(1)高速汽流携带杂物撞击汽轮机叶片,形成大量麻点,严重时引起叶片断裂,造成重大事故。

(2)杂物残留在过热器中,将使蛇形管的通流面积减少,甚至堵塞,造成管子过热爆破。

(3)残留物中的硅酸盐杂质会严重影响蒸汽品质。

冲管前锅炉应具备正式启动的条件,所以锅炉冲管也是锅炉本身的第一次整套启动过程,它起到了考验设备、检查设备、初步掌握设备运行特性的作用,为设备顺利试运行奠定了基础。

主蒸汽系统的冲管流程是在锅炉集汽集箱出口装设临时闸阀,由主蒸汽管的电动隔离门前经临时排汽管排出。再热蒸汽系统的冲管是利用一级旁路向再热蒸汽系统充汽,其流程是:主蒸汽管一级旁路—低温段再热器—高温再热器—再热蒸汽出口集箱—中压联合汽门前接的临时排汽管排出。

冲管时的蒸汽参数一般是:主蒸汽温度低于额定值的 30～50℃,主蒸汽压力为额定值的 30%～60%，甚至更低，蒸汽流量约为额定值的 1/3。每次冲管时间约持续 15min 左右，两次冲管间隔时间应根据壁温能降到 100℃以下所需的时间来定，这是为了使粘在管壁上的杂物能因管壁冷却而脱落。为了检验和判断冲管效果，在临时排汽管出口处装设铝质靶板，一般情况下，靶板每平方厘米面积上 1～3mm 痕坑个数平均在 0.7 以下，且无大于 3mm 痕坑则为合格。

17-7　新安装的锅炉为什么要进行蒸汽严密性试验？

答：为了进一步检验锅炉焊口、胀接口、人孔、手孔、兰盘、密封填料、垫料，以及阀门、附件等处的严密性，检查汽水管道的膨胀情况，校验支吊架、弹簧的位移、受力伸缩情况有无妨碍膨胀的地方，故必须对新装锅炉进行蒸汽严密性试验。

17-8　为什么要对新装和大修后的锅炉进行漏风试验？

答：锅炉本体的漏风会造成锅炉的出力下降、排烟量及排烟热损失增大、热效率降低，底部漏风严重时，会影响炉内燃烧工况，出现结渣和掉焦等不安全情况，故对新装和大修后锅炉必须进行漏风试验，查堵漏风点。

17-9　为什么要对新装和大修后的锅炉进行化学清洗？

答：锅炉在制造、运输和安装、检修的过程中，在汽水系统各承压部件内部难免要产生和粘污一些油垢、铁屑、焊渣、铁的氧化物等杂质。这些杂质一旦进入运行中的汽水系统，将对锅炉和汽轮机造成极大的危害，所以对新装和大修后正式投运前的锅炉必须进行化学清洗，清除这些杂物。

17-10　分部试运前应该重点检查哪些项目？

答：重点检查项目如下：

（1）检查机械内部及所涉及的系统（如烟道煤粉管道等）、附属设备内无杂物和工作人员。风道、炉膛、烟道内工作结束，无杂物。

（2）转动机械的地脚螺栓、连接螺栓等无松动现象。

（3）轴承油质、油位正常，冷却水畅通、水量充足。

（4）轴端、靠背轮等裸露的转动部分有可靠的保护罩或符合要求的围栏。

（5）对采用外部油系统润滑的转动机械，应事先试运该系统正常。

17-11　分部试运应该达到哪些要求才算合格？

答：分部试运应达到以下要求：

（1）电动机单独运行时间不少于 2h，带机械运行时间不少厂 8h。

（2）电动机转向正确，事故按钮动作正确，接地线、动力电缆、控制电缆可靠连接。

（3）轴承工作稳定，温度不高于 70℃（滑动轴承）或 80℃（滚动轴承）。

（4）垂直、水平和轴向三个方向上的轴承振动值不超过规定值（振动值标准见表 17-1）。

表 17-1　　　　　轴承振动值标准

同步转速(r/min)	3000	1500	1000	<750
允许最大振动值(mm)	0.05	0.085	0.10	0.12

（5）轴承无漏油、漏水现象，泵壳、风壳内介质无泄漏现象。

（6）采用外部油系统润滑的转动机械，其系统运行可靠，油量、油压正常，油压或油温保护动作正确。

17-12　辅机试转时，人应站在什么位置？为什么？

答：《电业安全工作规程》明确规定，在转动机械试转时，除运行操作人员外，其他人员应先远离，站在机械转动的轴向位置，以防止转动部件飞出伤人。这是因为：

（1）设备刚刚检修完，转动部件还未做动平衡，转动体上其他部件的牢固程度也未经转动考验，还有基础部分不牢固等其他因素，很有可能在高速旋转的情况下有个别零部件飞出。

（2）与轴垂直方向是最危险区，而轴向位置就相对比较安全，这样即使有物体飞出也不致伤人，可确保人身安全。

17-13　对阀门、挡板应检查和试验哪些项目？达到什么标准才算合格？

答：检查和试验项目如下：

（1）检查阀门挡板按照介质流向正确安装。

（2）位置布置合理，便于检修和运行操作。

（3）执行机构动作正确，标志齐全，附件完整无缺损。

（4）远方操作的阀门、挡板内外编号对应准确无误，开关信号指示正确返回。

（5）阀门、挡板关闭严密无内漏，全开精确不节流。

17-14　为什么锅炉进行超水压试验时，应将汽包水位计解列？

答：因为锅炉运行时，一旦承压受热面发生爆破或泄漏，通常要停炉才能处理，往往造成很大的直接或间接损失，所以，在什么情况下锅炉应进行超水压试验，规程作了明确规定。汽包水位计的玻璃板、石英玻璃管或云母片是薄弱环节，出厂时不像承压部件作过 1.5～2.0 倍工作压力的超水压试验，其强度裕量相对较小。水位计玻璃板、石英玻璃管经常是由于热应力过大或遭高温碱性炉水侵蚀而损坏的，而云母片往往是因受到炉水侵蚀，在水位不易观察时才更换。

规定汽包应设置不少于两个就地水位计，即使锅炉运行中一个就地水位计损坏解列，也不需停炉处理。所以，超水压试验时将汽包水位计解列是合理的。

为了检验汽包水位计各密封点是否严密无泄漏，汽包水位计应参加工作压力的水压试验，以便发现泄漏处及时消除。

17-15 锅炉的漏风试验应具备什么条件？

答：锅炉的漏风试验应具备以下条件：

(1) 锅炉本体安装结束，烟、风道工作完成。各部保温未装设。

(2) 引风机、送风机及回转式空气预热器分部试运合格。

(3) 与漏风试验有关的风门挡板调试合格。

(4) 本体炉墙及看火孔、检查孔、人孔和防爆门等已严密封闭。底部水封补水试验良好，已可靠密封。

(5) 风烟系统及除尘器等所有人孔、防爆门已封闭。各部水封已完好投运。

(6) 炉膛负压表计已正确投运。

17-16 如何进行锅炉的正压法漏风试验？

答：对于具备漏风试验条件的锅炉，试验前需启动引风机、送风机，调整维持炉膛压力值在 50～200Pa 的工况下运行，然后在送风机入口加入白粉或施放烟幕弹。根据漏风处会有漏泄的白粉或烟幕痕迹的原理，查出漏风点加以处理。

17-17 如何进行锅炉的负压法漏风试验？

答：对于具备漏风试验条件的锅炉，试验前需启动引风机、送风机，调整维持炉膛压力值在 -200～-150Pa 的工况下运行，然后用蜡烛等办法靠近接缝等处进行查找，根据漏风处火焰会向炉内偏斜查出漏风点的原理，查出漏风点加以处理。

17-18 为什么要进行锅炉的水压试验?

答: 对于新装和大修后的锅炉,受热面、汽水管道的连接焊口成千上万,管道材料不可能完全合乎标准,各个汽水阀门的填料、盘根等也需要动态检验,故在机组热态试运前,需要对汽水系统进行冷态的水压试验,以检验各承压部件的强度和严密性。然后根据水压试验时发生的渗漏、变形和损坏情况查找到承压部件的缺陷并及时加以处理。

17-19 简述锅炉超压试验的规定。

答: 正常情况下,一般 2 次大修(6~8 年)一次,有下列情况之一时,也应进行超压试验:

(1)新装和迁移的锅炉投运时。

(2)停用一年以上的锅炉恢复运行时。

(3)锅炉改造,受压元件经重大修理或更换后,如水汽壁更换管数在 50%以上,过热器、再热器、省煤器等部件成组更换,汽包进行了重大修理时。

(4)锅炉严重超压达 1.25 倍工作压力及以上时。

(5)锅炉严重缺水后,受热面大面积变形时。

(6)根据运行情况,对设备安全可靠性有怀疑时。

17-20 水压试验的试验压力是如何规定的?

答: 水压试验的压力规定值:

(1)汽包炉为其汽包额定工作压力的 1.25 倍。

(2)直流炉的试验压力为过热器出口集箱压力的 1.25 倍。

(3)再热器的试验压力为工作压力的 1.5 倍。

(4)工作压力的水压试验压力值等于其工作压力。

17-21 如何进行锅炉水压试验?

答: (1)检查汽水系统,无影响水压试验的问题。记录膨胀指示器数据。

(2)上水冲洗汽水系统。注意上水温度不大于 80℃,水温与过热器壁温之差不能大于 50℃。

(3)上水。密切监视空气门冒气、冒水情况,冒水后及时关闭空气门。如不冒气或冒水,应及时检查排空管是否堵塞。记录上水后膨胀指示器数据。

(4)升压。应均匀缓慢,控制升压速度不大于 0.2~0.3MPa/min。达到工作压力后应暂停升压，工作压力的水压试验完成。此时应对承压部件进行全面检查。确认无异常后方可继续升压，做超水压试验。

（5）超水压试验。在工作压力的水压试验基础上继续升压。应注意：①安全门应暂时解列；②水位计退出试验系统；③升压速度不大于0.1MPa/min。

（6）升压至超压试验压力，在超压试验压力下保持 20min，降到工作压力，在进行检查，检查期间维持压力不变。

（7）降压。检查结束后，按照 0.3～0.5MPa/min 的速度降压到零。打开空气门、疏水门、放水门，将炉水放尽。

17-22 如何进行再热器水压试验？

答： 首先在汽轮机高压缸出口蒸汽管和再热蒸汽出口管上加装打压堵板或关闭堵阀，然后在汽轮机允许的情况下用再热器冷段事故喷水或减温水给再热器上水。上水前应关闭汽轮机中压缸入口电动门和电动门前疏水门，开启电动门后疏水门，打开再热器空气门（见水后关闭）。

当压力升到 1.0MPa 时暂停升压，通知有关人员进行检查。无问题后继续升压直至额定，此间应严防超压。检查完毕，应按照规定的降压速率降压到零。打开空气门及疏水门，放净炉水。

17-23 水压试验时如何防止锅炉超压？

答： 水压试验是一项关系锅炉安全的重大操作，必须慎重进行。

（1）进行水压试验前应认真检查压力表投入情况。

（2）向空排汽、事故放水门电源接通，开关灵活，排汽、放水管系畅通。

（3）试验时应有总工程师或其指定的专业人员在现场指挥，并由专人控制升压速度，不得中途换人。

（4）锅炉起压后，关小进水调节门，控制升压速度不超过0.3MPa/min。

（5）升压至锅炉工作压力的 70% 时，还应适当放慢升压速度，并做好防止超压的安全措施。

17-24 安全阀的整定、试验有什么意义？

答： 锅炉的安全阀是保证锅炉安全运行的重要附件，可以有效地避免由于外部原因（外扰，如汽轮发电机组突甩负荷）或内部原因（内扰）等造成锅炉超压，损坏设备。

安全阀的动作压力值不可过高也不能太低，否则不仅起不到保护锅炉的作用，还会影响到锅炉的正常运行，故必须将安全阀的动作压力值调整到合适的范围。

17-25　各类锅炉不同安全阀的动作压力值是如何规定的？

答：安全阀的动作压力规定值见表 17-2。

表 17-2　　　　　　安全阀的动作压力规定值

炉　型	安　全　阀	动　作　压　力
汽包锅炉	控制安全阀	1.05 倍工作压力
	工作安全阀	1.08 倍工作压力
直流锅炉	控制安全阀	1.08 倍工作压力
	工作安全阀	1.10 倍工作压力
省煤器安全阀		为装设点工作压力的 1.1 倍
再热器安全阀		为装设点工作压力的 1.1 倍

17-26　安全阀调整的步骤有哪几步？

答：安全阀调整步骤如下：

（1）冷态检查。

（2）冷态调整。包括重锤称重（重锤式）、弹簧调整（弹簧式）和压力继电器调整试验（具有压缩空气附加装置的弹簧式）。电磁回路、热工回路、压缩空气回路投入检查。

（3）蒸汽吹洗脉冲蒸汽管。

（4）热态调试。遵循先高后低的原则，分别对定值高、定值低的安全阀进行调试。为了防止已调好安全阀动作可将其用 U 形铁（马蹄铁）垫住，调试完毕切记取下 U 形铁。

（5）综合调试。先调机械部分，之后配合压缩空气回路、电磁回路进行综合调试。

（6）完成调试，实际试验。

17-27　新机组在试生产阶段需进行哪些项目的燃烧调整试验？

答：新机组在试生产阶段需进行以下项目的燃烧调整试验：

（1）制粉系统试验。

（2）撤油枪后最小出力试验。

（3）过热器、再热器热偏差试验。

（4）吹灰频率试验。

（5）煤粉经济细度确定。

（6）最佳过量空气系数确定。

（7）一、二次风速及风粉比例确定。

（8）不同负荷下投粉量的确定和燃烧器投入及喷口角度试验。

（9）不同煤种适应能力试验。

（10）完成合同规定的试验和存在问题的专项试验。

17-28　锅炉酸洗的目的是什么？怎样进行酸洗工作？

答：酸洗的目的主要是除去锅炉蒸发受热面内氧化铁、铜垢、铁垢等杂质，也有消除二氧化硅、水垢等作用。

酸洗过程实质上是一个腐蚀内表面层的过程，分为循环酸洗和静置酸洗两种。

循环酸洗就是把锅炉水冷壁分成数个回路，水冲洗后进行酸洗。先将水加热至 40～50℃，然后采用循环式加药、加酸。即先加抑制剂，待均匀后，利用酸洗泵把酸液从一组水冷壁的下集箱注入，经汽包后由另一组水冷壁的下集箱排出。为了保证有较好的酸洗效果，酸液流速应大于 0.3m/s。为了不使酸液流入过热器，酸洗时酸液液位应维持在汽包较低可见水位处。静置酸洗就是利用酸泵把酸液从下集箱注入水冷壁，并维持一定高度，浸置 4h 后排出。酸洗后还要进行水洗和碱中和，使所有与酸接触过的金属表面得到碱化。

17-29　什么叫冷炉空气动力场试验？

答：冷炉空气动力场试验，是根据相似理论，在冷态模拟热态的空气动力工况下所进行的冷态试验。所以模拟热态则必须使冷态相似，即几何相似和动力相似。

17-30　锅炉检修后启动前应进行哪些试验？

答：（1）锅炉风压试验。检查炉膛、烟道、冷热风道及制粉系统的严密性，消除漏风点。

（2）锅炉水压试验。锅炉检修后应进行锅炉工作压力水压试验，以检查承压元部件的严密性。

（3）连锁及保护装置试验。所有连锁及保护装置均需进行动、静态试验，以保证装置及回路可靠。

（4）电（气）动阀、调节阀试验。进行各电（气）动阀、调节阀的就地手操、就地电动、遥控远动全开和全关试验，闭锁试验，观察指示灯的亮、灭是否正确；电（气）动阀、调节阀的实际开度与 CRT/表盘指示开度是否一致；限位开关是否可靠。

（5）转动机械试运。主辅机检修后必须经过试运，并验收合格。主要辅机试运行时间不得低于 8h，风机试运行时，应进行最大负荷试验及并列特征试验。

（6）冷炉空气动力场试验。如果燃烧设备进行过检修或改造，应根据需要进行冷炉空气动力场试验。

（7）安全门校验，安全门经过检修或运行中发生误动、拒动，均需进行此项试验。

（8）预热器漏风试验。检验预热器漏风情况，验证检修质量。

17-31　锅炉热力试验有几种？

答：锅炉机组的热力试验可分两种。第一种试验是确定锅炉机组运行的热力性能，如锅炉效率、蒸发量、热损失等，以了解锅炉机组的运行特性和结构缺陷；第二种试验，是新产品、新设备和新技术的试验研究工作。

17-32　锅炉运行热平衡试验的任务是什么？

答：（1）查明锅炉机组在各种负荷下合理的运行方式。如火焰位置、过量空气系数、燃料和空气扰动情况，煤粉燃烧及其每层之间分配情况等。

（2）在不改变原设备和辅机设备运行条件下，确定设备的最大和最低负荷。

（3）求出锅炉机组的实指标及各项热损失。

（4）查出热损失高于设计值的原因，制订出降低热损失和提高效率的措施。

（5）校核锅炉机组个别部件的运行情况。

（6）求出烟、风道的流体阻力特性和辅机运行特性曲线。

（7）做出锅炉机组最佳的经济燃烧特性。

（8）做出制粉系统最佳经济出力曲线。

17-33　锅炉燃烧试验一般包括哪些内容？试验时应注意什么？

答：锅炉燃烧试验包括炉膛冷态动力场试验、热态试验、锅炉最大和最小负荷试验、热平衡火焰位置、制粉系统及烟道漏风试验等。

做锅炉燃烧试验时应注意：

（1）试验一般应在锅炉启动后带负荷运行 72h 以后进行，以保证锅炉运行工况完全稳定。

（2）试验前，必须将锅炉各运行参数调整到试验时所要求的数值，并稳定 1～2h。

（3）试验前。应预先进行锅炉吹灰、除灰及定期排污等工作。

（4）在试验中，不应进行有可能扰动试验工况的操作。

（5）试验中各项参数，应尽可能保持稳定。

（6）锅炉最大负荷试验时，应注意监视受热面的超温、结焦。最低负荷试验时，应考虑燃烧稳定、水循环的可靠性等。

（7）试验要有事故预想及事故处理的可靠措施。

（8）试验中发生事故时，应立即停止试验。

17-34　钢球磨中间储仓制粉系统的试验包括哪些试验？

答：（1）最佳钢球装载量试验；

（2）钢球磨存煤量试验；

（3）磨煤机最佳通风量试验；

（4）最佳煤粉细度调整试验；

（5）粗粉分离器试验。

17-35　炉膛冷态动力场试验目的是什么？观察的方法和观察内容有哪些？

答：炉膛冷态动力场试验目的是：通过燃烧器和炉膛的空气动力工况，即燃料、空气和燃烧产物三者的运动状况，来决定锅炉炉膛燃烧的可靠性和经济性。试验为研究燃烧工况、运行操作和燃烧调整提供科学的依据。理想工况的表现应该是：

（1）从燃烧中心区有足够的烟气回流，使燃料入炉后迅速受热着火，并保持稳定的着火区域。

（2）燃料和空气分配适宜。燃烧着火后能得到充分的空气供应，并得到均匀的扩散混合，以迅速烧尽。

（3）火焰充满度良好，燃烧中心正确，气流无偏斜，不冲刷管壁，无停滞区和无益的涡流区，燃烧器之间的射流不发生干扰和冲击等。

动力场试验观察方法有飘带法、纸屑法、火花法和测量法。这些方法就是分别用布条、纸屑和自身能发光的固体微粒及测试仪器等显示气流方向、微风区、回流区、涡流区的踪迹，也可综合使用。

动力场试验中燃烧器射流的主要观察内容有：

（1）对于旋流燃烧器：

1）射流形式是开式气流还是闭式气流。

2）射流扩散角、回流区的大小和回流速度等。

3）射流的旋流情况及出口气流的均匀性。

4）一、二次风的混合特性。

5）调节挡板对以上各射流特性的影响。

（2）对于四角布置的直流燃烧器：

1）射流的射程及沿轴线速度衰减情况。

2）射流所形成的切圆大小和位置。

3）射流偏离燃烧器中心情况。

4）一、二次风混合特性。如一、二次风气流离喷口的混合距离，射流相对偏离程度。

5）喷嘴倾角变化对射流混合距离及其对相对偏离程度的影响等。

对于炉膛气流的观察内容有：

（1）火焰或气流在炉内充满度。

（2）炉内气流是否有冲刷管壁、贴壁和偏斜。

（3）各种气流相互干扰情况。

17-36　锅炉大小修后，运行人员验收的重点是什么？

答：运行人员参加验收的重点为：

（1）检查设备部件动作是否灵活，设备有无泄漏。

（2）标志、指示信号、自动装置、保护装置、表计、照明等是否正确齐全。

（3）核对设备系统的变动情况。

（4）检查现场整齐清洁情况。

17-37　安全门定值是如何规定的？

答：安全门动作压力以制造厂家的规定值为准，厂家没有规定的定值均以《锅炉监察规程》的规定为准，具体见表17-3。

表 17-3　　　　　　　　　安全门动作压力值

安 装 位 置		起 座 压 力	
汽包锅炉的汽包或过热器出口	汽包锅炉工作压力 $p<5.88$MPa（<60kgf/cm^2）	控制安全阀 工作安全阀	1.04 倍工作压力 1.06 倍工作压力
	汽包锅炉工作压力 $p>5.88$MPa（>60kgf/cm^2）	控制安全阀 工作安全阀	1.05 倍工作压力 1.08 倍工作压力

续表

安 装 位 置	起 座 压 力	
直流锅炉的过热器出口	控制安全阀	1.08 倍工作压力
	工作安全阀	1.10 倍工作压力
再热器	1.10 倍工作压力	
启动分离器	1.10 倍工作压力	

17-38 化学清洗的质量标准是如何规定的？

答：化学清洗后应检查符合以下要求：

(1) 内表面清洁，无残留氧化铁皮和焊渣。

(2) 内表面无二次浮锈，并已形成保护膜。

17-39 安全门整定与校验过程中的注意事项有哪些？

答：安全门整定与校验过程的注意事项有：

(1) 单元机组锅炉安全门的整定一般是在机组整体启动前单独点火升压进行的，以减小整定时对汽轮机的影响。

(2) 锅炉点火起压后，投入蒸汽旁路系统，升压过程应严格按规程有关规定进行，严格监视受热面的管壁温度，避免发生超温爆管。

(3) 汽包压力升至 3.0MPa 时，由校验人员手动托起脉冲阀进行管道冲洗。

(4) 压力升至工作压力的 60%～80% 时，应逐一按顺序进行远方手动启座的排汽试验，并对安全门的编号进行复查。

(5) 安全门的校验应按定值由高到低的顺序逐个进行，先整定机械部分，后整定电磁部分，脉冲来汽阀应调试一个，开启一个，校验完毕的安全门应将压力再升高一次，证实其能否准确动作。

(6) 当压力接近要调试安全门启座压力时应保持燃烧稳定，使压力缓慢上升，保证安全门的准确动作。

(7) 再热器安全调试时应利用旁路系统来控制压力，但要注意二级旁路的开度必须能够保证再热器的冷却。

(8) 安全门一经校验合格，其定值就不得随意改变，脉冲安全门的疏水门应卸下手轮或加锁。

17-40 转机试转前的检查准备内容有哪些？

答：转机试运前的检查内容有：

(1) 试运前应确认锅炉烟风系统和制粉系统无检修工作，相关系统各风门挡板及其传动机构都已校验，且动作正确。

（2）试运设备的检修工作确已完毕，无妨碍转动部分运转的杂物，场地干净，照明充足。

（3）地脚螺栓和连接螺栓紧固无松动，保护罩和安全围栏固定牢固，无短缺或损坏。

（4）稀油润滑的轴承油位计完整不漏油，最高和最低油位线标志清晰，润滑油品质符合要求，油位在中线以上。

用润滑脂润滑的轴承其装油量符合以下标准：

1）1500r/min 以下机械不多于整个轴承室容积的 2/3；

2）1500r/min 以上机械不多于整个轴承室容积的 1/2。

（5）机械及各轴承冷却水系统完好，冷却水量畅通、充足。

（6）电动机的冷却通风道无堵塞，电动机接地线可靠连接。

（7）转机事故按钮完好并附有防止误动的保险罩和明显的设备名称标志牌。

（8）转机试验前必须经过拉、合闸试验、事故按钮静态试验合格后方可进行。

17-41　如何进行锅炉主保护试验？

答：（1）锅炉主保护试验应在静态传动和辅机连锁、保护传动合格基础上进行。

（2）手动 MFT、汽包水位保护。炉膛负压保护应在锅炉启动前进行实际传动试验。

（3）双吸、送、一次风机跳闸保护及失去探头冷却风保护，应在做辅机连锁试验中进行。

（4）其他保护。由热工配合，发模拟信号进行试验。

（5）最后做一次 MFT 动作联掉相关设备的试验。

17-42　如何做锅炉连锁试验？

答：（1）静态试验准备。

1）试验前联系电气将引风机、送风机、排粉机、磨煤机送试验电源，给煤机、给粉机送工作电源。

2）联系电气、热工将事故音响、热工信号、仪表、有关风门挡板送电。

3）磨煤机润滑油站送电，启动油泵运行调整油压正常。

（2）试验步骤：

1）合上锅炉总连锁开关、制粉系统连锁开关，依次合上两台引风机、送风机、排粉机、磨煤机、给煤机开关，合上 A、B 段给粉电源开关。将引风机、送风机入口挡板开至 50％以上，磨煤机冷风门关闭，热风门开启，拉掉给煤机开关，相应的磨煤机的冷风门应自动开启，热风门关闭。

2）拉掉其中一台引风机开关，该引风机挡板应自动关闭，其余开关及挡板应不动。将此开关合上，手动把该挡板开到原位，然后拉掉另一台引风机开关，该引风机挡板自动关闭，其余开关及挡板应正常。将此开关合上，手动把该挡板开到原位。

3）拉掉其中一台送风机开关，该送风机挡板应自动关闭，其余开关及挡板应不动。将此开关合上，手动把该挡板开到原位，然后拉掉另一台送风机开关，该送风机挡板自动关闭，其余开关及挡板应正常。将此开关合上，手动把该挡板开到原位。

4）拉掉一台磨煤机开关，相应的给煤机开关应掉闸，冷风门应开启，热风门关闭。恢复跳闸开关，并将挡板恢复原位。用同样的方法做另一台磨煤机的试验。

5）拉掉一台排粉机开关，相应的磨煤机、给煤机开关应掉闸（红灯亮、绿灯闪，事故喇叭响；DCS 操作系统发相应的报警），冷风门应开启，热风门关闭。恢复跳闸开关，并将挡板恢复原位。用同样的方法做另一台排粉机的试验。

6）拉掉两台送风机开关，给粉机电源掉闸，排粉机、磨煤机、给煤机关应掉闸（红灯灭、绿灯闪，事故喇叭响；DCS 操作系统的发相应的报警）。冷风门应开启，送风机入口挡板不应关闭，恢复各跳闸开关及挡板至原位。

7）拉掉两台引风机开关，送风机、排粉机、磨煤机、给煤机开关应跳闸，给粉机电源应跳闸，引风机、送风机入口挡板不应关闭，恢复各跳闸开关及挡板至原位。

8）将磨煤机出口温度表拨至温度高报警发出，冷风门应自动开启，热风门关闭。

（3）磨煤机低油压联动及润滑油泵掉闸联动试验。

1）启动一台磨煤机润滑油泵，投入连锁开关，用再循环门将母管油调至备用泵联动值以下，备用油泵自动投入，母管油压升到升高规程规定值时备用油泵应自动停止。启动另一台润滑油泵重复作一次。

2）启动一台磨煤机润滑油泵，调整油压正常，拉掉运行油泵开关，备用油泵应自动投运，启动另一台油泵重复作一次。

3）解除连锁开关，停运运行润滑油泵，当油压低于规程规定值后磨煤机跳闸。

17-43　为什么水压试验时，如果承压部件泄漏，压力开始下降较快，而后下降较慢？

答：水压试验时，承压部件外观检查没有泄漏后，要将进水阀关闭，5min内压力下降值，中压炉不超过 0.2MPa，高压炉不超过 0.3MPa 为合格。如果阀门内漏较严重，则压力下降速度会超过规定值。压力下降速度先快后慢的原因是由于泄漏点的泄漏量与水压的平方根成正比。开始由于压力较高，渗漏量较大，压力下降较快，而后由于压力较低，泄漏量较小，压力下降较慢。

水的可压缩性较小，当压力很低时，水的体积随着压力的升高而略为缩小。当压力升到一定程度后，压力再升高，水的体积变化很小。所以以水压试验时，初期压力上升较慢，后期升高较快。同样的道理，由于阀门泄漏，压力高时压力下降较快，压力低后压力下降较慢。

17-44　为什么要对水压试验的水温和水质加以限制？

答：水压试验用的水如果温度低于周围空气的露点，则空气中的水蒸气就会在承压部件上凝结。如果承压部件的焊口或胀口出现轻微的泄漏就容易被掩盖而不易被及时发现。

如果水压试验用的水温度过高，在上水过程中水可能会产生汽化并会引起汽包等厚壁承压部件过大的温差应力。水温过高还会使管子、焊口、胀口出现轻微泄漏时漏出的水很快被蒸干，泄漏部位不容易被及时发现。

为了同时满足上述两项要求，水压试验用的水温应在 20～70℃范围。

如果水压试验的范围内有合金钢承压元件，水压试验时水温还应高于该合金钢种的脆性临界转变温度。如果水压试验范围内有奥氏体钢受压元件时，水中的氯离子的浓度应不超过 25mg/L，如不能满足这一要求时，水压试验后应立即采取措施将水渍去除干净。

17-45　什么是脆性临界转变温度？

答：当金属温度低于某临界值时，铁素体型的碳钢和低合金钢的塑性，特别是冲击韧性会显著降低而呈现脆性，这个温度称为该种钢材的脆性临界转变温度。随着材料、试样、试验方法和评定指标的不同，脆性临界转变温度具有不同的定义和数值，因此，脆性临界转变温度通常是一个温度范围。

17-46　为什么锅炉水压降至工作压力时，胀口处有轻微渗水但不滴水珠，水压仍为合格，而焊缝存在任何轻微渗水均为不合格？

答：胀接是利用厚度较大的孔壁产生弹性变形，而厚度较小的管子产生塑形变形，孔壁以很大的弹性力均匀地压紧在管子四周而实现连接和密封的。胀接是孔壁金属分子与管子金属分子之间的连接。锅炉水压试验通常在冷态下进行，虽然炉管的壁厚比汽包壁厚小得多，但是以单位直径所拥有的壁厚来计算，则对流管的相对壁厚大于汽包相对壁厚，因此，锅炉水压时，汽包壁的应力比对流管应力大。因为锅炉即使进行超压水压试验，汽包的应力也不得超过汽包材料在试验温度下屈服应力的90％，因此，即使锅炉进行超压水压试验，汽包孔壁和对流管仅发生弹性变形。因水压时汽包孔壁的应力大于炉管的应力，汽包孔壁的弹性变形大于炉管的弹性变形，有可能在汽包孔壁与对流管外壁之间形成很小的缝隙而导致轻微漏水或渗水。

如果水压时，胀口仅发生轻微渗水，则说明汽包孔壁与对流管的间隙很微小，一旦锅炉投入运行，胀口的温度随着炉水的温度上升而升高，胀口金属的膨胀可将间隙消除，从而确保胀口严密不漏。如果水压时，胀口渗水较明显且向下滴水珠时，则说明汽包孔壁和对流管的间隙较大，温度升高后胀口金属的膨胀可能不足以将间隙消除，从而引起泄漏。因此，要通过补胀或重胀来消除胀口漏水。

焊接是金属原子之间的连接。一旦锅炉水压时焊缝出现哪怕是轻微渗水，说明焊缝中存在贯通的气孔或裂纹。锅炉投入运行后，焊口温度随着炉水或蒸汽温度的上升而升高，焊缝金属的膨胀不能消除贯通的气孔或裂纹引起的渗水。所以，水压时焊缝出现轻微的渗水即为不合格，焊缝要进行返修后重新进行水压试验，直至合格为止。

17-47　锅炉安全阀校验时排放量及起回座压力的有何规定？

答：（1）排放量的规定：

1）汽包和过热器上所装全部安全阀蒸汽排放量的总和应大于锅炉最大连续蒸发量。

2）当锅炉上所有安全阀均全开时，锅炉的超压幅度在任何情况下均不得大于锅炉设计压力的6％。

3）再热器进、出口安全阀的总排放量应大于再热器的最大设计流量。

4）直流锅炉启动分离器安全阀的排放量中所占的比例，应保证安全阀开启时，过热器、再热器能得到足够的冷却。

（2）安全阀起座压力的规定：汽包、过热器的控制安全阀为其工作压力的1.05倍，工作安全阀为其工作压力的1.08倍；再热器进/出口的控制安全阀为其工作压力的1.08倍，再热器进/出口的工作安全阀为其工作压力的1.1倍。安全阀的回座压差一般应为起座压力的4％～7％，最大不得超过起座压力的10％。

第十八章 锅炉经济运行

18-1 运行中影响燃烧经济性的因素有哪些?

答: (1) 燃料质量变差(如挥发分下降,水分、灰分增大),使燃料着火及燃烧稳定性变差,燃烧完全程度下降。

(2) 煤粉细度变粗,均匀度下降。

(3) 风量及配风比不合理,如过量空气系数过大或过小,一、二次风风率或风速配合不适当,一、二次风混合不及时。

(4) 燃烧器出口结渣或烧坏,造成气流偏斜,从而引起燃烧不完全。

(5) 炉膛及制粉系统漏风量大,导致炉膛温度下降,影响燃料的安全燃烧。

(6) 锅炉负荷过高或过低。负荷过高时,燃料在炉内停留的时间缩短;负荷过低时,炉温下降,配风工况也不理想,都会影响燃料的完全燃烧。

(7) 制粉系统中旋风分离器堵塞,三次风携带煤粉量增多,不完全燃烧损失增大。

(8) 给粉机工作失常,下粉量不均匀。

18-2 论述锅炉的热平衡。

答: 锅炉的热平衡是燃料的化学能加输入物理显热等于输出热能加各项热损失。

根据火力发电厂锅炉设备流程,可分为输入热量、输出热量和各项损失。

(1) 输入热量。

1) 燃料的化学能:燃煤的低位发热量。

2) 输入的物理显热:燃煤的物理显热和进入锅炉空气带入的热量。

3) 转动机械耗电转变为热量:一次风机(排粉机)、球磨机(中速磨)、送风机、强制循环泵等耗电转变的热量,这部分电能转换为热能,在计算时将与管道散热抵消。

4) 油枪雾化蒸汽带入的热量:这部分热量,当锅炉正常运行时,油枪是退出运行的。因此锅炉正常运行时，输入热量为燃料的化学能加输入的物理显热。

（2）输出热量。

1）过热蒸汽带走的热量为

$$Q_{gq} = D_{gq}(h_{gq} - h_{gs})kJ/h$$

式中　D_{gq}——过热蒸汽流量，kg/h；

　　　h_{gq}——过热蒸汽焓，kJ/kg；

　　　h_{gs}——给水焓，kJ/kg。

2）再热蒸汽带走的热量为

$$Q_{zq} = D_{zq}(h''_{zq} - h'_{zq})kJ/h$$

式中　D_{zq}——再热蒸汽流量，kg/h；

　h''_{zq}、h'_{zq}——再热器的出入口蒸汽焓，kJ/kg。

3）锅炉自用蒸汽带走热量为

$$Q_{zy} = D_{zy}(h_{zy} - h_{gs})kJ/h$$

式中　D_{zy}——锅炉自用蒸汽流量，kg/h；

　　　h_{zy}——锅炉自用蒸汽的焓，kJ/kg。

4）锅炉排污带走热量为

$$Q_{pw} = D_{pw}(h_b - h_{gs})$$

式中　D_{pw}——排污水量，kg/h；

　　　h_b——汽包压力下的饱和水焓，kJ/kg。

5）锅炉各项热损失：

a. 锅炉排烟热损失包括：①干烟气热损失；②水蒸气热损失（空气带入水分、燃煤带入水分、氢气燃烧生成水分）。

b. 化学未完全燃烧热损失（CO、CH_4）。

c. 机械未完全燃烧热损失包括飞灰可燃物热损失和灰渣可燃物热损失。

d. 散热损失包括锅炉本体及其附属设备散热损失。

e. 灰渣物理热损失。

18-3　论述降低火电厂汽水损失的途径。

答：火力发电厂中存在着蒸汽和凝结水的损失，简称汽水损失。汽水损失是全厂性的技术经济指标，它主要是指阀门、管道泄漏、疏水、排汽等损失。汽水损失也可用汽水损失率来表示：汽水损失率＝（全厂汽水损失）/（全厂锅炉过热蒸汽流量）×100%。

发电厂的汽水损失分为内部损失和外部损失两部分:

(1) 内部损失:

1) 主机和辅机的自用蒸汽消耗。如锅炉受热面的吹灰、重油加热用汽、重油油轮的雾化蒸汽、汽轮机启动抽汽器、轴封外漏蒸汽等。

2) 热力设备、管道及其附件连接处不严所造成的汽水泄漏。

3) 热力设备在检修和停运时的放汽和放水等。

4) 经常性和暂时性的汽水损失。如锅炉连污、定排,开口水箱的蒸发、除氧器的排汽、锅炉安全门动作,以及化学监督所需的汽水取样等。

5) 热力设备启动时用汽或排汽。如锅炉启动时的排汽、主蒸汽管道和汽轮机的暖管、暖机等。

(2) 发电厂的外部损失。发电厂外部损失的大小与热用户的工艺过程有关,它的数量取决于蒸汽凝结水是否可以返回电厂,以及使用汽水的热用户对汽水污染情况。

(3) 降低汽水损失的措施。

1) 提高检修质量,加强堵漏、消漏,压力管道的连续尽量采用焊接,以减少泄漏。

2) 采用完善的疏水系统,按疏水品质分级回收。

3) 减少主机、辅机的启停次数,减少启停中的汽水损失。

4) 减少凝汽器的泄漏,提高给水品质,降低排污量。

18-4 降低锅炉各项热损失应采取哪些措施?

答:(1) 降低排烟热损失。①控制合理的过量空气系数;②减少炉膛和烟道各处漏风;③制粉系统运行中尽量少用冷风和消除漏风;④应及时吹灰、除焦,保持各受热面、尤其是空气预热器受热面清洁,以降低排烟温度;⑤送风、进风应尽可能采用炉顶处热风或尾部受热面夹皮墙内的热风。

(2) 降低化学不完全燃烧损失。①保持适当的过量空气系数;②保持各燃烧器不缺氧燃烧;③保持较高的炉温并使燃料与空气充分混合。

(3) 降低机械不完全燃烧热损失。①控制合理的过量空气系数;②保持合格的煤粉细度;③炉膛容积和高度合理,燃烧器结构性能良好,并布置适当;④一、二次风速调整合理,适当提高二次风速,以强化燃烧;⑤炉内空气动力场工况良好,火焰能充满炉膛。

(4) 降低散热损失。要维护好锅炉炉墙金属结构及锅炉范围内的烟、风、汽水管道及集箱等部位保温。

(5) 降低排污热损失。①保证给水品质;②降低排污率。

18-5 从运行角度看，降低供电煤耗的措施主要有哪些？

答：（1）运行人员应加强运行调整，保证蒸汽压力、温度和再热器温度，凝汽器真空等参数在规定范围内。

（2）保持最小的凝结水过冷度。

（3）充分利用加热设备和提高加热设备的效率，提高给水温度。

（4）降低锅炉的各项热损失。如调整氧量、煤粉细度向最佳值靠近、回收可利用的各种疏水，控制排污量等。

（5）降低辅机电耗。如及时调整泵与风机运行方式，适时切换高低速泵；中储式制粉系统在最大经济出力下运行，合理用水，降低各种水泵电耗等。

（6）降低点火及助燃用油，采用较先进的点火技术，根据煤质特点，尽早投入主燃烧器等。

（7）合理分配全厂各机组负荷。

（8）确定合理的机组启停方式和正常运行方式。

18-6 简述 300MW 机组锅炉主要参数变化对供电煤耗的影响。

答：（1）过热蒸汽压力±1MPa，供电煤耗±2.5g/kWh。

（2）过热蒸汽温度±10℃，供电煤耗±3.2g/kWh。

（3）再热蒸汽温度±10℃，供电煤耗±2.2g/kWh。

（4）给水温度±10℃，供电煤耗±1.3g/kWh。

（5）排烟温度±10℃，供电煤耗±2.1g/kWh。

（6）飞灰可燃物±1%，供电煤耗±1.3g/kWh。

（7）氧量±1%，供电煤耗±1.6g/kWh。

18-7 论述机组采用变压运行的主要优点。

答：（1）机组负荷变动时，主蒸汽温度、调节级温度、高压缸排汽温度、再热蒸汽温度基本维持不变，可以减少高温部件的温度变化，从而减小汽缸和转子的热应力和热变形，减少了末级叶片的冲蚀，同时压力降低机械应力减小，提高部件的使用寿命。

（2）合理选择在一定负荷下变压运行，能保持机组较高的效率。由于变压运行时调速汽门全开，在低负荷时节流损失很小；因降压不降温，进入汽轮机的容积流量基本不变，汽流在叶片通道内偏离设计工况小，所以与同一条件的定压运行相比，机组内效率较高。

（3）机组低负荷运行时调节汽门晃动减小，变压运行调节汽门基本全开前后压差减小晃动减小。

（4）给水泵功耗减小，当机组负荷减少时，给水流量和压力也随之减少，因此，给水泵的消耗功率也随之减少。

18-8　锅炉效率与锅炉负荷间的变化关系是怎样的？

答：在较低负荷下，锅炉效率随负荷增加而提高，达到某一负荷时，锅炉效率为最高值，此为经济负荷，超过该负荷后，锅炉效率随负荷升高而降低。这是因为在较低负荷下，当锅炉负荷增加时，燃料量风量增加，排烟温度升高，造成排烟损失 q_2 增大；另外锅炉负荷增加时，炉膛温度也升高，提高了燃烧效率，使化学不完全燃烧损失 q_3 和机械不完全燃烧损失 q_4 及炉膛散热损失 q_5 减小，在经济负荷以下时，$q_3 + q_4 + q_5$ 热损失的减小值大于 q_2 的增加值，故锅炉效率提高。当锅炉负荷增大到经济负荷时，$q_2 + q_3 + q_4 + q_5$ 热损失达最小锅炉效率提高。超过经济负荷以后会使燃料在炉内停留的时间过短，没有足够的时间燃尽就被带出炉膛，造成 $q_3 + q_4$ 热损失增大，排烟损失 q_2 总是增大，锅炉效率也会降低。

18-9　汽轮机高温加热器解列对锅炉有何影响？

答：（1）给水温度降低，炉膛的水冷壁吸热量增加，在燃料量不变的情况下使炉膛温度降低，燃料的着火点推迟，火焰中心上移，辐射吸热量减少；若维持锅炉的蒸发量不变，则锅炉的燃料量必须增加；引起炉膛出口烟气温度升高，汽温升高。同时，在电负荷一定的情况下，汽轮机抽汽量减少，中低压缸做功增大，减少了高压缸做功，造成主蒸汽流量减少，对管壁的冷却能力下降，进一步造成汽温升高；同时因高压缸抽汽量的减少，致使再热器进出口压力上升，从而限制了机组的负荷，一般规定高温加热器解列汽轮机出力不大于额定出力的 90%。

（2）给水温度降低，使尾部省煤器受热面吸热增加，排烟温度降低，容易造成受热面的低温腐蚀。

18-10　锅炉负荷变化时，其效率如何变化？为什么？

答：每台锅炉都有一个经济负荷范围，一般都在锅炉额定负荷的 75%～90% 左右，超过此负荷，效率要下降，低于此负荷效率也要下降。因为煤体锅炉的炉膛和烟道容积是固定的，当超出额定负荷时会使燃料在炉膛停留时间过短，没有足够的时间燃尽就被带出炉膛，造成 q_4 增大；因烟量大，烟气流速和烟温大于正常值，造成排烟损失大，其效率降低。在低负荷时运行时，由于炉膛温度下降较多，燃烧扰动减弱，固体不完全燃烧损失增加，锅炉效率也会降低。

18-11 研究锅炉机组热平衡的目的是什么？

答：研究热平衡的目的就是分析燃料的热量有多少被有效利用，有多少变成为热损失，这些损失又表现在哪些方面，便于找出减少损失的措施，提出提高锅炉经济性的途径。另外就是用以确定锅炉在稳定工况下的燃料消耗量。

18-12 什么叫锅炉反平衡效率？发电厂为什么用反平衡法求锅炉效率？

答：利用反平衡法，通过确定锅炉各项热量损失，根据热平衡方程确定的锅炉效率称为锅炉反平衡效率，即

$$\eta_{gl} = 100 - (q_2 + q_3 + q_4 + q_5 + q_6) \quad \%$$

目前发电厂采用反平衡法求效率，是因为入炉煤计量不完善和不准确，采用正平衡法求效率常会有较大的误差，而反平衡法必须先求得各项损失，有利于对各项热损失进行分析，以便于找出提高锅炉效率的途径。

18-13 什么是锅炉的净效率？

答：在求得锅炉效率 η_{gl} 的基础上，扣除自用汽、水、电能消耗后的效率，称为净效率，用 η_j 表示。即 $\eta_j = \eta_{gl} - \Delta\eta$（$\Delta\eta$ 为自用汽、水及电能消耗折算成热量后占输入热量的百分数，%）。

18-14 与锅炉效率有关的经济小指标有哪些？

答：排烟温度、烟气中氧量值或二氧化碳值、一氧化碳值、飞灰可燃物、灰渣可燃物等。

18-15 影响 q_3、q_4、q_5、q_6 的主要因素有哪些？

答：影响 q_3 损失的主要因素有炉内过量空气系数、燃料的挥发分、炉膛温度、燃料与空气混合情况和炉膛结构等。

影响 q_4 的因素有燃料的性质、煤粉细度、燃烧方式、炉膛结构、锅炉负荷、炉内空气动力工况以及运行操作情况等。

影响 q_5 的因素有锅炉容量、锅炉负荷、炉墙面积、周围空气温度、炉墙结构等。

影响 q_6 的因素有燃料灰分、炉渣份额以及炉渣温度。一般液态排渣炉其排渣量和排渣温度均大于固态排渣炉。

18-16 锅炉负荷变化时，其效率如何变化？为什么？

答：因为每台锅炉都有一个经济负荷范围，一般都在锅炉额定负荷的 $75\% \sim 90\%$，超过此负荷，效率要下降，低于此负荷，效率也要下降。因为

每台锅炉的炉膛和烟道容积是固定的，当超出额定负荷时，会使燃料在炉膛停留时间过短，没有足够的时间燃尽就被带出炉膛，造成 q_4 热损失增大；因烟气量大，烟气流速和烟温大于正常值，造成排烟损失大，其效率降低。在低负荷运行时，由于炉膛温度下降较多，燃烧扰动减弱，固体不完全燃烧热损失增加，锅炉效率也会降低。

18-17   锅炉运行技术经济指标有哪些？

答：锅炉运行技术经济指标主要有锅炉效率（％）、锅炉标准煤耗（kg/h）、标准煤耗率(kg/kWh)和自用电率（％）。锅炉效率越高，标准煤耗率、自用电率越低，说明锅炉经济性越好。因为上述考核指标计算比较复杂，常分成许多小指标在运行中考核，即汽温、汽压、产汽量、补水率、炉烟含氧量、排烟温度、飞灰可燃物、制粉电耗、风机电耗、燃油量消耗、锅炉效率等。

18-18   什么叫制粉电耗？

答：在制粉过程中，制出 1t 煤粉，制粉设备所消耗的电量就是制粉电耗，单位是 kWh/t。

18-19   什么叫机组补水率？

答：锅炉与汽轮机在运行中，为了保证水汽品质合格，需排出一些汽水，如锅炉连续排污、定期排污、除氧器排汽等。还有些由于运行设备泄漏，造成的汽水损失，加上事故状态下的疏放放汽、水。故机组在生产过程中要定期补水。电厂一般根据不同类型的机组制定出一定的补水率，即补水量与锅炉蒸发量之比。

18-20   什么叫发电煤耗和供电煤耗？

答：发电厂的燃料消耗量（折算成标准煤）与发电量之比，叫发电煤耗，单位是 kg/kWh。

发电厂中发电量扣除厂用电，实际供出的电量所消耗的燃料（折算成标准煤）叫供电煤耗，单位是 kg/kWh。

18-21   什么叫空气预热器的漏风系数和漏风率？

答：漏风系数指预热器烟气侧出口与进口过量空气系数的差值，用公式表示为 $\Delta a = a'' - a'$。漏风率指漏入预热器烟气侧的空气量与烟气量的百分比，用公式（经验公式）表示为

$$A_e = \frac{K''_{O_2} - K'_{O_2}}{K''_{O_2}} \times 90\%$$

18-22 回转式空气预热器的漏风系数和漏风率规定值为多少?

答:对回转式空气预热器最大漏风系数应不超过 0.2;漏风率最大不超过 15%。

18-23 什么叫压红线运行? 为何要提倡压红线运行?

答:所谓压红线运行,就是把运行机组的运行工况稳定在设计参数上运行。如国产 200MW 机组,其设计主蒸汽压力为 13.7MPa,主蒸汽温度为 540℃,锅炉运行中能控制在这个参数上运行,即称为压红线运行。

提倡压红线运行主要有以下两点好处:

(1)可以节煤降耗,提高机组效率。因为压红线运行,热效率最高,经济性最高。据某厂实践表明,坚持压红线运行,仅此一项每生产 1kWh 电量,就降低标准煤耗 2.6g。

(2)防止设备在较高的温度和压力下运行,延长设备寿命。另外,对操作人员素质的提高有一种促进作用。故可提高操作人员的生产技能和设备健康水平。

18-24 运行中从哪几方面降低锅炉排烟热损失?

答:(1)防止受热面结渣和积灰;

(2)合理运行煤粉燃烧器;

(3)控制送风机入口空气温度;

(4)注意给水温度的影响;

(5)避免入炉风量过大;

(6)注意制粉系统运行的影响。

18-25 如何减少固体(机械)未完全燃烧热损失?

答:(1)根据煤种的不同,合理调整煤粉细度;

(2)通过燃烧调整确定并运行中控制适量的过量空气系数;

(3)重视燃烧调整,使炉膛内燃烧工况正常。

18-26 如何减少锅炉汽水损失?

答:(1)保证锅炉的给水品质。锅炉给水品质高,在锅炉设计的锅水浓缩倍率下,排污率将减小。

(2)提高检修质量,使管道阀门及汽水设备无泄漏。

(3)运行重认真检查,做到各放水阀、疏水阀关闭严密,消除漏水、漏汽。

(4)减少锅炉启停次数。

（5）利用疏水回收系统和排污热量回收，减少汽水损失。

（6）定期试验要充分准备，力求缩短时间，减少汽水外排。

18-27　影响散热损失的因素有哪些？

答：锅炉在运行过程中，炉墙、金属构架、风烟道、汽水管道的保温并非完全绝热，有些还没有保温材料，工质的热量会向四周环境中散失，这部分热量损失形成了锅炉的散热损失。锅炉散热损失与锅炉机组的热负荷有关，锅炉负荷（蒸发量）越大，散热损失越小。

18-28　锅炉运行时燃烧器负荷分配的调整原则有哪些？

答：（1）对前后墙布置的蜗壳式圆形燃烧器，可以单台进行调整，一般应保持中间负荷较大，两侧负荷较小。

（2）对于四角布置的直流式燃烧器，一般应对角 2 台同时调整或调整单层 4 台燃烧器的热负荷。

（3）炉内火焰分布不合理，造成燃烧工况异常需要进行燃烧器负荷分配调整时，应根据锅炉所配用的制粉系统及燃烧器布置方式灵活考虑。例如：配用直吹式燃烧系统的四角直流燃烧器，出现汽温偏高且减温水量不够时，可以考虑增加下排 4 个燃烧器的负荷，减小或停用上排 4 个燃烧器的负荷。

第四部分

故障分析与处理

第十九章 辅机常见故障及处理

19-1 制粉系统在运行中主要有哪些故障？

答：单元机组中的锅炉制粉系统主要有中间储仓式和直吹式两种。采用中间储仓式制粉系统的锅炉，一般配有 3～4 台钢球磨煤机，相应地有 3～4 套独立的制粉系统；采用直吹式制粉系统的锅炉，通常配有 4～5 台中速磨煤机。为了保证供粉的可靠，通常有 1 套系统作为备用。2 套以上的系统出现故障，将迫使机组只能在部分负荷下运行，严重时，机组可能被迫停运（中间储仓式制粉系统在短时间停运时不会出现上述情况）。

制粉系统在实际运行中容易出现的故障和事故主要有燃料的自燃和爆炸、断煤和堵粉、制粉系统的机械故障等。

19-2 简述制粉系统的自燃和爆炸产生的原因。

答：在制粉系统中，凡是发生煤粉沉积的地方，就是煤粉自燃和爆炸的发源地。在系统中容易产生积煤和积粉的地方通常是管道转弯处、水平管道和粉仓中。一旦发生煤粉沉积，煤粉就开始发生缓慢的氧化反应，放出热量使温度升高，继而又加快氧化反应，放热、升温。经过一定的时间之后，该区域的温度可能达到自燃温度，在不断供给输粉空气的条件下，煤粉即发生自燃。如果该区域积粉较多，在氧化升温中放出的燃料挥发分也多，达到可燃条件的煤粉也多，此时一旦发生自燃，就可能出现爆炸，使局部压力突然升高。通常爆炸压力可达到 0.35MPa 以上，一般制粉系统的设备和管道是按 0.15MPa 压力设计的，而且因爆炸压力波是按当地声速传递，速度很快，可达到 340m/s。所以，如果系统没有防范措施，爆炸压力可能立即对系统的设备和管道造成损坏。因此，对制粉系统的爆炸危险必须给以足够的重视，并采取积极的防范措施。

19-3 影响制粉系统自燃和爆炸的因素有哪些？

答：（1）燃料的挥发分。当燃料的 $V_{daf} < 10\%$ 时，一般没有自燃和爆炸的危险。当 $V_{daf} > 20\%$ 时，因为燃料属于反应能力很强的煤，此时燃料挥发分析出的温度和着火温度均较低，容易自燃，所以有严重的爆炸危险。因此，对燃用烟煤和褐煤的锅炉，制粉系统发生爆炸的可能性应特别予以注意。

（2）气粉混合物的浓度。气粉混合物只有在一定的浓度范围内才有爆炸的危险。例如烟煤，气粉混合物的浓度只有在 $0.32 \sim 4 \mathrm{kg/m^3}$ 范围内才会发生爆炸，而浓度在 $1.2 \sim 2 \mathrm{kg/m^3}$ 时，发生爆炸的危险性最大，当气粉混合物中氧含量小于 15% 时，通常没有爆炸危险。

（3）煤粉细度。即使容易发生爆炸的煤种，如果煤粉直径较大，通常也不会发生爆炸。例如烟煤，如果煤粉当量直径大于 $100 \mu \mathrm{m}$ 时，一般也没有爆炸危险，但实际上，制粉系统磨制的煤粉直径一般小于此值，所以有爆炸危险。煤粉直径越小，发生爆炸的危险性越大。

（4）煤粉中的水分 M_{mf}。实践证明，煤粉中的水分含量也是发生煤粉自燃和爆炸的重要因素。磨制煤粉的最终水分 M_{mad} 的确定是一个比较复杂的问题，它既要考虑制粉系统的安全可靠，又要照顾制粉的经济性。最终水分 M_{mad} 高，可避免煤粉的爆炸性，但过高又使磨煤机出力下降、输粉和燃烧困难，并可能使煤粉仓板结成块或压实，而且还容易造成落粉管、给粉机堵塞，引起给粉不匀或断粉。最终水分 M_{mad} 过低，特别是烟煤和褐煤，又容易引起自燃和爆炸。目前国外计算标准推荐：无烟煤和贫煤，$M_{\mathrm{mf}} \leqslant M_{\mathrm{ad}}$；烟煤 $0.5 M_{\mathrm{ad}} \leqslant M_{\mathrm{mf}} \leqslant M_{\mathrm{ad}}$；褐煤 $M_{\mathrm{ad}} \leqslant M_{\mathrm{mad}} \leqslant M_{\mathrm{ad}} + 8$。

（5）气粉混合物温度。气粉混合物只有达到着火温度才能燃烧。爆炸危险只有遇到火源引发才能发生。制粉系统的自燃是引爆的主要火源，如果煤粉含有油质或其他引燃物，容易引发煤粉自燃。

19-4　煤粉自燃及爆炸的现象有哪些？

答：（1）检查门处有火星。

（2）自燃处的管壁温度异常升高。

（3）煤粉温度异常升高。

（4）制粉系统负压突然变为正压。

（5）爆炸时有响声，从系统不严密处向外冒烟，防爆门鼓起或损坏。

（6）爆炸后，如果磨煤机入口到排粉机入口之间的防爆门破裂，爆破侧系统负压降低，三次风压增大；如果排粉机出口防爆门破裂，则三次风压降低；如果为乏气送粉，则是一次风压降低。

（7）炉膛内负压变正压，燃烧火焰发暗，严重时可能出现火焰跳动或灭火。

19-5　如何预防煤粉的自燃及爆炸？

答：预防煤粉的自燃及爆炸的措施有：

（1）经常检查和处理设备缺陷，少用水平管道；管道弯头部分应平整光滑；消除制粉系统气粉流动管道的死区和系统死角，避免煤粉沉积自燃。

（2）气、粉混合物流速不应过低，防止煤粉重力和摩擦阻力的分离，形成煤粉沉积。

（3）锅炉停用时间较长时，应将煤粉仓内的煤粉用尽。

（4）保持制粉系统的稳定运行，严格控制磨煤机出口温度，保持煤粉细度和最终水分在规定范围内；消除粉仓漏风，定期进行降粉。

（5）在制粉系统中容易出现煤粉沉积的部位，如管道弯头、煤粉分离器上部、煤粉仓上部等处设置防爆门；在运行时防爆门上不得有异物妨碍其动作。

（6）对原煤加强管理，经常检查原煤质量，清除煤中引燃物，如雷管等，严防外来火源。

19-6 制粉系统煤粉自燃及爆炸时如何处理？

答：（1）制粉系统煤粉自燃时的处理方法：

1）磨煤机入口发现火源时，加大给煤，同时压住回粉管的锁气器，必要时用灭火装置灭火。

2）减少或切断磨煤机的通风。

3）停止磨煤机、给煤机和排粉机。用二氧化碳进行灭火，在重新启动前，应打开人孔门和检查孔进行全面检查，确认系统内已无火源后，再行干燥启动。

（2）制粉系统爆炸后的处理方法：

1）停止制粉系统的运行，同时注意防止锅炉灭火。

2）清除各部火源，确认其内部火源全部消失后才允许修复防爆门。

3）在系统恢复运行前，应对系统内的设备和管道进行全面检查、修复，然后按制粉系统正常启动的要求和步骤投入运行。

（3）煤粉仓自燃爆炸时的处理方法：

1）停止向煤粉仓送粉并严禁漏粉，关闭煤粉仓吸潮管，对粉仓进行彻底降粉。

2）降粉后迅速提高粉位，进行压粉。

3）经降粉后煤粉仓温度仍继续上升，且经继续处理还无效时，应使用灭火装置。

4）修复损坏的防爆门。

19-7 制粉系统断煤的原因有哪些？

答：制粉系统断煤的原因有：

（1）给煤机发生故障。

（2）原煤水分过大、煤中有杂物或煤块过大，造成下煤管堵塞。

（3）原煤仓无煤或堵塞。

19-8　制粉系统断煤的现象有哪些？

答：制粉系统断煤的现象有：

（1）磨煤机出口温度升高，磨煤机进出口压差减小，进口负压值增大，出口负压值减小。

（2）磨煤机电流减小，排粉机电流增大，同时出口风压力升高。

（3）给煤机电流减小或转速降低。

（4）钢球磨煤机中有较大的金属撞击声。

（5）断煤信号动作。

19-9　如何预防制粉系统断煤？

答：（1）注意原煤水分变化情况，若水分过大，应改变配煤比例或采取其他措施减少原煤水分，或改供较干的煤。

（2）经常检查原煤仓存煤及下煤情况，检查给煤机运行情况和落煤管、锁气器的动作情况是否正常。

（3）设置干燥棚，储存一定数量的干煤。

（4）不得停止碎煤机、煤筛的运行，保证制粉系统进口煤块尺寸不大于规定值。

（5）注意断煤信号。

19-10　制粉系统断煤后如何处理？

答：制粉系统断煤后按下列方法处理：

（1）适当关小磨煤机入口热风门，加大磨煤机入口冷风量，以控制磨煤机出口温度，保证运行安全。

（2）消除给煤机故障，疏通落煤管。

（3）煤仓堵塞时，应设法疏通仓内存煤；如煤仓无煤，应迅速上煤。

（4）如果短时间不能恢复供煤时，应停止磨煤机运行。

19-11　简述制粉系统磨煤机堵塞的原因、现象及处理方法。

答：调整不当、风量过小、供煤过多或原煤水分过大等，均有可能造成磨煤机堵塞。

当磨煤机出现堵塞后，磨煤机的进出口压差将增大，其入口负压值减小或变正压，出口负压值增大且温度大幅度下降；磨煤机电流增大且摆动，严重满煤时，电流反而减小，出入口向外冒粉，钢球磨煤机撞击声减小且低哑；排粉机电流减小，出口风压降低。

确认磨煤机堵煤后，应减少或暂停给煤，适当增加磨煤机的通风量，开大其出口风门进行抽粉，并加强对磨煤机大瓦的温度监视。若处理无效，可采用间停间开磨煤机的方法加强抽粉；若仍然无效，应停止制粉系统运行，打开人孔门扒出煤粉。当入口管段堵塞时，应停磨煤机敲打或打开检查孔疏通。

19-12　简述粗粉分离器堵塞的原因、现象及处理方法。

答：粗粉分离器堵塞时，磨煤机的出入口压差减小，向外跑粉；粗粉分离器出口负压增大，三次风压力降低；回粉管温度降低，锁气器不动作；堵塞严重时，排粉机电流下降，磨煤机出力加大，煤粉变粗。

当粗粉分离器出现堵塞时，应活动回粉管锁气器，疏通回粉管；适当减少给煤，增加系统通风，此时应注意磨煤机出口温度，必要时可开大粗粉分离器的调节挡板。如堵塞严重，经处理无效时，应停止磨煤机运行，打开人孔盖进行内部检查，清理杂物，进行疏通。

19-13　简述一次风管堵塞的原因、现象及处理方法。

答：当一次风管发生堵塞时，被堵的一次风管压力会出现先增大后减小的现象，此时炉膛负压值也增大。如堵塞严重，给粉机的电流要增大，甚至导致电动机保险熔断。被堵塞的一次风管燃烧器喷口来粉少或断粉，锅炉汽压和负荷减小，如果有多根一次风管堵塞，就有可能引起燃烧火焰跳动或产生炉膛灭火。

当出现一次风管堵塞时，应立即停止被堵风管的给粉机，启动备用给粉机。对堵塞的一次风管进行敲打，同时开大一次风门，提高一次风压或者用间开间关一次风门的方法对其进行吹扫。如果提高一次风压仍不能吹通时，可用压缩空气分段地进行吹通。在吹扫处理的过程中，应密切注意锅炉汽压和汽温的调整，注意炉膛燃烧状况，防止燃烧不稳定或炉膛灭火。

19-14　简述细粉分离器堵塞的原因、现象及处理方法。

答：细粉分离器堵塞时，入口负压减小，出口负压增大。排粉机电流加大，锅炉蒸汽压力和温度升高。锁气器动作不正常，煤粉仓粉位下降。当发生细粉分离器堵塞时，应立即停掉排粉机，关小磨煤机入口热风门，开启冷风门；检查煤粉筛，清除筛上杂物和煤粉；活动锁气器，疏通落粉管；检查细粉分离器下粉挡板位置是否正确。处理无效时，应停止磨煤机运行，切断制粉系统风源打开手孔门进行疏通。

19-15　转动机械易出现哪些故障？应如何处理？

答：转动机械易出现的故障主要有振动大、窜轴和摩擦、轴承温度过高、各部机件损坏或脱落、电气故障等。

如机械振动超过规定，应加强监护；若危及安全时，应立即停机、查找原因进行检修，如机件损坏或脱落应进行修复或更换。当轴承温度上升快或过高时，应先检查冷却水是否畅通、油位是否正常，如不正常则再加油或换油并加大冷却等工作。经处理后，如温度仍继续上升，而且超过规定值时，则应立即停机进行彻底检查，找出原因并消除。如属电气设备事故，则应按电气设备运行故障处理的有关规定处理。

为了保障锅炉机组的安全运行，在锅炉机组中目前都设置了一套比较完善的自动控制安全连锁系统。

19-16　试述回转式空气预热器常见的问题。

答：回转式空气预热器常见的问题有漏风和低温腐蚀。

（1）回转式空气预热器的漏风主要有密封（轴向、径向和环向密封）漏风和风壳漏风。

（2）回转式空气预热器的低温腐蚀。由于烟气中的水蒸气与硫燃烧后生成的三氧化硫结合成硫酸蒸汽进入空气预热器时，与温度较低的受热面金属接触，并可能产生凝结而对金属壁面造成的腐蚀。

19-17　试述影响空气预热器低温腐蚀的因素和对策。

答：影响空气预热器低温腐蚀的因素主要有烟气中三氧化硫的形成、烟气露点、硫酸浓度、凝结酸量和受热面金属温度。

减轻和防止空气预热器低温腐蚀措施有：①提高空气预热器金属壁面温度；②采用热管式空气预热器；③使用耐腐蚀材料；④采用低氧燃烧方式；⑤采用降低露点或抑制腐蚀的添加剂；⑥对燃料进行脱硫。

19-18　回转式空气预热器的密封部位有哪些？什么部位的漏风量最大？

答：（1）在回转式空气预热器的径向、轴向、周向上设有密封。

（2）径向漏风量最大。

19-19　轴承油位过高或过低有什么危害？

答：（1）油位过高，会使油循环运动阻力增大、打滑或停脱，油分子的相互摩擦会使轴承温度过高，还会增大间隙处的漏油量。

（2）油位过低，会使轴承的滚珠和油环带不起油来，造成轴承得不到润滑而使温度升高，烧坏轴承。

19-20　风机喘振有什么现象？

答：运行中风机发生喘振时，风量、风压周期性反复，并在较大的范围内变化，风机本身产生强烈的振动，发出强大的噪声。

19-21　风机运行中发生哪些异常情况时应加强监视？

答：（1）风机突然发生振动、窜轴或有摩擦声音，并有所增大时；

（2）轴承温度升高，没有查明原因时；

（3）轴瓦冷却水中断或水量过小时；

（4）风机室内有异常声音，原因不明时；

（5）电动机温度升高或有异声时；

（6）并联或串联风机运行其中一台停运，对运行风机应加强监视。

19-22　引起泵与风机振动的原因有哪些？

答：（1）泵因汽蚀引起的振动；

（2）轴流风机因失速引起的振动；

（3）转动部分不平衡引起的振动；

（4）转动各部件连接中心不重合引起的振动；

（5）联轴器螺栓间距精度不高引起的振动；

（6）固体摩擦引起的振动；

（7）平衡盘引起的振动；

（8）泵座基础不好引起的振动；

（9）由驱动设备引起的振动。

19-23　空气压缩机紧急停止的条件有哪些？

答：（1）润滑油或冷却水中断；

（2）气压表损坏，无法监视气压；

（3）危及人身及设备安全时；

（4）油压表损坏或油压低于最低运行值；

（5）空气压缩机出现不正常的响声或产生剧烈振动；

（6）一、二级缸排气压力大幅度波动；

（7）电动机转子和定子摩擦引起强烈振动或电气设备着火冒烟；

（8）电动机电流突然增大并超过额定值；

（9）一、二级缸排气中任一个压力达到安全门动作值而安全门拒动。

19-24　直吹式制粉系统在自动投入时，运行中给煤机皮带打滑，对锅炉燃烧有何影响？

答：磨煤机瞬间断煤，出口温度上升，给煤机给煤指令增大，汽温、汽压下降，如处理不当，磨煤机就会产生强烈振动，燃烧不稳。

19-25　中速磨煤机运行中进水有什么现象？

答：磨煤机出口温度下降，冷空气进入炉膛，造成燃烧不稳，可能发生灭火，蒸汽压力和温度下降，机组负荷下降。

19-26　制粉系统为何在启动、停止或断煤时易发生爆炸？

答：煤粉爆炸的基本条件是合适的煤粉浓度、较高的温度或火源以及有空气扰动等。

（1）制粉系统在启动与停止过程中，由于磨煤机出口温度不易控制，易因超温而使煤粉爆炸；运行过程中因断煤而处理又不及时，使磨煤机出口温度过高而引起爆炸。

（2）制粉系统在启动或停止过程中，磨煤机内煤量较少，研磨部件金属直接发生撞击和摩擦，易产生火星而引起煤粉爆炸。

（3）制粉系统中，如果有积粉自燃，启动时由于气流扰动，就可能引起煤粉爆炸。

（4）制粉浓度是产生爆炸的重要因素之一。制粉系统在停止过程中，风粉浓度会发生变化，当具备合适浓度又有产生火源的条件，就可能发生煤粉爆炸。

19-27　磨煤机运行时，如原煤水分升高，应注意些什么？

答：原煤水分升高，会使煤的输送困难，磨煤机出力下降，出口气粉混合物温度降低。因此，要特别注意监视检查和及时调节，以维持制粉系统运行正常和锅炉燃烧稳定。主要应注意以下几方面：

（1）经常检查磨煤机出、入口管壁温度变化情况。

（2）经常检查给煤机落煤有无积煤、堵煤现象。

（3）加强磨煤机出、入口压差及温度的监视，以判断是否有断煤或堵煤的情况。

（4）制粉系统停止后，应打开磨煤机进口检查孔，如发现管壁有积煤，则应铲除。

19-28　简述监视直吹式制粉系统中的排粉机电流值的意义。

答：排粉机的电流值在一定程度上可反映磨煤机的出力情况。电流波动过大，表示磨煤机给煤量过多，此时应调整给煤量至电流指示稳定。排粉机电流明显下降，表示磨煤机堵煤，应减小给煤量或暂时停止给煤机，直到电流恢复正常后再增大给煤量或启动给煤机；排粉机电流上升，表示磨煤机给煤不足，应增大给煤机给煤量。

19-29 简述钢球磨煤机筒体转速发生变化时对钢球磨煤机运行的影响。

答：当钢球磨煤机的筒体转速发生变化时，筒中钢球和煤的运转特性也发生变化。当筒体转速很低时，随着筒体转动，钢球被带到一定高度，在筒体内形成向筒的下部倾斜的状态。当钢球堆积倾角等于和大于钢球的自然倾角时，球就沿斜面滑下，这样对煤的碾磨很差，且不易把煤粉从钢球堆中分离出来。当筒体转速超过一定值后，钢球受到的离心力很大，这时钢球和煤均附在筒壁上一起转动，这时的磨煤作用仍然是很小的。筒体内钢球产生这种状态时的转速称为临界转速。

19-30 为什么筒式钢球磨煤机满煤后电流反而小？

答：磨煤机正常运行转动时，煤和钢球的混合物中心是偏向一方的，即产生一个与钢球磨煤机大罐旋转方向相反的偏心矩，电动机主要是克服这个偏心矩做功。当钢球磨煤机满煤后，偏心矩越来越小，虽然大罐加重了，可电动机克服偏心矩所需功率却减小了，两者相比，后者影响大。因钢球磨煤机大罐的轴承是滑动摩擦，其摩擦系数是很小的，对电动机电流的影响很小。因此，当钢球磨煤机满煤后，它的电流反而小。

19-31 转动机械在运行中发生什么情况时，应立即停止运行？

答：转动机械在运行中发生下列情况之一时，应立即停止运行。

(1) 发生人身事故，无法脱险时。

(2) 发生强烈振动，危及设备安全运行时。

(3) 轴承温度急剧升高或超过规定值时。

(4) 电动机转子和定子严重摩擦或电动机冒烟起火时。

(5) 转动机械的转子与外壳发生严重摩擦撞击时。

(6) 发生火灾或被水淹时。

19-32 简述一次风机跳闸后，锅炉 RB 动作过程。

答：一次风机跳闸后，RB 动作时，油燃烧器自动投入；部分制粉系统自动跳闸；引、送风机出力自动降低；机组负荷自动降至目标值。

19-33 筒型钢球磨煤机满煤有何现象？应如何处理？

答：现象：①出口温度下降；②出入口压差增大，入口风压升高，风量减小；③入口密封处冒粉；④电流增大（满煤现象严重时，电流反而下降）；⑤磨筒内噪声降低。

处理方法：①停运给煤机，加大通风量，监视出入口差压使其恢复正常；②若满煤严重时，则应及时停磨煤机掏煤。

19-34 直吹式锅炉 MFT 连锁动作哪些设备？

答：（1）联动跳闸所有的给煤机和所有的磨煤机，关闭所有油枪和主油管上的来油速断阀；

（2）联动跳闸一次风机；

（3）联动跳闸汽轮机和发电机；

（4）联动关闭所有的过热蒸汽和再热蒸汽减温水截止阀；

（5）汽动给水泵联动跳闸，电动给水泵自启动。

19-35 如何处理直流锅炉给水泵跳闸？

答：直流锅炉在运行中必须保证连续不断地给水，所以给水泵跳闸会给直流锅炉的运行带来很大的威胁。

（1）一台给水泵跳闸后，备用给水泵应自动联启，若不自动联启或跳闸泵抢合不成功时，应迅速加大另一台运行泵的出力（注意不得过载）。同时，应迅速降低锅炉负荷至额定负荷的 60%，控制中间点温度和出口温度在正常范围。

（2）若运行中的给水泵全部跳闸，而备用泵不自联或跳闸泵抢合不成功，则保护应动作停炉。保护拒动时，应执行紧急停炉。

19-36 锅炉在吹灰过程中，遇到什么情况应停止吹灰或禁止吹灰？

答：（1）锅炉吹灰器有缺陷；

（2）锅炉燃烧不稳定；

（3）锅炉发生事故时。

19-37 锅炉吹灰器的故障现象及原因有哪些？

答：（1）吹灰器故障现象：

1）吹灰器电动机过载报警；

2）吹灰器运行超时报警；

3）吹灰器电动机过电流报警；

4）吹灰器卡涩；

5）吹灰器泄漏。

（2）故障原因包括：

1）吹灰器机械传动机构过紧；

2）吹灰器导轨弯曲；

3）电动机卡涩；

4）吹灰器联轴销子断裂；

5）吹灰器密封部件损坏。

第二十章 锅炉事故处理的原则及方法

20-1 什么叫锅炉的可靠性？如何表示？

答：电站锅炉的可靠性是指锅炉在规定的条件下、规定的工作期限内应达到规定性能的能力。所谓规定条件，是指燃料品种、运行方式、自控要求、给水品质、气象条件等；规定的工作期限是以锅炉允许工作多少小时数来表达的，如目前对大型电站锅炉主要承压部件的使用寿命规定为 30 年，受烟气磨损的对流受热面使用寿命为 10 万 h；规定的性能则是指设计的蒸发量，一、二次蒸汽的压力和温度及锅炉热效率等。

20-2 哪些事故是锅炉的主要事故？

答：火电厂事故有相当比例是由于锅炉事故引起的。我国部分 200～300MW 机组非计划停运事故的统计分析表明，锅炉方面的事故约占电厂非计划停运总时数的一半，而锅炉的事故又以水冷壁管、过热器管、再热器管和省煤器管（俗称四管）泄漏为最多，约占电厂事故停运总时数的 1/3，其次是灭火放炮和炉膛结渣。因此，为了提高电厂和国民经济的效益，必须努力提高锅炉的运行可靠性和可用率，减少事故。

20-3 锅炉事故处理的原则是什么？

答：锅炉发生事故的原因很多，如设备的设计、制造、安装和检修的质量不良，运行人员技术不熟练、工作疏忽大意，以及发生故障时的错误判断和错误操作等。运行人员的责任，首先是要积极预防事故，尽力避免锅炉事故的发生。当锅炉发生事故时，应按下述总原则处理：

（1）消除事故的根源，限制事故的发展，并解除对人身安全和设备的威胁。

（2）在保证人身安全和设备不受损害的前提下，尽可能保持机组运行，包括必要时转移部分负荷至厂内正常运行的机组，尽量保证对用户的正常供电。

（3）保证厂用电源的正常供给，防止扩大事故。

（4）单元机组锅炉在事故紧急停炉时，不应立即关闭主汽门，应等汽轮机停运后再关闭锅炉主汽门，以保证汽轮机的安全。

20-4　锅炉常见的燃烧事故有哪些？

答：锅炉的灭火、放炮和烟道再燃烧是锅炉常见的燃烧事故，若处理不当，将会造成锅炉设备的严重损坏和人员伤害，危害极大。

20-5　锅炉的灭火是怎样形成的？

答：当炉膛内的放热小于散热时，炉膛的燃烧将向减弱的方向发展，如果此差值很大，炉膛内燃烧反应就会急剧下降，当达到最低极限时就出现灭火。

20-6　灭火与放炮有什么不同？

答：锅炉的灭火和放炮是两种截然不同的燃烧现象。炉膛发生灭火时，只要处理恰当，一般不会发生放炮。但是，如果锅炉发生灭火时，燃料供应切断延迟 30s 以上，或者切断不严仍有燃料漏入炉膛，或者多次点火失败，使得炉内存积大量燃料，而在点火前又未将积存燃料清扫干净，此时炉内出现火源或重新点火，就可能发生锅炉放炮事故。

20-7　什么叫锅炉的内爆？什么叫锅炉的外爆？

答：机组的锅炉均为平衡通风，在正常工作时，引风机与送风机协调工作维持炉内压力略低于当地大气压。一旦锅炉突然熄火，炉内烟气的平均温度约在 2s 内从 1200℃ 以上降到 400℃ 以下，造成炉内压力急剧下降，使炉墙受到由外向内的挤压而损伤，这种现象称为内爆。

如果燃料在炉内大量积聚，经加热点燃后出现瞬间同时燃烧，炉内烟温瞬间升高，引起炉内压力急剧增高，使炉墙受到由内向外的推压损伤，这种现象称为爆炸或外爆，俗称放炮或打炮。

20-8　灭火放炮对锅炉有哪些危害？

答：锅炉发生灭火放炮时，对炉膛产生的危险性最大，可造成整个炉膛倾斜扭曲，炉墙拉裂，即使是轻者也会减少炉膛寿命；其次对结构较弱的烟道也可能造成损坏。一般来说，锅炉容量越大，事故造成的危险也越大。自从 300～600MW 以上的锅炉问世以来，破坏性很大的熄火与爆炸事故曾多次发生，破坏严重时，修复需数月之久。20 世纪 70 年代初期，国外开始重视这个问题，对内爆过程进行了理论研究和现场试验，并采取了各种预防措施。例如将炉墙承受挤压的强度从过去的 2900Pa 左右增大到 6865Pa 左右，将承受外推力的强度提高到 9800Pa 以上。

20-9　灭火的原因有哪些？应如何预防？

答：灭火的原因及预防：

（1）燃煤质量太差或种类突变。燃煤水分和杂质过多，容易出现黏结和堵煤，造成燃料供应不均匀或中断，引起灭火。煤种突变，如挥发分减少，水分和灰分增多，则燃料的着火热增加，着火延迟或困难，如跟不上火焰的扩散速度就会引起灭火。煤粉过粗，着火也困难，也可能引起灭火。因此，对燃烧劣质煤必须采取相应的措施，如提高煤粉干燥程度和细度，定期将燃煤工业分析结果及时通知锅炉运行人员，以便及时做好燃烧调整工作等。

（2）炉膛温度低。炉膛温度低，容易造成燃烧不稳或灭火。燃用多灰分、高水分的煤，送入炉内的过量空气过大或炉膛漏风增大等都不利于燃烧，而且增加散热，使炉温下降。低负荷运行时，炉膛热强度下降，炉温下降，而且炉内温度场不均匀性增加，负荷过低时，燃烧将不稳定；开启放灰门或其他门、孔的时间过长，使漏风增大，都会引起炉温降低。上述情况均可能形成灭火。要提高炉膛温度，首先要保证着火迅速，燃烧稳定。为此，在运行中应关闭炉膛周围所有的门、孔，在除灰和打焦时速度应快，时间不能过长，以减少漏风。在吹灰打焦时，可适当减少送风量，若发现燃烧不稳定，应暂时停止吹灰或打焦。锅炉运行时，炉膛负压不能太大，避免增大漏风。保证检修质量，维持锅炉的密封性能。锅炉低负荷火焰不稳定时，可投油喷嘴运行以稳定火焰。如果锅炉正常运行时炉温过低，可适当增设卫燃带，减少散热，以提高炉膛温度。

（3）燃烧调整不当。一次风速过高可导致燃烧器根部脱火，一次风速过低可导致风道堵塞，这两种情况都会造成灭火。一、二次风相位角太小，会导致燃烧不稳定；直流燃烧器四角气流的方向紊乱也会造成火焰不稳；一次风率的大小、过量空气的多少，都会影响燃烧火焰的稳定性。以上情况都可能造成灭火，所以应根据煤种和运行负荷情况，正确调整燃烧工况，防止灭火。

（4）下粉不均匀。给煤机或给粉机下煤、下粉不匀，都会影响燃烧的稳定性。造成给煤机下煤不均的原因有煤湿、块大、杂质多、煤仓壁面不光滑。形成给粉机送粉不匀的原因有煤粉仓粉位太低，煤粉颗粒表面存在一层空气膜，十分光滑，流动性强。粉位太低，粉仓下部煤粉的压力小，使给粉机出粉少；当仓壁上堆积的煤粉塌下来时，下部煤粉压力增加，给粉机下粉增多或煤粉自流。因此，粉仓粉位太低时，就会出现来粉忽多忽少或给粉中断、自流现象，造成燃烧不稳或灭火。另外，煤粉在仓内长期积存，会使煤粉受潮结块、下粉不匀或氧化自燃、爆炸等现象发生。针对上述情况，在上煤时应将煤内杂物清除；进入给煤机的原煤直径应在 20mm 左右；原煤仓和煤粉仓应定期清扫，保持壁面光滑；粉位应保持适中，并应进行定期降粉以保证煤粉新陈代谢；在锅炉需进行较长时间停运时，应在停炉前有计划地将煤粉仓内的煤粉烧完。

（5）机械设备故障。在发电机组的锅炉中，因设有自动控制连锁系统，所以，当引风机、送风机、排粉风机、给粉或制粉系统出现故障或电源中断，直吹式制粉系统的给煤机、磨煤机、排粉机等出现故障或电源中断，都会造成燃料供给中断，引起锅炉灭火。

（6）其他原因。水冷壁管发生严重爆漏，大量汽、水喷出，可能会将炉膛火焰扑灭；炉膛上部巨大的结渣块落下，也可能会将炉膛火焰压灭等。所以，应及时打焦和预防结焦，防止大焦块的形成。

20-10　锅炉灭火的现象是怎样的？

答：有以下现象可判断锅炉炉膛灭火：①炉膛负压突然增大许多，一、二次风压减小；②炉膛火焰发黑；③发出灭火信号，灭火保护动作；④汽压、汽温下降；⑤在灭火初期汽轮机尚未减负荷前，锅炉蒸汽流量增大，然后减少，汽包水位先升高后下降。若为机械事故或电源中断引起灭火时，还将出现事故喇叭鸣叫、故障机械的信号灯闪光等。

20-11　锅炉灭火后如何处理？

答：锅炉灭火后，应立即切断所有炉内燃料供给，停制粉系统，并进行通风，清扫炉内积粉，严禁增加燃料供给来挽救灭火的错误处理，以免招致事态扩大，引起锅炉放炮。将所有自动改为手动，切断减温水和给水，控制汽包水位在 $-75\sim-50\text{mm}$。将送、引风机减至最低负荷值，可适当加大炉膛负压。查明灭火原因并予以消除，然后投油嘴点火。着火后，逐渐带负荷至正常值。若造成灭火原因不能短时消除或锅炉损坏需要停炉检修，则应按停炉程序停炉。若某一机械电源中断，则其连锁系统将自动使相应的机械跳闸，此时应将机械开关拉回停止位置，对中断电源机械重新合闸，然后逐步启动相应机械恢复运行。如重新合闸无效，则应查找原因并修复。如只有一台引风机事故停运，则可将锅炉降负荷运行。

如果出现锅炉放炮，应立即停止向锅炉供给燃料和空气，并停止引风机，关闭挡板和所有因爆炸打开的锅炉门、孔，修复防爆门。经仔细检查，烟道内确无火苗时，可小心启动引风机并打开挡板通风 5～10min 后，重新点火恢复运行。如烟道有火苗，应先灭火，后通风、升火；如放炮造成管子弯曲、泄漏、炉墙裂缝、横梁弯曲、汽包移位等，应停炉检修。

20-12　烟道再燃烧是如何形成的？

答：烟道再燃烧是烟道内积存了大量的燃料，经氧化升温后发生的二次燃烧。

20-13　造成烟道再燃烧的原因及预防措施有哪些？

答：(1) 燃烧工况失调。煤粉过粗、煤粉自流、下粉不匀或风粉混合差、炉底漏风大等，都会造成煤粉未燃尽而带入烟道积存；燃油中水分大、杂质多、来油不匀或油温低使油黏度高、油嘴堵塞或油嘴质量不好，造成油的雾化质量不高以及燃油缺氧燃烧形成裂解等，都将造成燃油燃烧不善，使油滴或炭黑进入烟道积存。为避免上述原因造成的烟道燃料积存，运行时应按燃料的性质控制各项运行指标，严密监视燃烧工况，及时调整燃烧，对不合格的或损坏的燃烧设备，必须及时修理或更换。

(2) 低负荷运行。锅炉处在低负荷下长时间运行时，由于炉膛温度低，燃烧反应慢，因此机械未完全燃烧值增大；同时，低负荷运行时，烟气流量小、烟速低，烟气中的未完全燃烧颗粒也容易离析，沉积在对流烟道中，形成烟道再燃烧。所以，锅炉应尽量避免长期低负荷运行。

(3) 锅炉的启动和停运频繁。锅炉启动和停运频繁容易引起烟道再燃烧。锅炉启、停时，炉膛温度低，燃烧工况不易稳定，炉内温度不均匀，燃料不容易燃尽，加上此时烟气流速低，过剩氧量多，容易出现烟道的燃料积存和再燃烧。因此，应在锅炉启、停时仔细监督和调整燃烧，尽量维持燃烧稳定。对经常启、停的锅炉，要注意保温。

(4) 油煤混烧。在锅炉启、停或低负荷运行时，可能形成油煤混烧。油煤混烧时，将会出现油与煤的抢风现象，特别是一次风管内设置油枪的油、煤混烧，这种抢风尤为突出；同时，在油煤混烧时，油粉可能发生互相黏附，而且两种燃料射流互相影响。因此，炉内正常动力工况和燃烧工况受到干扰，会招致燃烧恶化。这种混烧通常是在炉温较低的情况下出现的，所以燃料均不易燃尽，当它们进入烟道中时，油腻和未燃尽的煤粉同时附着在受热面上，沉积更容易，所以容易形成二次燃烧。锅炉运行时，应尽量避免油煤混烧。如果为稳定燃烧需要投油时，应尽量避免一次风管的油枪投入。注意燃烧调整，确保油嘴雾化良好，加强监视，发现异常应及时改变燃烧方式。

(5) 加强吹灰。及时对烟道吹灰，可以将少量沉积燃料吹走，减少烟道再燃烧的机会。

20-14　烟道再燃烧的现象是怎样的？

答：烟道发生再燃烧时，将有以下现象：①烟道内温度和锅炉排烟温度急剧升高，烟道负压和炉膛负压波动或成正压，严重时烟道防爆门动作，烟道阻力增大；②从烟道门、孔或引风机不严密处冒出烟气或火星，引风机外壳烫手，轴承温度升高；③烟囱冒黑烟；④再热器出口汽温、省煤器出口水温、空气预热器出口热风温度升高；⑤二氧化碳和氧量表记指示不正常等。

20-15　烟道再燃烧如何处理？

答：如果汽温和烟温升高，而汽压和蒸发量又有所下降时，应检查燃烧情况，观察燃烧器喷口燃烧情况是否正常，一、二次风配合比例是否恰当，油嘴雾化是否良好。若与油煤混烧时，应将油或煤粉停掉，改为单一燃烧方式。

如果烟气温度急剧升高，各种表象已能判定确为烟道某处发生再燃烧时，应立即停炉，同时，应停止引风机、送风机运行，停止向炉内供应燃料，严密关闭烟道挡板及其周围的门、孔，打开汽包至省煤器的再循环门保护省煤器，打开启动旁路系统并打开事故喷水以保护过热器和再热器。

向烟道通入蒸汽进行灭火，在确认烟道再燃烧完全扑灭后，可启动引风机，开启挡板，抽出烟道中的蒸汽和烟气。待炉子完全冷却以后，应对烟道内所有受热面进行全面检查，清除隐患。

20-16　锅炉结渣对锅炉运行的危害有哪些？

答：（1）结渣引起过热汽温升高，甚至会招致汽水管爆破。

（2）结渣可能造成掉渣灭火、受热面损伤和人员伤害。

（3）结渣使排烟损失增加、锅炉热效率降低。

（4）结渣会使锅炉出力下降，严重时造成被迫停炉。

20-17　锅炉结渣为什么会引起过热汽温升高，甚至会招致汽水管爆破？

答：锅炉结渣后，部分管子会过热而超过它的允许温度引起爆管。特别是过热器受热面，为了降低锅炉的制造成本，在设计时允许的承受最高温度往往比正常运行值仅留有几十度裕量，如果此时受热面结渣，则受热面极易发生因热阻增大、传热不良、管壁冷却不好造成超温爆破。如果炉内结渣，炉膛部分吸热减少，进入过热器的烟温升高，可能造成过热器超温爆管。水冷壁结渣后，循环回路各并列管子受热不匀，不但会引起锅炉的正常水循环遭到破坏，而且也可能导致水冷壁冷却不良而超温爆管。

20-18 锅炉结渣为什么造成掉渣灭火、受热面损伤和人员伤害？

答：锅炉结渣严重时，炉内会形成渣块。当渣块的重力大于其黏结力时，渣块自行下落可能会压灭炉膛火焰；大渣块落下还会砸坏炉底管和水冷壁下集箱，造成设备损坏。在大渣块下落时，还会出现炉膛正压、火焰外喷，造成火灾和人员伤害事故。结渣后，炉内温度升高，耐火材料易脱落，易使炉墙松动，锅炉设备寿命缩短。

20-19 锅炉结渣为什么会使锅炉出力下降？

答：锅炉受热面结渣后，吸热量和蒸发量就会减少，为了保持锅炉出力，必须加大燃料供给，造成炉膛热强度增加、汽温上升。当温度上升超过其调节范围时，为了保证汽温符合要求，被迫降低出力。同时，炉膛热强度增加，又会促进结渣加剧，这种恶性循环的结果，只能是被迫停炉。

20-20 锅炉结渣为什么会使排烟损失增加、锅炉热效率降低？

答：焦渣是一种绝热体，渣块黏附在受热面上就会使其吸热大为减少，造成排烟温度升高、排烟损失增加。结渣后，锅炉出力下降，为了保持额定出力，燃料量就要增加，使煤粉在炉内的停留时间缩短，因此 q_4 损失增加；当空气量不足时，q_3 损失也会增加。因此，锅炉热效率下降。

20-21 锅炉结渣的原因有哪些？

答：（1）燃烧器的设计和布置不当。

（2）过量空气系数小和混合不良。

（3）未燃尽的煤粒在炉墙附近或黏到受热面上继续燃烧。

（4）炉膛高度设计偏低，炉膛热负荷过大。

（5）运行操作不当。

（6）吹灰和清渣不及时。

（7）其他原因。如燃烧器制造质量不高、安装中心不正或位置偏离过大、喷口烧坏没有更正等，都会造成火焰不对称或偏斜，形成炉膛结渣。如吹灰器短缺或转动、伸缩不灵，不能形成正常吹灰，也容易使受热面黏附灰粒，形成结渣。

20-22 锅炉燃烧器的设计和布置不当为什么会造成结渣？

答：燃烧器的设计和布置不当是影响锅炉结渣的重要原因之一。300MW 锅炉机组一般设计有两组燃烧器。如果每组燃烧器设计的高宽比大，射流的刚性就较弱。对于四角布置切圆燃烧方式的锅炉，因背火侧补气条件差，与补气较好的向火面形成压差；加之上角射流的冲击，因此火焰会形成过大的偏转，严重时还可能出现火焰刷墙。这时熔灰得不到足够的冷却就与水冷壁接触，因而出现背火侧的结渣。同时，燃烧中心风粉混合的不均匀，产生局部 CO 还原气氛，使灰熔点降低，加剧结渣。当两组燃烧器之间的间距设计较小时，射流进入炉膛将会形成风帘，从而使射流刚性急剧下降，此时容易出现射流贴墙燃烧，产生炉墙大面积结渣。

燃烧器布置不当造成结渣有两个方面，当燃烧切圆设计过大时，由于射流两面补气条件差别加大，压差增加，可能出现火焰贴墙燃烧形成结渣；如燃烧器布置过高，火焰上移，就可能会引起炉膛上部和出口受热面结渣，特别是对于燃烧无烟煤的锅炉，因火焰较长，燃烧器布置过高更容易出现上部结渣和受热面超温损坏。

20-23 过量空气系数小或风粉混合不良为什么会造成结渣？

答：过量空气系数过小加上风粉混合不良，必将导致炉内 CO 还原气氛增加，使灰熔点降低。这时，虽然炉膛出口烟气温度并不高，但仍然可能会出现强烈的结渣现象。即使燃烧挥发分较高的煤，如果风量不足、混合不匀，也会使结渣加剧。

20-24 未燃尽的煤粒在炉墙附近或黏到受热面上燃烧对结渣有什么影响？

答：当炉膛温度偏低或一次风率过大时，燃料的燃烧速度将下降，燃尽时间延长，此时容易出现燃尽期发生在炉膛出口附近或炉墙附近，甚至黏附在炉墙上继续进行，这样炉膛上部或炉墙附近温度升高，灰分在未固化之前就接触到受热面，黏结其上形成结渣。

20-25 炉膛高度设计偏低和炉膛热负荷过大对结渣有什么影响？

答：炉膛高度设计偏低时，燃料的后燃期将延续到炉膛上部甚至炉膛出口以后，这将引起屏式过热器甚至高温对流过热器的结渣或超温损坏。当炉膛热负荷设计过大时，炉内温度水平也提高，如受热面出现内部结垢或外部积灰时，熔灰就可能在得不到充分的冷却固化前接触到受热面，形成结渣。

20-26 运行人员操作对结渣有什么影响？

答：对于切圆燃烧方式，如果投用或停用的燃烧器喷口不对称或同层射流速度差异偏大、送粉不匀等，都会出现炉膛火焰偏斜，炉内温度场不均匀性增大，容易产生高温区域的熔灰黏附受热面形成结渣。如果燃烧器下层风不适当地调整过大，上层风又过小，使火焰不适当地抬高，容易造成炉膛上部结渣。一次煤粉气流速度过大或过小，燃烧都会发生在炉墙附近，引起燃烧器区段结渣。

炉内的某些受热面上积灰以后，不但灰污面温度提高，而且表面变得粗糙，此时一旦有黏结性的灰粒碰上去，就容易附在上面。若稍有大意，清渣不及时，结渣就会迅速扩散，形成严重结渣，可导致被迫停炉打渣。

20-27　如何防止结渣？

答：（1）正确设计燃烧器和选择假想切圆。设计燃烧器和选择假想切圆的原则应是，在保证一次风射流引射和卷吸高温烟气，使其迅速着火和稳定燃烧的前提下，提高射流刚度、减少偏转，避免出现在炉墙附近燃烧，尤其不能出现射流贴墙燃烧。为此，在设计燃烧器时，应控制单组燃烧器的高宽比 H/B 一般不要大于 8。为避免产生风帘，两组燃烧器之间的有效间距通常不应小于 1100mm，这样可减小射流两面的压差，提高射流刚度，防止射流靠墙或贴墙。在选择四角射流假想切圆时，考虑到射流进入炉膛后不可避免地要产生较大偏转，因此切圆直径不宜过大，一般以 600～800mm 较为合适。根据实验研究和我国目前的运行实践，燃烧器选择上述数值在正常运行调整时，一般可避免射流偏转而引起的炉膛结渣。

（2）炉膛出口烟温。当有充足的空气量时，控制炉膛出口烟温是避免炉膛结渣的又一重要方面。炉膛出口烟温 $\theta''_1 = t_{ST} -$（50～100℃）以内，一般可避免炉膛上部的结渣。为使炉膛出口烟温不过高，可采用调整燃烧和适当减小炉膛热强度的方法达到。

1）合理配风。合理配风的唯一标准应是风、粉混合均匀，着火迅速和燃烧稳定、迅速、完全，这样，炉膛出口烟温就会降低。配风不当使火焰中心上移，会使炉膛出口烟温升高；火焰中心下移，将使冷灰斗附近温度升高。因此，在运行中应注意配风，使火焰中心保持在炉膛中心。

2）减少炉膛热强度。提高锅炉效率可减少燃料消耗，保证给水参数、减少锅炉饱和蒸汽的用量等均可达到降低炉膛热强度的目的。为避免炉膛热强度过大，应禁止锅炉在较大的超负荷工况下运行。

（3）降低火焰中心。采用四角布置燃烧器的锅炉，应尽量利用下排燃烧器，同时下排二次风量不宜过大，这样可使火焰中心下移。

（4）保持适当的空气量。过剩空气量太大，烟气量增加，火焰中心上移，炉膛出口烟温升高；过剩空气量太小，燃烧将不完全，还原气氛增强，同时飞灰可燃物也增加，两者都为结渣创造了条件。所以，应保持适当的过量空气系数，一般认为：$V_{daf} > 20\%$ 时，$\alpha''_1 = 1.20$ 左右；$V_{daf} < 20\%$ 时，$\alpha''_1 = 1.25$ 左右比较适当。

（5）保持合适的煤粉细度和均匀度。煤粉过粗会延迟燃烧过程，使炉膛出口烟温升高，同时烟气中会出现未完全燃烧的煤粒，这样会造成结渣。煤粉过细，粉灰易于浮黏壁面，影响受热面传热。

（6）加强运行监视。运行中，可根据仪表指示和实际观察来判断结渣。炉膛结渣后，煤粉消耗量增加，炉膛出口烟温升高，过热汽温升高且减温水量增大，锅炉排烟温度升高；炉膛出口结渣时，炉膛的负压值还会减小，严重时甚至有正压出现。此时应及时清渣，防止事故扩大。运行中保证及时吹灰也是防止结渣的有效措施。

（7）其他。如果燃料多变时，应提前将煤质资料送给运行人员，以便及时进行燃烧调整。在检修时，应根据结渣部位和程度进行燃烧器调整，更换或修复损坏的燃烧器。如结渣严重，可将原有卫燃带适当减少。

20-28　省煤器管爆漏的原因有哪些？

答：引起省煤器管爆漏的原因有：①给水品质差，水中含氧量多，造成管子内壁氧腐蚀损坏；②给水温度和流量变化，引起管壁温度变化，造成管子热应力，如应力过大也会损坏管子；③管子焊接质量不好，也会使管子损坏；④飞灰磨损，使管壁减薄，强度下降而损坏等。其中省煤器管磨损是损坏最主要的原因。

20-29　省煤器管爆破有什么现象？如何处理？

答：省煤器管爆漏以后，会出现以下现象：①汽包锅炉的汽包水位下降；②给水流量不正常地大于蒸汽流量；③省煤器区有异声；④省煤器下部灰斗有湿灰或冒汽；⑤省煤器后面两侧烟气温差增大，泄漏侧烟温明显偏低等。

省煤器管损坏时，应尽量维持水位，待备用炉投入后再停炉检查、修复。如果水位不能维持，为避免事故进一步扩大，应立即停炉。停炉后不应开启汽包与省煤器间的循环门，以免大量损失锅水，造成事故扩大。

20-30　过热器与再热器管爆破的原因有哪些？

答：过热器和再热器损坏主要有高温腐蚀、超温破坏和过热器（再热器）管道的磨损。另外还有制造有缺陷，安装、检修质量差，主要表现是焊接质量差；过热器管的管材选用不符合要求；低负荷时减温未解列，造成水塞以致管子局部超温等。

20-31　过热器（再热器）管高温腐蚀有哪些类型？会造成什么结果？

答：过热器（再热器）管的高温腐蚀有蒸汽侧腐蚀（内部腐蚀）和烟气

侧腐蚀（外部腐蚀）。过热器管内部腐蚀和外部腐蚀的结果，使壁厚减薄，应力增大，以致引起管子产生蠕变，使管径胀粗，管壁更薄，最后导致应力损坏而爆管。

20-32　过热器（再热器）管超温损坏的原因是什么？

答：过热器管材在400℃以上和应力的长期作用下都会发生蠕变，使管子胀粗而逐渐减薄，然后形成微裂纹，当积累到一定程度时即发生爆破。

锅炉在正常运行时，过热器出现少量的蠕变是允许的，它不影响使用寿命。但是如果过热器长期超温，蠕变过程就加快，而且超温越多，应力越高，蠕变也就越快，因此会使管子在很短的时间内就发生爆管。

过热器管材多为珠光体耐热钢，它们的金相结构为铁素体和珠光体。珠光体中片状渗碳体在高温上促使其碳原子扩散，并向着表面能量低的状态变化，因此片状渗碳体就要力求变为球状，小球要力求变成大球（大球表面积小）。因为晶界上的分子作用力小，扩散速度较大，所以球状碳化物首先在晶界上析出。温度越高，时间越长，晶界上球状碳化越多。球化会使管材的高温强度下降。

过热器多为合金钢管，合金元素的原子溶入铁的晶格中。当温度在500℃以上时，在应力作用下，合金元素的原子活动能力增强，它就力求从铁素体中移出，使铁素体贫化，同时还进行着碳化物的结构、数量和分布的改变，碳化也力求变得更加稳定，结果使钢的高温强度下降。温度越高，强度下降也越多。

从上面分析可以看出，过热器管超温后，蠕变加速和材质结构变化均导致其强度迅速降低，因此，在工质压力的作用下就易发生爆破损坏。

20-33　过热器管超温的影响因素有哪些？

答：影响过热器超温的原因首先是热偏差，在锅炉的过热器管组中，偏差管的工质焓增和烟温偏差，严重时可能使偏差管管壁温度比管组平均值高出50℃以上，因此偏差管容易发生爆管。

炉膛燃烧火焰中心上移也是造成过热器超温的主要原因之一。燃煤性质变差，如挥发分降低，R_{90}增大；炉膛漏风增大；燃烧器上倾角过大；燃烧配风不当，如过量空气系数过大，上二次风偏小，下二次风偏多；炉膛高度设计偏低，燃烧器布置偏高等，都会引起火焰中心上移，造成过热器管超温。

炉膛卫燃带设计过多、运行时水冷壁管发生积灰或结焦而未清除、锅炉超负荷工况下运行等，会使炉膛出口烟温升高，引起过热器超温。

过热器本身积灰或结渣，均会增加传热阻力，使得传热变差，管子得不到充分冷却，是造成过热器管超温的重要原因；过热器管内结垢，也会造成热阻增大，使其容易发生超温。

20-34　磨损对过热器（再热器）管爆破有何影响？

答：过热器管爆破除高温腐蚀和超温损坏以外，磨损也是原因之一。过热器的磨损原因与省煤器相似，需要说明的是，在过热器区域，因为流过的烟气温度较高，所以灰分的硬度也较低；而且，过热器管通常都是顺列布置，因此，灰分对过热器管的磨损要比省煤器轻得多。因此，过热器管的磨损爆管通常不是主要原因。

20-35　过热器管与再热器管损坏时有什么现象？应如何处理？

答：过热器管爆破以后，在过热器区域有蒸汽喷出的声音，蒸汽流量不正常地小于给水流量，燃烧室为正压，烟道两侧有较大的烟温差，过热器泄漏侧的烟温较低，过热器的汽温也有变化。再热器损坏的现象与过热器损坏的现象相似，其差别在于，再热器损坏时，在再热器区有喷汽声，同时，汽轮机中压缸进口汽压下降。

过热器管或再热器管爆破时，应及时停炉，以免破口喷出的蒸汽将邻近的管子吹坏，致使事故扩大，检修时间延长。只有在损坏很小，不会危及其他管子损坏时，才可以短时间运行到备用炉投入或调度处理过后再停炉。

20-36　过热器管如何防治爆管？

答：过热器管爆破的防治方法主要有：

（1）锅炉启动和停运过程中，应及时开启过热器向空排汽阀或一、二级旁路系统，使过热器得到充分冷却。

（2）锅炉启动时，应严格控制升温、升压速度，严禁关小排汽和疏水赶火升压。

（3）锅炉启动期间，应控制过热器出口的蒸汽温度低于额定的温度，高压锅炉至少低 $50\sim60$℃，以免个别蛇形管的管壁温度超过允许数值。

（4）做好运行调整工作，使燃烧中心不偏斜，烟气两侧温差不大，保持稳定的蒸汽温度，严禁超温运行。

（5）正确使用减温水。在运行中减温水量要稳定，避免忽大忽小，在启动初期，尽量少用或不使用减温水。

（6）保持良好的锅水和蒸汽品质，以防过热器内部结垢。

（7）给水温度在额定值，在高压加热器解列时应降低负荷运行。

（8）严格监视过热器制造、安装、检修质量，特别是应把好焊接质量关。在运行中应密切监视过热器的运行情况，如果发现异常，应及时调节和处理，保证过热器的正常运行。

（9）检修中应对过热器进行详细检查。

20-37　如何防治过热器（再热器）管高温腐蚀？

答： 高温腐蚀的程度主要与温度有关，温度越高，腐蚀也越严重。另外，腐蚀程度也与腐蚀剂的多少有关，腐蚀剂越多，腐蚀也越重。可见要完全防止高温腐蚀，只有去掉灰中的 Na_2O 和 K_2O 等升华灰成分，这显然是做不到的。通常只有在燃煤供应允许的情况下，选用升华成分较小的煤，以减轻过热器管的腐蚀程度。同样，要想将过热器管温度降到 500℃ 以下，使升华灰完全固化以达到防腐目的也不可行，所以只有控制管壁温度才是行之有效的办法，这样做虽然不能完全防止高温腐蚀，但可以减轻腐蚀程度，延长管子使用寿命。

将过热汽温限制在一定的范围内，可达到控制管壁温度的目的。我国现在趋向于将汽温规定为 540℃/540℃；国外目前基本上也将汽温控制在560℃ 以下。高温腐蚀最强烈的温度区是 650～700℃，因此，应合理选择过热器与再热器布置的区域，使金属壁温应维持在危险温度以下。

为了防止过热器管内的氢腐蚀，过热器内工质应有相当的质量流速，不过它比保证过热器管冷却所需要的管内工质流速通常要低，所以防止氢腐蚀一般不成问题。

20-38　如何防治过热器（再热器）管超温爆管？

答： 引起过热器管超温的原因，归结起来有三个方面，即烟气侧温度高、管内工质流速低、管材耐热度不够（包括错用管材）。为了防止超温，应减小管组的热偏差。为了防止燃烧火焰中心上移引起过热器管超温，除了锅炉设计应保证炉膛高度，燃烧器布置高度适当外，在运行中应注意燃烧器上倾角不能过大；燃烧配风应当合理；炉膛负压不能太大，以免漏风过大；注意调节汽温；同时应注意及时清除受热面的积灰和渣焦，特别是过热器本身的积灰和渣焦，因为过热器积灰和结渣不但使传热恶化，而且容易形成烟气走廊，加大管组的热偏差，同时造成走廊两侧过热器管的磨损加剧；如果炉内卫燃带过多，应在停炉检修时适当打掉一部分。还应注意不能使锅炉长期超负荷运行，过热器管材应符合要求等。

20-39　水冷壁管爆破的原因有哪些？

答： 锅炉机组水冷壁爆破的主要原因有超温、腐蚀、磨损和膨胀不均匀产生拉裂等，其次水冷壁选用钢材不当、焊接质量不符合要求、弯管质量不高、使管壁变薄等，也都有可能使水冷壁产生爆管。

20-40　水冷壁管腐蚀损坏分为哪些类型？

答：水冷壁管腐蚀分为管内垢下腐蚀和管外高温腐蚀。

20-41　水冷壁管内垢下腐蚀是如何形成的？

答：垢下腐蚀也称酸碱腐蚀，这是因为锅水中的酸性和碱性盐类破坏了金属保护膜。在正常运行条件下，水冷壁管内壁覆盖着一层 Fe_3O_4 保护膜，使其免受腐蚀。如果锅水 pH 值超标，就会使保护膜遭到破坏。研究表明，当 pH 值为 9～10 时，保护膜最稳定，管内腐蚀最小；当 pH 值过高时，易发生碱性腐蚀；当 pH 值过低时，又会发生酸性腐蚀。当锅水中有游离的 NaOH 时，锅水的 pH 值升高，引起碱性腐蚀。反应如下

$$Fe_3O_4 + 4NaOH = 2NaFeO_2 + Na_2FeO_2 + 2H_2O$$

当锅水中有 $MgCl_2$ 或 $CaCl_2$ 时，pH 值降低，引起酸腐蚀。反应式如下

$$MgCl_2 + 2H_2O = Mg(OH)_2 + 2HCl$$

$$CaCl_2 + 2H_2O = Ca(OH)_2 + 2HCl$$

$$Fe + 2HCl = FeCl_2 + H_2 \uparrow$$

当氢在垢与金属之间大量产生时，氢可扩散到金属中与其中的碳结合形成甲烷 CH_4，并在金属内部产生内压力，引起晶间裂纹，使金属产生脆性爆裂损坏。

20-42　水冷壁管外高温腐蚀是如何形成的？

答：当水冷壁外有一定的结积物，周围有还原性气氛，管壁有相当高的温度时，就会发生管外腐蚀。水冷壁的管外腐蚀有硫化物型和硫酸盐型两种，其中以硫酸盐型最常见。

硫化物型管外腐蚀主要发生在火焰冲刷管壁的情况下。这时，燃料中的 FeS_2 黏在管壁上受灼热而分解成 S，S 与金属反应生成 FeS，随后氧化生成 Fe_3O_4。其反应过程如下

$$FeS_2 \xrightarrow{\text{灼热}} FeS + S$$

$$Fe + S = FeS$$

$$3FeS + 5O_2 = Fe_3O_4 + 3SO_2$$

上述过程生成的 SO_2 或 SO_3，又与碱性氧化物 Na_2O 或 K_2O 作用生成硫酸盐 Na_2SO_4 或 K_2SO_4。可见硫化物腐蚀与硫酸盐腐蚀是同时发生的。

当水冷壁的温度在 310～420℃时，其表面会生成 Fe_2O_3，即

$$2Fe+O_2 \Longrightarrow 2FeO$$
$$4FeO+O_2 \Longrightarrow 2Fe_2O_3$$

与过热器的管外腐蚀一样，其后它们又与碱性硫酸盐 Na_2SO_4 和 SO_3 反应生成复合硫酸盐 $Na_3Fe(SO_4)_3$。与过热器腐蚀不同的是，因为水冷壁管温度较低，此处的复合硫酸盐呈固态，加上固态排渣炉的炉壁附近 SO_3 并不多，所以一般腐蚀也较轻。如果渣层脱落，则暴露到表面的复合硫酸盐受到高温又分解为氧化硫、碱金属硫酸盐和氧化铁，使上述过程重复，因而将加剧腐蚀过程，致使水冷壁管因腐蚀爆破的可能性加大。

20-43　哪些部位易受磨损导致水冷壁爆管？

答：水冷壁管易受磨损的部位主要是一次风口和三次风口的周围。吹灰器的冲刷也可能使水冷壁损坏。在一次风粉混合物中，每千克空气中含有 $0.2 \sim 0.8kg$ 的煤粉，当一次风以 $20 \sim 40m/s$ 的速度喷入炉膛时，如果燃烧器安装角度不对或缩进太多，设计的切圆太大或偏斜，燃烧器喷口结渣、烧坏或变形，以及稳燃器安装不当等，都会使煤粉气流冲刷水冷壁管，使其磨损减薄导致爆破。三次风中煤粉含量约为 $0.1 \sim 0.2kg$(煤粉)/kg(空气)，而三次风速通常又在 $50m/s$ 以上，所以当三次风口安装不当、结渣、烧坏或变形后，也会冲刷水冷壁致使其磨损爆管。现代锅炉均装设有蒸汽吹灰装置，如果吹灰前吹灰器未疏水，在吹灰时凝结水就要冲扫到水冷壁上，使其冷却龟裂，产生环状裂纹而损坏。如进汽压力调节失控超过设计值，也会导致水冷壁磨损而爆管。

20-44　水冷壁膨胀不均匀产生拉裂的原因主要有哪些？

答：冷炉进水时，水温、水质或进水速度不符合规定；锅炉启动时升压、升负荷速度过快；停炉时冷却过快，放水过早等，都会使水冷壁管产生过大的热应力，致使爆管。水冷壁管因受热不均匀，膨胀受阻也会拉裂爆管。被拉裂的部位通常以炉膛四角和燃烧器附近居多。例如，燃烧器大滑板与水冷壁在运行中膨胀不一致，经多次启、停的交变应力作用后，就会从焊点处拉裂水冷壁致使爆破。

20-45　水冷壁爆破的现象有哪些？如何处理？

答：水冷壁管爆破以后，会有如下现象：①汽包水位下降；②蒸汽压力和给水压力均下降；③炉内有爆破声；④炉膛呈正压，有烟气喷出炉膛；⑤炉内燃烧火焰不稳或灭火；⑥给水流量不正常地大于蒸汽流量；⑦锅炉排烟温度降低等。

如果水冷壁管爆破不甚严重，不至于在短期内扩大事故，且在适当加强给水后能维持汽包正常水位时，可采取暂时减负荷运行，待备用炉投入后或调度处理后再停炉。但在这段时间内，应加强监视，密切注意事故发展情况。如果爆管严重，无法保持汽包正常水位，或燃烧很不稳定，或事故扩大很快，则应立即停炉。此时，锅炉引风机应继续运行，抽出炉内蒸汽。停炉后如加强给水而汽包水位可以维持，则应尽力保持水位；否则，应停止给水。

20-46　水冷壁爆破如何防治?

答：为了提高水冷壁管的运行安全性和可靠性，应根据其爆管的原因，采用不同方法防治。

(1) 超温爆管的防治。300MW 单元机组的锅炉通常都在亚临界压力以上，设计时应控制循环倍率 K 不能太小；直流锅炉应仔细确定传热恶化的临界干度，使膜态沸腾发生在热负荷较小的区域。为了防止传热恶化，首先应降低受热面的热负荷。在运行时应调整好燃烧火焰中心位置，不能出现贴墙燃烧。设计时可采取减小水冷壁管径、增加下降管截面等，提高水冷壁管内工质的质量流量，提高 α_2 值；也可在蒸发管内加装扰流子，采用来复线管或内螺管等，使流体在管内产生旋转和扰动边界层，提高 α_2。

为了防止出现循环故障带来的超温爆管，除要求燃烧稳定、炉内空气动力状况良好、炉内热负荷均匀外，还应避免锅炉经常在低负荷下运行，而且设计时水冷壁管组的并列管根数不能太多，管子组合也应合理。例如，将炉膛四角受热较弱的管子，炉墙中部受热较强的管子，都分别组成独立的回路。

(2) 腐蚀防治。为了防治水冷壁管的垢下腐蚀，应加强化学监督，提高给水品质，保证锅水品质，尽量减少给水中的杂质和锅水的 $NaOH$ 含量，防止凝汽器泄漏，保证锅炉连续排污和定期排污的正常运行。对水冷壁管应定期割管检查，并根据情况进行化学清洗和冲洗等。

为防止水冷壁的管外腐蚀，应改善燃烧。煤粉不能过粗，避免火焰直接冲刷墙壁；过量空气系数不宜过小，以改善结积物条件；控制管壁温度，防止炉膛局部热负荷过高，以防水冷壁温度过高，加剧腐蚀；保持炉膛贴墙为氧化气氛，冲淡 SO_2 的浓度，以降低腐蚀速度；也可以在水冷壁管表面采用热浸渗铝技术，提高其抗腐蚀性能。

(3) 磨损爆管防治。防止水冷壁管的磨损主要是切圆设计不能太大；燃烧器设计与安装角度应正确；应组织好炉内空气动力场，要求配风均匀，注意运行调整，防止切圆偏斜。运行时，如燃烧器喷口或附近结渣，应及时清除；如燃烧器烧坏或变形，应及时修复或更换。吹灰器在吹灰前应先疏水，吹灰蒸汽压力应控制在设计值范围。

（4）其他防治。

1）为了防止锅炉启动、停止运行时损坏水冷壁管，在锅炉点火、停炉时，应严格按规程规定进行。

2）为了保证受热面的升温自由膨胀，在安装和检修时，在水冷壁管自由膨胀的下端应留有足够的自由空间，并采取措施防止异物进入，以免管子膨胀受到顶或卡而使其破坏。

3）应注意加强金属监督工作，防止错用或选用不合格的管材。在制造、安装和检修时应严把质量关，尤其应保证焊接质量符合要求，确保水冷壁管运行的安全。

20-47 炉底水封破坏后，为什么会使过热汽温升高？

答：锅炉从底部漏入大量的冷风，降低了炉膛温度，延长了着火时间，使火焰中心上移，炉膛出口温度升高，同时造成过剩空气量的增加，对流换热加强，导致过热汽温升高。

20-48 蒸汽压力变化速度过快对机组有何影响？

答：（1）使水循环恶化。蒸汽压力突然下降时，水在下降管中可能发生汽化。蒸汽压力突然升高时，由于饱和温度升高，因此上升管中产汽量减少，会引起水循环瞬时停滞。蒸汽压力变化速度越快，蒸汽压力变化幅度越大，这种现象越明显。试验证明，对于高压以上锅炉，不致引起水循环破坏的允许汽压下降速度不大于 $0.25 \sim 0.30MPa/min$；负荷高于中等水平时，汽压上升速度不大于 $0.25MPa/min$；而在低负荷时，汽压变化速度则不大于 $0.025MPa/min$。

（2）容易出现虚假水位。蒸汽压力的升高或降低会引起锅水体积的收缩或膨胀，而使汽包水位出现下降或升高，均属虚假水位。蒸汽压力变化速度越快，虚假水位的影响越明显。出现虚假水位时，如果调节不当或发生误操作，就容易诱发缺水或满水事故。

20-49 如何避免汽压波动过大？

答：（1）掌握锅炉的带负荷能力；

（2）控制好负荷增减速度和幅度；

（3）增减负荷前应提前提示，提前调整燃料量；

（4）运行中要做到勤调、微调，防止出现反复波动；

（5）投运和完善自动调节系统；

（6）对于母管制机组，应编制各机组的负荷分配规定，以适应外界负荷的变化。

20-50 虚假水位是如何产生的？过热器安全门突然动作时，汽包水位会如何变化？

答：由于工质压力突然变化，或燃烧工况突然变化，使水容积中汽泡含量增多或减少，引起工质体积膨胀或收缩，造成的汽包水位升高或下降的虚假现象，称做虚假水位。

过热器安全门突然动作时，汽包水位先升后降。

20-51 直流锅炉切除分离器时会发生哪些不安全现象？是什么原因造成的？

答：（1）切除启动分离器时，极易发生主蒸汽温度下降和前屏过热器管壁超温现象。

（2）启动过程中应严格按照启动分离器切除的条件执行操作。若切除过早，分离器过早停止排水，使蒸发段出口工质焓值降低，同时过热器内蒸汽流量增大，易造成过热汽温降低；若切除过迟，则会使前屏过热器管壁超温。

20-52 汽包满水的现象有哪些？

答：（1）各水位计指示偏高，水位高信号发出。

（2）给水流量不正常地大于蒸汽流量。

（3）过热汽温下降。

（4）蒸汽电导率增大。

（5）严重满水时，汽温迅速下降，主蒸汽管道发生水冲击，从法兰和阀门等不严密处往外冒汽。

20-53 汽包锅炉发生严重缺水时，为什么不允许盲目补水？

答：锅炉发生严重缺水时必须紧急停炉，而不允许往锅炉内补水，这主要是因为当锅炉发生严重缺水时，汽包水位究竟低到什么程度是不知道的，可能汽包内已完全无水，或水冷壁已部分烧干、过热。在这种情况下，如果强行往锅炉内补水，由于温差过大，会产生巨大的热应力，因此使设备损坏。同时，水遇到灼热的金属表面，瞬间会蒸发大量蒸汽，使汽压突然升高，甚至造成爆管。因此，发生严重缺水时，必须严格地按照规程的规定去处理，决不允许盲目地上水。

20-54　汽水共腾的现象是什么?

答：(1) 汽包水位发生剧烈波动，各水位计指示摆动，就地水位计看不清水位;

(2) 蒸汽温度急剧下降;

(3) 严重时蒸汽管道内发生水冲击或法兰结合面向外冒汽;

(4) 饱和蒸汽含盐量增加。

20-55　如何处理汽水共腾?

答：(1) 降低锅炉蒸发量后保持稳定运行;

(2) 开大连续排污门，加强定期排污;

(3) 开启集汽集箱疏水门，通知汽轮机开启主闸门前疏水门;

(4) 通知化学对炉水加强分析;

(5) 水质未改善前应保持锅炉负荷的稳定。

20-56　汽包壁温差过大有什么危害?

答：当汽包上下壁或内外壁有温差时，将在汽包金属内产生附加热应力，而这种热应力能够达到十分巨大的数值，可能使汽包发生弯曲变形、裂纹、缩短使用寿命。因此，锅炉在启动、停止过程要严格控制汽包壁温差不超过 40℃。

20-57　锅炉运行中，为什么要经常进行吹灰、排污?

答：烟灰和水垢的导热系数比金属小得多，也就是说，烟灰和水垢的热阻较大。如果受热面管外积灰或管内结水垢，不但影响传热的正常运行，浪费燃料，而且还会使金属壁温升高，以致过热烧坏，危及锅炉设备安全运行。因此，在锅炉运行中，必须经常进行吹灰、排污和保证合格的汽水品质，以保证受热面管子内外壁面的清洁，利于受热面正常传热，保障锅炉机组安全运行。

20-58　固态排煤粉炉渣井中的灰渣为何需要连续浇灭?

答：(1) 由炉膛落下来的灰渣，温度还较高，含有未燃尽的碳。这些灰渣如果不及时用水浇灭，就会堆积在一起烧结成大块，再清除时会有困难。

(2) 灰渣井内若堆积大量高温灰渣，待排灰时才用水烧灭，会使水大量蒸发，瞬间进入炉膛的水蒸气太多，使炉温下降，炉膛负压变正，燃烧不稳，严重时（特别是在负荷较低或煤质较差时）可能造成锅炉灭火。有时在浇水之初会引起氢爆，造成人身及设备事故。

20-59 所有水位计损坏时为什么要紧急停炉？

答：水位计是运行人员监视锅炉正常运行的重要仪表，当所有水位计都损坏时，水位的变化失去监视，正常水位的调整失去依据。由于高温高压锅炉的汽包内储水量有限，机组负荷和汽水损耗在随时变化，因此失去对水位的监视，就无法控制给水量。当锅炉在额定负荷下，给水量大于或小于正常给水量的 10% 时，一般锅炉几分钟就会造成严重满水或缺水。所以，当所有水位计损坏时，为了避免对机炉设备的损坏，应立即停炉。

20-60 什么是厂用电？常见的厂用电故障现象有哪些？

答：发电厂的自用电称为厂用电，包括转动机械的动力电源、阀门挡板的控制电源、现场照明电源、操作电源、热工控制和仪表所用的交直流电源。常见的厂用电故障现象有 6kV 厂用电源消失、380V 电源消失、220V 电源消失等几种。

20-61 什么是长期超温爆管？

答：运行中由于某种原因，造成管壁温度超过设计值，只要超温幅度不太大，就不会立即损坏。但管子长期在超温下工作，钢材金相组织会发生变化，蠕变速度加快，持久强度降低，在使用寿命未达到预定值时，即提早爆破损坏。这种损坏称长期超温爆管，或叫长期过热爆管，也称一般性蠕变损坏。

20-62 简述锅炉紧急停炉的处理方法。

答：当锅炉符合紧急停炉条件时，应通过显示器台面盘上的紧急停炉按钮手动停炉，锅炉主燃料跳闸（MFT）动作后，立即检查自动装置应按下列自动进行动作，否则应进行人工干预。

（1）切断所有的燃料（煤粉、燃油）。

（2）联跳一次风机，进出口挡板关闭。

（3）磨煤机、给煤机全部停运。

（4）所有燃油进油、回油快关阀，调整阀、油枪快关阀关闭。

（5）汽轮机、发动机跳闸。

（6）全部静电除尘器跳闸。

（7）全部吹灰器跳闸。

（8）全开各层周界风挡板，将二次风挡板控制方式切至手动，并全开各层二次风挡板。

（9）将引送风机的风量自动控制切为手动调节。

（10）检查关闭Ⅰ、Ⅱ过热器减温水隔离门及调整门，并将过热汽温度控制切为手动。

（11）检查关闭再热器减温水隔离门及调整门，并将再热汽温度控制切为手动。

（12）两台汽动给水泵均应自动跳闸，电动给水泵应启动，否则应人为强制启动。

（13）注意汽包水位应维持在正常范围内。

（14）进行炉膛吹扫，锅炉主燃料跳闸（MFT）复归（MFT动作原因消除后）。

（15）如故障可以很快消除，则应做好锅炉极热态启动的准备工作。

（16）如故障难以在短时间内消除，则按正常停炉处理。

20-63　通过监视炉膛负压及烟道负压能发现哪些问题？

答：炉膛负压是运行中要控制和监视的重要参数之一。监视炉膛负压对分析燃烧工况、烟道运行工况，分析某些事故的原因均有重要意义，如：当炉内燃烧不稳定时，烟气压力产生脉动，炉膛负压表指针会产生大幅度摆动；当炉膛发生灭火时，炉膛负压表指针会迅速向负方向甩到底，比水位计、蒸汽压力表、流量表对发生灭火时的反应还要灵敏。

烟气流经各对流受热面时，要克服流动阻力，故沿烟气流程烟道各点的负压是逐渐增大的。在不同负荷时，由于烟气变化，烟道各点负压也相应变化。如负荷升高，则烟道各点负压相应增大，反之，相应减小。在正常运行时，烟道各点负压与负荷保持一定的变化规律；当某段受热面发生结渣、积灰或局部堵灰时，由于烟气流通断面减小，烟气流速升高，阻力增大，因此其出入口的压差增大。故通过监视烟道各点负压及烟气温度的变化，可及时发现各段受热面积灰、堵灰、泄漏等缺陷，或发生二次燃烧事故。

20-64　25项反措中，防止汽包炉超压超温的规定有哪些？

答：（1）严防锅炉缺水和超温超压运行，严禁在水位表数量不足（指能正确指示水位的水位表数量）、安全阀解列的状况下运行。

（2）参加电网调峰的锅炉，运行规程中应制定相应的技术措施。按调峰设计的锅炉，其调峰性能应与汽轮机性能相匹配；非调峰设计的锅炉，其调峰负荷的下限应由水动力计算、试验及燃烧稳定性试验确定，并制订相应的反事故措施。

（3）对直流锅炉的蒸发段、分离器、过热器、再热器出口导管等应有完好的管壁温度测点，以监视各管间的温度偏差，防止超温爆管。

（4）锅炉超压水压试验和安全阀整定应严格按规程进行。

（5）大容量锅炉超压水压试验和热态安全阀校验工作应制定专项安全技术措施，防止升压速度过快或压力、汽温失控造成超压超温现象。

（6）锅炉在超压水压试验和热态安全阀整定时，严禁非试验人员进入试验现场。

20-65 部颁规程对事故处理的基本要求是什么？

答：（1）事故发生时，应按"保人身、保电网、保设备"的原则进行处理。

（2）事故发生时的处理要点：

1）根据仪表显示及设备异常现象判断事故确已发生。

2）迅速处理事故，首先解除对人身、电网及设备的威胁，防止事故蔓延。

3）必要时，应立即解列或停用发生事故的设备，确保非事故设备的运行。

4）迅速查清原因并消除。

5）将观察到的现象、事故发展的过程和时间及采取的消除措施等进行详细的记录。

6）事故发生及处理过程中的有关数据资料等应保存完整。

20-66 防止锅炉炉膛爆炸事故发生的措施有哪些？

答：（1）加强配煤管理和煤质分析，并及时做好调整燃烧的应变措施，防止发生锅炉灭火。

（2）加强燃烧调整，以确定一、二次风量、风速，合理的过剩空气量、风煤比，煤粉细度，燃烧器倾角或旋流强度及不投油最低稳燃负荷等。

（3）当炉膛已经灭火或已局部灭火并濒临全部灭火时，严禁投油助燃。当锅炉灭火后，要立即停止燃料（含煤、油、燃气、制粉乏气风）供给，严禁用爆燃法恢复燃烧。重新点火前，必须对锅炉进行充分通风吹扫，以排除炉膛和烟道内的可燃物质。

（4）加强锅炉灭火保护装置的维护与管理，确保装置可靠动作；严禁随意退出火焰探头或连锁装置，因设备缺陷需退出时，应做好安全措施。热工仪表、保护、给粉控制电源应可靠，防止因瞬间失电造成锅炉灭火。

（5）加强设备检修管理，减少炉膛严重漏风，防止煤粉自流、堵煤；加强点火油系统的维护管理，消除泄漏，防止燃油漏入炉膛发生爆燃。对燃油速断阀要定期试验，确保动作正确、关闭严密。

（6）防止严重结焦，加强锅炉吹灰。

20-67　高压锅炉为什么容易发生蒸汽带水？

答：锅炉压力升高，炉水沸点越高，锅水的表面张力越小，锅水在蒸发时越容易形成小水珠而被带走。同时，随着压力的提高，汽和水的重度差减小，汽水的分离困难，蒸汽容易携带水滴。压力越高，蒸汽的体积重量越大，蒸汽流动的动能增加，因而更易带水，所以当蒸汽流动速度一定时，压力越高，蒸汽越容易带水。

20-68　简述减温器故障的现象、原因及处理。

答：（1）现象。

1）减温器堵塞：

a.减温水流量偏小或无指示；

b.投停减温器时，汽温变化不明显或不起作用。

2）减温器套管损坏：

a.两侧汽温差值增大；

b.严重时减温器集箱内发生水冲击。

（2）原因。

1）减温器喷嘴内结垢或杂物堵塞；

2）减温水水温变化幅度太大，使金属产生较大的应力损坏；

3）制造、安装、检修质量不良。

（3）处理。

1）如减温器喷嘴堵塞，可关闭减温水门，用过热蒸汽进行反冲洗。

2）如汽温升高，可调节给水泵转速，关小给水调节阀，提高给水压力，增加减温水量。

3）若采取措施后，汽温仍不能恢复正常，应降低锅炉负荷运行并汇报班、值长。

4）如汽温超过极限值，经采取措施无效，则可请示停炉。

20-69　锅炉出现虚假水位时应如何处理？

答：当锅炉出现虚假水位时，首先应正确判断，要求运行人员经常监视锅炉负荷的变化，并对具体情况进行具体分析后，才能采取正确的处理措施。如当负荷急剧增加而水位突然上升时，则应明确：从蒸发量大于给水量这一平衡的情况看，此时的水位上升现象是暂时的，很快就会下降，切不可减少进水，而应强化燃烧，恢复汽压，待水位开始下降时，马上增加给水量,使其与蒸汽量相适应,恢复正常水位;如负荷上升的幅度较大,引起的水位变化幅度也很大,此时若控制不当就会引起满水,就应先适当减少给水量,以免满水,同时强化燃烧,恢复汽压;当水位刚有下降趋势时,应立即加大给水量,否则又会造成水位过低。也就是说,应做到判断准确、处理及时。

20-70 简述水锤、水锤危害及水锤防止措施。

答: (1)水锤。在压力管路中,由于液体流速的急剧变化,从而造成管中液体的压力显著、反复、迅速的变化,对管道有一种"锤击"的特征,这种现象称为水锤,或叫水击。

(2)危害。水锤有正水锤和负水锤危害两种。

1)正水锤时,管道中的压力升高,可以超过管中正常压力的几十倍至几百倍,以致使壁衬产生很大的应力;而压力的反复变化将引起管道和设备的振动、管道的应力交变变化,将造成管道、管件和设备的损坏。

2)负水锤时,管道中的压力降低,也会引起管道和设备振动。应力交递变化,对设备有不利的影响。同时,负水锤时,如压力降得过低,可能使管中产生不利的真空,在外界大气压力的作用下,管道被挤扁。

3)防止。为了防止水锤现象的出现,可采取增加阀门启闭时间,尽量缩短管道的长度,以及管道上装设安全阀门或空气室,以限制压力突然升高的数值或压力降得太低的数值。

20-71 简述锅炉水位事故的危害及处理方法。

答: 保持汽包正常水位是保证锅炉和汽轮机安全运行的重要条件之一。汽包水位过高,会影响汽水分离装置的汽水分离效果,使饱和蒸汽湿度增大,同时蒸汽空间缩小,将会增加蒸汽带水,使蒸汽含盐量增多,品质恶化,造成过热器积盐、超温和汽轮机通流部分结垢。

汽包水位严重过高或满水时,蒸汽大量带水,会使主蒸汽温度急剧下降,蒸汽管道和汽轮机内发生严重水冲击,甚至造成汽轮机叶片损坏事故。汽包水位过低会使控制循环锅炉的炉水循环泵进口汽化、泵组剧烈振动;汽包水位过低还会引起锅炉水循环的破坏,使水冷壁管超温过热;严重缺水而又处理不当时,则会造成炉管大面积爆破的重大事故。

(1)水位高的处理方法:

1)将给水自动切至手动,关小给水调整门或降低给水泵转速。

2)当水位升至保护定值时,应立即开启事故放水门。

3)根据汽温情况,及时关小或停止减温器运行。若汽温急剧下降,则应开启过热器集箱疏水门，并通知汽轮机开启主汽门前的疏水门。

4）当高水位保护动作停炉时，查明原因后，放至点火水位，方可重新点火并列。

（2）水位低的处理方法：

1）若缺水是由于给水泵故障，给水压力下降而引起，则应立即通知汽轮机启动备用给水泵，恢复正常给水压力。

2）当汽压、给水压力正常时：①检查水位计指示正确性；②将给水自动改为手动，加大给水量；③停止定期排污。

3）检查水冷壁、省煤器有无泄漏。

4）必要时降低机组负荷。

5）保护停炉后，查明原因，不得随意进水。

20-72　锅炉给水母管压力降低，流量骤减的原因有哪些？

答：（1）给水泵故障跳闸，备用给水泵自启动失灵。

（2）给水泵液力耦合器内部故障。

（3）给水泵调节系统故障。

（4）给水泵出口阀故障或再循环开启。

（5）高压加热器故障，给水旁路门未开启。

（6）给水管道破裂。

（7）除氧器水位过低或除氧器压力突降使给水泵汽化。

（8）汽动给水泵在机组负荷骤降时，出力下降或汽源切换过程中故障。

20-73　造成受热面热偏差的基本原因是什么？

答：造成受热面热偏差的原因是吸热不均、结构不均、流量不均。受热面结构不一致对吸热量、流量均有影响，所以通常把产生热偏差的主要原因归结为吸热不均和流量不均两个方面。

（1）吸热不均方面。

1）沿炉宽方向烟气温度、烟气流速不一致，导致不同位置的管子吸热情况不一样。

2）火焰在炉内充满程度差，或火焰中心偏斜。

3）受热面局部结渣或积灰，会使管子之间的吸热严重不均。

4）对流过热器或再热器，由于管子节距差别过大，或检修时割掉个别管子而未修复，形成烟气"走廊"，使其邻近的管子吸热量增多。

5）屏式过热器或再热器的外圈管，吸热较其他管子的吸热量大。

（2）流量不均方面。

1）并列的管子，由于管子的实际内径不一致（管子压扁、焊缝处突出的焊瘤、杂物堵塞等）、长度不一致、形状不一致（如弯头角度和弯头数量不一样），造成并列各管的流动阻力大小不一样，使流量不均。

2）集箱与引进引出管的连接方式不同，引起并列管子两端压差不一样，造成流量不均。现代锅炉大多采用多管引进引出集箱，以求并列管流量基本一致。

20-74　漏风对锅炉运行的经济性和安全性有何影响？

答：不同部位的漏风对锅炉运行造成的危害不完全相同。但不管什么部位的漏风，都会使气体体积增大，使排烟热损失升高，使引风机电耗增大。如果漏风严重，引风机已开到最大还不能维持规定的负压（炉膛、烟道），被迫减小送风量时，会使不完全燃烧热损失增大，结渣可能性加剧，甚至不得不限制锅炉出力。

炉膛下部及燃烧器附近漏风可能影响燃料的着火与燃烧。由于炉膛温度下降，炉内辐射传热量减小，并降低炉膛出口烟温。炉膛上部漏风，虽然对燃烧和炉内传热影响不大，但是炉膛出口烟温下降，对漏风点以后的受热面的传热量将会减少。

对流烟道漏风将降低漏风点的烟温及以后受热面的传热温差，因而减小漏风点以后受热面的吸热量。由于吸热量减小，烟气经过更多受热面之后，烟温将达到或超过原有温度水平，会使排烟热损失明显上升。

综上所述，炉膛漏风要比烟道漏风危害大，烟道漏风的部位越靠前，其危害越大。空气预热器以后的烟道漏风，只使引风机电耗增大。

第五部分

除尘除灰与烟气脱硫

第二十一章　除尘除灰系统

21-1　电除尘器的工作原理？

答：电除尘器是利用强电场使气体电离，即产生电晕放电，进而使粉尘荷电，并在电场力的作用下，将粉尘从气体中分离出来的除尘装置。

21-2　电除尘器按收尘极型式可分为几大类？

答：电除尘器按收尘极的型式可分为管式和板式电除尘器两类。

21-3　双区电除尘器的特点是什么？

答：双区电除尘器的电压等级较低，通常采用正电晕放电，即用正极性的电极作为放电极。双区电除尘器适用于捕集含尘浓度低、粉尘细微、处理风量较小的场合，主要用于空气调节系统的进气空气净化。

21-4　单区电除尘器的特点是什么？

答：单区电除尘器的特点是，不受风量的限制，处理风量大，粗、细粉尘都能捕集，烟气含尘浓度高或低均能适应。

21-5　电除尘器主要由几部分组成？

答：电除尘器主要由两大部分组成，一部分是电除尘器本体，用以实现烟尘净化，另一部分是产生高压直流电的装置和低压控制装置。

21-6　板卧式电除尘器本体主要构件有哪些？

答：卧式电除尘器的主要构件包括壳体、阳极系统、阴极系统、阳极振打系统、阴极振打系统、气流分布装置和排灰装置等。

21-7　何谓电除尘器的电场？

答：沿气流流动方向将各室分为若干区，每一区有完整的收尘极和电晕极，并配以相应的一组高压电源装置，每个独立区称为收尘电场。

21-8　何谓电除尘器的收尘面积？

答：除尘器的收尘面积指收尘极板的有效投影面积。因为极板的两个侧面均起收尘作用，所以两面的面积均应计入。每一排收尘极板的收尘面积为电场长度与电场高度乘积的两倍。每一个电场的收尘面积为一排极板的收尘面积与电场通道数的乘积。一个室的收尘面积为单电场收尘面积与该室电一个室的收尘面积为单电场收尘面积与该室电场数的乘积。一台电除尘器的收尘面积为单室收尘面积与室数的乘积。一般所说的收尘面积多指一台电除尘器的总收尘面积。

21-9　何谓电除尘器的比收尘面积？

答：电除尘器的比收尘面积指单位流量的烟气所分配到的收尘面积，它等于收尘极板面积（m²）与烟气流量（m³/s）之比。比收尘面积的大小，对电除尘器的除尘效果影响很大，它是电除尘器的重要结构参数之一。

21-10　何谓电除尘器的除尘效率？

答：含尘烟气流经电除尘器时，被捕集的粉尘量与原有粉尘量之比称为除尘效率。它在数值上近似等于额定工况下电除尘器进、出口烟气含尘浓度的差与进口烟气含尘浓度之比（精确的数值还要应用漏风系数进行修正）。除尘效率是除尘器运行的主要指标。

21-11　电除尘器阳极板的作用是什么？

答：阳极板通常双称收尘极板或沉淀极板，其作用是捕集荷电粉尘，通过振打机构冲击振打，使极板发生冲击振动或抖动，将极板表面附着的粉尘成片状或团状剥落到灰斗中，达到除尘的目的。

21-12　对电除尘器收尘极板性能的基本要求是什么？

答：（1）钢材消耗量少，刚度强。

（2）防止粉尘二次飞扬的性能好。

（3）振打传递性能好，振打加速度值分布均匀，清灰效果好。

（4）极板边缘无锐边和毛刺，无局部放电现象。

（5）极板电流密度和极板附近场强分布较均匀。

21-13　电除尘器阳极板通常有几种悬挂形式？

答：阳极板通常有紧固型和自由悬挂型两种悬挂形式。

21-14　通常使用的电除尘器阳极振打装置有哪几种形式？对阳极振打装置的基本要求是什么？

答：通常使用的电除尘器振打装置有机械切向振打、弹簧凸轮振打、电磁振打和电动式挠臂锤切向振打。对阳极振打装置的基本要求是：应有适当的振打力；能使极板获得满足清灰要求的加速度；能够按照粉尘的类型和浓度不同，适当调整振打周期和频率；运行可靠，能满足主机大、小周期要求。

21-15　电除尘器阴极的作用是什么？

答：阴极又称放电极或电晕极，是电除尘器的主要部件之一，其作用是与阳极一起形成非均匀电场，产生电晕电流。

21-16　对电除尘器阴极的基本要求是什么？

答：为了使电除尘器达到安全、经济、高效地运行，对电晕线的要求有以下几点：

（1）不断线或断线少。

（2）放电性能好。所谓放电性能好是指：

1）起晕电压低，即在相同条件下，起晕电压越低，单位时间内的有效电晕功率越大，除尘效率越高。越大的电晕线，起晕电压越低。

2）伏安特性好，即在相同的外加电压下，电流越大粉尘荷电的强度和几率越大，除尘效率越高。

3）对烟气条件变化的适应性强，即对烟气流速、含尘浓度、比电阻等适应性强。

21-17　阴极大、小框架的作用是什么？

答：阴极小框架的作用主要是固定电晕线，对电晕极进行振打清灰；阴极大框架的作用是：

（1）担阴极小框架、阴极线及阴极振打锤轴的荷重，并通过阴极吊杆把荷重传到绝缘支柱上。

（2）按设计要求使阴极小框架定位。

21-18　常用的阴极吊挂装置有几种形式，其作用是什么？

答：阴极吊挂目前有支柱型和套管型两种形式。

阴极吊挂的作用有两个，一是承担电场内阴极系统的荷重及经受振打时产生的机械负荷；二是使用权阴极系统与阳极系统及壳体之间绝缘，并使阴极系统处于负高压工作状态。

21-19　阴极振打装置的作用是什么？

答：阴极振打装置的作用是连续或周期性的敲打阴极小框架，使附着在阴极线和框架上的粉尘被振落。其主要目的是阴极系统的清灰而不是收尘。

21-20　阴极振打装置中瓷轴的作用是什么?

答:阴极振打装置中瓷轴的作用是实现振打轴与传动装置的绝缘。

21-21　电除尘器振打轴与壳体的绝缘是通过什么实现的?

答:电除尘器振打轴与壳体的绝缘是通过聚四氟乙烯板实现的。

21-22　导流板和气流分布板的作用是什么?

答:在烟气进入电场前的烟道和电除尘器的进口封头处加装导流板气流分布板的目的是使进入电场的烟气分布均匀,保证电除尘器达到设计除尘效率。

21-23　何谓电袋复合型除尘器? 有什么优点?

答:电袋复合型除尘器是通过电除尘与布袋除尘有机结合的一种新型的高效除尘器,它充分发挥电除尘器和布袋除尘器各自的优点,以及两者相结合产生新的优点,同时能克服电除尘器和布袋除尘器的缺点。该复合型除尘器具有除尘效率稳定高效、滤袋阻低寿命长,设备投资小、运行成本低、占地面积小的优点。

21-24　简述电袋除尘器的工作原理。

答:前级设置一个电场的电除尘器,其除尘效率与极板有效面积呈指数曲线变化,能收集烟尘中大部分粉尘,收尘效率达 $80\%\sim90\%$,并使流经该电场到达后级未被收集下来的微细粉尘电离荷电。后级设置布袋除尘器,使含尘浓度低并预荷电的烟气通过滤袋而被收集下来,达到排放浓度 $\leqslant50mg/m^3$(标准状态),甚至 $\leqslant10mg/m^3$(标准状态)环保要求。

21-25　简述电袋复合型除尘器的技术特点。

答:(1)电袋复合技术的除尘机理科学,技术先进可靠。

由于在电袋复合型除尘器中,烟气先通过前级电除尘后再缓慢进入后级布袋除尘器,前级电除尘捕集 $80\%\sim90\%$ 的烟气粉尘,后级滤袋捕集的粉尘量仅有常规布袋除尘的约 $1/10\sim1/4$。这样后级滤袋的粉尘负荷量大大降低,清灰周期得以大幅度延长;粉尘经过前级电场电离荷电,荷电效应提高了粉尘在滤袋上的过滤特性,使滤袋的透气性能、清灰性能方面得到大大的改善。能够充分合理利用电除尘器和布袋除尘器各自的优点,以及两者相结合产生新的功能,同时能克服电除尘器和布袋除尘器的缺点。根据国外的研究成果以及通过试验研究和在上海某厂、天津某厂的工业应用,证明该技术是一种科学、可靠、先进的技术。

（2）电袋除尘器滤袋粉尘负荷量少，可以提高滤袋的过滤风速，节省投资、减少占地面积。

电袋复合型除尘器滤袋的粉尘负荷量小，以及荷电效应作用，其过滤风速串联式的可以提高到 1.5m/min 左右，此时滤袋还依然保持较低的阻力。从而大大减少滤袋过滤面积，节省设备的投资，减少除尘器的占地面积。

（3）电袋复合除尘器的运行阻力低。由于荷电效应的作用，滤袋形成的粉尘层对气流的阻力小，易于清灰，在运行过程除尘器可以保持较低运行阻力。

（4）粉尘冲刷磨损小。前级电除尘能收集大部分（80％～90％）粉尘〔这部分粉尘颗粒粗（直径大），动量大，对滤袋的磨损破坏强度大〕，剩下的粉尘浓度低、颗粒细，加上粉尘的荷电效应以及后级滤袋各室入口空间大，进入各室的粉尘速度低（＜1m/s），可以降低粉尘的冲刷破坏程度。

（5）电袋复合除尘器的滤袋使用寿命长。电袋除尘器与常规布袋除尘器相比，单位时间内相同滤袋面积沉积的粉尘量的少，滤袋的清灰周期可以为常规的 3 倍以上。降低滤袋的清灰频率和减少清灰次数，滤袋的使用寿命得以延长。

电袋复合除尘器由于粉尘清灰容易，在实际运行中可采用在线清灰方式，减少滤袋气布比波动量，从而延长滤料使用寿命。

电袋复合除尘器由于滤袋的过滤性能好运行阻力低，滤袋的强度负荷小，从而延长滤料使用寿命。

（6）电袋复合除尘器的运行、维护费用低。布袋除尘器中的滤袋占除尘器大部分成本，减少袋收尘部分的成本和延长滤袋的使用寿命可以降低滤袋的更换维护费用；降低运行阻力可以节省风机的电耗费用；清灰周期长可以节省压缩空气消耗量，即减少空气压缩机的电耗费用。电袋复合除尘器的运行、维护费用大大低于纯布袋除尘器。

（7）电袋复合除尘器的效率高效稳定。电袋复合型除尘器的除尘效率不受煤种、烟气工况、飞灰特性影响，排放浓度可以长期高效、稳定在 $50mg/m^3$（甚至 $10mg/m^3$）（标准状态）以下。

21-26 电除尘器除尘效率在运行中主要受哪些因素的影响？

答：（1）风量不变，烟尘量变化。除尘效率改变，排放浓度改变。

（2）烟尘量不变，风量变化。设备阻力影响不大，除尘效率随风量的增大而降低，且非常明显。

（3）温度变化。烟温太低结露会引起壳体腐蚀或高压爬电，烟气温度直接影响比电阻，从而影响除尘效率，且影响较为明显。

（4）烟气化学成分（或燃烧煤种）变化。烟气化学成分直接影响粉尘比电阻，从而影响除尘效率，而且影响很大。

（5）气流分布。非常敏感电场中的气流分布，气流分布的好坏直接影响除尘效率的高低。

（6）空气预热器及系统管道漏风。设备阻力无明显变化，但是风量增加相当于增加了电场风速，对除尘效率效率有影响。

21-27　简述袋式除尘器在影响电除尘器因素工况下的优点。

答：（1）风量不变，烟尘量变化。排放浓度不变，清灰频率改变（自动可调）。

（2）烟尘量不变，风量变化。设备阻力随风量加大而加大，过滤风速提高，除尘效率基本不影响。

（3）温度变化。烟温太低结露可能会引起"糊袋"和壳体腐蚀，烟温太高超过滤料允许温度易"烧袋"而损坏滤袋，但是引起这些后果的温度是极端温度（事故/不正常状态），因此必须做好除尘器的保护措施。但是烟气温度只要在所选择滤料的承受温度范围内，就不会影响除尘效率。

（4）烟气化学成分（或燃烧煤种）变化。在滤料适应的条件范围，对除尘效率没有影响。

（5）气流分布。除尘效率与气流分布无关，但局部气流不能偏差太大，否则会由于负荷不均或射流磨损造成局部破袋。

（6）空气预热器及系统管道漏风。对于耐氧性能差的滤料会影响布袋寿命，如 RYTON 滤料，但不会影响除尘效率。

21-28　除灰系统在火力发电厂的地位是什么？

答：除灰除渣系统作为火电厂的重要组成部分，其任务就是把电厂生产过程中产生的灰渣安全及时地输送至灰渣场或综合利用场所，确保电厂的正常运行。随着电厂容量和参数的不断提高，灰渣量也在逐年递增，目前一座百万千瓦容量的大型电厂，年排出的灰渣量已达 70 万～80 万 t。

21-29　按照输送介质划分，火电厂除灰系统分为哪几种类型？

答：大型燃煤电厂除灰渣系统主要有水力除灰和气力除灰系统两种形式。其原理就是以水或空气作为输送介质，通过输送设备、管道（沟）等将灰渣输送到指定地点。采用何种形式要根据客观实际、自然条件、环保要求等来确定。

21-30 水力除灰系统的组成部分及优、缺点是什么？

答：水力除灰系统主要由碎渣、排渣、冲灰、浓缩池输送与配套辅助设备，以及除灰渣管沟、水池等组成。它具有对不同灰渣适应性强、运行安全可靠、操作维护方便、在输送过程中灰渣不会扬散等优点。随着电力工业持续发展和环境保护要求的不断提高，水力除灰系统面临许多新问题，主要体现在：

（1）耗水量偏大，加剧了用水日益紧张的状况，特别是北方地区尤为突出。

（2）灰渣与水混合后，将失去其松散性能，灰渣所含的氧化钙、氧化硅等物质也要引起变化，活性降低，不利于灰渣的综合利用。

（3）除灰水与灰渣混合后多呈碱性，因此 pH 值偏高，往往超过排放标准，不允许随便从灰场向外排放；同时易使除灰管道内部结垢，减少通流截面，甚至堵塞管道，严重影响除灰除渣系统的正常运行。

21-31 简述气力除灰系统的组成部分及其特点。

答：气力除灰系统主要由输灰装置、空气压缩系统、灰库、搅拌桶、专用车辆以及除灰管道等组成，具有节水、安全可靠、输送时干灰不会飞扬、便于综合利用等优点，尤其适用于严重缺水的地区。

气力除灰系统具有系统简单、运行可靠、自动化程度高、节能、省水、便于干灰综合利用等特点，故从 20 世纪 80 年代以来，在火电厂中逐步得到了广泛应用。

21-32 简述正压气力输送系统的组成部分及其特点。

答：正压气力除灰系统主要由空气压缩机、供料装置、输送管道和收尘设备等组成。干灰经供料装置进入输送管道，由压缩空气送到灰库或指定地点。

该系统的主要特点是：供料装置均能承受较高的压力，系统的输送距离较远，且供料装置转达动部件少，磨损轻微，噪声较小，系统自动化程度高，操作控制方便。

21-33 简述低正压气力输送系统的组成部分及其特点。

答：低正压气力除灰系统是在锅炉各集灰斗下均设置一台气锁阀（也称锁气阀），灰斗的排灰经气锁阀进入输灰管道，然后由输送风机提供的低压空气输送到灰库。在灰库顶部一般安装有一级袋式收尘装置,气灰混合物通过收尘装置使空气与灰分离,空气直接排入大气,灰则落入灰库内。

低正压输送系统的主要优点是将锅炉各集灰斗排灰的集中和输送合为一体。系统相对比较简单,而且自动化程度高,操作方便,但其输送距离不宜过长,一般以 200~500m 较为适宜。当输送距离超过 500m 以上甚至达到1000m 左右时,系统仍可输送,但经济性略差。

21-34　简述负压气力除灰系统的工作原理及其特点。

答:负压气力除灰系统是利用抽气设备的抽吸作用,使系统内形成负压,集灰斗内的干灰通过物料输送阀随吸入的空气一起带入输送管道,经系统末端的收尘装置,使灰气分离,灰落入灰库内。经净化后的空气通过抽气设备排入大气。该系统具有以下特点:

(1) 因管道和设备内的压力均低于大气压力,所以管道沿线和设备都没有物料和空气向外泄漏,工作环境较好。

(2) 因为它是负压输送,故系统邮力和输送距离受到一定限制,输送距离一般以不超过 150m 为宜。

(3) 供料用的物料输送阀布置在系统的始端,因真空度较低,阀的结构比较简单,所需的空间也较小。

(4) 收尘装置处于系统末端负高压区,既需要考虑密封严密,防止由外向内漏气,又要保证分离下来的灰能顺利排出,设备结构比较复杂。

21-35　简述空气斜槽除灰系统的工作原理及特点。

答:空气斜槽一般以大于 6% 的坡度向下倾斜布置,可将一个或几个集灰斗排出的干灰进行集中输送。空气斜槽的断面是长方形的,在高程上,以多孔透气隔板将其分隔成上、下两部分,下部分为送风槽,空气从送风槽压入,压力一般为 0.05MPa 左右。上部分为输灰槽,通过给料管向槽内送入干灰,干灰被透过多孔透气隔板的空气所饱和,具有良好的流动性质,由于安息角接近于 0°,故在重力的分力和空气流的作用下,干灰以一定的速度在斜槽内移动。

空气斜槽系统结构简单,无转动部件,具有输送能力大、动力消耗少、磨损小、无噪声、维护简单等优点,是一种经济实用的设备。但也存在着致命的弱点,首先是由于空气斜槽一般以大于 6% 的坡度向下倾斜布置,故需较高的安装空间,更不能向上输送,因此限制了它的使用范围,使它在一般情况下只能作为除尘器灰斗下灰的一种集中手段,且输送距离不宜大于60m;另外,在锅炉点火阶段,除尘器所排干灰可能会含油、颗粒粗、灰温较低，甚至含有杂物，空气斜槽不适应输送这类干灰。

21-36　低正压气力除灰系统中的主要设备是什么？并论述其工作原理。

答：低正压气力除灰系统中的主要设备是气锁阀，安装于灰斗与输灰管道之间，其功能是利用飞灰本身重力将飞灰从上方的低压力区传送到下方的高压力区。气锁阀主要由上、下室，上、下阀组件，出料口三通等组成。

上阀门开启时，飞灰依靠本身重力从气锁阀上方的灰斗中流入储灰室，经过预定的进料时间或待上料位计动作，上阀门关闭，平衡阀切换，对储灰室加压，使室内压力稍高于输送管道内的压力，此时，下阀门开启，飞灰以一定的速度流入输送管道，由回转式风机提供的压力空气吹走。经过预定的出料时间或待下料位计动作，下阀门关闭，平衡阀再次切换，储灰室泄压。然后，上阀门再次开启，进入下一个循环。

21-37　正压气力除灰系统中的关键设备及其特点是什么？

答：正压气力除灰系统主要由空气压缩机、供料装置、输送管道和收尘设备等组成。干灰经从料装置进入输送管道，由压缩空气送到灰库或指定地点。

该系统的主要特点是：供料装置均能承受较高的压力，系统的输送距离较远，且供料装置转动部件少，磨损轻微，噪声较小，系统工程自动化程度高，操作控制方便。

21-38　正压浓相气力输灰系统的组成及其工作原理是什么？

答：正压浓相气力输灰系统又称输灰器系统或发送器系统。该系统的关键部件是圆顶阀，输灰器的进出口和输灰管道的切换无均采用此阀。系统灰斗的排灰由料位计控制，料位计一般安装于灰斗底部或输灰器上，所以在系统运行时灰斗基本是空的，即所谓"空料位运行"，故采用本系统时，除尘器灰斗上一般不需设置气装置。但灰斗保温一定要稳定可靠，防止灰在灰斗内结块，影响顺利排出。该系统是在除尘器的每个灰斗下设置一台输灰器，一般以 4～8 台输灰器为一组，工作是以组为单位轮流排灰，其输送浓度可达灰气比 30kg/kg 以上，输送初速度 2～7m/s。其机理是灰在管道内呈柱塞状（一段灰柱、一段空气）输送，即脉动栓流流态。

21-39　双套管除灰系统的特点是什么？

答：该系统的基本原理是沿着输送管道前进的运载气体保持连续湍流，在整个输送过程中阻止物料和空气分离。它的基本组成部件是内部带有旁路管的输送管，在内旁路上根据输送物料的物理性质，每隔一定间距开孔，空气可以从开孔处流入。该系统输送速度相对较低，物料的块团在湍流系统中开始形成，那么输送管中这部分积聚的气体将进入内部的旁路管内，在下一个开孔处，这些空气又将带着强烈的扰动进入输送管中，在输送管中，这些空气将击散已形成的物料块团，这样，在输送管道中就会消除堵管现象了。

21-40　负压气力除灰系统的关键设备及其作用和组成是什么？

答：负压气力除灰系统的关键部件是物料输送阀。它的作用是将集灰斗的排灰和输送空气按一定比例混合均匀并稳定后输入输灰管，既能开闭进灰口，又能使负压区与大气连通和隔离。该阀主要由带阀气缸、气缸安装板、进风调节阀、方头堵塞、尾盖、入口阀体、阀体、闸板、阀出口管、填料座、填料盖等组成。

21-41　在负压气力输灰系统中如何避免真空泵或罗茨风机受到飞灰磨损？

答：抽真空的设备现在大型电厂中以采用水环真空泵或罗茨风机居多。这种设备效率较高，系统经济性较好。但为了达到环境保护排放标准以及保护水环真空泵、罗茨风机等机械设备免受飞灰的磨损，在这些设备之前需装设收尘装置，一般须设 2～3 级收尘装置，其中 1～2 级为旋风式收尘器，最后一级为滤袋式收尘器。收尘器下必须设锁气装置，以保持系统的负压。

21-42　气力除灰系统中灰库的作用是什么？

答：设置在气力除灰系统终端的灰库具有收集和集中、缓冲帮储存、排放干灰等功能。

21-43　除灰系统中泵的分类有哪几种？

答：根据除灰系统泵的工作原理及其结构不同，大致可分为三大类。

（1）叶轮式又称叶片式。一般在除灰系统中常见的为离心泵。

（2）定排式又称容积式。在火力发电厂燃煤机组的除尘、除灰系统中，常见的有柱塞式泥浆泵、活塞式泥浆泵。

（3）其他类型泵凡是无法归入前两大类的泵都归入这一类中，如喷射泵。

在燃煤电厂的除灰系统中，主要采用离心泵、轴流泵、柱塞泵和喷射泵。

21-44　水力除灰系统由哪几部分组成？

答：水力除灰系统由厂内、厂外两部分组成。厂内部分主要由排灰排渣设施、输送设备以及管道（沟）等组成；厂外部分主要由长距离输灰（渣）管道、储灰场以及灰场灰水回收设施等组成，距离过远时还包括中继灰渣浆泵房等。

水力除灰系统按其所输送的灰渣不同，又分为灰渣混除和灰渣分除两种方式。

21-45 高浓度水力除灰系统主要由哪些设备组成？

答：高浓度混除系统的主要设备有灰渣泵、振动筛、浓缩池、磨渣机、灰水回收设备等。

21-46 高浓度水力除灰系统的特点是什么？

答：高浓度输送是火电厂节水节能、减少污染的重要途径，现以广泛采用。水力除灰系统要实现高浓度输送，必须先制取高浓度灰浆。混除系统通常采用浓缩池的方法制取高浓度灰浆。

21-47 水力除灰管道结垢的原因是什么？

答：水力除灰系统中最常见的一大难题就是输灰管道结垢。煤粉燃烧后产生的游离状态的氧化钙与水经多种反应后生成的 $CaCO_3$ 是灰管中灰垢的主要成分。水力除灰系统中影响灰管结垢的因素很多，除了与燃料特性有关外，一般还与锅炉燃烧型式、冲灰水的成分、灰水比和运行工况等多种因素有关。一般灰水的 pH 值在 9 以上或灰管内灰水的流速低于 2m/s 时，便有可能引起结垢。

21-48 水力除灰管道结垢后，常用的除垢方法有哪些？

答：除灰管道内的结垢物达到一定厚度，因通流面积减小过多，会影响除灰系统正常运行，所以，必须对除灰系统进行除垢，通常采用的除垢方法有以下几种：

（1）酸洗管道。在酸洗管道时，盐酸浓度一般控制为 4%～6%，同时还要配比一定量的环六甲基四胺或若丁等抑制剂，以防止盐酸对管道内壁形成腐蚀。

（2）人工敲打。人工敲打是在管道外壁上用力敲击，从而把灰管内的垢层击碎脱落下来，这一方法仅限于在钢管上进行。敲击前必须将管道从法兰处拆开，无法兰的管路可以每隔 6～10m 把管道割开。

（3）机械钻凿。此方法是将拆下的管段放在卧式钻架上进行钻凿。这种方法的缺点是需将管道集中处理，管道运输量较大，承插式管道脱开时接口容易损坏。

（4）炉烟清洗。该方法是在灰管停用时，将炉烟通入其中，达到清除内部 $CaCO_3$ 垢物的目的。其工作原理是利用炉烟中的 CO_2 和 H_2O 混合，把已结晶形成的 $CaCO_3$ 灰垢，还原为能够溶于水的 $CaHCO_3$，并随着水排出来。

要想彻底改变除灰管结垢问题，应改变除灰输灰方式，如选用气力除灰输灰方式，则不仅可杜绝除灰管结垢，还有利于灰渣综合利用。

21-49　启动电除尘器前有哪些检查项目？

答：（1）所有工作票应全部办理完终结手续。

（2）用 2500V/绝缘电阻表检查电场及高压供电系统绝缘电阻，其值应大于 1000MΩ。

（3）用 1000V 绝缘电阻表检查低压系统的绝缘电阻，其值应大于 300MΩ。

（4）本体电阻不大于 4Ω。

（5）所有过道清洁，无杂物，照明齐全、良好。

（6）所有设备标志清楚，无误。各处保温层完好，人孔门严密。

（7）高压隔离刀闸在"接地"位置，刀闸柜门锁完好。

（8）整流变压器油位正常，油质良好，无渗漏现象，干燥剂颜色正常。

（9）整流变压器二次侧瓷瓶无裂纹，表面清洁。

（10）检查配电盘电源开关、刀闸在"断"的位置。配电盘上各控制柜电源开关、刀闸在"断"的位置。各熔断器齐全，接触良好，无损坏，接线紧固，绝缘皮无损坏。

（11）集散控制系统接线正确，设备处于良好备用状态。

（12）各高压控制柜表记指示在零位，控制器开关在"断开"位置，柜内所有熔断器齐全，接触良好，无损坏，所有接线紧固，绝缘皮无损坏。

（13）各搅拌桶（箱式冲灰器）无渗漏现象。各来水门完好，无渗漏现象。

（14）卸灰系统、振打系统投入运行且无异常情况。

（15）低压控制柜上各开关均在"停止"位置；柜内所有保险齐全，风扇完好，所有接线紧固，绝缘皮无破损。

（16）所有仪表、电源开关、保护装置、调节装置、温度巡测装置、报警信号、指示灯齐全、完好。

（17）灰斗闸板全部开启，料位计指示正常，除灰系统设备投入运行且无异常情况。

21-50 锅炉点火前对电除尘器低压系统的投入运行有哪些具体要求?

答:(1) 锅炉点火前 12~24h,投运高压绝缘子室、顶部大梁及电晕极瓷转轴箱等加热装置和温度巡测装置,控制加热温度高于烟气温度 20~30℃。

(2) 锅炉点火前 12~24h,投运灰斗加热系统。

(3) 锅炉点火前 2h,启动电晕极、集尘极的振打装置,确认转动方向正确,工作情况良好。采用连续振打方式。

(4) 锅炉点火前 2h 投运卸灰机和除灰系统,并确认系统设备工作情况良好。

(5) 随着锅炉机组启动点火,随时注意观察在低烟温情况下的灰斗下灰及料位指示,确保卸灰、输灰系统正常运行,并及时调整冲灰水,满足冲灰要求。

(6) 锅炉点火时直至电场投运,电除尘器的槽形极板振打应投入连续振打,待电场正常投运后再改为周期振打。

(7) 检查人孔门及各法兰结合面等处的严密情况,发现漏风及时消除。

(8) 电场正常投运后,卸灰、振打、绝缘子室加热装置等均切换为自动控制系统。

21-51 电除尘器高压系统启动操作的基本要求及步骤有哪些?

答:(1) 在锅炉点火后期燃烧稳定,锅炉负荷达到额定负荷的 70% 或者排烟温度达到 110℃时,依次分别投入第一、二、三、四电场。

(2) 电除尘器的启动操作应按照设备说明书进行。基本步骤如下:

1) 合上高压控制柜空气开关,将转换开关置于"手动降压"位置,然后送上控制电源。

2) 按照工况选择合适的控制方式以及电压的上升率和下降率。

3) 将电流极限调至较小值。

4) 按启动按钮,将转换开关切换至"手动升压"位置,观察电场电压、电流的上升过程,上升正常后,将转换开关切换至"自动"位置,并逐步开放"电流极限"。

5) 当环境温度高于 25℃或晶闸管元件发热严重时应开启晶闸管冷却风扇。

6) 操作完毕,应对电除尘器高、低压电气设备巡回检查一次。

21-52 运行中的电除尘器巡回检查路线是什么?

答:集散控制系统—高压控制柜—低压控制柜—配电设备—卸灰系统—

振打系统—本体设备—整流变压器—高压隔离刀闸。

21-53　电除尘器巡回检查内容与标准是什么？

答：（1）配电设备。

1）各刀闸接触良好，无过热现象。

2）接线紧固，无过热现象。

3）配电盘内、外清洁，无灰尘。

4）柜门门锁无损坏。

5）母线电压正常。

6）配电盘内无异声、异味。

（2）卸灰系统。

1）减速机油位不低于油标的 1/2。

2）电动机、减速机、各轴承温度不超过说明书规定值。

3）卸灰系统各部分设备振动值不超过说明书规定值。

4）下灰系统畅通，无堵灰现象。

（3）振打系统。

1）减速机油位不低于油标的 1/2。

2）电动机、减速机、各轴承温度不超过说明书规定值。

3）振打系统各部分设备振动值不超过说明书规定值。

4）振打轴保险销无断裂。

（4）本体设备。

1）各人孔门严密，无漏风现象。

2）保温层无损坏。

3）卸灰系统各部分设备振动值不超过说明书规定值。

4）楼梯、过道、平台、护栏、照明完好无损。

（5）整流变压器。

1）整流变内部无异声。

2）整流变温温升不超过说明书规定值。

3）整流变无漏油现象。

（6）高压隔离刀闸。

1）触头接触良好，无过热现象。

2）接线紧固，无过热现象。

3）瓷瓶表面清洁，无裂纹。

4）阻尼电阻完好。

5）高压隔离刀闸柜内无放电现象。

6）高压隔离刀闸柜柜门门锁无损坏。

21-54　停止电除尘器运行的操作步骤有哪些？

答：当锅炉负荷降至投油助燃时，应退出电除尘器高压控制柜运行。

（1）电场停运应从末级电场开始逐个停运各电场。

（2）将转换开关置于"手动"位置，缓慢将电场电压、电流降至零，断开高压控制柜操作电源开关。

（3）将高压控制柜空气开关置于"断"位置。

（4）如果设备改为检修状态，应拉开电源刀闸，挂好标示牌。

（5）将高压隔离开关置于"接地"位置，挂好标示牌。

（6）进入电除尘器内部工作，必须在停炉 8h 后，且振打系统已停运，引风机挡板已关闭后方可打开人孔门。打开人孔门后必须用接地线将电除尘器阴极线接地，履行完必要的安全手续后，工作人员方可进入电场内部。

（7）待灰斗内无积灰时，停止阴、阳极振打系统、卸灰系统及除灰系统运行。

21-55　遇有哪些情况时应紧急停止电除尘器的运行？

答：遇有下列情况之一时应立即停止电除尘器系统运行：

（1）威胁人身安全。

（2）锅炉投油运行或炉膛爆管时。

（3）电除尘器内部有爆燃声。

（4）整流变保护装置失灵。

（5）整流变内部有异声。

（6）整流变漏油严重。

（7）烟道内飞灰可燃物增多。

21-56　电除尘器高压回路接地的现象及原因有哪些？

答：（1）现象：一次电压很低，一次电流较大，二次电压接近零，二次电流很大。

（2）原因：

1）高压隔离刀闸接地。

2）高压电缆击穿或终端接头绝缘损坏、击穿造成对地短路。

21-57　电除尘器电场短路的现象及原因有哪些？

答：（1）现象：一次电压很低，一次电流较大，二次电压接近零，二次电流很大。

（2）原因：

1）高压隔离刀闸接地。

2）高压电缆击穿或终端接头绝缘损坏、击穿造成对地短路。

3）电场灰斗严重积灰造成电晕极与集尘极间短路。

4）电晕极线断线，造成短路。

5）电晕极振打装置转动瓷轴损坏或瓷轴箱内严重积灰造成对地短路。

6）电场顶部阻尼电阻脱落而接地。

7）异极间有金属异物造成短路。

8）高压绝缘子损坏或石英套管内壁结露造成对地短路。

9）卸灰机故障，灰斗满灰造成两极间短路。

21-58　电除尘器高压回路开路的现象及原因有哪些？

答：（1）现象：一次电压较低，一次电流接近为零，二次电压很高，二次电流为零。

（2）原因：

1）高压隔离刀闸不到位。

2）阻尼电阻烧断。

3）整流变压器出口限流电阻烧断。

21-59　电除尘器发生电晕封闭时的现象及原因有哪些？

答：（1）现象：一次电压正常，一次电流较低，二次电压稍低，二次电流明显降低。

（2）原因：

1）电晕极振打周期过长，造成极线积灰严重，产生电晕封闭。

2）电晕极振打力不够。

3）电晕极振打装置故障。

4）电场入口烟尘浓度过高。

5）粉尘比电阻过大，产生反电晕（二次电流过大或过低）。

21-60　电除尘器高压控制系统晶闸管回路不对称运行时的现象及原因有哪些？

答：（1）现象：一次电压偏低，一次电流偏低，二次电压偏低，二次电流偏低均有闪落，硅整流变压器伴随有异声，随电流增大"哼声"加大，油温升高。

（2）原因：

1）晶闸管触发脉冲回路不对称。

2）晶闸管一旦断路，造成偏励磁运行。

3）若变压器油温不高，则是电压调整器调整不良。

21-61 电除尘器电场发生不完全短路时的现象及原因有哪些？

答：（1）现象：一次电流正常，一次电压正常，二次电流偏大并且不稳定振动，二次电压较低并且电场有闪络。

（2）原因：

1）电晕极断线，但尚未造成断路。

2）极间距变小。

3）电场内极板间有杂物。

4）高压隔离刀闸的绝缘子爬电。

5）电晕极顶部绝缘子室加热装置故障而受潮。

6）电晕极振打磁轴箱人孔门不严漏风或加热装置故障而受潮。

7）高压电缆有漏电，绝缘低。

21-62 电除尘器高压硅整流变压器发生短路时的现象及原因有哪些？

答：（1）现象：一次电压偏低，一次电流很大，二次电流较小，高压硅堆整流变压器油温升高。

（2）原因：

1）高压硅堆整流变压器内高压硅堆击穿。

2）高压硅堆整流变压器高压线圈局部短路。

21-63 电除尘器高压控制柜开关重合闸失败的现象及原因有哪些？

答：（1）现象：控制柜内开关跳闸或合闸后又跳闸。

（2）原因：

1）场内有异物，造成两极短路。

2）电晕极断线或部件脱落，造成两极短路。

3）料位计失灵，卸灰机故障灰斗满灰，造成电晕极对地短路。

4）电晕极顶部绝缘子积灰，沿面放电，甚至击穿。

5）电晕极顶部绝缘子室加热装置故障或保温不良，造成绝缘子表面结露、绝缘低，引起闪络。

6）欠电压、过电流或过电压保护误动。

21-64 电除尘器电场闪络过于频繁，除尘效率降低的原因有哪些？

答：（1）现象：电场闪络过于频繁，出尘效率降低。

（2）原因：

1）隔离刀闸、高压电缆、阻尼电阻、支持绝缘子等处放电。

2）控制柜火花率没调整好。

3）前电场的振打时间周期不合适。

4）电场内有异物放电点。

5）烟气工况波动大。

21-65 烟囱排尘浓度突然增大并变黑或变白，高压控制柜一、二次电压降低，一、二次电流增大的原因有哪些？

答：（1）现象：烟囱排尘浓度突然增大并突然变黑或突然变白，一、二次电压降低，而一、二次电流增大。

（2）原因：

1）锅炉灭火或燃烧不正常。

2）锅本体承压部件泄漏，烟气中含大量水蒸气，严重时高压整流变压器过电流掉闸。

21-66 振打电动机及其传动装置运行正常，但振打轴不转的原因有哪些？

答：（1）现象：振打电动机及其传动装置运行正常，但振打轴不转。

（2）原因：

1）电场内振打锤卡，保险片断。

2）电晕极振打的电瓷轴断。

3）保险片（销）本身损坏。

4）传动链条本身损坏。

21-67 振打程控器报警，指示灯灭或部分振打电动机停运的原因有哪些？

答：（1）现象：振打程控器警报响，指示灯灭，部分振打电动机停止。

（2）原因：

1）振打程控器工作电源保险熔断。

2）振打电动机主回路保险熔断或热偶继电器动作。

21-68 振打减速机振动大，声音异常，油湿较高的原因有哪些？

答：（1）地脚螺栓或端盖螺栓松动。

（2）严重漏油甚至造成针轮等磨损或损坏。

（3）电动机或减速机轴承损坏。

21-69　电袋复合式除尘器运行前的准备工作有哪些?

答：（1）对除尘器内部进行全面检查，在前级电场内部和布袋除尘器滤袋之间不得有任何杂物粘挂，尤其检查电场两极之间是否有短路隐患。

（2）检查前级电场所有绝缘件表面是否清洁、结露或损坏，如不清洁或结露用无水酒精去污或用干棉布擦拭干净，有破损则及时更换。

（3）接地装置及其他安全设施必须安全可靠；检查阴阳极振打器各转点、电动机、减速机是否转动灵活及其润滑情况；检查灰斗卸料机构是否运转正常，这些机构必须运转正常。

（4）卸灰机构和输灰机构（输灰系统）必须正常运行。

（5）要求场地清理干净，道路畅通，各操作巡查平台、走道扶手完整、照明充足，各转动机构外面有护罩或挡板，所有进入高压电场的检修人孔等均应有明显的安全标志，电气安全连锁要完好，控制室应有有效的降温、防尘及防火措施。

（6）滤袋安装前必须具备预涂灰条件，系统风机、烟道能启动、畅通。

（7）滤袋安装后，应对滤袋和壳体、滤袋和分隔板之间的底部进行检查，不得搭碰。

（8）检查完除尘器本体后关闭并锁紧所有的人孔门。

（9）压缩空气系统工作必须正常，清灰系统各开关位置正确，压力表、压差计显示正常。

（10）检查清灰系统的气路密封性，必须无泄漏，检查脉冲阀动作情况，必须动作灵活。

（11）如有旁路烟道，其旁路阀密封良好，并处于关闭状态。

（12）在点炉或系统开机前 4h，投入保温箱加热，避免绝缘件因结露而爬电。

（13）在点炉或系统开机前 4h，投入灰斗加热，以防止出现灰斗结露或灰受潮引起搭桥或堵灰现象。

（14）新滤袋在第一次投运前，或锅炉停炉冷却后开机前，必须按照技术要求对滤袋进行预涂灰保护。预涂灰必须在确定主机点炉的当天完成。当滤袋预涂灰后主机又出现一时无法点火时，必须开启清灰系统，把滤袋灰层清除，在下次主机开机前再涂灰，这样可以防止滤袋表面灰层受潮糊袋。

（15）对循环流化床锅炉，由于燃油助燃时间较长，为防止滤袋受油烟影响，需准备好在此过程中喷灰的灰罐车等设备。

21-70　电袋复合式除尘器启动操作步骤有哪些？

答：（1）锅炉点火前 12～24h 前，投入高压绝缘子室、顶部大梁及电晕极瓷轴转箱等加热装置和温度检测装置，观察加热情况应正常，电加热使绝缘子室温度高于露点温度 20～30℃。

（2）锅炉点火前 12～24h 前，投入灰斗加热装置系统。对于蒸汽加热系统在加热系统投入前应充分对系统疏水。

（3）旁路阀处于打开状态，提升阀全部处于关闭位置。

（4）在点炉或系统开机的同时投入各排灰、振打装置，开启相应的出灰系统。

（5）锅炉停止投油助燃升温，进入正常燃煤运行后开启清灰系统。

（6）稳定运行后根据工况调整设定电场的二次电压、电流，通过设定后可以转换为自动运行。

（7）根据烟气工况和运行的二次电压、电流情况，调整阴阳极振打周期时间。

（8）根据压差情况设定布袋除尘器的脉冲清灰周期。

21-71　电袋复合式除尘器停运操作步骤有哪些？

答：（1）为防止人身和设备事故，不能在设备运行状态下转换电场的高压开关或直接拉闸。

（2）整流变压器与控制柜之间的电流和电压反馈连接线必须使用金属屏蔽线，以防干扰。

（3）高压设备运行时不得进入高压隔离室和除尘器本体。

（4）在开始预涂灰、锅炉喷油助燃点火期间到锅炉升到正常炉温燃煤之前，禁止运行布袋除尘的清灰系统，以防止涂灰层剥落，失去防低温结露的保护作用。

（5）当锅炉喷油助燃点火时间过程超过 2h，应连续小量预涂灰。

（6）保证滤袋压差在允许范围尽量延长清灰周期。

（7）预热器后和进口喇叭等处的测温温度计要在故障（或磨损）后及时更换，以保证喷水降温系统的正常运行。

21-72　电袋复合式除尘器运行中的调整原则是什么？

答：针对设备出的异常情况，采取一些特殊调整手段，是一种有效的解决办法，这些情况有：

（1）当运行条件恶化引起电气设备过热，如高位布置整流变压器在酷热天气下运行而发热严重、阻尼电阻过热、晶闸管冷却风扇故障使元件发热严重时，为了保持电场投运，可适当降低运行参数（一般通过调节电流极限来限流）运行。如前级电场出灰能力下降，也可通过降低该电场的运行参数适当将灰量转移到后级。

（2）振打控制方式的调整，当电极普遍积灰严重时，可适当增加振打频率，缩短振打间隔；反之，则可适当加大振打间隔。

（3）袋区滤袋压差长时上升到 1200Pa 时缩短清灰周期时间，以压差下降到正常为宜。

（4）排灰方式采用按高灰位自动排灰过程中当灰位信号失灵时，可改为连续排灰，也可根据电场运行情况，利用编程控制器来模拟自动排灰方式运行，使灰斗仍能保持一定灰封。

21-73　电袋复合式除尘器运行调整的主要项目及标准是什么？

答：（1）严格按除尘器的操作顺序启停设备。

（2）严格监视前级电场运行的二次电压电流情况，以低火花率和稳定的二次电压、电流的运行状态为依据调整运行参数，并保持前级电场不掉电。

（3）根据除尘器进口烟气工况调整阴阳极振打周期时间，当进口烟气浓度大、二次电压高、二次电流低时，适当缩短振打周期时间；反之，则延长。

（4）严格按电袋复合式除尘器参数控制运行。

1）滤袋压差：400～600Pa。

2）除尘器进出口压差：900～1200Pa。

（5）严格按以下要求优先选择清灰方式：

1）在线清灰：为优选方式。

2）离线清灰：只有在烟气粉尘出现异常粘糊时，且滤袋阻力大于正常范围时选用。

3）定时清灰：为优选方式。

4）定时与定压清灰结合使用。

（6）严格按以下范围设定清灰参数：

1）脉冲压力：0.2～0.25MPa，调整时从低往高。

2）脉冲宽度：0.15s（不随意调整）。

3）提升阀气缸工作压力：0.25MPa。

4）脉冲周期：45min 以上。

（7）严格按以下要求设定旁路烟道的工作温度点：

1）当烟气温度≤180℃是为正常状态，旁路烟道关闭，保护气路开通。

2）当烟气温度>180℃时，烟温将对滤袋造成危害，控制系统打开旁路阀，关闭袋区提升阀。此时烟气将直接排到除尘器出口。

3）当烟气温度恢复到≤160℃以下时，控制系统打开袋区提升阀，关闭旁路阀。此时烟气进入除尘器为正常状态。

（8）严格监视除尘器各点的烟气温度、差压、压力情况，每30min记录一次，当温度出现非正常情况及时与值长或锅炉中控联络。

（9）电厂对电袋得合式除尘器和锅炉燃烧工艺在管理上必须紧密配合，与中控制订明确保护滤袋的规程和职责，尤其系统启停及故障时一定要事先或及时通知除尘控制值班员。

21-74　电袋复合式除尘器发生糊袋的原因有哪些？

答：烟气温度大、温度低引起结露，导致粉尘与滤袋的黏性大，清灰失效。

21-75　正压气力输灰系统启动前的检查、启动步骤、停止步骤、运行中的维护主要有哪些内容？

答：（1）气锁阀启动前的检查：

1）设备外部完整，内部无杂物，无泄漏。

2）油杯、减速箱润滑油充足、转动灵活。

3）安全网罩完好。

（2）仓泵启动前的检查：

1）仓泵缸体完好，内部无杂物，缸内阀门及人孔门盖紧。

2）各阀门完好，动作到位、灵活，无异常情况。

3）各吹堵阀在关闭位置，吹堵总门开启。

4）控制气源阀门在开启位置，压力合适。

5）控制盘上的进料阀、透气阀、进气阀开关在关闭位置。

6）校验各部件间连锁关系正确。

（3）仓泵手动启动。

1）控制盘送电。

2）开关打至手动，启动空气压缩机。

3）空气压缩机压力达到规定值时，检查吹堵管无泄漏、堵塞。切换阀门，对输灰管进行吹扫1min，畅通后，再对仓泵空吹两次，每次应超过 1min。

4）开启进料阀、透气阀、气锁阀，投入连锁。

5）开启除灰闸板门，检查下灰及落灰情况。

6）当料位指示发出信号后，开启另一仓进行装灰。当输灰空气压力上升至规定值时，开启进气阀进行输灰。此时应注意进气管压力、输送管压力及压差变化，防止堵管。

7）待压力下降到一定值时，表示该仓粉尘已吹扫完毕，可关闭进气阀，停止输灰。

8）然后开启进料，透气阀重新装灰。延时一段时间可开启另一仓的进气阀输灰。

9）两仓依照上述情况依次出灰可连续除灰。

（4）运行中的维护：

1）检查各设备，应无异声，无异常振动、漏灰现象。

2）减速器油质良好、油位正常。

3）电动机运行电流、温度正常。

4）控制气源管路无漏气现象，控制盘上声光信号正确。

5）经常检查各阀门、各压力表、料位计的显示情况，定期排放气水分离器内余水，确保空气品质。

6）严格监视压力表，防止堵塞。

7）仓泵运行结束必须吹完余灰。

8）定期对空气压缩机排污、加油。

（5）仓泵的停止。

1）启动水力除灰设备，开启水力除灰闸门。

2）解除连锁，待存粉排完，可关闭各进料、进气阀，仓泵停止装灰。

3）将仓泵存灰吹空后，切换系统阀门，对输灰管吹扫，确认管路畅通后，关闭进气阀。

4）空气压缩机停止运行，泄压、放水。

5）断开控制盘电源。

21-76　负压气力输灰系统启动前的检查、启动步骤、停止步骤、运行中的维护主要有哪些内容？

答：（1）投运前的检查。

1）确认电除尘器灰斗出口闸阀开启，水力除灰电动三通阀关闭，法兰严密不漏风。

2）开启灰斗气化装置手动阀，开启气锁阀气化装置手动门。

3）开启负压气源手动门，确认气源压力在规定值内，各管道无漏气现象。

4）确认负压风机入口挡板阀在关闭位置，出口手动门开启，检查油位、油质合格，电动机绝缘良好；接地线紧固，盘车灵活。

5）检查布袋除尘器的电动机绝缘、接地线、防护罩良好。

6）开启通往灰库气化箱的手动门，灰库人孔门应关好并严密不漏。

7）检查程序控制器电源、设备操作电源正常，模拟盘显示正常。输灰开关、物料输送阀位置正确。其他热工、电气信号正确。

8）电动三通打至气力输灰位置。

9）检查预投设备均已投入运行，各压力均已达到规定值。

（2）系统的运行。

1）将系统投入程控运行。

2）手动控制系统运行：

a. 把控制盘上"自动/手动"开关置于手动位置，挡板阀开关置于手动位置，连锁开关置于"断开"位置。

b. 打开负压风机入口挡板阀，按下"程序启动"按钮，旋风除尘器、布袋除尘器程序运行。

c. 开启一个支管的分离滑阀，选择一个系统运行，启动负压风机。

d. 监视真空记录仪，当达到一定值后，开启该支路上的一个物料输送阀当真空值达到规定的关闭值时，关闭该物料输送阀。重复这一个过程，输送该支路中每个灰斗的灰。

e. 每一个灰斗输完灰，物料输送阀关闭后，维持 1～2min 的清管时间，再开启下一个物料输送阀。

f. 最后一个灰斗输灰完毕，关闭该物料输送阀，清管 1～2min，开启真空破坏阀，停运负压风机。此时不应立即切断脉冲气源和一、二级收尘器程序，应保留一段时间进行脉冲振打，清除余灰。

（3）运行中的检查。

1）物料输送阀补气阀声音正常，无漏灰现象，阀门开关灵活无卡涩。

2）分离滑阀开关灵活无卡涩。

3）管道尾端单向止回阀声音正常，无漏灰现象。

4）管路真空表显示值在规定范围内。

5）鼓风机压力表、温度表指示正常。

6）除尘脉冲电磁阀动作正常，程序控制阀门无卡涩。

7）负压风机油位、油质、油压、温度、进出口温度差正常，转速不超过规定值，转向正确无异声。

21-77　正压气力除灰系统运行中的注意事项有哪些？

答：（1）严格按照系统运行规程和管理制度的要求进行运行操作，认真监视输灰压力和曲线，并对曲线进行分析。不断摸索规律，总结和积累经验。

（2）每班应认真做好运行和检修的书面记录，特别是在运行参数有异常或故障时，做好交接班工作。

（3）每班应对系统设备进行认真巡检，检查各手动阀门的开度，对有要求的参数或异常工况应列入书面记录；对需要定时加注润滑油的，要及时检查；对易损件应作重点检查。需每班或定期检查的设备、项目或部位，应在运行规程中予以明确。

（4）对运行中出现的故障和泄漏要及时处理，特别是高磨琢性的粉尘在窄小的泄漏部位流动，极易很快地磨出一个又深又大的口子来，造成修复困难，影响输送时间，甚至不得不更换设备。

（5）及时对系统和设备的运行工况进行总结，结合对故障的分析处理，不断积累经验，对系统、设备进行改进、完善和提高。

（6）保持合理的备品配件数量，以便在设备故障时能及时更换。

（7）对设备和系统的改进和完善应遵循"越简单越可靠"的原则，因为减少了多余的环节就是减少了故障点。

21-78　灰浆泵启动前的检查、启动步骤、运行中的检查、停止步骤及要求有哪些？

答：（1）启动前的检查。

1）泵体设备完整，盘车灵活无卡涩。

2）轴承润滑油质良好，轴承组件装得适当。

3）轴封水投运，水压正常。灰浆池或回水池内无异物，液位正常。

4）泵入口门开启，入口管道畅通。入口放水门放水畅通后，应关闭。

5）灰浆泵出口门关闭，出口管畅通。

6）在投运前，所有表计指示为零，仪表完整良好。

7）泵与电动机底座地脚螺栓完整牢固，电动机接地线牢固、接地可靠。

（2）启动。

1）检查工作做完后，合上电动机电源开关，注意电流表指示，启动电流应符合允许值。

2）若启动电流过大，则必须停止启动，查明原因。在未经处理的情况下不得再次启动，以免烧毁电动机。

3）水泵转数正常后，应注意离心泵出入口压力指示、电流指示。正常情况下，打开出口门，并调整出口水量（一般用调节阀），使泵投入正常运行状态。

4）离心泵出口门关闭时，离心泵运转时间不应过长，否则会使泵内液体温度升高，产生汽化，致使水泵机件因汽蚀或高温而损坏。

（3）运行中的维护。

1）定时记录泵的出、入口压力和电动机电流值，轴承温度计的指示值，并分析变化情况，发现异常及时处理。

2）定时对电动机及机械部分的振动、声音、密封、轴封水压、轴承的油质和油位进行检查，如有异常情况及时处理。

3）备用设备应定期切换运行。调整入口水量，使水泵不致吸入空气产生振动。

（4）停止。

1）离心泵在停运前应先关闭其出口门，然后停泵。其目的是避免水泵倒转，水轮脱落减少振动。

2）停泵前应用清水将泵的出入口管路冲洗干净。

3）停泵后，关闭轴封水及冷却水，并将水泵内存水放掉。

21-79 搅拌器启动前的检查、启动步骤、运行中的检查、停止步骤及要求有哪些？

答：（1）启动前的检查。

1）搅拌桶启动前基础应完整牢固。电动机地脚螺栓紧固，叶轮牢固。

2）轴承润滑油质良好。盘车灵活、无卡涩，皮带松紧度适当。

3）启动搅拌桶前应关闭底部事故放水门，上部清水门开启向搅拌桶内注水，待桶内水位高于叶轮后方可启动搅拌电动机。

（2）搅拌器的启动。

1）检查完毕确认搅拌器具备运行条件后，合上搅拌电动机操作开关，将搅拌器投入运行。

2）若启动后皮带摆动大应立即停止搅拌器运行，通知检修人员调整间距，使皮带张紧力适当。

（3）搅拌器运行中的维护。

1）定时检查搅拌桶电动机及机械部分，轴承温升正常。

2）叶轮转动力足够大，轴承内部无异常声响。

3）溢流管畅通，清水来水量与下灰量匹配，灰浆浓度正常，搅拌桶内无积灰。

（4）搅拌器的停止。

1）停止搅拌器时，应先停止卸灰机运行，将下灰管内的灰全部排尽。

2）停止搅拌电动机运行，开启事故放水门将桶内灰浆放完，最后关闭清水门。

21-80　浓缩机（池）启动前的检查、启动步骤、运行中的检查、停止步骤及要求有哪些？

答：（1）浓缩机（池）启动前的检查。

1）投运前检查分配槽、渡槽、溢流槽畅通无杂物。

2）耙架底部与浓缩机（池）底保持一定间隙。浓缩池四周轨道及齿条上无杂物。

3）传动箱内油位正常，油质良好，减速机、电动机等固定螺栓无松动。

4）启动浓缩机空转一周，观察运行是否平稳，有无打滑现象。传动箱声音正常。

（2）浓缩机（池）的启动。

1）完成检查工作确认无异常后，合上操作开关，电流表指针应能迅速回落至工作电流。各转动部件转动平稳均匀，无异常声响。

2）传动齿轮与齿条啮合正常，浓缩机（池）转动一周后，方可向浓缩池加灰浆，投入系统运行。

（3）浓缩机（池）运行中的检查与维护。

1）经常注意监视运行电动机电流表指示变化。发现电流变化较大时，应及时检查浓缩机各部运转情况，消除异常情况。

2）查减速箱，电动机的转动平稳，振动不能超过规定值，无异常声音及摩擦现象。

3）边齿轮、齿条啮合良好无偏斜，辊轮与轨道接触平稳。浓缩池入口滤网干净、无堵、不溢流。

4）减速箱油温正常，变速箱油位正常，油质良好。滚动轴承温度不超过80℃，

5）电动机温升不超过65℃。

（4）浓缩机（池）的停运。浓缩池停止进浆后，浓缩机继续运行一段时间，期间用反冲洗水对其冲洗，待流出清水后方可停止备用。

21-81　柱塞泵启动前的检查、启动步骤、运行中的检查、停止步骤及要求有哪些?

答:(1)启动前的检查。

1)检查操作盘上柱塞泵、注水泵的电动机电流表指示为零,光字盘指示灯齐全,操作开关、连锁开关、启动和停止按钮完整好用。

2)注水泵的主附件完整齐全,连接良好,各地脚螺栓紧固,启动前盘车灵活,泵无卡涩。油窗清晰,减速箱内油质合格,油位正常。

3)柱塞泵及电动机外形完整。泵的出入口门开关灵活,出口管上压力表完整,指示正确。减速箱内油位正常,油质良好。手压皮带预紧力适当。手拉皮带盘车,以一人或两人能盘动为正常。出入口门和注水泵出口管路上的阀门应处于相应的开启(或关闭)位置。

(2)柱塞泵的启动。

1)首先应启动注水泵。合上注水泵开关,投入连锁。调整注水泵再循环门,保证注水泵工作压力高于柱塞泵工作压力 0.3~0.5MPa。

2)检查柱塞泵出口放水门有水流出后,关闭放水门,合上柱塞泵电源开关,投入运行。全面检查轴承及润滑部分的润滑及振动情况。各部运行正常后,缓慢关闭出口再循环门,升压至工作压力(有些系统无再循环装置)。

(3)柱塞泵运行中的维护。

1)经常检查各转动机械润滑情况及温度变化情况,发现温度不正常时,查明原因并进行处理。

2)检查机组振动情况,保证泵体振动不超过 1mm,传动轴窜轴不超过2~4mm。

3)油位保持正常,柱塞密封严密不漏灰水。定期向柱塞表面涂刷二硫化铝。

4)运行中柱塞泵出口压力不能超过铭牌压力 0.5~1.0MPa。如果超压,应改打清水,直至恢复正常。

5)出口压力低于正常工作压力的 0.5MPa 时,应改打清水 30min 后停泵,检查压力下降的原因。

6)注水泵传动箱油位低于油窗的油位线时,应及时加油。当注水泵泄漏或声音不正常时,应停泵处理。注水泵排出压力不得超过额定压力的 1.15 倍。

(4)柱塞泵的停运。柱塞泵系统停运前,灰浆泵、浓缩池应提前停止进浆,柱塞泵应打清水 20min,方可停止运行柱塞泵、注水泵。停止运行后,启动高压冲洗泵冲洗输灰管路,并将柱塞泵的出入口水放尽。

21-82 箱式冲灰器启动前的检查、启动步骤、运行中的检查、停止步骤及要求有哪些?

答:(1)箱式冲灰器启动前的检查。

1)箱式冲灰器外壳完整,无泄漏点。

2)管路、阀门完整、无损坏。

3)排灰沟道畅通。

(2)箱式冲灰器的启动。

1)启动冲灰水泵。

2)开启箱式冲灰器冲灰水门。

(3)箱式冲灰器运行中的检查与维护。

1)检查各灰斗的落灰管应无堵灰,冲灰器内无杂物。

2)冲灰器槽内旋流正常,水封适当。

3)运行中排灰畅通正常,无漏风。

(4)箱式冲灰器的停运。

1)待电除尘器灰斗内积灰卸尽后,停止卸灰机运行。

2)箱式冲灰器内无灰浆后,关闭冲灰水门。

21-83 运行中的柱塞泵突然跳闸的原因、现象及处理方法是什么?

答:(1)柱塞泵的跳闸原因。

1)电气故障或电源中断;

2)机械部分损坏造成卡死;

3)操作不当;

4)操作回路继电器误动作。

(2)柱塞泵跳闸后的现象。

1)电流回零、红灯熄灭、绿灯亮、事故警报响;

2)泵停止运行,出口压力表指示降低。

(3)柱塞泵跳闸后的处理方法。

1)立即将操作开关置于"断开"位置;

2)启动备用泵运行;

3)停泵后将阀门关闭,防止漏灰造成堵塞;

4)报告上级,通知检查跳闸原因,并做好记录;

5)电源短时间内不能恢复,无备用泵时,通知灰浆泵停止进浆;

6)故障消除后,按正常启动步骤恢复运行,开下浆门后的冲洗门,打清水 20min 后输送灰浆。

21-84　运行中的柱塞泵传动箱内有异声的原因及处理方法是什么？

答：（1）柱塞泵传动箱内有异声的原因：

1）润滑油位低或润滑不良；

2）十字头销松动或配合间隙过大；

3）偏心轮轴承压板螺栓松动；

4）齿轮啮合不好或损坏；

5）偏心轮两端轴承压盖螺母松动。

（2）柱塞泵传动箱内有异声的处理方法为：

1）油位低时应加油，油质不好换油；

2）有松动部位应停泵处理；

3）如有异常损坏应停泵处理，紧急情况下按事故按钮。

21-85　电除尘器运行中的调整内容及原则有哪些？

答：电除尘器投运后，经热态调试制订的在各种工况条件下的合理运行工作方式基础上，根据锅炉实际运行的煤种、锅炉的负荷、燃烧情况及灰中可燃物、粉尘情况等来调整。包括控制柜的工作方式、火花频率、供电参数、卸灰机输灰机等的转速（或出力）、冲灰水压与水量等的调整，以适应锅炉运行工况下使电除尘器保持经济高效运行。因而运行人员的认真调整是电除尘高效运行的关键。除锅炉燃用煤种或粉尘特性与设计有明显变化时，需由专业技术人员进行控制方式的相应变动外，其他运行工况中不宜任意改变控制方式。

21-86　当锅炉负荷高、粉尘量大和锅炉负荷低、粉尘量较少的情况下应如何调节电除尘器的运行工况？

答：在锅炉负荷高，煤质较差粉尘量大的情况下，目前采用的高压供电装置的控制性能均能自动跟踪运行工况，此时可适当提高火花闪络频率，保持高的供电参数，根据料位计指示和下灰情况保持高的卸灰输灰出力（转速），保持较高的冲灰水压和水量。

在锅炉负荷低、煤质较好、粉尘量较少情况下，可降低火花闪络频率甚至小火花或无火花的控制方式运行。在保证电除尘器出口排放浓度（或烟囱出口的烟气透明度）情况下，对多电场电除尘器，在保证首、末电场正常投入，为节电可停运第二或第三（对四电场电除尘器）电场，或者各电场投运而适当降低供电参数。在锅炉升降负荷过程中，及时根据锅炉负荷、料位指示、下灰情况进行相应调整。

21-87 当电除尘器双侧振打一侧故障时应如保调整电除尘器的运行工况?

答:当电除尘器双侧振打系统的一侧故障时,为避免电除尘器收尘极或电晕极积灰过厚,可考虑将非故障侧振打装置调整为连续振打方式,并尽快排除故障,恢复振打系统的正常运行工况。

21-88 当电除尘器电场中 CO 浓度过高时应如何调整电除尘器的运行工况?

答:当电场中的 CO 浓度过高(1%<CO<2%)时,为确保安全,可通过降低运行电压,避免出现火花闪落,引燃易爆气体。

21-89 当灰斗高料位自动排灰信号失灵时应如保调整电除尘器的运行工况?

答:高料位自动排灰在信号失灵时,可采用连续排灰,或利用可编程控制器模拟自动排灰情况,使灰斗仍能保持一定灰位。

21-90 电除尘器试验的主要目的是什么?

答:(1)电除尘器的烟尘排放量或除尘效率是否符合环保要求。

(2)查明现有电除尘器存在的问题,为消除缺陷、改进设备提供科学依据。

(3)对新建的电除尘器考核验收,了解掌握其性能,制订合理的运行方式,使电除尘器高效、稳定、安全地运行。

21-91 电除尘器的主要试验项目有哪些?

答:电除尘器的主要试验项目有气流分布均匀性试验、振打性能试验、U-I 特性试验、电除尘器漏风试验、电除尘器阻力试验、粉尘理化特性试验、烟气流量及有关参数的测定。

21-92 影响电除尘器效率的主要因素有哪些?

答:(1)烟气及粉尘性质。烟气性质主要取决于燃煤成分、锅炉燃烧方式、制粉系统形式及其操作有关。粉尘性质主要取决于粉尘的化学成分、物理结构、理化特性,包括比电阻、粉尘浓度、粒径分布及形状、密度、摩擦角、黏附力等。

(2)除尘器的结构特点。结构特点主要指电场长度及电场串联数、电极结构形式、电场集尘面积、极间距、供电方式、振打清灰方式、电气控制特性、气流分布情况以及辅助设施的可靠程度等。

（3）操作因素。如锅炉有关运行参数、飞灰可燃物、电场的 U-I 特性、振打效果、漏风率与二次飞扬等。

21-93 电除尘器气流分布均匀性试验的要求有哪些？

答：在锅炉吸风机安装试运行结束，具备正式投运条件下，才能进行本项试验。由于冷态与正常运行的烟温条件不同（正常运行烟温一般为 130～170℃），因而冷态气流分布均匀性试验时，吸风机入口挡板开度约为 50%～60%。一般情况下，只测试首级电场入口气流分布均匀性，测试结果至少达到 $\sigma<0.25$ 才符合设计要求。否则应由设计及安装单位进行调整处理，包括修改导流板位置或角度、改变气流分布板开孔率、消除涡流区或局部短路区等。改动工作量大时，改动后仍需重新复测，直至达到要求。

21-94 电除尘器振打性能试验的要求有哪些？

答：在常规情况下，由制造厂提供在该厂内试验塔上所测阳极板排和电晕线的小框架的振打加速度分布测试结果。为了校核安装质量，每个电场应抽测 2～3 个阳极板排和电晕极小框架的振打加速度分布值，与制造厂提供数值比较，误差超出 ±（10%～20%）时，应由制造厂与安装单位协商分析原因进行处理。测试孔一般应在安装就位前，由安装单位按测试单位要求预先准备好。

21-95 电除尘器电场 U-I 特性试验的目的是什么？

答：为了鉴定电场安装质量和高压供电装置性能与控制特性及其安装接线，进行冷态伏安特性试验。把试验测试结果数据绘制成各电场的伏安特性曲线，作为安装后交接的冷态试验值，同时作为今后大小修或处理故障后的参考依据。

21-96 电除尘器电场 U-I 特性试验的操作步骤及要求有哪些？

答：（1）逐一启动各电场的高压硅整流变压器供电装置，手动升压到机组额定二次电压值或二次电流值，若没有达到额定值或设计规定值，电场就发生闪络时，应立即停止高压硅整流变压器组，分析是控制部分问题还是电场内问题。如果属于控制部分问题，由电源配套厂负责处理；若属于电场内问题经检查又难以发现造成闪络的故障地点时，可采取可靠的安全措施后进入电场，查找电场内是否有焊条头、金属丝、石棉绳等异物，是否有电晕极大小框架局部放电现象。为查找异物，经采取特殊安全措施后，检查人员可站在第一电场气流分布板间，对故障电场重新升压，观看局部放电位置，以便停电后清理异物或处理局部放电问题。

（2）对各电场的高压供电装置及其控制部分进行过电流、欠电压等保护试验，应符合设计要求，否则应由电源制造厂调试人员进行调试或处理，同时应校核电除尘器人孔门与高压供电装置的安全闭锁（人孔门打开，高压供电装置应不能启动）。

（3）逐一启动高压供电硅整流变压器进行伏安特性试验。首先观察起晕电压，然后用手动升压［二次电压自 20、25、30、35、40、45、50、55、60、65.70、（75）kV］，逐点记录一、二次电压，一、二次电流，晶闸管导通角。然后手动降压，反向同样逐点记录，复合各点上升与下降时的数值，应基本一致。通常，在达到机组额定二次电压或电流前，应不出现明显闪络现象。若冷态试验时机组容量不足，而运行中参数能接近额定值，可将另一台同参数型号的整流变压器组并列供该电场进行试验。

21-97　电除尘器漏风试验的目的是什么？

答：电除尘器本体在保温前进行严密性试验合格后，待所有设备全部装复，本体及出、入口烟道的人孔门均已封闭条件下，启动吸风机，对电除尘器本体，入、出口烟道，灰斗及卸、输、除灰系统在额定风压下进行全面严密性检查，对各法兰结合面或焊缝有漏风之处及时消除。

21-98　电除尘器阻力试验的目的是什么？

答：在吸风机运行额定风量条件下测试电除尘器的本体阻力，初步验证冷态的阻力是否符合设计值。

21-99　电袋复合式除尘器布袋阻力上升很快的原因及处理办法有哪些？

答：（1）布袋阻力上升很快的原因是：前级电除尘的除法效率下降，进入后级布袋除尘的粉尘浓度加大。

（2）处理办法：

1）前级电除法器的运行状况差或发生故障，调整电场的二次电压、电流、缩短振打周期。

2）前级电除尘器故障一时无法排除，适量缩短清灰脉冲间隔。

21-100　电袋复合式除尘器气包压力报警的原因及处理方法有哪些？

答：（1）气包压力报警的原因：压力不在正常工况范围内。

（2）处理办法：

1）调整压缩空气气源压力。

2）气路出现泄漏点，密封泄漏点。

3）检查减压阀活塞，清理异物堵塞。

21-101　除尘器灰斗内出现异物的原因及处理方法有哪些?

答：无论是采用静电除尘器还是采用烟气布袋除尘器，其灰斗内有时会出现一些异物，如材料类（槽钢、角钢、圆钢、铁块等）、工具类（扳手、螺钉旋具、钳子等）、灰块类（干灰在除尘灰斗内壁凝结成块后脱落等）。这些异物堵塞了除尘器灰斗出口，影响了除尘器灰斗正常卸灰。它们如果落到发送设备内，轻则停留在发送设备内或输送管道内，重则有可能破坏设备，都将影响输送系统正常运行。

除尘器灰斗内出现异物的处理方法：

（1）加强对除尘设备（特别是灰斗部分）的安装验收工作，达到安装验收标准。在除尘器检修后必须进行认真检查，要清除容易脱落的构件和检修临时使用的构件。

（2）除尘器灰斗应配置加热、保温措施。每次检修后必须认真清除灰斗内壁上的结灰。

21-102　气力输灰系统发送设备装料超时或装料不到位有什么处理方法?

答：无论是发送设备装料超时还是发送设备内装料不到位，都会影响气力输送系统出力，严重时会出现静电除尘器灰斗高料位而影响除尘器正常运行。发生此故障时的处理方法为：

（1）用铁锤打击发送设备，判断发送设备内的装料程度。

（2）检查发送设备与静电除尘器灰斗连通管道是否被堵塞，发送设备排气阀（气动平衡阀）是否被磨坏。

（3）检查除尘器灰斗卸灰是否畅通，测定同电场灰斗卸灰量是否均匀。

（4）检查料位计是否故障。

（5）根据发电负荷、锅炉燃烧煤质计算锅炉排灰量，重新核定装料时间。

21-103　气力输灰系统输送超时的危害及发生原因有哪些?

答：间断式气力输送系统输送管道从开泵压力起到关泵压力止，这段时间为干灰在输送管道内的输送时间。在输送过程中，当输送时间超过预先设定值时，被视为输送超时。连续式气力输送系统不存在输送超时的问题。

输送超时有两部分组成，即发送设备内气灰混合物输出超时和输送管道在输送过程中超时，前者出现几率大于后者。输送超时影响输送系统出力，严重时会影响到锅炉正常运行。由于影响输送超时的因素很多，难以全面列举，下面介绍常见的几种原因：

（1）发送设备内输出干灰质量和数量达不到要求。

（2）气力输送系统的发送设备内气灰混合物输出时间都是通过计算确定的，因此要首先认真检查计算结果是否有误。

（3）发送设备内气灰混合物被输送到输送管道内，主要是利用发送设备内压力与输送管道内的压力差，因此必须保持输送管道内压力小于发送设备内压力。

（4）从发送设备内被输送到输送管道内的干灰流动性能差，如干灰已吸潮、颗粒粗。

21-104 气力系统输灰不畅的原因、现象及处理方法有哪些？

答： 灰粒较粗、灰温较低、气量不足等是造成输灰不畅的主要原因，表现为输灰压力高（0.30～0.42MPa），而且此压力持续不降或输灰曲线过长、拖尾巴。处理时应停止本次自动运行方式输灰，进行手动运行方式输灰一次，如果是拖尾巴也可让另一单元进行输灰。必要时应调整各手动阀门开度或更换大孔径节流孔板，加大输灰气量。输灰正常后应及时恢复成原来的阀门开度和设计节流孔板。

21-105 气力输灰管道泄漏的原因及处理方法有哪些？

答：（1）管线泄漏原因有：气灰混合物流速快、粉尘粒径大导致磨损增大，阀门内的两相流通道和管道的弯头是局部磨损较严重的部位，末端管道没有采用耐磨管材，管道伸缩使法兰垫片拉裂等。

（2）处理方法是：保持可靠的密封，粉尘具有较高的磨蚀性，特别是在SiO_2的含量较高，且灰气两相流高速流动时，会引起很大的磨损。应选取适当的拐弯半径，控制适宜的流速。停止输灰后对管道进行补焊加固和更换法兰垫片。

21-106 水力除灰管道结垢的原因及处理方法有哪些？

答： 灰管结垢是水力除灰系统经常遇到的问题。水力除灰管道在输送含氧化钙较高的灰渣时，灰渣中的氧化钙与冲灰水中的碳酸氢钙发生化学反应，生成碳酸钙，在管道内壁上聚积结成坚硬的灰垢。由于管道内垢层的不断增加，将逐渐缩小除灰管道的有效通流面积，造成管道阻力增大，输送能力下降和厂用电增大，并且灰渣泵的磨损和检修工作量也将增加，严重时造成灰管堵塞，影响电厂的正常运行。

通常采用的除垢方法有以下几种：

（1）人工敲打。人工敲打是在管道的外壁上用力敲击，从而把灰管内的垢层击碎脱落下来。这一方法仅限于在钢管上进行，而铸铁管或混凝土压力管都无法直接在管道的外壁上敲击。

（2）机械钻凿。当灰管的垢层较硬或无法用人工敲击时，可将拆下的管段放在卧式钻架上进行钻凿，以达到除去垢物的目的。这种方法的缺点是需要将管道集中处理，往返运输的工作量较大，承插式管道脱开时接口容易损坏。

（3）酸洗管道。用盐酸溶液清除除灰管道内的灰垢是一种比较有效的方法，因为盐酸对碳酸钙有较强的溶解能力，所以除垢的速度也较快。

（4）炉烟清洗。炉烟清洗是指在结垢的灰管停有时，用通入炉烟的方法来清除内部的碳酸钙垢物。其工作原理是利用炉烟中的二氧化碳和水混合，把已结晶成为坚硬的且不能溶于水的碳酸钙灰垢还原为能够溶于水的碳酸氢钙，并随着水排出来。

第二十二章 脱 硫 系 统

22-1 目前较成熟的烟气脱硫技术有几类，其特点是什么？

答：目前，投入使用的成熟的烟气脱硫技术有湿法、干法和半干法，其中湿式钙法（石灰石—石膏）是目前世界上技术最成熟、实用业绩最多、运行状态最稳定的脱硫工艺。

湿式工艺的缺点是需要充分考虑防腐问题，设备投资较大、运行费用较高，对占地面积和用水量相对较大，宜用于大中型电厂或燃煤硫分高的小型电厂；干法、半干法的优点是投资小占地面积相对较少，但脱硫效率一般低于湿法，对小型电厂和或燃煤硫分较低的中型电厂较为适合。

22-2 按照烟气脱硫工艺在生产中所处的部位可划分为几类？

答：按照脱硫工艺在生产中所处的部位不同可分为燃烧前脱硫（如原煤洗选脱硫）、燃烧脱硫（如洁净煤燃烧和炉内喷钙）、燃烧后脱硫（即烟气脱硫，如石灰石—石膏湿法、海水脱硫、电子束脱硫等），其中燃烧后的烟气脱硫是目前世界上控制二氧化硫污染所用的主要手段。

22-3 石灰石—石膏湿法脱硫的工艺流程是什么？

答：石灰石—石膏湿法脱硫工艺采用石灰石作为脱硫剂，石灰石经破碎磨细成粉状与水混合搅拌制成吸收剂浆，在吸收塔内与烟气接触混合，烟气中的二氧化硫与浆液中的碳酸钙以及鼓入的氧化空气进行化学反应，最终生成石膏。脱硫后的烟气经除雾器除去带出的细小液滴，经加热器（如有）加热升温后排入烟囱，脱硫石膏浆经脱水装置脱水后回收。

22-4 石灰石—石膏湿法脱硫工艺对吸收剂的要求是什么？

答：通常，石灰石—石膏湿法脱硫工艺对吸收剂的要求为 $CaCO_3$ 含量＞90%；细度要求：250 目 90%通过酸不溶物≤1%、铁铝氧化物≤1%。

22-5 喷雾干燥法脱硫的工艺流程是什么？

答：喷雾干燥法脱硫工艺是以石灰为脱硫吸收剂，石灰经消化并加水制成消石灰乳，消石灰乳经由泵打入塔内的雾化装置，在吸收收塔内，被雾化成细小液滴的吸收剂与烟气混合接触，与烟气中的二氧化硫发生化学反应，最终生成 $CaSO_3 \cdot 1/2H_2O$ 和 $CaSO_4 \cdot 2H_2O$ 混合物，从而使烟气中的二氧化硫被脱除。与此同时，吸收剂带入的水分迅速被蒸发而干燥，烟气温度随之降低。脱硫反应产物及未被利用的吸收剂以干燥的颗粒形式随烟气带出吸收塔，进入除尘器被收集下来，脱硫后的烟气经除尘大放大气。为了提高脱硫吸收剂的利用率，一般将部分脱硫灰加入制浆系统进行再循环利用。

喷雾干燥法脱硫工艺有两种不同的雾化形式可选择：一种是旋转喷雾轮雾化，另一种是气液两相流雾化。

22-6 炉内喷钙加尾部增活化器脱硫的工艺流程是什么？

答：炉内喷钙加尾部增活化器脱硫的工艺是在炉内喷钙脱硫工艺的基础上在锅炉尾部增设了增湿段，以提高脱硫效率。该工艺多以石灰石粉为吸收剂，石灰石粉由气力喷入炉膛 850～1150℃温度区，石灰石受热分解为氧化钙和二氧化碳，氧化钙和烟气中的二氧化硫反应生成亚硫酸钙。由于反应在气固两相之间进行，受到传质过程的影响，反应速度较慢，吸收剂利用率较低，在尾部增湿活化反应器内，增湿水以雾状喷入，与未反应的氧化钙接触生成氢氧化钙，而与烟气中的二氧化硫反应，当钙硫比控制在 2.5 及以上时，系统脱硫率可达到 65%～80%。由于增湿水的加入，烟气温度下降，一般控制出口烟气温度高于露点温度 10～15℃，增湿水由于烟温加热被迅速蒸发，未反应的吸收剂、反应产物呈干燥状态随烟气排出，被除尘器收集下来。

22-7 循环流化床锅炉脱硫的工艺流程是什么？

答：循环流化床锅炉是一种炉内燃烧脱硫工艺，以石灰石为脱硫剂，燃烧煤和石灰石自锅炉燃烧室下部送入，一次风从布风板下送入，二次风从燃烧室中部送入，石灰石受热分解为氧化钙和二氧化碳气流使燃料、石灰石颗粒在燃烧室内强烈扰动形成流化床，燃煤烟气中的 SO_2 与石灰石接触发生化学反应而被脱除。为了提高吸收剂的利用率，将未反应的氧化钙、脱硫产物及飞灰送回燃烧室参与循环利用，钙硫比在 2 左右时，脱硫率可达90%以上，由于燃烧温度控制在850℃左右，循环流化床锅炉还可有效地控制氮氧化物的生成。

22-8 海水脱硫工艺的原理是什么？

答：海水脱硫工艺是利用海水的镁盐 $Mg(OH)_2$ 达到脱除烟气中的 SO_2 的目的一种脱硫方法。在脱硫吸收塔内，大量海水喷淋洗涤进入吸收塔内的烟气，烟气中的 SO_2 被海水吸收除去，净化后的烟气经除雾器除雾、经烟气加热器（如有）加热后排放，吸收 SO_2 后海水经曝气池曝气处理，使其中的 SO_3^{2-} 被氧化成稳定的 SO_4^{2-} 后排入大海。

22-9 电子束照射烟气脱硫工艺的原理及流程是什么？

答：电子束照射烟气脱硫工艺是从锅炉引风机出口引出烟气，进入冷却塔降温、去尘后，进入反应器脱硫。在反应器中，喷入软化水吸收反应产生的热量，同时喷入氨气。在反应器中，反应物被电子加速产生的高能电子速辐照，发生脱硫脱硝反应，反应器出口烟气温度约为 $60℃$，随后经电除尘器将脱硫副产品与烟气分离，脱硫后的烟气经脱硫增压风机送入烟囱排放。

22-10 石灰石—石膏湿法烟气脱硫岛的主要设备有哪些？

答：脱硫岛的主要设备一般有挡板门、增压风机、烟气换热器（GGH）、吸收塔、循环泵、氧化风机、石膏脱水机、吸收塔排出泵、艺水泵等。脱硫岛同时配置电气、热控制备、暖通、消防及火灾报警等辅助系统的设备。

22-11 石灰石—石膏湿法脱硫工艺由哪些系统组成？

答：石灰石—石膏湿法脱硫工艺由烟气系统、吸收塔系统、石灰石浆液制备系统、石膏脱水系统、工艺水系统、排放系统、压缩空气系统、电气系统、脱硫岛热工系统组成。

22-12 石灰石—石膏湿法脱硫工艺系统分散控制系统（DCS）由哪些子系统构成？

答：石灰石—石膏湿法脱硫工艺 DCS 系统可划分为如下几个子系统：

（1）烟气和 SO_2 吸收部分。烟气系统、增压风机系统、烟气再热系统（GGH）、吸收塔氧化除雾系统、吸收塔循环排出系统、氧化空气系统。

（2）石灰石浆液系统。石灰石浆液制备部分、石膏脱水部分、石膏一级脱水系统、石膏二级脱水系统。

（3）公用系统。工艺水系统、压缩空气系统、事故浆液系统。

22-13 石灰石—石膏湿法脱硫工艺系统分散控制系统（DCS）的功能有哪些？

答：分散控制系统的功能包括脱硫数据采集和处理系统（DAS）、模拟量控制系统（MCS）、顺序控制系统（SCS）。

22-14 脱硫系统启动前的检查有哪些内容？

答：在脱硫系统启动前应组织专门人员全面检查脱硫系统各部分，确保系统内无人工作，各设备启动条件满足。检查内容包括：

（1）各辅机的油位正常；

（2）烟道的严密性（尤其是膨胀节、人孔门等）；

（3）挡板和阀门的开关位置准确，反馈正确；

（4）仪表及控制设备校验完毕、动作可靠，热工信号正确；

（5）报警装置投入使用；

（6）脱硫系统范围内干净整洁；

（7）电源供给可靠；

（8）所需化学药品数量足够；

（9）消防等各项安全措施合格。

对烟道及吸收塔内部检查时要确保烟气不会进入，各烟气挡板不进行操作。对各种罐体内部进行检查要确保内部含氧量足够。检查完毕需关好人孔门。

22-15 启动脱硫系统的顺序及步骤是什么？

答：启动脱硫系统前，首先检查确认各箱罐已经注水完毕，各液位满足启动要求；石灰石浆液制备系统制浆完毕；各公用系统处于备用状态。启动脱硫系统的公用设备，然后按步骤启动脱硫各系统。

（1）启动公用系统。

1）压缩空气系统启动。检查确认压缩空气储存罐的压力达到0.75MPa，开启供气阀对各用气点供气。

2）工艺水系统启动。首先对设备系统进行就地检查，接通设备的机械密封水，设备检查完毕后进行设备启动。选择一台泵为运行泵，另一台为备用泵。

a. 投入工艺水箱液位自动控制；

b. 启动工艺冲洗水泵顺控启动程序。

3）石灰石浆液制备系统启动。启动滤液水泵，顺序启动磨煤机低压油泵、高压油泵、磨煤机电动机、启动称重式皮带给料机，磨煤机进料，同时调整磨煤机入口及出口的水量，投入相应的仪表，根据磨煤机浆液循环箱的液位及密度，将浆液打至石灰石浆液箱。

启动石灰石浆液箱搅拌器，投入要启动泵出口的密度测量系统。对泵进行就地检查，接通泵的机械密封水，设备检查完毕后进行设备启动。选择一台泵为运行泵，另一台为备用泵。顺控启动石灰石浆液泵，检查泵出口压力应达到 0.3MPa，将石灰石浆液高水平入吸收塔。

4）脱硫系统挡板密封系统启动。按要求检查脱硫系统挡板密封风机，选择一台运行，一台为备用，启动脱硫系统挡板密封风机，投入密封空气加热系统。

5）吸收塔排水坑的启用。按要求检查吸收塔排水坑搅拌器及排水坑泵，按要求设置手动阀使吸收塔排水坑内液体能够送往对应的吸收塔。

投入吸收塔排水坑的液位控制系统，将吸收塔排水坑搅拌器和排水坑泵设为自动，由排水坑液位自动控制搅拌器和排水坑泵的启动和停止。

6）烟气在线监测系统的投运。投入脱硫系统入口的烟气在线监测系统。

（2）脱硫装置正常启动。当锅炉运行稳定，未投油，电除尘器已投运，电除尘器出口的烟气含尘浓度低于 $200mg/m^3$（标准状态），脱硫系统进口烟气温度高于 90℃但低于 160℃，脱硫系统装置可投入运行。

按照以下的启动步骤分别对脱硫系统设备进行启动，待掌握并熟悉后可按程序控制进行。

1）GGH 系统启动。按照 GGH 系统启动要求对 GGH 系统检查，接通 GGH 冷却水。在 GGH 系统启动条件满足后，启动 GGH 系统顺控启动程序，检查 GGH 系统运行正常。

2）吸收塔搅拌器启动。按照搅拌器启动要求对搅拌器进行检查。在搅拌器启动条件满足后，按顺序启动吸收塔搅拌器，检查搅拌器运行正常。

3）氧化风机启动。按照氧化风机启动要求对氧化风机进行检查，接通氧化风机冷却水。在氧化风机启动条件满足后，启动一台氧化风机顺控启动程序。设备启动完毕后，检查设备运行情况，对于未启动的氧化风机设为备用。

4）吸收塔除雾器冲洗总程序顺控启动。将除雾器冲水控制设置在自动位置，打开除雾器冲洗水电动阀，在启动条件满足后启动除雾冲洗总程序执行自动冲洗和吸收塔液位闭环控制。

5）吸收塔石膏排出泵启动。按照石膏排出泵启动要求对石膏排出泵进行检查，接通石膏排出泵的机械密封水。将一台石膏排出泵设为运行泵，另一台设为备用泵，在启动条件满足后，启动一台石膏排出泵顺控启动程序。设备启动完毕后，检查设备运行情况。

6）石灰石浆液排出系统投运。二氧化硫的脱除率是由吸收塔中新鲜的石灰石浆液的加入量决定的。而加入吸收塔的新制备石灰石浆液量的大小将取决于预计的二氧化硫脱除率、锅炉负荷及吸收塔浆液的 pH 值。在石灰石浆液排出系统投运条件满足后，投入石灰石浆液排出系统顺控启动程序。将脱硫系统的二氧化硫脱除率设置在95%。当石灰石浆液调节阀的开度在4h内无变化时，应定期全开一下进行冲洗，以防止阀门黏结。

7）吸收塔循环泵启动。按照循环泵启动要求检查循环泵，接通循环泵的机械密封水和齿轮箱冷却水。在循环泵启动条件满足后，先启动两台吸收塔循环泵顺控启动程序；脱硫系统启动完毕后根据机组负荷情况及脱硫效率启动其他循环泵。设备启动完毕后，检查设备运行情况。

8）脱硫装置烟气系统启动。当脱硫系统通烟气的条件满足后，执行脱硫装置烟气系统的顺控启动程序。

a. 打开净烟气出口电动挡板；

b. 启动增压风机顺控程序；

c. 打开原烟气挡板；

d. 待增压风机进口导叶开度达到30%开度后，开始关闭旁路电动挡板；

e. 继续调节增压风机进口导叶开度，保持增压风机进口烟气压力在高定值附近。

在初次启动时，增压风机的导向叶片的调节宜采用人工调节，待导向叶片的控制特性掌握后，可投入自动。

9）石膏脱水系统的启动。石膏脱水系统的运行取决于浆液浓度控制系统，当石膏浆液密度不到设定值时，石膏脱水系统处于热态备用状态，泵和搅拌器均受到各自液位控制系统的控制；当石膏浆液密度达到设定值时，石膏真空皮带脱水机进行启动，浆液浓度控制系统满足启动条件后，带动整个石膏脱水系统进行入运行状态。

a. 真空皮带脱水机的启动。当真空皮带脱水机的启动条件满足后，由浆液浓度控制系统自动启动真空皮带脱水机的顺控启动程序。

b. 石膏浆液箱系统的启动。投入石膏浆液箱的液位控制系统，将搅拌器设为自动，根据液位自动控制运行。在满足石膏浆液泵的启动条件后，由人工启动，然后将石膏浆液泵设为自动。

22-16 脱硫系统运行中总的注意事项有哪些？

答：（1）运行人员必须时该注意设备运行中的状况以预防设备故障，注意各运行参数并与设计值比较，发现偏差及时查明原因。要做好数据的记录以积累经验。

（2）脱硫系统内的备用设备必须保证其处于备用状态，运行设备故障后能够正常启动备用设备。

（3）浆液传输设备停用后必须进行清洗。

（4）运行期间的各项记录需完备。

（5）运行中要保证吸收塔水位、pH 值和浆液浓度的正常。通过调整冲洗水的时间，保持吸收塔水位在正常范围内。通过调整石灰石浆液供给量使吸收塔浆液的 pH 值应保持在 5.8～6.0 范围内。通过对水力旋流器的调整，保持浆液中含固率约为 10%～15%左右，相应的密度为 1060～1085kg/m³，最大不能超过 1110kg/m³。

1）要保证石膏旋流器进口压力在 0.2MPa 左右，脱水后的浆液浓度约 1500～1600kg/m³。

2）石灰石浆液的浓度保持在 1250kg/m³ 左右。

22-17 脱硫设施运行中各系统设备的检查、维护内容及要求有哪些？

答：（1）脱硫系统的清洁。运行中应保持系统清洁，对管道的泄漏、固体的沉积、管道结垢及管道污染等现象及时检查，发现后应进行清洁。

（2）转动设备的润滑。旋转设备不允许在无润滑油的情况下启动，每次润滑油换过后一定要检查是否被充满，定期检查液位，运行期间视镜需充到一半。注意设备的压力、振动、噪声、温度及严密性。

必须保证所有电动机、风机和压缩机等的冷却空气没有补木屑、纸以及薄金属等堵塞，以免设备过热。

（3）转动设备的冷却。

1）对电动机、风机、空气压缩机等设备的空冷状况经常检查以防过热。

2）对采用水冷的氧化风机等设备应确保冷却水的流量。

3）对泵的机械密封水应检查防止发生断流。

（4）所有泵和风机的电动机、轴承温度的检查。应经常检查以防超温。假如手能够在轴承上停留几秒钟，轴承温度大约为 60℃，这是正常的。电动机的正常温度和高温的差别也是人工检查。

（5）泵的机械密封。机械密封在运行期间一般不需要任何维护。如果出现问题，整个机械密封都需要更换。

（6）罐体、管道。检查管线法兰、箱罐和人孔门泄漏问题。在输送介质出现泄漏的情况下，用肉眼进行检查，拧紧法兰或人孔门，或更换垫片。

（7）搅拌器。所有搅拌器叶轮应在启动搅拌器之前完全浸入浆液中。如果不完全浸入，叶轮的叶片可能在液面上或高出液面运行。因而，在叶片遇到液面时，就要遭受较大的机械力。这就会损坏叶轮或导致轴承的过磨损。

（8）离心泵。不允许在抽取箱罐中液位过低、吸入阀门关闭或部分开启的情况下运行水泵。如果长时间发生这种情况，会引起气蚀，从而损坏叶轮和外壳，另外还可能损坏轴封。

（9）泵的循环回路。大多数输送浆液的泵在连续运行时形成一个回路，浆液流动速度应按下列两个条件选择：

1）流动速度应足够高以防止固体沉积于管底；

2）流动速度应足够小以防止橡胶衬里或管道壁的过度磨损。

根据经验，最主要的是要防止固体沉积于底，发生沉积时可从下列两个现象得到反映：

a. 在相同泵的出口压下，浆液流量随时间而减小；

b. 在相同的浆液流量下，泵的出口压力随时间而增加。

（10）单线输送管道。有些输送系统是通过单线输送管道间歇运行的。这些系统提供自动水冲洗系统，便在间歇运行结束时冲掉浆液，这可以防止管道沉积。假如不是发生了堵塞，冲洗速率要提高。

（11）GGH。该设备热交换元件易受到石膏浆滴和酸性凝结水的污染。如果出现这种情况，应增加进行清洁的次数。

清洁可用工艺水进行清洁，也可用压缩空气及高压水在线冲洗。

假如GGH压降高出正常高压降的30%，GGH一定要进行冲洗。

（12）烟气系统。脱硫系统的入口烟道和旁路烟道可能严重结灰，这取决于电除尘器的运行情况。一般的结灰不影响脱硫系统的正常运行，当在挡板的运动部件上发生严重结灰时对挡板的正常开关有影响，因此应当定期（如2～3个星期）开送这些挡板以除灰，当脱硫系统和锅炉停运时，要检查这些挡板并清量积灰。

（13）增压风机。干灰在增压风机内沉积的可能性不大，转子叶片转角可以调整，飞灰沉积不大可能阻止正确的转角调整。在锅炉长时间停止或脱硫系统长时间关闭时，仍然需要检查增压风机。

及时检查分析增压风机的轴承温度和振动读数。

（14）吸收塔。除了侧面进口的搅拌器，吸收塔内的部件大部分是静止的。这些内部件在正常运行中的问题不好预测。特殊情况下，吸收塔运行可以在一台搅拌器退出运行情况下继续运行。另外，如果是维护工作需要，可以在一台循环泵运行的情况下继续运行吸收塔，但是，这会使得二氧化硫出口浓度增加。

除雾器易于被石膏颗粒所堵塞。通过在锅炉某一负荷下这些除雾器出现压降变化的现象就可以看出来这种情况。如果发现了这种情况，应停止脱硫烟气系统，并按要求做好安全措施后，进入吸收塔内部，用肉眼对除雾器表面进行检查，对堵塞的区域通过人工进行清理。

（15）空气压缩机。运行时重点检查油压、油位及滤网清洁。

（16）V 型皮带驱动器。应对 V 型皮带驱动器的运转速度、声音进行检查。

（17）石膏脱水系统。如石膏旋流器积垢影响运行，则需停运石膏浆液泵清洗旋流器及管道，清洗无效时则需就地清理，干净后方可启动石膏浆液泵。

若发生皮带过滤机给料不平衡问题，需要调整给料管的位置。

（18）二氧化硫测量。需每星期对二氧化硫测仪进行校准，若数值看起来不可靠，应该缩短校准间隔。

（19）pH 值测量仪。必须由实验室每个星期进行一次核准。

（20）烟道中压力测量仪。烟道压力测量接管必须每个月进行检查清洁一次。

（21）吸收塔浆液密度仪。必须每星期检查一次。

（22）吸收塔浆液碳酸盐。必须每星期检查一次。

（23）吸收塔浆液中亚硫酸根浓度。必须每星期检查一次。

（24）化学测量及分析。

1）脱硫系统运行中的化学分析

a. 石灰石：$CaCO_3$、$MgCO_3$、惰性物质。

b. 石灰石浆液：pH 值、密度。

c. 吸收塔浆液：pH 值、密度、$CaSO_4 \cdot H_2O$、Cl 离子浓度、含固量、$CaS_3 \cdot 1/2H_2O$、$CaCO_3$ 浓度。

d. 石膏浆液：pH 值、密度、$CaSO_4 \cdot H_2O$、Cl 离子浓度、含固量、$CaS_3 \cdot 1/2H_2O$ 浓度。

2）参数控制要求：

a. 应对每车石灰石采样并进行分析；

b. 对浆液成份进行分析，以检查吸收塔内化学反应的程度和石灰石的利用率，主要化验吸收塔内浆液和石膏罐内浆液，每天分析一次；

c. 每班分析一次 pH 值和密度，每次分析 4 个取样口的浆液，包括石膏排出泵出口、石膏旋流器底流、石灰厂浆液罐和滤液箱。

22-18　分析脱硫效率低的原因及解决方法有哪些？

答：脱硫效率低的原因及解决方法见表 22-1。

表 22-1　　　　　　　　　脱硫效率低的原因及解决方法

影响因素	原因	解决方法
二氧化硫测量	二氧化硫测量不准确	校正二氧化硫测量仪
pH 值测量	pH 值测量不准确	校正 pH 测量仪
烟气	烟气流量增加	如果可以，增加一层运行喷淋层
	二氧化硫入口浓度增大	如果可以，增加一层运行喷淋层
吸收塔浆液 pH 值	pH 值过低（<5.5）	检查石灰石剂量；加大石灰石浆液给料量；检查石灰石反应性能
液气比	循环流量减小	检查运行的循环泵数量和泵的出力
吸收塔浆液氯化物浓度	氯化物浓度过高	增大废水排量
GGH	从原烟气到净烟所的泄漏	检查 GGH 的密封风机和低泄漏风机

22-19　分析吸收塔内浆液浓度增大的原因及解决方法有哪些？

　　答：若石膏浆液不能及时打出吸收塔，则塔内浆液浓度不断增大的原因及解决方法见表 22-2。

表 22-2　　　　吸收塔内浆液浓度增大的原因及解决方法

影响因素	原因	解决方法
测量不准确	石膏浆液浓度过低	检查密度测量仪器
	烟气流量过大	降低脱硫系统负荷
	二氧化硫入口浓度过高	降低脱硫系统负荷
石膏排出泵	出力不足	检查出口压力和流量，查找原因，停运行泵，切换为备用泵

续表

影响因素	原因	解决方法
石膏旋流器	运行的分离器数量太少	增加运行的旋流子数量
	入口太低	检查石膏排出泵的出口压力和流量
石膏浆液	石膏旋流器积垢	清洗石膏旋流器
		检查浓度测量仪
		检查旋流器底流的浓度
	输送能力过低	检查排出泵出口压力和流量

22-20　分析脱硫石膏质量差的原因及解决方法有哪些?

答：石膏质量差的原因及解决方法见表 22-3。

表 22-3　　　　　　　　石膏质量差的原因及解决方法

影响因素	原因	解决方法
氯化物浓度太高	冲洗水氯化物浓度增加	加长冲洗时间
	冲洗时间减少	加长冲洗时间
$CaCO_3$ 浓度过高	石灰石太多（pH 值过高）	减慢石灰石给料速度
晶体尺寸不够大	吸收塔内悬浮颗粒浓度过高	减少固体颗粒给料，以减小其浓度
杂质含量过高	烟气中飞灰浓度增大	检查锅炉除尘器的运行
	石灰石质量降低	检查石灰石的质量

22-21　分析吸收塔液位异常的原因及处理方法有哪些?

答：吸收塔液位异常的原因及处理方法见表 22-4。

表 22-4　　　　　　　　吸收塔液位异常的原因及处理方法

故障现象	可能引起的原因	处 理 方 法
吸收塔液位异常	①液位计工作不正常； ②浆液循环管泄漏； ③各冲洗阀泄漏； ④吸收塔泄漏； ⑤吸收塔液位控制模块故障	①检查并校正液位计； ②检查并修补循环管； ③检查更换阀门； ④检查吸收塔及底部排污阀； ⑤更换模块

22-22　分析 pH 计指示不准的原因及处理方法有哪些?

答: pH 计指示不准的原因及处理方法见表 22-5。

表 22-5　　　　　　pH 计指示不准的原因及处理方法

故障现象	可能引起的原因	处 理 方 法
pH 计指示不准	①pH 计电极污染、损坏、老化; ②pH 计供浆量不足; ③pH 计供浆中混入工艺水; ④pH 计变送器零点漂移; ⑤pH 计控制模块故障	①清洗、更换 pH 计电极; ②检查 pH 计连接管线是否堵塞和隔离阀、石膏排泵状态; ③检查 pH 计冲洗阀是否泄漏; ④检查调校 pH 计; ⑤检查 pH 计模块情况

22-23　分析石灰石浆液密度异常的原因及处理方法有哪些?

答: 石灰石浆液密度异常的原因及处理方法见表 22-6。

表 22-6　　　　　石灰石浆液密度异常的原因及处理方法

故障现象	可能引起的原因	处 理 方 法
石灰石浆液密度异常	①石灰石浆液密度控制不良; ②制浆滤水故障	①检查石灰石浆液密度模块; ②检查滤水管线及阀门

22-24　分析造成真空皮带脱水机系统故障的原因及处理方法有哪些?

答: 造成真空皮带脱水机系统故障的原因及处理方法见表 22-7。

表 22-7　　　　造成真空皮带脱水机系统故障的原因及处理方法

故障现象	可能引起的原因	处理方法
真空皮带脱水机系统故障	①进浆量不足; ②真空密封水流量不足; ③皮带轨迹偏移; ④真空泵故障; ⑤真空管线系统泄漏; ⑥粉尘浓度偏高; ⑦抗磨损带有破损; ⑧皮带机带速异常	①检查阀门开度, 加强进料; ②检查滤布冲洗水泵; ③检查皮带跑偏控制模块; ④检查真空泵; ⑤检查真空管线是否有异声; ⑥检查滤饼厚度控制模块; ⑦检查滤布张紧情况; ⑧检查皮带机带运行情况

22-25 GGH 设备启动前的检查、启动步骤、停运步骤有哪些内容？

答：（1）GGH 启动前的检查内容有：

1）热工信号正确。

2）烟气挡板开关灵活，指示正确。

3）所有电气开关已连接好，保护已投入。

4）GGH 内无临时踏板、钢架等散件，确保已完成所有现场焊接工作。

5）工作现场照明设备齐全，亮度充足，事故照明安全可靠。

6）楼梯、平台、栏杆完好无损，道路畅通。

7）GGH 外形完整，现场控制柜、减速装置良好，具备启动条件。

8）密封装置检查：

a. 用手推方法将转子沿转动方向旋转一周，检查有无可影响转子旋转的外来物及卡涩现象；

b. 各径向、轴向和周向密封间隙应符合厂家对安装间隙的要求；

c. 就地控制柜送电，试验手动提升、下降扇形板，电动机运行正常。

9）检查转子冷、热端无杂物。

10）检查转子装置减速箱已注油，油质合格，油位正常。油位不足应及时补充。

11）密封风机和低泄漏风机试运完毕。

12）润滑油系统检查：

a. 检查导向轴承油系统油位在油位表所规定的高度，油温在正常规范内、冷确水畅通；

b. 检查支撑轴承润滑油油箱油位在油位表所规定的高度，油温在正常规范内、冷确水畅通；

c. 油循环系统所有管接头、阀门、油泵的填料盖等易漏处密封良好；

d. 检查导向轴承、支撑轴承润滑油量应充足，油位正常；

e. 检查油循环系统冷油器冷在却水应充足、畅通；

f. 试转 GGH 支撑轴承、导向轴承、摆线减速机的油泵，要求启、停良好，转向正确，电动机温度正常。

13）GGH 高、低压冲洗水系统的检查：

a. 冲洗水管路完好；

b. 冲洗水管路上的各个阀门、仪表均可投入使用；

c. 冲洗水枪本体完好，连接管道无泄漏现象；

d. 高、低压冲洗水泵试运合格。

14）GGH 就地启动试验：

a. 将"就地/遥控开关"置于就地位置，启动支撑轴承、导向轴承及减速机油泵，启动辅电动机，转子转向正确，检查有无卡涩或异声，检查各处油温、油位及油压是否正常；

　　b. 启动 GGH 主电动机，辅电动机应能自动脱开，此时重复检查上述各项是否合格；

　　c. 手动停止 GGH，试验应正常；

　　d. 事故按钮正常。

　　15）GGH 连锁试验：将"就地/遥控并关"置于遥控位置，启动 GGH 各油泵、低泄漏风机及密封风机。

　　a. 远方操辅电动机，启、停正常；

　　b. 远方启动主电动机，辅电动机能自动脱开，主电动机跳闸能联启备用辅电动机；

　　c. GGH 报警，转子停转、电控柜失电等热工信号正常；

　　d. 远方操作各油泵风机能够联启联跳正常。

　　16）启动：入烟气之前按顺序控制的模式启动 GGH。

　　（2）GGH 的启动内容：

　　1）启动 GGH 密封风机；

　　2）启动 GGH 轴承油循环系统的电动机；

　　3）启动 GGH 主驱动装置；

　　4）启动低泄漏风机启动顺控程序。

　　（3）GGH 停机内容。

　　1）正常停机：

　　a. 停运低泄漏风机；

　　b. 启动压缩空气吹扫程序，发出"GGH 吹灰器投运信号"；

　　c. "GGH 吹灰器投运信号"消失后停运主驱动装置；

　　d. 停运 GGH 轴承油循环系统的电动机。

　　2）紧急停机：

　　a. 停运低泄漏风机；

　　b. 切除辅驱动装置连锁；

　　c. 停运主驱动装置；

　　d. 停运压缩空气吹灰。

　　22-26　GGH 设备的运行维护内容主要有哪些？

　　答：（1）检查轴承润滑油压在正常范围内，滤油器压差在正常范围内，油位正常，系统无泄漏；

（2）调节冷油器出水门维持油温在正常范围内，回油温度在正常范围内；

（3）检查 GGH 在正常运行中应无杂音，传动装置无杂音；

（4）正常运行中若发现润滑油系统的压力逐渐上升，则过滤器滤筒有堵塞现象，若差压大于正常工作范围，则切换备用滤筒，通知检修人员更换；

（5）检查密封风机和低泄漏风机运行正常；

（6）GGH 在安装完毕后，应在冷态下进行 1h 试运转，每次大修以后也应进行 1h 冷态试运。

22-27 增压风机启动前的检查、启动步骤、停运步骤有哪些内容？

答：（1）启动前的检查内容：

1）检查增压风机出口烟道已经清理干净；

2）风机及所有相应烟风管道安装完毕，热工信号正确；

3）确信所有螺栓均已拧紧而可靠，检查所有管路、法兰及其螺栓的严密性；

4）静叶叶片调节结构操作正常、指示位置正确，动作灵活，可远方操作；

5）在电动机联轴器处人工盘转风机转子，盘转必须轻便容易，检查叶轮叶片顶部与其风筒之间的径向间隙；检查叶轮与芯筒之间的轴向间隙；

6）严格检查风机内部及烟风管道，不得遗留任何工具和杂物；

7）关闭人孔门；

8）检查主轴承箱和供油箱的液位，油量不足时应加油；

9）检查联轴器、驱动电动机、供油装置和监测仪表；

10）紧急事故按钮动作正常；

11）检查风机所有的检查孔已关闭严密；

12）检查入口风箱与扩压筒之间的膨胀节移动自由并能防止风机与烟道之间的金属磨损；

13）检查入口导叶调节机构，手动操作导叶执行机构，应全部开关数次，在导叶全开全关时检查刻度盘；

14）检查脱硫系统入口挡板动作良好；

15）检查脱硫系统出口挡板动作良好；

16）增压风机及电动机冷却风机跳闸试验正常。

（2）增压风机的启动。

1）关闭原烟气进口电动挡板；

　2）启动增压风机冷却风机；

　3）关闭增压风机进口导叶；

　4）启动增压风机电动机；

　5）增压风机启动完毕后，开启原烟气进口电动挡板；

　6）释放增压风机进口导叶。

　（3）增压风机的停止。

　1）增压风机压力闭环自调切手动；

　2）关闭增压风机进口导叶；

　3）增压风机进口导叶关闭后停运增压风机电动机；

　4）切除增压风机密封风机连锁备用。

22-28　增压风机常见故障的现象、发生原因及处理方法有哪些？

　答：增压风机常见故障的现象、发生原因及处理方法见表 22-8。

表 22-8　增压风机常见的故障的现象、发生原因及处理方法

事故现象	发生的可能原因	动作
电动机启动失败	失去电源、电缆断裂	检查母线，检查电缆及其连接
超出振动范围	叶片或轮毂上有积物	清理
	联轴器缺陷	维修或更换
	轴承组中有轴承缺陷	维修或更换
	组件松动	紧固
	叶片磨损	维修或更换
	失速运行	①控制风机脱离失速区域；②检查烟道有无堵塞挡板是否打开
噪声太大	地脚螺栓松动	紧固螺栓
	缺相运行	调查原因及修复
	电动机与静止件有摩擦	检查叶片配合间隙
	失速运行	控制风机脱离失速区域，检查烟道有无堵塞挡板是否打开
叶片控制失灵	伺服电动机缺陷	检查控制和伺服电动机的功能
	调节装置缺陷	检查调节臂及调节机构

22-29　石膏脱水机启动前有哪些检查内容？

答：启动前的检查：

(1) 脱水同滤布、驱动皮带、滑道无偏斜，各支架牢固，皮带上无剩余物，皮带张紧适当；

(2) 皮带和滤布托辊转动自如无卡涩现象；

(3) 皮带主轮和尾轮完好，轮与带之间无异物；

(4) 皮带下料处石膏清理器无偏斜，下料口清理干净；

(5) 皮带进浆分配管畅通，无堵塞；

(6) 滤布冲洗水、滤饼冲洗水、滑道冷却水、真空盒密封水管路畅通，无堵塞；

(7) 真空泵、滤布冲洗水泵、滤饼冲洗水泵安装安好，管路畅通；

(8) 检查调偏电动执行机构，检查托辊的位移方向正确。

22-30　石膏脱水机常见故障的现象、发生原因及处理方法有哪些？

答：石膏脱水机常见故障的现象、发生原因及处理方法见表 22-9。

表 22-9　　石膏脱水机常见故障的现象、发生原因及处理方法

故障现象	发生的可能原因	处理方法
真空降低	①检查在滤布上有足够的浆液或石膏； ②检查皮带在运转，密封水供给正常； ③检查主输送皮带滑道平直； ④检查过滤液液正常排出； ⑤检查真空泵在正常速率和密封水供给合理； ⑥检查所有的法兰连接正常； ⑦检查磨损皮带是否已不能使用； ⑧检查真空盒与输送皮带之间的间隙是否合理； ⑨检查真空盒的支架和接口	按规定处理
石膏排出不正常	①检查真空水平是否准确； ②皮带是否被堵； ③纠正皮带； ④检查石膏厚度； ⑤检查石厚干燥度； ⑥检查皮带速率； ⑦检查皮带松紧度	按规定处理

续表

故障现象	发生的可能原因	处理方法
皮带滑动	检查头、尾滑轮是否正常	
所有的供给系统停运	失去电源	恢复电源后重启
所有的设备停止运行	皮带断裂	修理皮带并重启
皮带偏向一侧	在滑轮上有固体堆积，皮带厚度控制设定不正确	清理堆积物，重设厚度控制
驱动电动机温度高	真空过高或密封水太少或在空气侧有堆积物	重高真空，增多密封水或清理堆积物
过滤液软管或人孔摇动	真空箱结垢或真空箱进入过滤液或真空管泄漏	除垢，检查过滤液管道或接口、法兰等
控制滑轮由滤布抬起	滤布松紧度太高或滑轮卡涩	检查滤布管道正常，检查滑轮安装正常

22-31 脱硫系统长期停运的操作步骤及要求有哪些?

答:（1）长期停运前准备工作。根据设备运行情况，提出在停运期间应重点检查和维护保养的设备和部位。石灰石储仓应提前排空，石灰石浆液箱的浆液液位应控制到泵保护停用液位，残液应排空。

（2）停运脱硫系统烟气系统。将设备按顺序控制停运程序的要求进行设定，执行顺序控制停运程序，确认以下的操作按顺序完成:

1）增压风机闭环压力控制手动;

2）打开旁路电动挡板;

3）在旁路挡板开度达到30%以上时，启动增压风机顺序控制停运程序（增压风机导叶缓慢关闭以使引风机送出的气流稳定且不影响锅炉的运行）;

4）关闭净烟气出口电动挡板;

5）关闭原烟气挡板。

（3）停运石灰石浆液排出系统。将设备按顺序控制停运程序的要求进行设定，执行顺序控制停运程序，确认以下的操作按顺序完成。

1）石灰石浆液管道自动控制冲洗程序停止；

2）吸收塔的石灰石浆液闭环控制切手动；

3）关闭吸收塔石灰石浆液电动进料调节阀；

4）吸收塔石灰石浆液电动调节阀切手动并开启；

5）在冲洗水压力大于规定值时，吸收塔石灰石浆液电动调节阀、水冲洗电动阀开启，冲洗60s；

6）关闭吸收塔石灰石浆液电动调节阀。

（4）停运石膏排出泵。在石膏脱水系统停用后停用石膏排出泵。将设备按顺序控制程序要求进行设定，后执行顺序控制"停"，确认以下的操作按顺序完成：

1）石膏排出泵按顺序控制程序停用；

2）冲洗石膏输送管路。

（5）石膏脱水系统停运。将设备按顺序控制程序的要求进行设定，在吸收塔液位达到低位后执行顺序控制"停"，确认以下的操作按顺序完成：

1）石膏旋流器底流收集箱至皮带脱水机电动阀门关闭；

2）真空皮带脱水机系统顺序控制停运；

3）冲洗相应的泵及管道。

（6）停运除雾器清洗总程序。将设备按顺序控制程序的要求进行设定，重新执行顺控冲洗程序，待完成整个冲洗后执行顺序控制"停"，确认以下的操作按顺序完成：

1）除雾器冲洗总程序停止；

2）除雾器供水母管关断电动门关闭。

除雾器可通过DCS使其处于手动状态而停止清洗。

（7）停运氧化空气系统。将设备按顺序控制停运程序的要求进行设定，启动氧化风机顺序控制停运程序，确认以下的操作按顺序完成：

1）氧化风机电动机停运；

2）氧化空气管道减温水门关闭。

（8）停运GGH系统。将设备按顺序控制停运程序的要求进行设定，启动GGH顺序控制停运程序，确认以下的操作按顺序完成：

1）停运低泄漏风机；

2）切除GGH辅驱动电动机连锁备用；

3）切除低转速报警系统；

4）停运主驱动装置。

（9）停运循环泵。将设备按顺序控制停运程序的要求进行设定，启动顺序控制停运程序，确认以下的操作按顺序完成（当前 A、B、C 泵运行）：

1）停运 A 循环泵，A 循环泵的排水与冲洗程序进行；

2）停运 B 循环泵，B 循环泵的排水与冲洗程序进行；

3）停运 C 循环泵，C 循环泵的排水与冲洗程序进行。

在系统停运过程中，各设备的顺序控制停运程序必须逐台执行，并注意吸收塔排水坑的液位，防止溢流。

（10）石灰石浆液制备系统的停运。将设备按顺序控制程序的要求进行设定，后执行顺序控制"停"，确认以下的操作按顺序完成：

1）磨煤机浆液循环泵停运；

2）磨煤机停运；

3）磨煤机油站停运；

4）制浆区排水坑泵停运；

5）石灰石浆液泵停运。

应对石灰石浆液输送管道进行冲洗，直到管道内液体变清为止。

（11）工艺水系统的停用。在系统内所有的冲洗完成后，将设备按顺序控制程序的要求进行设定，执行顺序控制"停"，确认以下的操作按顺序完成。

1）关闭各浆液泵机械密封密封水、冷却水；

2）切除工艺水箱液位控制，停用工艺水泵，放空工艺水箱。

（12）压缩空气系统的停用。当所有用气设备不再需要气源后，进行压缩空气系统的顺序控制停用。

（13）系统断电。停用系统的设备断电，但对于留有液位的箱罐坑等的液位监测设备和搅拌器设备应保留供电，对于事故浆液池的搅拌器还应提供保安电源，对于继续运行的设备应定期巡视。

22-32　脱硫系统短期停运的操作步骤及要求有哪些？

答：（1）脱硫系统短期停运前的准备：

1）石灰石浆液制浆系统顺序控制停运；

2）切除吸收塔二氧化硫脱除率控制自动控制，由手动控制；

3）切除吸收塔浆液浓度控制自动控制，由手动控制。

（2）吸收塔及烟气系统停运。将吸收塔的顺序控制停运程序按要求进行设定，后执行顺序控制"停"，确认以下的操作按顺序完成：

1）脱硫烟气系统顺序控制停运；

2）吸收塔浆液浓度闭环控制系统切手动；

3）停运石灰石浆液排出系统，停运石灰石浆液泵；

4）停运除雾器清洗；

5）石膏脱水系统停运；

6）停运石膏排出泵；

7）GGH 停运顺序控制；

8）氧化风机停运顺序控制；

9）启动吸收塔循环泵停运顺序控制。

（3）注意事项：

1）所有箱罐坑容器等不排空，设备的启停由液位系统自动控制。

2）搅拌器和工艺水系统、压缩空气系统仍保持运行。

22-33　脱硫系统冷态调试的目的是什么？

答：脱硫系统冷态调试的目的是为了获取冷态情况下系统的正常启停及事故停运对锅炉负压的影响数据，为锅炉和脱硫系统的运行操作提供优化指导。

22-34　脱硫系统试验前应具备哪些条件？

答：（1）锅炉侧应具备的条件：

1）锅炉已停运 24h 以上。

2）锅炉的送、引风机能正常启、停，自动能投入。

3）炉膛、烟道内无检修工作，炉膛负压监测能正常投入，运行人员能打印负压变化曲线及风机开度、电流等曲线。

4）机组电负荷、除尘器出口粉尘浓度、除尘器投运、锅炉引风机静叶开度、锅炉 MFT、锅炉炉膛负压等信号引入脱硫控制系统。

（2）脱硫系统侧应具备的条件：

1）增压风机系统试运完毕，系统具备投用条件。

2）烟气挡板试运完毕，能正常开关。

3）GGH 试运完毕。

4）烟道系统所有检修工作及内部清理工作完毕。

5）烟气系统静态连锁试验及烟气系统顺序控制启停试验完毕。

6）烟气系统相关仪表安装完成并投入使用。

22-35　脱硫系统试验的内容有哪些？

答：（1）脱硫烟气系统程控启动时对锅炉负压的影响；

（2）进行冷态下增压风机压力闭环调节试验；

（3）脱硫烟气系统程控停运时对锅炉负压的影响；

（4）脱硫系统保护停运时（如增压风机跳闸）对锅炉负压的影响。

22-36 脱硫系统的试验步骤是什么？

答：（1）启动锅炉送、引风机，由锅炉运行人员将锅炉调整至满负荷时的运行状态，锅炉负压在0Pa左右，风机自动不投入。

（2）GGH启动。

（3）脱硫系统烟气系统程控启动。锅炉不作任何调整，观察并打印炉膛负压变化曲线及风机参数的变化曲线。

（4）进行冷态下增压风机压力闭环调节试验。增压风机导叶投入自动，改变锅炉送、引风机的运行工况，观察增压风机导叶的自动调节情况。

（5）脱硫烟气系统顺序控制停运，锅炉不作任何调整，观察并打印负压变化曲线及风机参数的变化曲线。

（6）调整锅炉负压在0Pa左右，炉侧风机自动投入，脱硫烟气系统程控启动，观察并打印炉膛负压变化曲线及风机参数的变化曲线。

（7）调整锅炉负压在0Pa左右，炉侧风机自动投入，脱硫烟气系统程控停运，观察并打印炉膛负压变化曲线及风机参数的变化曲线。

（8）调整锅炉负压在0Pa左右，炉侧风机自动不投入，脱硫系统保护停运时（如增压风机跳闸），观察并打印炉膛负压变化曲线及风机参数的变化曲线。

（9）调整锅炉负压在0Pa左右，炉侧风机自动投入，脱硫系统保护停运时（如增压风机跳闸），观察并打印炉膛负压变化曲线及风机参数的变化曲线。

22-37 哪些情况发生时必须紧急停运脱硫烟气系统？

答：发生下列情况之一，将紧急停运脱硫烟气系统：

（1）脱硫系统入口烟气温度大于设计值或低于设计值至设定延时；

（2）所有浆液循环泵全部停运；

（3）脱硫系统入口烟尘浓度高于设定值至延时或除尘器除尘效率低；

（4）正常运行时，吸收塔进、出口挡板任一关闭时；

（5）增压风机故障跳闸；

（6）进口原烟气压力高于设计值或低于设计值时；

（7）出口净烟气压力高于设计值时；

（8）锅炉MFT；

（9）GGH故障停运超过设计值时；

（10）机组投油超过一定时间；

（11）高压电源中断。

22-38 脱硫系统高压电源失电的现象、原因、处理方法是什么？

答：（1）脱硫系统高压电源失电的现象：

1）高压母线电压消失，声光报警信号发出，CRT报警；

2）运行中脱硫设备跳闸，对应母线所带的高压电动机停运；

3）该段所带对应的380V母线将失电，对应的380V负荷失电跳闸。

（2）原因：

1）高压母线故障；

2）机组发电机跳闸，备用电源未能投入；

3）脱硫变故障备用电源未能投入。

（3）处理：

1）立即确认脱硫连锁跳闸动作是否完成，若各烟道挡板动作不正常应立即将自动切为手动操作；

2）确认USP段、直流系统供电正常，工作电源开关和备用电源开关在断开位置，并断开各负荷开关；

3）联系系统值长及电气维修人员，查明故障原因恢复供电；

4）若给料系统连锁未动作时，应手动停止给料；

5）注意监视烟气系统内各温度的变化，必要时应手动开启除雾器冲洗水门；

6）将增压风机调节挡板关至最小位置，做好重新启动脱硫装置的准备；

7）若高压电源短时间不能恢复，按停机相关规定，并尽快将管道和泵体内的浆液排出以免沉积；

8）若造成380V电源中断，按相应规定处理。

22-39 脱硫系统380V电源失电的现象、原因、处理方法是什么？

答：（1）脱硫系统380V电源失电的现象：

1）"380V电源中断"声学报警信号发出；

2）380V电压指示到零，低压电动机跳闸；

3）工作照明跳闸，事故照明投入。

（2）原因：

1）相应的高压母线故障；

2）脱硫低压跳闸；

3）380V母线故障。

（3）处理：

1）若属高压电源故障引起，按短时停机处理；

2）若为380V单段故障，应检查故障原因及设备动作情况，并断开该段电源开关及各负荷开关，及时汇报值长；

3）当380V电源全部中断，且电源在8h内不能恢复，应利用备用设备将所有泵、管道的浆液排尽并及时洗；

4）电气保护动作引起的电源严禁盲目强行送电。

22-40　脱硫增压风机故障的现象、原因、处理方法是什么？

答：（1）脱硫增压风机故障的现象：

1）"脱硫增压风机跳闸"声学报警发出；

2）脱硫增压风机颜色由红变黄，电动机停止转动；

3）脱硫烟气系统保护停用。

（2）可能的原因：

1）事故按钮按下；

2）脱硫风机失电；

3）吸收塔再循环泵全停；

4）脱硫装置压损过大；

5）任何轴承温度高于高高设定值；

6）轴承振动高于高高警报；

7）电动机线圈温度高于高高警报；

8）运行中脱硫系统进出口挡板任一关闭；

9）电气故障（过负荷、过电流保护、差动保护动作）。

（3）处理：

1）确认脱硫旁路电动挡板自动开启，进出口烟气挡板自动关闭，若连锁不良应手动处理；

2）检查增压风机跳闸原因，若属连锁动作造成，应待系统恢复正常后，方可重新启动；

3）若属风机设备故障造成，就及时汇报值长联系检修处理，在故障未查实处理完毕之前，严禁重新启动风机。

22-41　吸收塔循环泵全部跳闸的现象、原因、处理方法是什么？

答：（1）吸收塔循环泵全部跳闸的现象：

1）"吸收塔循环泵全部跳闸"声学报警发出；

2）所有循环泵颜色由红变黄，电动机停止转动；

3) 脱硫烟气系统保护停用。

（2）原因：

1) 高压电源中断；

2) 吸收塔液位过低；

3) 吸收塔液位控制回路故障；

4) 泵电动机轴承温度达到"高—高"；

5) 泵电动机线圈温度达到"高—高"；

6) 吸入阀显示未完全打开；

7) 泵电气故障；

8) 泵入口压力低于 40kPa。

（3）处理：

1) 确认连锁动作正常。确认脱硫旁路电动挡板自动开启，增压风机跳闸，进出口烟气挡板自动关闭；若增压风机未跳闸、挡板动作不良，应手动处理；

2) 查明循环泵跳闸原因，并按相关规定处理；

3) 及时汇报值长，必要时通知相关检修人员处理；

4) 若短时间内不能恢复运行，按短时停运的有关规定处理；

5) 视吸收塔内烟温情况，开启除雾器冲洗水，以防止吸收塔衬胶及除雾器损坏。

22-42 脱硫系统发生火灾时的现象及处理方法是什么？

答：（1）脱硫系统发生火灾时的现象：

1) 火警系统发出声、光报警信号；

2) 运行现场有烟、火及焦味；

3) 若发生动力电缆或控制信号电缆着火时，相关设备可能跳闸，参数发生剧烈变化。

（2）处理：

1) 正确判断火灾的地点、性质及危险性；

2) 选择正确的灭火器迅速灭火，必要时停止脱硫系统；

3) 联系值长及有关部门，根据指示进行；

4) 灭火工作结束后，恢复正常运行。